本书获广东第二师范学院出版资助

无机化学

学习指导

主　编：曹曼丽　刘文婷　王延惠
副主编：姚苏洋　王璟瑜
参　编：王红明　陈辉荣　程红红
　　　　刘青青　钟均星

（上册）

湖南大学出版社
·长沙·

内容简介

本书共有 12 章，每章由知识点梳理、例题、知识点练习、单元测试四部分组成。

本书可作为高等学校化学相关专业本科生学习无机化学课程的同步辅导用书，也可作为报考化学、化工类专业研究生的复习用书。

图书在版编目(CIP)数据

无机化学学习指导．上册/曹曼丽，刘文婷，王延惠主编．—长沙：湖南大学出版社，2025.1.—ISBN 978-7-5667-3611-6

Ⅰ. O61

中国国家版本馆 CIP 数据核字第 2024XX5165 号

无机化学学习指导(上册)

WUJI HUAXUE XUEXI ZHIDAO(SHANGCE)

主　　编：曹曼丽　刘文婷　王延惠

责任编辑：张佳佳

印　　装：长沙市雅捷印务有限公司

开　　本：787 mm×1092 mm　1/16　**印　　张**：18.25　**字　　数**：456 千字

版　　次：2025 年 1 月第 1 版　**印　　次**：2025 年 1 月第 1 次印刷

书　　号：ISBN 978-7-5667-3611-6

定　　价：64.00 元

出 版 人：李文邦

出版发行：湖南大学出版社

社　　址：湖南・长沙・岳麓山　**邮　　编**：410082

电　　话：0731-88822559(营销部)，88821315(编辑室)，88821006(出版部)

传　　真：0731-88822264(总编室)

前　　言

无机化学既是化学、化工类各专业本科生要学习的第一门主干专业课程，又是许多专业研究生入学考试的必考科目，因此，学好无机化学是十分重要的。可是很多学生在学习无机化学的过程中存在一定的困难，本书引导学生将理论知识与实际问题、习题紧密联系，一方面帮助学生巩固理论知识，一方面提高学生解答问题的能力。

本书主要内容是无机化学原理，全书共有12章，章节顺序与北京师范大学、华中师范大学、南京师范大学三校合编的《无机化学 上册》（第五版）（高等教育出版社出版）教材同步。每章由知识点梳理、例题、知识点练习、单元测试四部分组成。知识点梳理部分对每章知识点做了简要概括，梳理了各章节主要的知识点及知识点之间的脉络关系，使学生在各章学习过程中逻辑清晰、目标明确。例题部分主要是一些问答题和计算题，帮助学生厘清答题思路，引导学生思考问题、拓展思路。知识点练习中收集了大量的习题，包括选择题、填空题、判断题、问答题和计算题等题型，使学生通过练习不断强化所学知识。每章附单元测试一套，满分100分，供学生检验学习效果、查漏补缺。知识点练习和单元测试均提供了参考答案。

本书由广东第二师范学院化学与材料科学学院从事无机化学教学或相关工作的多位教师编写而成。本书由曹曼丽、刘文婷、王延惠担任主编，姚苏洋、王璟瑜担任副主编，其中，第1、4、11章由王延惠负责编写，第2、3、7章由刘文婷负责编写，第5、8、9、10章由曹曼丽负责编写，第6章由王璟瑜负责编写，第12章由姚苏洋负责编写。曹曼丽负责全书的策划、组织和统稿工作，其他参编老师负责各部分的校对工作。本书得到广东第二师范学院和广东省教学质量与教学改革项目（材料化学特色专业）的资助。此外，本书在编写过程中参考了国内外多本相关教材和一些网络资源，在此对相关作者表示衷心的感谢。

由于编者水平有限，尽管在编写和修改过程中已经竭尽全力，但书中难免有错漏和不足之处，敬请各位读者批评指正。

编　者
2024年9月

目　录

第1章 原子结构与元素周期系

【知识点梳理】

就像无数个英文单词是由26个字母组成一样，无数性质不同的物质是由100余种原子(或元素)构成(或组成)的。认识原子的结构和元素的变化规律对于我们认识世界具有重要的意义。

1.1 原子结构的玻尔行星理论

1)氢原子光谱

太阳光或白炽灯发出的光经过水雾或棱镜折射后便分成七色光谱，它是连续的，因为光源发出的光的波长是连续的。如果光源发出的光的波长不连续，光谱就会变成线状光谱，即不连续光谱。以最简单的氢原子为例：氢原子光谱指的是氢原子的电子在不同能级跃迁时发射或吸收不同波长、能量的光子而得到的光谱。氢原子光谱为不连续的线状光谱，无线电波、微波、红外光、可见光、紫外光波段都可能有其谱线。根据电子跃迁前后所处的能阶，可将光谱分为不同的线系。理论上有无穷个线系，前6个常用线系以发现者的名字命名。例如：主量子数 $n \geqslant 2$ 的电子跃迁到 $n=1$ 的能阶，产生的一系列光谱线称为“莱曼系”，此系列谱线能量位于紫外光波段；主量子数 $n \geqslant 3$ 的电子跃迁到 $n=2$ 的能阶，产生的一系列光谱线称为“巴耳末系”，巴耳末系有四条谱线处于可见光波段，所以是最早被发现的线系。

线状光谱是原子受激发后，从原子内部辐射出来的，因此又称为原子光谱。为了解释这一现象，德国物理学家马克斯·普朗克(Max Plank)于1900年提出了“量子”的概念。

普朗克量子化理论要点：

(1) 物质对能量的吸收和发射都是不连续的。因为能量像物质微粒那样是不连续的，它具有微小分立的能量单位——量子，物质吸收或发射的能量总是量子能量的整数倍。

(2) 物质放出的能量是以光的形式发射出来的。其最小单位又称光量子，也叫光子。

(3) 发射的能量与光的频率成正比。

$$E=h\nu \text{（普朗克常数 } h=6.626\times10^{-34}\ \text{J}\cdot\text{s）}$$

正因为物质的能量是以光的形式发射出来的，而发射的能量是不连续的，所以原子光谱是不连续的。

2)玻尔理论

1913年，尼尔斯·玻尔(Niels Bohr)综合卢瑟福的核式模型、普朗克的量子论和爱因斯坦的光子学说，对氢原子光谱的形成和氢原子的结构提出了一个有名的模型——氢原子核外电子运动模型，即玻尔理论。

玻尔理论的要点：

(1) 电子在原子中只能存在于特定的能级中。电子在原子核外特定的轨道上运动，这些轨道的半径和能量是确定的。

(2) 不同的轨道具有不同的能量，距离原子核越远，能量越高。

(3) 当电子从一种定态 E_1 跃迁到另一种定态 E_2 时，将吸收或放出能量。能量的变化与光谱图上谱线的频率成正比。

$$\Delta E = nh\nu = E_2 - E_1$$

当处于特定的轨道中时，电子既不吸收能量也不释放能量，它的能量是恒定的，原子轨道的半径也是固定的。

电子的能量：

$$E_n = (-R_H)\left(\frac{1}{n^2}\right)$$

其中，h 为普朗克常数，6.626×10^{-34} J·s；R_H 为里德伯常数，13.6 eV，或 2.179×10^{-18} J；n 为主量子数，取值可为所有正整数。

氢原子在基态时的最小轨道半径为 52.9 pm，能量为−13.6 eV。

玻尔理论可用来说明原子的稳定性问题：原子不受激发时，电子处在低能级的轨道上，既不吸收能量也不放出能量。玻尔理论也可用来说明氢原子光谱的规律性：光谱的不连续缘于能级的不连续。

玻尔理论虽然能够很好地解释氢原子光谱，但不能解释多电子原子的光谱，也不能解释氢原子光谱的精细结构。这是因为它没有摆脱经典力学的束缚。虽然引入了量子化的概念，但仍将电子视为有固定轨道运动的宏观粒子，而没有认识到电子运动的波动性，因此不能全面反映微观粒子的运动规律。

1.2 氢原子结构(核外电子运动)的量子力学模型

1)微观粒子的波粒二象性

波粒二象性(或二重性)是量子力学的基础，是理解核外电子运动状态的关键。电子等微观粒子既有粒子性也有波动性，经典力学无法解释此现象，但在微观世界，波粒二象性是普遍的现象。

光的波粒二象性：$P = mc = mc^2/c = E/c = h\nu/c = h/\lambda$。

电子的波粒二象性：$\lambda = h/P = h/m\nu$ (德布罗意关系式)。

德布罗意关系式将波动性和粒子性通过普朗克常数定量地联系起来，很好地揭示了光的本质。

从电子的衍射实验可以知道，同一元素的原子，只要产生的阴极射线量相等，它的衍射环纹永远一致。这种现象是电子运动本身所固有规律性的一种表现，电子的波动性可看成是其粒子性的统计结果。为此，量子力学认为：原子中核外电子的运动不像经典力学认为的那样有确定的轨道，但具有按概率分布的统计规律。

2)电子运动的波动方程——薛定谔方程

机械波的运动状态可用波函数 ψ 来描述，核外电子具有波粒二象性，因此，其运动状态也可用波函数 ψ 来描述。1926 年，奥地利物理学家薛定谔(Schrödinger)提出了微观粒子运动的波动方程，被称为薛定谔方程。

$$\frac{\partial^2\psi}{\partial x^2}+\frac{\partial^2\psi}{\partial y^2}+\frac{\partial^2\psi}{\partial z^2}+\frac{8\pi^2 m}{h^2}(E-V)\psi=0$$

式中 ψ 为波函数，E 为系统的总能量，V 为系统的势能，h 为普朗克常数，m 为微观粒子的质量，x、y、z 为微粒的空间坐标。

薛定谔方程的物理意义：薛定谔方程是一个二阶偏微分方程，是量子力学的基本方程，对其的求解就是解出其中的波函数 ψ 和与之相对应的能量 E，即了解电子的运动状态及能量的高低。每个微观系统都有一个相应的薛定谔方程式，通过解方程可得到波函数的具体形式以及对应的能量，从而了解微观系统的性质。

从数学角度来求解薛定谔方程可以得到很多个解，但并不都符合量子力学的要求。为了获得具有特定物理意义的解，我们引入三个量子数(n，l，m)来表示核外电子运动的稳定状态。每一个由一组特定量子数所确定的波函数 $\psi(n, l, m)$ 称为一个原子轨道函数，简称原子轨道。

为了便于理解薛定谔方程，常把直角坐标改写为球面坐标：

$$\psi(x, y, z)=\psi(r, \theta, \varphi)$$

还可将它分为径向分布和角度分布两部分：

$$\psi(r, \theta, \varphi)=R(r)\cdot Y(\theta, \varphi)$$

$R(r)$ 是由 n、l(主、角量子数)决定的，称为波函数的径向部分或简称径向波函数，仅与 r 有关，它决定了原子轨道空间图形距核的远近。径向分布函数图中的峰值有($n-l$)个。例如：1s 有 1 个峰，2s 有 2 个峰，3s 有 3 个峰，2p 有 1 个峰，3p 有 2 个峰，3d 有 1 个峰，等等。峰所在位置就是电子出现概率大的位置。

$Y(\theta, \varphi)$ 是由 l、m(角、磁量子数)决定的，称为波函数的角向部分或简称角向波函数，仅与 θ、ψ 有关，它决定着空间图形的形状。

3) $|\psi|^2$——概率密度和电子云

在物理意义方面，原子轨道是描述核外电子空间运动的数学表达式，它实际上是表示电子波的振幅与坐标的函数；而电子云是电子在核外空间出现的概率密度分布的形象化描述。电子在原子核外空间某处单位体积内出现的概率叫概率密度。如果用黑点的疏密来表示电子的概率密度大小，由此得到的空间图形叫电子云。所以，电子云是概率密度的空间图形，即为 $|\psi|^2$ 的空间图形。

$|\psi|^2$ 的空间图形显然也是 $|\psi|^2$ 的角度分布部分，即随 θ、ψ 的变化连接 $Y^2(\theta, \psi)$ 的线段端点所得的曲面。

电子云与原子轨道的空间图形很相似，但有两点不同：

(1) 因是 Y^2，所以图形没有负号，电子云的角度分布图均为正值。

(2) 因 $Y<1$，所以 $Y^2<Y$。因此图形较原子轨道“瘦”一些。

4)四个量子数

(1) 主量子数 n。主量子数决定了电子出现概率最大的区域离原子核的平均距离，即决定原子中电子的能量，电子距离原子核的平均距离越远，能量越高，它只能取正整数 1，2，3，…。n 越大，表示电子离核越远，能量越高。

$n=1$，2，3，…，对应的层数是一、二、三……层。用英文大写字母表示为 K，L，M，…。n 越大，该电子云离核平均距离越远，能级越高。

(2) 角量子数 l。轨道角动量量子数简称角量子数，它决定了原子轨道和电子云的形状，在多电子原子中，l 和 n 一起决定轨道的能量。l 只能取 0 到$(n-1)$的所有整数。$l=0$，1，2，…，用英文小写字母表示为 s，p，d，…。

当 l 不同时，原子轨道的形状就不同。如 s 轨道是球形的，而 p 轨道呈哑铃形，d 轨道呈四瓣梅花状。

对于多电子原子，l 还和能量有关。在同一电子层中，l 的值越大，轨道的能量越高：$E_{ns}<E_{np}<E_{nd}$。

n 和 l 都相同的电子具有相同的能量，构成一个能级(又称亚层)，即能级是由两个量子数(n、l)共同决定的。能级或轨道常用符号 nl 表示，如 3s、2p、3d、5f 等。

(3)磁量子数 m。磁量子数表示原子轨道或电子云在空间的伸展方向(或取向)，每一个磁量子数代表一个伸展方向。m 的取值要求：$m=0$，±1，±2，…，$\pm l$。

每种形状的原子轨道或电子云共有$(2l+1)$个空间取向，而每一个空间取向就是一个原子轨道，即有$(2l+1)$个原子轨道。

n、l 和 m 相同的电子处在同一个原子轨道上，即每个原子轨道由 n、l 和 m 三个量子数决定。

n、l 相同，而 m 不同的原子轨道所具有的能量相等，称等价轨道或简并轨道。量子力学常把能量相同的运动状态称为简并状态，能量相同的轨道数称简并度。如：d 轨道的简并度为 5，即有 5 个能量相同的轨道。

(4)自旋量子数 m_s(或 s)。主量子数 n、轨道角动量量子数 l 和磁量子数 m 组合起来可以描述原子轨道的运动状态，但是进一步的研究表明，原子光谱的谱线在磁场中会发生分裂现象。

这是因为电子除了绕核运动之外，其自身还做自旋运动，所以需要结合第四个量子数——自旋角动量量子数(简称自旋量子数)m_s 来描述原子核外电子的运动状态。m_s 只有两个取值——$+\frac{1}{2}$、$-\frac{1}{2}$，分别表示电子的一种自旋状态(顺时针和逆时针)，轨道图中用↑、↓表示。

小结：用 n 来描述电子所处的电子层，用 n 和 l 来描述电子所处的能级，用 n、l 和 m 来描述电子所在的原子轨道，用 n、l、m 和 m_s 来描述电子的唯一运动状态。

1.3 多电子原子的能级

氢原子基态和激发态的能量都决定于主量子数 n，与角量子数 l 无关。在多电子原子中，由于原子中轨道之间的相互排斥作用，主量子数相同的各轨道产生分裂，主量子数相同的各轨道的能量不再相等。因此多电子原子中各轨道的能量不仅决定于主量子数 n，还和角量子数 l 有关。

1)屏蔽效应

在多电子原子中，电子不仅受到原子核的吸引，还受到其他电子的排斥。电子-电子的排斥作用将导致不同的亚层具有不同的能量。由于其他电子对某一电子的排斥作用而抵消了一部分核电荷，从而引起有效核电荷的降低，削弱了核电荷对该电子的吸引，这种作用称为屏蔽作用或屏蔽效应。电子之间的排斥作用将减弱原子核对电子的吸引作用，因此我们称吸引电子的净正电荷为有效核电荷，用 Z^* 表示，$Z^* = Z - \sigma$，其中，Z 表示原子序数，σ 表示屏蔽常数，它相当于$(Z-1)$个电子对电子 i 的屏蔽作用的总和。

屏蔽效应的结果是电子能量升高。因为在原子中，如果屏蔽效应大，就会使得电子受到的有效核电荷的吸引减弱，因此电子具有的能量就会增大。

2)钻穿效应

从量子力学的角度看，电子可以出现在核外的任何地方，即外层电子也有可能出现在原子核附近，所以外层电子也有可能钻入内电子层，这样可更多地避免其余电子的屏蔽，受到原子核较强的吸引而更靠近原子核，这种进入原子内部空间的作用称为钻穿效应。与屏蔽作用相反，钻穿效应会使得钻穿电子的能量降低。

对同一层电子而言，由于 l 不同，电子云的形状不同，钻穿效应不同，对屏蔽效应的削弱不同。因此，不同亚层所具有的能量不同。钻穿效应越大，轨道能量越低。各亚层电子的钻穿能力为 s>p>d>f，因此，在同一电子层上(即 n 相同时)，各亚层能量为 s<p<d<f。

3)能级交错

根据屏蔽效应和钻穿效应，可以得到以下结论：

(1) 当 l 相同时，轨道的能量是 $n\text{s}<(n+1)\text{s}<(n+2)\text{s}$。

(2) 当 n 相同时，轨道能量是 $n\text{s}<n\text{p}<n\text{d}<n\text{f}$。

(3) 若 n 和 l 同时改变，则屏蔽效应和钻穿效应的影响要同时考虑。若电子因 n 增大而升高的能量小于因钻穿效应增强而降低的能量，就会出现能级交错现象。如：4s 和 3d。4s 较 3d 的 n 大，能量应该比较高，但同时 s 较 d 电子的钻穿能力大，能量又会降低。因钻穿效应 s 较 d 降低的能量大于因电子层 n 增加而升高的能量，故能量为 4s <3d。这就是能级交错现象。

4)鲍林近似能级图

鲍林根据光谱实验结果总结出多电子原子中各轨道能级相对高低的情况，并用图近似地表示出来(图 1-1)。图中圆圈表示原子轨道，其位置的高低表示各轨道能级的相对高低。此图称为鲍林近似能级图，它反映了核外电子填充的一般顺序。鲍林近似能级图还把能量相近的轨道划分为不同的能级组(图 1-1 中的方框)，能级组的划分是元素周期表中周期的划分依据。

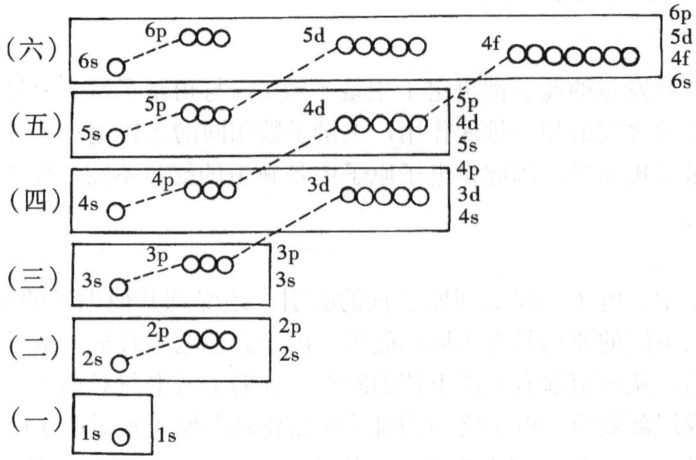

图 1-1 鲍林近似能级图

由图可以看出，多电子原子的能级不仅与主量子数 n 有关，还和角量子数 l 有关：

(1) 当 l 相同时，n 愈大，则能级愈高。因此 $E_{1s}<E_{2s}<E_{3s}<\cdots\cdots$。

(2) 当 n 相同、l 不同时，l 愈大，能级愈高。因此 $E_{ns}<E_{np}<E_{nd}<E_{nf}<\cdots\cdots$。

(3) 对于 n 和 l 值都不同的原子轨道，能级变化比较复杂。例如：$E_{4s}<E_{3d}$，$E_{5s}<E_{4d}$，$E_{6s}<E_{4f}<E_{5d}$。从图可以看出 ns 能级均低于$(n-1)$d 能级。

5)科顿原子轨道能级图

为了表明原子轨道能量与原子序数之间的关系，1962 年科顿在光谱实验的基础上，提出了科顿原子轨道能级图，如图 1-2 所示。科顿通过理论计算，得出了多电子原子中各个原子轨道的能量，并以原子轨道能量为纵坐标，原子序数为横坐标，绘出了表示两者关系的能级图。

由图 1-2 可以看出：

(1) 原子轨道的能量随着原子序数的增大而降低，核电荷数增加，核对电子的吸引力增强，因而原子中各原子轨道的离核距离减小，轨道能量会降低。然而不同原子轨道能量的下降幅度却不尽相同，如 s、p 轨道随原子序数增加，轨道能量是平缓地逐步降低的。但 d、f 轨道能量却出现了跳跃式的降低，开始下降比较缓慢，而当原子序数增加至轨道上出现了 d、f 电子时，d、f 轨道的能量急剧下降。

(2) 有些元素的原子轨道有能级交叉现象。如 4s 轨道与 3d 轨道能量有交叉。多电子原子中电子的能量主要由 n、l 决定，而对于不同原子序数的原子，轨道能量受 n、l 的影响不尽相同。

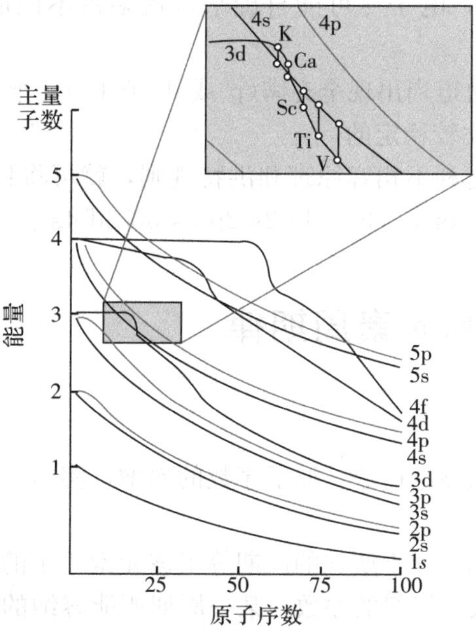

图 1-2　科顿原子轨道能级图

1.4　核外电子的排布规律

核外电子排布要遵循的三个规律：能量最低原理、泡利不相容原理和洪特规则。

1)能量最低原理

我们知道，自然界任何系统的能量愈低，所处的状态愈稳定，对电子进入原子轨道而言也是如此。因此，核外电子在原子轨道上的排布，应使整个原子的能量处于最低状态。故在基态时，多电子原子的电子应尽量依次填充到能量相对较低的轨道中，使得原子的总能量最低。这一原则称为能量最低原理。电子的填充顺序是按照鲍林近似能级图(图 1-1)中各能级的顺序由低到高填充的。

2)泡利不相容原理

能量最低原理确定了电子进入轨道的次序，但每一轨道上的电子数是有一定限制的。1925 年泡利根据原子的光谱现象和周期系中每一周期元素的数目，提出了泡利不相容原理：在同一原子或分子中，不可能有两个电子具有完全相同的四个量子数。如果原子中电子的 n、l、m 三个量子数都相同，则第四个量子数 m_s 一定不同，即同一轨道最多能容纳 2 个自旋方向相反的电子。应用泡利不相容原理，可以推算出某一电子层或亚层中的最大容量。每层电子的最大容量为 $2n^2$。s 能级最多填充 2 个电子，p 能级最多填充 6 个电子，d 能级最多填充 10 个电子。

3)洪特规则

洪特根据大量光谱实验结果，总结出一个普遍规则：电子分布到能量简并的原子轨道时，优先以自旋相同的方式分别占据不同的轨道，因为这种排布方式原子的总能量最低。

所以在能量相等的轨道上，电子尽可能自旋平行地多占不同的轨道。这个规则叫洪特规则。

根据洪特规则，简并轨道当出现全充满(p^6或d^{10}或f^{14})、半充满(p^3或d^5或f^7)或全空(p^0或d^0或f^0)状态时，是比较稳定的。

根据能量最低原理、泡利不相容原理和洪特规则，就可将核外电子准确地排布出来。如$_{24}Cr$：$1s^2 2s^2 2p^6 3s^2 3p^6 3d^5 4s^1$；$_{26}Fe$：$1s^2 2s^2 2p^6 3s^2 3p^6 3d^6 4s^2$。

1.5 元素周期表和元素周期律

1)元素周期表

(1) 原子序数：元素的核电荷数。原子序数的递增，实质是核电荷数的递增，是核外电子数的递增。

(2) 周期：共7个周期，元素所在的周期等于该元素原子的电子层数或者最外电子层的主量子数n，也等于最大能级组的序数。某一周期所能容纳的元素数目等于相应能级组的各个亚层轨道所能容纳的电子数目。

(3) 区：周期表中的元素可分为s区元素、p区元素、d区元素、ds区元素、f区元素。

①最后一个电子填充在s亚层上的元素是s区元素，外层电子构型为$ns^{1\sim2}$，包括第ⅠA、ⅡA元素。

②最后一个电子填充在p亚层上的元素是p区元素，外层电子构型为$ns^2np^{1\sim6}$，包括第ⅢA～ⅦA元素和0族元素。

③最后一个电子填充在d亚层上的元素是d区元素，外层电子构型为$(n-1)d^{1\sim10}ns^{1\sim2}$，包括第ⅢB～ⅦB和第Ⅷ族元素。

④最后一个电子填充在d亚层上，且达到d^{10}的元素是ds区元素，外层电子构型为$(n-1)d^{10}ns^{1\sim2}$，包括第ⅠB和第ⅡB元素。

⑤最后一个电子填充在f亚层上的元素是f区元素。其外层电子构型为$(n-2)f^{1\sim14}(n-1)d^{0\sim2}ns^2$，它包括镧系和锕系元素。

(4) 族：最新的分族法以长周期为分族基础，共分为18个族，元素所在的族号等于其外围电子层上的电子的总数。按照传统的分族法，最后一个电子填充在s、p亚层上的元素为主族元素，用A表示；最后一个电子填充在d、f亚层上的元素为副族元素，用B表示。副族元素又称为过渡元素。其中填充在f亚层上的又称内过渡元素。

元素的族数与其外层电子数密切相关：s、p、ds区元素，族数等于最外层电子数；d区元素，族数等于最外层+次外层的d电子数(第Ⅷ族元素例外)；f区元素，属于第ⅢB族。

2)元素周期律

(1)有效核电荷数Z^*：元素原子序数增加时，原子的核电荷数Z与之呈线性关系依次增加，但有效核电荷数Z^*却呈周期性的变化。这是因为屏蔽常数σ的大小与电子层结构有关，而电子层构型呈周期性的变化。

短周期元素，从左至右有效核电荷数明显增加。长周期元素中，过渡元素部分有效核电荷数增加不明显。同一族中，由上至下核电荷数和屏蔽作用都明显增大，因此有效核电荷数增加不明显。有效核电荷数与原子序数的关系如图 1-3 所示。

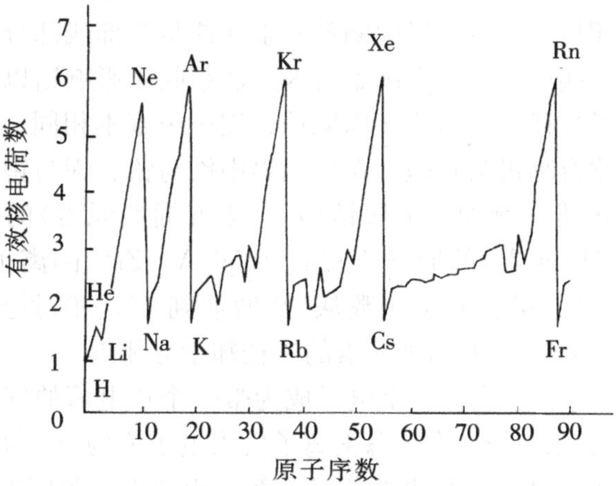

图 1-3 有效核电荷数与原子序数的关系图

(2) 原子半径：由于电子在原子核外的运动是概率分布的，因此难以确定原子的实际大小。两原子之间的化学键可以被形象地看作是两个原子的半径之和。因此可以通过测量化学键来求得原子的半径。根据成键类型的不同，可将原子半径分为共价半径、金属半径和范德华半径。

原子半径的大小主要由原子核外电子的层数和有效核电荷数来决定。

对于 s 区和 p 区元素来说，同一主族从上到下，原子半径明显增大，这是由于电子层数逐渐增加。同一周期从左到右，原子半径递减，这是由于有效核电荷数增大，原子核对核外电子的束缚力增强。

对于过渡元素来说，从左到右，原子半径只是略有减小，甚至到了第ⅠB 族时，原子半径反而有所增大。从上至下原子半径增大的幅度不大，也不规律。原子半径变化规律如图 1-4 所示。

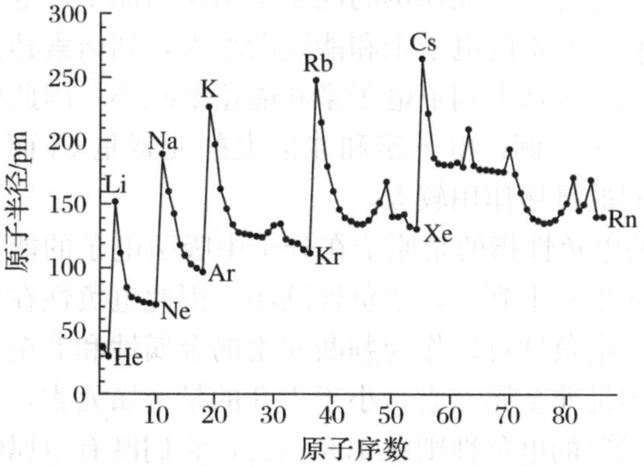

图 1-4 原子半径变化规律图

镧系收缩是镧系元素的原子半径和离子半径随着原子序数的增加而逐渐减小的现象。原子半径收缩得较为缓慢，相邻原子半径之差仅为 1 pm 左右，但从 La～Lu 共 15 个元素，原子半径收缩积累 14 pm 之多。离子半径收缩要比原子半径收缩明显得多。相邻的两个镧系元素的性质极为相似。在自然界中镧系元素往往是全部或部分共生，镧系元素相互间分离要比镧系元素和非镧系元素分离困难得多。镧系收缩影响镥以后元素的性质，使第六周期铪、钽……的原子半径分别与第五周期锆、铌……基本相同。铪、钽……化合物的性质分别与锆、铌……化合物极为相似。在自然界中锆与铪、铌与钽、钼和钨六种铂系金属分别共生，分离相当困难。例如，金属锆(Zr，第五周期元素)的原子半径是 1.59 Å，而同族的铪(Hf，第六周期元素)的原子半径是 1.56 Å。Zr^{4+} 的离子半径是 0.79 Å，而 Hf^{4+} 的离子半径是 0.78Å。尽管原子序数从 40 增加到 72，相对原子质量从 91.22 g・mol^{-1}增加到 178.49 g・mol^{-1}，但两种元素的半径却十分相近。

(3) 电离能：基态气体原子失去一个电子成为带一个正电荷的气态离子所需要的能量称为第一电离能，用 I_1 表示。+1 价气态正离子失去电子成为+2 价气态正离子所需要的能量称为第二电离能，用 I_2 表示。以此类推还有第三电离能、第四电离能等。随着原子逐步失去电子所形成离子正电荷数越来越多，失去电子变得越来越困难。因此同一元素原子各级电离能逐渐增大。

电离能的大小反映了原子失去电子的难易程度。决定电离能的因素：有效核电荷数、原子半径、原子的电子层结构。有效核电荷数越大，原子半径越小，原子最外层电子构型越稳定，电离能就越大。大部分原子的第一电离能是正值(吸热的)。金属的电离能值比较小，容易失去电子。非金属的电离能值比较大，难以失去电子。同一周期从左到右元素的电离能增大(存在反常)，这是由于有效核电荷数增大，原子核对外层电子的吸引力增强。同一主族从上到下电离能减小，这是因为电子层数增多，原子半径明显增大，原子核对外层电子的吸引力减弱。所以电离能在元素周期表中的基本顺序是：左下→右上逐渐增大。

(4) 电子亲和能：元素气态原子在基态时获得一个电子成为－1 价气态负离子所放出的能量称为电子亲和能。电子亲和能的大小反映了元素的原子得电子的难易程度。影响电子亲和能的主要因素：有效核电荷数、原子半径和原子的电子层结构。有效核电荷数越大，原子半径越小，越易与电子形成稳定的电子层结构的原子，电子亲和能就越大。

同周期元素从左到右，元素的电子亲和能逐渐增大，到卤素达到最大值。稀有气体的电子亲和能非常小。同族元素从上到下电子亲和能逐渐减小。因此电子亲和能也是左下→右上逐渐增大。要注意一个特例：电子亲和能最大的元素是 Cl 而不是 F，主要是因为 F 的原子半径较小，电子间的排斥作用较大。

(5) 电负性：元素的电负性指的是原子在分子中吸引电子的能力。同周期元素从左到右，电负性增加。同族元素从上到下，电负性减小。因此电负性在周期表中的变化规律也是左下→右上逐渐增大。电负性可以作为判断元素的金属性和非金属性强弱的尺度。一般来说，电负性大于 1.8 的是非金属元素，小于 1.8 的是金属元素，而位于非金属三角区边界的“类金属”(如锗、锑等)的电负性则在 1.8 左右，它们既有金属性又有非金属性。

【例　题】

例 1. 原子轨道、概率密度和电子云等概念有何联系和区别?

解：波函数(ψ)是描写原子核外电子运动状态的数学函数式，可以粗略地把 ψ 看成是在 x、y、z 三维空间里能找到该核电子运动的一个区域，该区域称为原子轨道，所以原子轨道是 ψ 的同义词。

概率密度是描写电子在核外空间某处单位体积内出现的概率，可由该电子原子轨道的波函数 ψ 的绝对值的平方 $|\psi|^2$ 来确定。

电子在核外运动时，把它在空间各处出现的概率密度的大小画成图形，这种图形叫电子云，是概率密度的形象描述。

原子轨道、概率密度和电子云都是描述电子运动的基本概念，它们既是不同的概念，又有密切的联系。

在物理意义上，波函数是描写核外电子空间运动状态的数学函数式，而电子云则是电子在核外空间出现的概率分布的形象化描述。从它们的角度分布图看，形状相似，但略有不同：电子云的角度分布图比相应原子轨道波函数的角度分布图要稍“瘦”点；原子轨道波函数的角度分布图有正、负号，而电子云都是正值。

例 2. 请解释为什么 He^+ 中 3s 和 3p 轨道的能量相等，而在 Ar^+ 中 3s 和 3p 轨道的能量不相等?

解：He^+ 中只有一个电子，没有屏蔽效应，轨道的能量由主量子数 n 决定，n 相同的轨道能量相同，因而 3s 和 3p 轨道的能量相同。而在 Ar^+ 中，有多个电子存在，需要考虑屏蔽效应和钻穿效应等因素，轨道的能量不仅和主量子数 n 有关，还和角量子数 l 有关。因此，3s 和 3p 轨道的能量不同。

例 3. 为什么第一电子亲和能为 Cl > F、S > O，而不是 F > Cl、O > S?

解：一般来说，电子亲和能随原子半径减小而增大，因为半径越小，核电荷对电子的引力越大。因此，电子亲和能在同族中从上到下呈减小的趋势。但第一电子亲和能却出现 Cl > F、S > O 的反常现象，这是由于 O 和 F 半径过小，电子云密度过高，当原子结合一个电子形成负离子时，电子间的排斥作用较强使放出的能量减小。

例 4. 下列说法是否正确? 如不正确，应如何改正?

(1) s 电子绕核旋转，其轨道为一圆圈，而 p 电子是走“∞”字形。

(2) 主量子数为 1 时，有自旋相反的两个轨道。

(3) 主量子数为 3 时，有 3s、3p、3d、3f 四个轨道。

解：(1) 不正确。因为核外电子运动没有固定的轨道。应当说：s 电子的电子云图像或概率密度分布是一个球形，它的剖面图是一个圆。而 p 电子的电子云图像或概率密度分布是一个哑铃形，它的剖面图是一个“∞”字形。

(2) 不正确。应当说：主量子数为 1 时，l 为 0，m 为 0，只有一个 1s 轨道，可容纳两个自旋相反的电子。

(3) 不正确。当主量子数为 3 时，l 只能取 0、1、2，只有 3s、3p、3d 轨道，没有 3f

轨道。3p 的 $m=0$、±1，在空间有三种不同的取向，是三种不同的空间运动状态，即有三个轨道。3d 的 $m=0$、±1、±2，在空间有五种不同的取向，即有五个轨道。所以应当说：主量子数为 3 时，共有九个轨道，最多可容纳 18 个电子。

例 5. 假定有下列电子的各组量子数，指出哪些不可能存在，并说明原因。

(1) 3，2，2，$+\frac{1}{2}$；　(2) 3，0，-1，$+\frac{1}{2}$；　(3) 2，2，2，2；

(4) 1，0，0，0；　(5) 2，-1，0，$+\frac{1}{2}$；　(6) 2，0，-2，$+\frac{1}{2}$。

解：(1)可以存在；(2)(3)(4)(5)(6)均不可能存在。

因为(2)中 m 只能为 0；(3)中 l 只能为 0 或 1，m 只能为 0，$+1$ 或 -1，m_s 只能为 $+\frac{1}{2}$ 或 $-\frac{1}{2}$；(4)中 m_s 只能为 $+\frac{1}{2}$ 或 $-\frac{1}{2}$；(5)中 l 只能为 0 或 1；(6)中 m 只能为 0。

例 6. 判断半径大小并说明原因。

(1) Sr 与 Ba；　(2) Ca 与 Sc；　(3) Ni 与 Cu；　(4) Zr 与 Hf；

(5) S^{2-} 与 S；　(6) Na^+ 与 Al^{3+}　(7) Sn^{2+} 与 Pb^{2+}；　(8) Fe^{2+} 与 Fe^{3+}。

解：(1) Ba ＞ Sr，同族元素 Ba 比 Sr 多一电子层。

(2) Ca ＞ Sc，同周期元素，Sc 有效核电荷数多，受到核吸引力大。

(3) Cu ＞ Ni，同周期元素，Cu 次外层为 18 个电子，受到屏蔽作用大，有效核电荷数少，外层电子受引力小。

(4) Zr ≈ Hf，镧系收缩的结果。

(5) $S^{2-}>S$，同一元素，电子数越多，排斥力越大，半径越大。

(6) $Na^+>Al^{3+}$，等电子序列，核电荷数越大，半径越小。

(7) $Pb^{2+}>Sn^{2+}$，同族元素的离子，电荷数相同，但 Pb^{2+} 比 Sn^{2+} 多一电子层。

(8) $Fe^{2+}>Fe^{3+}$，同一元素离子，正电荷越高半径越小。

例 7. 第四周期某元素原子中的未成对电子数为 1，但通常可形成+1 和+2 价态的化合物。试确定该元素在周期表中的位置，写出其元素名称和元素符号，并写出+1 价离子和+2 价离子的电子排布式。

解：在第四周期元素的原子中未成对电子数为 1 的有 K ($4s^1$)、Sc ($3d^14s^2$)、Cu ($3d^{10}4s^1$)、Ga ($4s^24p^1$)。其中 K 只有+1 价，而 Sc 和 Ga 主要形成+3 价，只有 Cu 可形成+1 和+2 价态的化合物。所以该元素应是 Cu（铜），其+1 价离子的电子排布式为 $1s^22s^22p^63s^23p^63d^{10}$；+2 价离子的电子排布式为 $1s^22s^22p^63s^23p^63d^9$。

例 8. 判断下列各对元素哪个元素第一电离能大，并说明原因。

(1)S 和 P；　(2)Cu 和 Zn；　(3)Cu 和 K。

解：题中各对元素都是同周期元素，一般来说，在同一周期中，从左到右随着有效核电荷数的增大，原子半径减小，第一电离能总的趋势是增大，但电子构型对电离能影响较大，可能会造成某些反常现象。

(1)P＞S：因 P 的价电子构型为 $3s^23p^3$，3p 轨道为半充满，比较稳定，失去电子比较难；而 S 的电子构型为 $3s^23p^4$，失去一个电子后为半充满的稳定结构，相对容易失去一个电子。故 P＞S。

(2)Zn＞Cu：Zn 的核电荷数比 Cu 的大，同时 Zn 的 3d 轨道为全充满，4s 轨道也是全充满，而 Cu 的 4s 轨道为半充满，失去一个电子后为 $3d^{10}4s^{0}$ 稳定结构。

(3)Cu＞K：二者为第四周期的元素，Cu 为第ⅠB 族元数，K 为第ⅠA 族元素，Cu 的有效核电荷数较 K 的大，而半径较 K 的小，而且 K 失去一个电子后变为 $3s^{2}3p^{6}$ 稳定结构，因此易失去一个电子。

例 9. 某元素的原子序数为 24。

(1) 此元素原子的电子总数是多少?

(2) 它有多少个电子层? 共有多少个电子亚层?

(3) 写出它的价电子构型，它的价电子数是多少?

(4) 它在周期表中的什么位置?

(5) 它有多少个未成对电子?

解：(1) 此元素原子的电子总数是 24。

(2)其电子排布式为 $1s^{2}2s^{2}2p^{6}3s^{2}3p^{6}3d^{5}4s^{1}$，有 4 个电子层，7 个电子亚层。

(3) 价电子构型为 $3d^{5}4s^{1}$，价电子数为 6。

(4) 它在第四周期第ⅥB 族，d 区。

(5) 它有 6 个未成对电子。

例 10. 根据原子结构理论预测：

(1) 第八周期将包括多少种元素?

(2) 核外出现第一个 5g (l=4)电子的元素其原子序数是多少?

(3) 第 114 号元素属于哪一周期? 什么族? 试写出其核外电子排布式。

解：(1) 第八周期包括的元素数目应是第八能级组所能容纳的电子总数，即 $8s^{2}5g^{18}6f^{14}7d^{10}8p^{6}$，共 50 种元素。

(2) 第七周期稀有气体的电子层电子数排布为 2，8，18，32，32，18，8，原子序数为 118，核外出现第一个 5g (l=4)电子的元素其电子构型为$[118]5g^{1}8s^{2}$，所以其原子序数应是 121。

(3)第 114 号元素的电子构型为$[Rn]7s^{2}5f^{14}6d^{10}7p^{2}$，属于第七周期第ⅣA 族，p 区。

【知识点练习】

参考答案

一、选择题

1. 原子光谱为不连续的线状光谱，证明了(　　)。

A. 在原子中仅有某些电子能够被激发

B. 一个原子中的电子只可能有某些特定的能量状态

C. 原子发射的光，在性质上不同于普通的白光

D. 白光由许许多多单色光组成

2. 最先成功解释氢原子光谱的科学家是(　　)。

A. 汤姆逊　　B. 普朗克　　C. 玻尔　　D. 海森堡

3. 玻尔在他的原子理论中(　　)。

A. 证明了电子在核外圆形轨道上运动

B. 推导出原子半径与量子数平方成反比

C. 应用了量子力学的概念和方法

D. 解决了氢原子光谱和电子能量之间的关系问题

4. 电子的波动性是(　　)。

A. 一种机械波　　B. 一种电磁波

C. 一种概率波　　D. 电子运动时呈波浪式的前进

5. 将一个基态氢原子的电子转移到无限远的地方，需要 2.179×10^{-18} J 的能量。若将一个电子由 $n=3$ 的玻尔轨道激发到 $n=\infty$ 的轨道所需的能量为(　　)。

A. 2.42×10^{-19} J　　B. 3.63×10^{-19} J　　C. 7.26×10^{-19} J　　D. 4.84×10^{-19} J

6. 在单电子原子或离子中，具有最高能量轨道的是(　　)。

A. 3s　　B. 3p　　C. 3d　　D. 4s

7. 认为电子是在不同能级上排布的实验根据主要是(　　)。

A. 连续光谱　　B. 带状光谱　　C. 原子光谱　　D. 分子光谱

8. 已知当氢原子的一个电子从第二能级跃迁到第一能级时，发射出光子的波长是 121.6 nm，则可计算出氢原子中电子第二能级与第一能级之间的能量差为(　　)。

A. 1.63×10^{-18} J　　B. 3.26×10^{-18} J　　C. 4.08×10^{-19} J　　D. 8.15×10^{-19} J

9. 氢原子的核外电子在第四电子层上运动时的能量比它在第一轨道上运动时的能量大 12.7 eV，则这个核外电子由第四轨道跃迁到第一轨道时，所发出的光的频率为(　　)。

A. $6.14\times10^{15}\ s^{-1}$　　B. $1.23\times10^{16}\ s^{-1}$　　C. $3.68\times10^{16}\ s^{-1}$　　D. $3.07\times10^{15}\ s^{-1}$

10. 在量子力学中，原子轨道的同义词是(　　)。

A. 电子云　　B. 波函数　　C. 概率　　D. 概率密度

11. H 原子光谱中，电子从 $n=5$ 的轨道上跳回到 $n=2$ 的轨道上时谱线波长为(　　)。

A. 524 nm　　B. 434 nm　　C. 486 nm　　D. 656 nm

12. 与 p 区元素最外层电子云的分布相符合的情况是(　　)。

A. 圆球形对称

B. 电子云极大方向在 xy、xz 或 yz 平面内

C. 电子云极大处在 x、y 或 z 轴方向

D. 椭球形对称

13. 关于原子轨道的下列表述，正确的是(　　)。

A. 原子轨道是电子运动的轨迹

B. 某一原子轨道是电子的一种空间运动状态，即波函数

C. 原子轨道表示电子在空间各点出现的概率

D. 原子轨道表示电子在空间各点出现的概率密度

14. 下列原子中，原子轨道能量与角量子数无关的是(　　)。

A. Na　　B. Ne　　C. F　　D. H

15. $\psi(3,2,1)$可以代表下列哪组轨道中的一个？(　　)

A. 2p 轨道　　B. 3d 轨道　　C. 3p 轨道　　D. 4f 轨道

16. 量子力学中所说的原子轨道是指( )。

A. 波函数 ψ_{n,l,m,m_s} B. 电子云 C. 波函数 $\psi_{n,l,m}$ D. 概率密度

17. 在多电子原子中，下列哪个轨道具有最高的能量？( )

A. 2s B. 2p C. 3s D. 3p

18. 决定电子自旋方向的量子数是( )。

A. n B. l C. m D. m_s

19. 波函数一定，则原子核外电子在空间的运动状态就确定，但仍不能确定的是( )。

A. 电子的能量 B. 电子在空间各处出现的概率密度

C. 电子距原子核的平均距离 D. 电子的运动轨迹

20. 氢原子的能量决定于量子数( )。

A. n B. n 和 l C. n、l 和 m D. n、l、m 和 m_s

21. 下列说法正确的是( )。

A. 原子轨道角度分布图表示波函数随 θ、φ 变化的情况

B. 电子云角度分布图表示波函数随 θ、φ 变化的情况

C. 原子轨道角度分布图表示电子运动轨迹

D. 电子云角度分布图表示电子运动轨迹

22. 某原子轨道用波函数表示时，下列表示中正确的是( )。

A. ψ_n B. $\psi_{n,l}$ C. $\psi_{n,l,m}$ D. ψ_{n,l,m,m_s}

23. 在多电子原子中，决定电子能量的量子数为( )。

A. n B. n 和 l C. n、l 和 m D. l

24. 决定原子轨道在空间的伸展方向的量子数是( )。

A. n B. l C. m D. m_s

25. 下列叙述中错误的是( )。

A. $|\psi|^2$ 表示电子的概率密度

B. $|\psi|^2$ 在空间分布的形象化图像称为电子云

C. $|\psi|^2$ 值小于相应的 $|\psi|$ 值

D. $|\psi|^2$ 表示电子出现的概率

26. 在一个多电子原子中，具有下列各组量子数的电子，能量最大的电子具有的量子数为( )。

A. 3，2，+1，$+\frac{1}{2}$ B. 2，1，+1，$-\frac{1}{2}$

C. 3，1，0，$-\frac{1}{2}$ D. 3，1，−1，$+\frac{1}{2}$

27. 假定某一电子有下列四组量子数，其中不可能存在的是( )。

A. 3，2，2，$+\frac{1}{2}$ B. 3，1，−1，$+\frac{1}{2}$

C. 1，0，0，$-\frac{1}{2}$ D. 2，−1，0，$+\frac{1}{2}$

28. 下列四组量子数中，取值正确的是(　　)。

A. 3，2，1，0　　B. 3，2，−1，$+\frac{1}{2}$

C. 3，3，1，$+\frac{1}{2}$　　D. 3，1，2，$+\frac{1}{2}$

29. 下列四组量子数中，不合理的是(　　)。

A. 3，2，2，$+\frac{1}{2}$　　B. 3，1，−1，$+\frac{1}{2}$

C. 2，2，0，$+\frac{1}{2}$　　D. 2，1，0，$-\frac{1}{2}$

30. 对 3d 电子来说，下列各组量子数中不正确的是(　　)。

A. 3，2，2，$+\frac{1}{2}$　　B. 3，2，1，$-\frac{1}{2}$

C. 3，2，0，$+\frac{1}{2}$　　D. 3，1，1，$+\frac{1}{2}$

31. 原子序数为 19 的元素的价电子的四个量子数为(　　)。

A. $n=1$，$l=0$，$m_s=0$，$m_s=+\frac{1}{2}$　　B. $n=2$，$l=1$，$m=0$，$m_s=+\frac{1}{2}$

C. $n=3$，$l=2$，$m=1$，$m_s=+\frac{1}{2}$　　D. $n=4$，$l=0$，$m=0$，$m_s=+\frac{1}{2}$

32. 在多电子原子中，电子具有如下量子数，其中能量最高的电子是(　　)。

A. 2，1，0，$-\frac{1}{2}$　　B. 2，1，1，$-\frac{1}{2}$

C. 3，1，1，$+\frac{1}{2}$　　D. 3，2，−2，$-\frac{1}{2}$

33. 氢原子的 3d 径向分布图中有几个峰？(　　)

A. 4　　B. 3　　C. 2　　D. 1

34. 在多电子原子中，计算屏蔽常数 σ 时，可以不考虑的是(　　)。

A. 外层电子对内层电子的屏蔽作用

B. $(n-1)$层电子对最外层(n 层)电子的屏蔽作用

C. $(n-2)$层电子对最外层(n 层)电子的屏蔽作用

D. 同一层电子之间的屏蔽作用

35. 电子的钻穿本领及其受其他电子屏蔽效应之间的关系为(　　)。

A. 钻穿本领越大，屏蔽效应越小　　B. 钻穿本领越大，屏蔽效应越大

C. 两者无关系　　D. 以上都不对

36. 钻穿效应对屏蔽效应的影响是(　　)。

A. 增强　　B. 减弱

C. 无影响　　D. 增强了外层电子的屏蔽作用

37. 氢原子中 3s、3p、3d、4s 轨道能量高低的情况为(　　)。

A. 3s $<$3p $<$3d $<$4s　　B. 3s $<$3p $<$4s$<$3d

C. 3s=3p=3d=4s　　D. 3s=3p=3d $<$4s

38. 钠原子的 1s 电子能量与氢原子的 1s 电子能量相比较，关系是(　　)。

A. 前者高　　B. 相等　　C. 前者低　　D. 数值相等符号相反

39. 在各种不同的原子中，3d 和 4s 电子的能量相比时(　　)。

A. 3d 一定大于 4s　　B. 4s 一定大于 3d

C. 3d 与 4s 几乎相等　　D. 不同原子中情况可能不同

40. 下列说法中正确的是(　　)。

A. F 原子的 2p 电子能量一定比 B 原子 2s 电子能量高

B. B 原子的 2s 电子能量一定比 O 原子 2p 电子能量低

C. F 原子中 2s 电子能量比其 2p 电子能量低

D. Mn 原子中 4s 电子能量比其 3p 电子能量低

41. 氮原子的 2p 电子分布为 $2p_x^1 2p_y^1 2p_z^1$，决定这样排布的原则是(　　)。

A. 泡利不相容原理　　B. 洪特规则

C. 能量最低原理　　D. 对称性匹配原理

42. 电子排布为[Ar]$3d^5 4s^2$者，可以表示(　　)。

A. $_{25}Mn$　　B. $_{26}Fe$　　C. $_{27}Co$　　D. $_{28}Ni$

43. 当基态原子的第六电子层只有两个电子，则原子的第五电子层的电子数(　　)。

A. 肯定为 8 个电子　　B. 肯定为 18 个电子

C. 肯定为 8～18 个电子　　D. 肯定为 8～32 个电子

44. 39 号元素钇的核外电子排布式是下列排布中的(　　)。

A. $1s^2 2s^2 2p^6 3s^2 3p^6 3d^{10} 4s^2 4p^6 4d^1 5s^2$　　B. $1s^2 2s^2 2p^6 3s^2 3p^6 3d^{10} 4s^2 4p^6 5s^2 5p^1$

C. $1s^2 2s^2 2p^6 3s^2 3p^6 3d^{10} 4s^2 4p^6 4d^2 5s^1$　　D. $1s^2 2s^2 2p^6 3s^2 3p^6 3d^{10} 4s^2 4p^6 5s^2 5p^1$

45. 下列原子的电子排布中，违背了泡利不相容原理的是(　　)。

A. $1s^2 2s^3 2p^1$　　B. $1s^2 2p^1$　　C. $1s^2 2s^2 2p_x^2 2p_y^1$　　D. [Ar]$3d^4 4s^2$

46. Pb^{2+} 离子的价电子层结构是(　　)。

A. $6s^2 6p^2$　　B. $5s^2 5p^2$　　C. $6s^2$　　D. $5s^2 5p^6 5d^{10} 6s^2$

47. 下列元素中，电子排布不正确的是(　　)。

A. As：$4s4p^3$　　B. Cd：$4d^{10} 5s^2$　　C. Ne：$3s^2 3p^6$　　D. Ni：$3d^8 4s^2$

48. 下列离子中的电子构型可以用[Ar]$3d^6$表示的是(　　)。

A. Mn^{2+}　　B. Fe^{3+}　　C. Co^{3+}　　D. Ni^{2+}

49. 下列有关电子排布的叙述正确的是(　　)。

A. 价电子层有 ns 电子的元素是碱金属元素

B. 第ⅦB 族元素的价电子层排布为$(n-1)d^6 ns^2$

C. 第ⅥB 族的所有元素的价电子层排布均为$(n-1)d^4 ns^2$

D. 第ⅠB 族的已知元素的价电子层排布均为$(n-1)d^{10} ns^1$

50. 一个电子排布式为 $1s^2 2s^2 2p^6 3s^2 3p^1$ 的元素最可能的价态是(　　)。

A. ＋1　　B. －1　　C. ＋3　　D. －3

51. 下列电子构型中，属于原子激发态的是(　　)。

A. $1s^2 2s^2 2p^1$　　B. $1s^2 2s^2$

C. $1s^2 2s^2 2p^6 3s^1 4s^1$　　D. $1s^2 2s^2 2p^6 3s^2 3p^6 4s^1$

52. 某元素最高能级组成电子构型 $3d^{10}4s^2$，则该元素位于周期表(　　)。

A. s 区　　B. p 区　　C. d 区　　D. ds 区

53. 已知某元素原子的价电子层结构为 $3d^5 4s^2$，则该元素在周期表中的位置为(　　)。

A. 第四周期第ⅡA 族　　B. 第四周期第ⅡB 族

C. 第四周期第ⅦA 族　　D. 第四周期第ⅦB 族

54. 根据原子结构理论预测，第八周期所包括的元素有(　　)。

A. 18 种　　B. 36 种　　C. 80 种　　D. 50 种

55. 元素原子的核外电子排布如下，不属于第Ⅷ族元素的是(　　)。

A. $1s^2 2s^2 2p^6 3s^2 3p^6 3d^{10} 4s^2 4p^6 4d^7 5s^1$　　B. $1s^2 2s^2 2p^6 3s^2 3p^6 3d^{10} 4s^2 4p^6$

C. $1s^2 2s^2 2p^6 3s^2 3p^6 3d^{10} 4s^2 4p^6 4d^{10}$　　D. $1s^2 2s^2 2p^6 3s^2 3p^6 3d^6 4s^2$

56. 某元素原子基态的电子构型为[Ar]$3d^5 4s^2$，它在元素周期表中的位置是(　　)。

A. s 区　　B. p 区　　C. d 区　　D. f 区

57. 某金属离子 M^{2+} 的价层电子组态为 $3d^9$，其在周期表中的位置为(　　)。

A. 第ⅧB 族，d 区，第三周期　　B. 第ⅠB 族，ds 区，第三周期

C. 第ⅠB 族，ds 区，第四周期　　D. 第ⅠA 族，ds 区，第四周期

58. 下列元素中，属于过渡元素的是(　　)。

A. 铝　　B. 铷　　C. 钡　　D. 镍

59. 原子序数为 34 的某元素，它在周期表中位于(　　)。

A. s 区　　B. p 区　　C. d 区　　D. f 区

60. 某离子 M^{3+} 的电子排布式为[Ar]$3d^6$，则该元素属于(　　)族。

A. 第ⅢA　　B. 0　　C. 第Ⅷ　　D. 第ⅢB

61. 下列元素原子半径的排列顺序正确的是(　　)。

A. Mg>B>Si>Ar　　B. Ar>Mg>Si>B

C. Si>Mg>B>Ar　　D. B>Mg>Ar>Si

62. 下列叙述中，正确的是(　　)。

A. 金属离子的半径和它的原子半径相同　B. 金属离子的半径小于其原子半径

C. 金属离子的半径大于其原子半径　　D. 非金属离子的半径小于其原子半径

63. 量子数 $n=3$、$m=0$ 的轨道，可允许的最多电子数为(　　)。

A. 6　　B. 2　　C. 9　　D. 18

64. 镧系收缩是指(　　)。

A. 镧系元素的电负性逐渐减小　　B. 镧系元素的密度逐渐减小

C. 镧系元素的原子半径逐渐减小　　D. 镧系元素的原子量逐渐减小

65. 下列各组原子和离子半径变化的顺序，不正确的是(　　)。

A. $P^{3-}>S^{2-}>Cl^->F^-$　　B. $S^{2-}>O^{2-}>F^->Na^+$

C. O>N>C>B　　D. $V>V^{2+}>V^{3+}>V^{4+}$

66. 关于下列元素第一电离能大小的判断，正确的是(　　)。

A. N>O　　B. C>N　　C. B>C　　D. B>Be

67. 下列元素基态原子的第二电离能最大的是(　　)。

A. F　　B. Na　　C. Mg　　D. Al

68. 下列各组元素原子的第一电离能递增的顺序正确的是(　　)。

A. Na<Mg<Al　　B. He<Ne<Ar　　C. Si<P<As　　D. B<C<N

69. 金属钠形成离子时一般为+1 价，而不是+2 价的原因是(　　)。

A. 钠的第一电离能很大　　B. 钠的第二电离能很大

C. 钠的电负性很小　　D. 钠的原子半径很大

70. 第二电离能最大的元素所具有的电子结构是(　　)。

A. $1s^2$　　B. $1s^22s^1$　　C. $1s^22s^2$　　D. $1s^22s^22p^1$

71. 下列原子中，第一电子亲和能最大的是(　　)。

A. N　　B. O　　C. P　　D. Cl

72. 下列原子中电负性最大的是(　　)。

A. N　　B. O　　C. F　　D. Cl

73. 在分子中衡量原子吸引成键电子的能力可用(　　)。

A. 电离能　　B. 电子亲和能　　C. 电负性　　D. 解离能

74. 下列哪种元素具有最大的电子亲和能？(　　)

A. 磷　　B. 硫　　C. 氯　　D. 氖

75. 下列哪一系列的排序恰好是电负性减小的顺序？(　　)

A. K、Na、Li　　B. Cl、C、H　　C. As、P、H　　D. 三者都不是

76. 用电负性值可以判断的是(　　)。

A. 配位数　　B. 偶极矩　　C. 分子的极性　　D. 键的极性

77. 下列各组元素中，电负性依次减小顺序正确的是(　　)。

A. K>Na>Li　　B. O>Cl>H　　C. As>P>H　　D. 三组都对

78. 下列叙述中正确的是(　　)。

A. F_2的键能低于 Cl_2　　B. F 的电负性低于 Cl

C. F 的电子亲和能大于 Cl　　D. F 的第一电离能低于 Cl

79. 在周期表中，同一主族从上到下，金属性增强，其原因是(　　)。

A. 有效核电荷数增大　　B. 外层电子数增加

C. 元素的电负性增大　　D. 原子半径增大使核对电子吸引力下降

80. 在活泼金属 Na、K、Rb、Cs 中，Cs 最活泼，这是因为(　　)。

A. 它的没有填满的壳层离核最近

B. 它对价电子的吸引力最大

C. 它的价电子轨道离核最远，能级最高

D. 它的价电子数量最多

二、填空题

1. 氢原子光谱是__________光谱，其中谱线的波长与能级间能量差关系的公式是__________。

2. 氢原子光谱在可见光区范围内共有__________条谱线。玻尔理论成功地解释了氢光谱，并推导出氢原子轨道的能量公式：$E=$__________ eV。处于基态时氢原子的轨道半径为__________ pm。

3. 1924 年，法国物理学家德布罗意预言“微观粒子都具有波粒二象性”，他提出的将实物微粒的波粒二象性紧密联系起来的公式是：__________。

4. 电子的波动性可用__________实验现象来证实。因此电子和光一样具有________二象性。

5. 宏观物体的运动可用方程 $F=ma$ 描述，但微观物体的运动要用量子力学中的________描述，它是一个偏微分方程式。

6. $\psi_{n,l,m}$ 是描述微观粒子运动状态的函数式，其中，n 叫作________，l 叫作________，m 叫作________。三个量子数 n、l、m 可以确定一个__________。

7. 某电子处在 3d 轨道，它的 n 为________；l 为________；m 可能是________。

8. $l=3$ 时，m 可有________种取值，它们分别是__________。

9. 符号 4d 表示电子的 $n=$________，$l=$______，轨道有________种空间取向，最多可容纳________个电子。

10. 氢原子的电子能级高低由量子数________决定，而锂原子的电子能级高低由量子数________决定。

11. $\psi(r,\theta,\varphi)$是描述电子在空间运动状态的波函数。$Y(\theta,\varphi)$表示 $\psi(r,\theta,\varphi)$的________分布部分；$R(r)$是表示 $\psi(r,\theta,\varphi)$的________分布部分；三者的关系式是__________。

12. 根据现代结构理论，核外电子的运动状态可用波函数 ψ 来描述，它在习惯上被称为________；$|\psi|^2$ 表示__________，它的形象化表示是__________。

13. 钠原子最外层有一个电子，它的四个量子数：$n=$________，$l=$________，$m=$________，$m_s=$________。

14. 给下列各组轨道填入合适的量子数：

(1)$n=$________，$l=3$，$m=2$，$m_s=-\frac{1}{2}$；

(2) $n=2$，$l=$________，$m=1$，$m_s=-\frac{1}{2}$；

(3)$n=4$，$l=0$，$m=$________，$m_s=+\frac{1}{2}$；

(4) $n=1$，$l=0$，$m=0$，$m_s=$________。

15. 氢原子光谱是线状光谱这一实验事实说明了原子中电子能量的__________。在氢原子中电子的能级由量子数________决定，其 E_{3s}________E_{3p}，E_{3d}________E_{4s}；在钾原子中，电子能级由量子数________、________决定，其 E_{4s}________E_{3d}。

16. 由于屏蔽效应和钻穿效应的综合结果，多电子原子中的轨道能级发生________________。

17. 某过渡元素在 Kr 之前，此元素的原子失去一个电子后的离子在角量子数为 2 的轨道中电子恰为全充满，该元素为________，元素符号为________。该元素原子的基态核外电子排布式为__________。

18. 如果没有能级交错，第三周期应有________种元素，实际该周期有________种元素；同样情况，第六周期应有________种元素，实际有________种元素。

19. 鲍林能级图中第六能级组中含有的原子轨道是____________；能级交错可用________来解释。

20. 在各类原子轨道中，________（填 s、p、d 或 f）轨道的钻穿能力最强，由此引起的直接后果是____________。

21. 某元素的原子序数为 25，该元素的原子中总共有______个电子；有____个电子层，有______个能级；有______个未成对电子。

22. d 能级中共有______个等价轨道，它们分别对应于空间______个不同的伸展方向，它们可分别用下列符号表示：____________________。

23. 当 $n=4$ 时，电子层的最大容量为______，如果没有能级交错，该层各轨道能级由低到高的顺序应为________，4f 电子实际在第______周期开始出现。

24. 4p 亚层中轨道的主量子数为______，角量子数为______，该亚层的轨道最多可以有______种空间取向，最多可容纳______个电子。

25. Mg^{2+}、O^{2-}、Na^{+}、F^{-}、Al^{3+} 等电子离子的离子半径由大到小的顺序是：____________。

26. 质量数是 56，中子数是 30 的基态原子电子构型是________。

27. 在元素周期表中，价层电子构型为 ns^2np^4 的元素有____________，它们被称为________元素；价层电子构型为 $(n-1)d^{10}ns^2np^6$ 的元素有____________，这些元素属于________。

28. 第四周期元素中 4p 轨道半充满的是______，3d 轨道半充满的是________，4s 轨道半充满的是________，价电层 s 电子数与 d 电子数相同的是________。

29. 某元素原子在 $n=4$ 的电子层上只有 2 个电子，在次外层 $l=2$ 的轨道中有 10 个电子，该元素符号是______，位于周期表中第______周期，第______族，其核外电子排布式为____________。

30. 有两种元素的原子在 $n=4$ 的电子层上都只有两个电子，在次外层 $l=2$ 的轨道中电子数分别为 0 和 5。前一种原子是______，位于周期表中第______周期，第______族，其核外电子排布式为__________；原子序数大的原子是________，位于周期表中第______周期，第______族，其核外电子排布式为____________。

31. 完成下列表格：

原子序数	16			
电子构型		$1s^22s^22p^6$		
价层电子构型			$4d^55s^1$	
周期				四
族				ⅥB
区				
元素符号				

32. 用元素符号填空：（均以天然存在为准）原子半径最大的元素是______，第一电离能最大的元素是______，原子中 3d 轨道半充满的元素是______，原子中 4p 轨道半

充满的元素是________，电负性差最大的两种元素是________________，化学性质最不活泼的元素是________。

三、判断题

1.(　　)氢原子光谱是最简单的，它总共只有四条谱线。

2.(　　)氢原子光谱在可见光区的谱线称为里德伯线系。

3.(　　)与 s 电子原子轨道相同，p 电子原子轨道的平均半径随能层的增大而增大。

4.(　　)氢原子 1s 轨道的玻尔半径为 52.9 pm，也是 1s 轨道电子云界面图的半径。

5.(　　)光电效应现象揭示了光的波动性。

6.(　　)电子的波动性是一种统计性的概率波。

7.(　　)原子轨道角度分布图表示波函数随 θ、φ 变化的情况。

8.(　　)原子中某电子的波函数代表了该电子可能的空间运动状态，这种状态也称为“原子轨道”。

9.(　　)p 电子的原子轨道角度分布图呈“∞”字形，所以 p 电子是沿着一个“∞”字形的轨道在运动。

10.(　　)当原子轨道或电子云的形状相同时，n 值越大的电子能量越高。

11.(　　)各元素原子核外电子的能量大小均由主量子数 n 所决定。

12.(　　)p 轨道呈哑铃形，在空间有两个伸展方向。

13.(　　)s 轨道呈球形，处在该轨道上的电子只能在球壳内运动。

14.(　　)电子云是波函数 ψ 在空间分布的图形。

15.(　　)将基态$_{11}$Na 原子的 1s 电子激发到 3s 轨道或 3p 轨道所需的能量相同。

16.(　　)电子云就是电子运动的轨道。

17.(　　)锂原子的 2s 与 5s 轨道均为球形。

18.(　　)原子序数为 33，K、L、M、N 各层电子数依次为 2、8、18、5。

19.(　　)当主量子数 $n=2$ 时，角量子数 l 只能取 1。

20.(　　)电子 $2p^1$ 的运动状态可表示为 $n=2$，$l=1$，$m=0$，$m_s=+1/2$。

21.(　　)硅原子的最外层电子有 4 个，根据洪特规则，这 4 个电子的排布轨道图如下：$\underset{3s}{\underline{\uparrow}}\quad\underset{3p}{\underline{\uparrow}\ \underline{\uparrow}\ \underline{\uparrow}}$。

22.(　　)氢原子的 2s 轨道的能量与 2p 轨道的能量一样。

23.(　　)基态$_{15}$P 原子的 2s 轨道能量与 2p 轨道能量相同。

24.(　　)外层电子构型 ns 轨道有 1～2 个电子的元素，都在 s 区，都是金属元素。

25.(　　)基态$_6$C 原子的电子排布式是 $1s^2 2s^2 2p^2$。

26.(　　)所有非金属元素(H 除外)都在 p 区，但 p 区元素并不都是非金属元素。

27.(　　)镧系收缩的影响，使得镧系元素中两相邻元素的原子半径递减程度超过 d 区中两相邻元素间原子半径递减程度。

28.(　　)电离能和电子亲和能都是反映孤立气态原子失去和获得电子的能力，电负性则反映了化合态原子吸引电子能力的大小。

29.(　　)元素的第一电子亲和能都是正值，而第二电子亲和能都是负值。

30.（　　）p 区各族元素的电子亲和能从上至下依次减小。

31.（　　）从上至下，副族元素金属性都是逐渐减弱的。

32.（　　）电离能的数值可以用来比较元素在气态下金属性和非金属性的相对大小，元素的第一电离能越大，则元素的金属性就越强。

33.（　　）主量子数越大，电子离核越远。所以任何时候，1s 电子总比 2s 电子靠近核。

34.（　　）元素周期表中每周期元素的数目，正好等于相应电子层可容纳的电子数。

35.（　　）氟原子的 2p 电子能量一定高于 Be 原子的 2s 电子能量。

36.（　　）Li^{2+} 离子的 1s 电子分别激发至 3s、3p 或 3d 轨道所需的能量是相同的。

37.（　　）Be^{3+} 离子的有效核电荷数与核电荷数是相同的。

38.（　　）原子半径通常是指原子最外层电子的电子云径向分布图中，电子出现概率最大处至核的距离。

39.（　　）金属 A 的电离能小于金属 B 的电离能，则金属 A 的活泼性一定比金属 B 强。

四、问答题

1. 氢原子光谱有哪些主要的线系？为什么每个谱系谱线的分布会越来越密？

2. 解释海森堡测不准原理及其意义。

3. 玻尔理论的要点是什么？该理论对原子结构的发展有什么贡献？它有哪些局限性？

4. 以下各“亚层”哪些可能存在？包含多少轨道？

（1）2s；　　（2）3f；　　（3）4p；　　（4）5d。

5. 屏蔽效应和钻穿效应造成了哪些综合影响？

6. 原子轨道的角度分布图与电子云的角度分布图有何异同点？

7. 描述核外电子运动状态的四个量子数的物理意义分别是什么？它们分别可取哪些数值？

8. 根据四个量子数的取值要求，回答：为什么每一个电子层最多只能容纳 $2n^2$ 个电子？

9. 列出硫的四个 3p 电子所有可能的各组量子数。

10. A、B 两元素，A 原子的 M 层和 N 层的电子数分别比 B 原子的 M 层和 N 层的电子数少 7 个和 4 个。写出 A、B 两元素的名称和元素符号，分别写出它们的电子排布式。

11. 将电子构型为 $1s^2 2s^2 2p^5$ 的原子中各电子的量子数填入下表中：

n									
l									
m									
m_s									

12. 鲍林原子轨道近似能级图有什么局限性？

13. 已知某稀有气体的最外层电子排布为 $4s^2 4p^6$。在同周期中有 A、B、C、D 四种元素的原子，最外层电子数分别为 2、2、1、5，A 次外层电子数为 8，D 的次外层电子数为 18，B 的次外层 $l=2$ 的轨道具有半充满结构，而 C 的 $l=2$ 的轨道全充满。问：A、B、C、D 分别是什么元素？

14. 不参考周期表，试写出下列原子的电子排布式和未成对电子数：

(1) 第四周期第七种元素；

(2) 第四周期的稀有气体元素；

(3) 原子序数为 38 的元素的最稳定离子；

(4) 4p 轨道半充满的主族元素。

15. 写出基态电子构型符合如下所示的各原子的符号：

(1) $1s^2 2s^2 2p^6 3s^2 3p^5$；

(2) $1s^2 2s^2 2p^6 3s^2 3p^6 3d^{10} 4s^2 4p^6 4d^{10} 5s^2$；

(3) $1s^2 2s^2 2p^6$。

16. 基态原子价层电子排布满足下列条件之一的是哪一类或哪一种元素？

(1) 具有 2 个 p 电子；

(2) 有 2 个量子数为 $n=4$ 和 $l=0$ 的电子，有 6 个量子数为 $n=3$ 和 $l=2$ 的电子；

(3) 3d 为全充满，4s 只有一个电子的元素。

17. 试解释：为什么电子亲和能最大的不是 F，而是 Cl?

18. 试写出原子序数为 24 和 47 的元素的名称、符号、电子排布式，说明其所在的周期和族。

19. 根据元素周期表填写下表中的空格：

元素符号	V	Bi			Pt
元素名称			钼	钨	
所属周期					
所 属 族					
价电子层的结构					

20. 第ⅠA 族元素与第ⅠB 族元素原子的最外层都只有一个 s 电子，但前者单质的活泼性明显强于后者，试从它们的原子结构特征加以说明。

21. 根据元素在周期表中的位置和电子层结构，判断下列各对原子(或离子)哪一个半径较大，并写出简要的解释。

(1) H 与 He；　(2) Ba 与 Sr；　(3) Sc 与 Ca；　(4) Cu 与 Ni；

(5) Zr 与 Hf；　(6) S^{2-} 与 S；　(7) Na^+ 与 Al^{3+}；　(8) Fe^{2+} 与 Fe^{3+}；

(9) Pb^{2+} 与 Sn^{2+}。

22. 针对元素 $_{55}Cs$(A)、$_{38}Sr$(B)、$_{34}Se$(C)、$_{17}Cl$(D)，试回答下列问题：

(1) 原子半径由小到大的顺序；

(2) 第一电离能由小到大的顺序；

(3) 电负性由小到大的顺序；

(4) 金属性由弱到强的顺序。

23. 在下列各对元素中，哪一个的第一电离能较高？简要说明理由。

(1) S 与 P；　(2) Mg 与 Al；　(3) Rb 与 Sr；　(4) Cu 与 Zn；

(5) Cs 与 Au。

24. 将下列原子按指定性质的大小顺序排列，并简要说明理由：
(1) 电离能：Mg、Al、P、S；
(2) 电子亲和能：F、Cl、N、C；
(3) 电负性：P、S、Ge、As。

【单元测试】

一、选择题(共 40 分)

1. 下列各组量子数中，合理的一组是(　　)。
A. $n=3$，$l=1$，$m=+1$，$m_s=+\frac{1}{2}$　　B. $n=4$，$l=5$，$m=-1$，$m_s=+\frac{1}{2}$
C. $n=3$，$l=3$，$m=+1$，$m_s=-\frac{1}{2}$　　D. $n=4$，$l=2$，$m=+3$，$m_s=-\frac{1}{2}$
2. 下列四种元素，电负性最大的是(　　)。
A. $2s^22p^5$　　B. $4s^24p^5$　　C. $5s^22p^0$　　D. $4s^24p^0$
3. 下列离子中外层 d 轨道达半满状态的是(　　)。
A. Cr^{3+}　　B. Fe^{3+}　　C. Co^{3+}　　D. Cu^+
4. 对于 $4p^1$ 电子，下列描述(n，l，m，m_s)正确的是(　　)。
A. 4，1，−1，$-\frac{1}{2}$　B. 4，3，2，1　C. 4，2，−2，$-\frac{1}{2}$　D. 4，0，0，$+\frac{1}{2}$
5. 下列元素原子半径大小的排列顺序正确的是(　　)。
A. Mg>B>Si>Ar　　B. Ar>Mg>Si>B
C. Si>Mg>B>Ar　　D. B>Mg>Ar>Si
6. $3d^5$ 符号表示的意义是(　　)。
A. 3 个 d 轨道上的 5 个电子　　B. 第三电子层上的 5 个 d 轨道
C. 第三电子层上一个 d 轨道有 5 个电子　D. 第三电子层 d 轨道上有 5 个 d 电子
7. 下列离子中，磁矩最大的是(　　)。
A. V^{2+}　　B. Ni^{2+}　　C. Cr^{3+}　　D. Mn^{2+}
8. 下列轨道上的电子，在 xy 平面上的电子云密度为零的是(　　)。
A. $3p_z$　　B. $3d_{z^2}$　　C. 3s　　D. $3p_x$
9. 某元素位于周期表中 36 号元素之前，失去 3 个电子后，在角量子数为 2 的轨道上刚好半充满，该元素为(　　)。
A. 铬　　B. 钌　　C. 砷　　D. 铁
10. Pb^{2+} 离子的价电子层结构是(　　)。
A. $6s^26p^2$　　B. $5s^25p^2$　　C. $6s^2$　　D. $5s^25p^65d^{10}6s^2$
11. 元素原子的核外电子排布如下，不属于第Ⅷ族元素的是(　　)。
A. $1s^22s^22p^63s^23p^63d^{10}4s^24p^64d^75s^1$　　B. $1s^22s^22p^63s^23p^63d^{10}4s^24p^6$
C. $1s^22s^22p^63s^23p^63d^{10}4s^24p^64d^{10}$　　D. $1s^22s^22p^63s^23p^63d^64s^2$

12. 下列元素电负性大小顺序中，正确的是(　　)。

A. Be>B>Al>Mg　　B. B>Al>Be ≈ Mg

C. B>Be ≈ Al>Mg　　D. Mg>Be>Al ≈ B

13. 以下第二周期各对元素的第一电离能大小次序不正确的是(　　)。

A. Li<Be　　B. B<C　　C. N<O　　D. F<Ne

14. 具有 $1s^2 2s^2 2p^6 3s^2 3p^1$ 电子结构的原子是(　　)。

A. Mg　　B. Na　　C. Cr　　D. Al

15. 下列各组元素的第一电离能大小顺序正确的是(　　)。

A. Na<Mg<Al　　B. B<C<N　　C. Si<P<As　　D. He<Ne<Ar

16. 原子序数为 20 的原子最可能与哪一个原子序数的原子化合？(　　)

A. 14　　B. 10　　C. 11　　D. 16

17. 主量子数 $n=4$，当 $m_s=+\frac{1}{2}$ 时，可允许的最多电子数为(　　)。

A. 6　　B. 8　　C. 12　　D. 16

18. 某元素的基态原子中有 $3d^7$ 电子，该元素的原子序数为(　　)。

A. 25　　B. 26　　C. 27　　D. 28

19. 在电子云示意图的黑点图中，小黑点(　　)。

A. 其疏密表示电子出现的概率密度的大小

B. 其疏密表示电子出现的概率的大小

C. 表示电子在该处出现

D. 表示电子

20. 价层电子构型为 $4f^7 5d^1 6s^2$ 的元素在周期表中的位置是(　　)。

A. 第四周期第ⅦB 族　　B. 第五周期第ⅢB 族

C. 第六周期第ⅦB 族　　D. 第六周期第ⅢB 族

二、填空题，共 20 分

1. 以下基态原子的电子排布式是错误的，请改正。

(1) $_5$B：$1s^2 2s^3$ ____________________；

(2) $_4$Be：$1s^2 2p^2$ ________________；

(3) $_7$N：$1s^2 2s^2 2p_x^{\ 2} 2p_y^{\ 1}$ ____________________。

2. 最外层电子组态为 $4s^2 4p^3$ 的元素是第__________周期第__________族元素，属__________区。

3. 某元素在第二周期第ⅤA 族，则其核外电子排布式为________________。

4. 写出下列各能级或轨道的符号：

(1) $n=2$，$l=1$ ________；　　(2) $n=3$，$l=2$ ________；

(3) $n=2$，$l=1$，$m=-1$ ________；　　(4) $n=4$，$l=0$，$m=0$ ________。

5. 宏观物体的运动可用方程 $F=ma$ 描述，但微观物体的运动要用量子力学中的____________描述。它是一个偏微分方程式。

6. 用元素符号填空：(均以天然存在为准)电负性最大的元素是________，第一电离能最大的元素是________，原子中 3d 轨道半充满的元素是________________，原子中 4p

轨道半充满的元素是________，电负性差最大的两种元素是________________，化学性质最不活泼的元素是________。

7. 氢原子的电子能级由________决定，而钠原子的电子能级由__________决定。

三、判断题(共 10 分)

1. (　　) 将基态$_{11}$Na 原子的 1s 电子激发到 3s 轨道或 3p 轨道所需的能量相同。

2. (　　) 基态$_{8}$O 原子的电子排布式是 $1s^2 2s^2 2p_x^2 2p_y^2$。

3. (　　) 氢原子中，2s 与 2p 轨道是简并轨道，其简并度为 4；在钪原子中，2s 与 2p 轨道不是简并轨道，$2p_x$、$2p_y$、$2p_z$ 为简并轨道，简并度为 3。

4. (　　) p 轨道的形状是球形的。

5. (　　) 电子 $2p^1$ 的运动状态可表示为 $n=2$，$l=1$，$m=0$，$m_s=+1/2$。

6. (　　) 原子中某电子的各种波函数，代表了该电子可能存在的各种运动状态，每一种状态可视为一个轨道。

7. (　　) 最外层电子组态为 ns^1 或 ns^2 的元素，都在 s 区。

8. (　　) p 区各族元素的电负性从上至下依次减小。

9. (　　) 电子在原子核外运动与原子核的距离越远，能量越高。

10. (　　)所有非金属元素(H、He 除外)都在 p 区，但 p 区并非都是非金属元素。

四、问答题(共 30 分)

1. 某元素原子序数为 33，试问：

(1) 此元素原子的电子总数是多少？有多少个未成对电子？

(2) 它有多少个电子层？多少个能级？最高能级组中的电子数是多少？

(3) 它的价电子数是多少？它属于第几周期？哪一族？是金属还是非金属元素？最高化合价是多少？

2. 氮的价层电子排布是 $2s^2 2p^3$，试用 4 个量子数分别表明每个电子的运动状态。

3. 以下各“亚层”哪些可能存在？包含多少个轨道？

(1) 2s；　　(2) 3f；　　(3) 4d。

4. 按要求填写下表：

原子序数	元素符号	电子层结构	电子层数	能级数	周期	族	最高化合价
11	Na	$1s^2 2s^2 2p^6 3s^1$	3	4	三	ⅠA	+1
16							
22							
25							
36							
50							

5. 为什么碳(^{6}C)的价层电子构型是 $2s^2 2p^2$，而不是 $2s^1 2p^3$，而铜(^{29}Cu)的价层电子构型是 $3d^{10} 4s^1$，而不是 $3d^9 4s^2$？

第2章　分子结构

【知识点梳理】

分子是组成物质的一种基本微粒，是保持物质性质的最小微粒，也是参与化学反应的基本单元。物质的性质主要取决于分子的性质，而分子的性质又是由分子的内部结构决定的。因此，探索分子的内部结构对于了解物质的性质和化学反应规律具有重要的意义。

2.1　价键理论

1)共价键的形成和本质

共价键形成的本质是电负性相同或相近的具有自旋方向不同的未成对电子的两个原子相互吸引，发生了原子轨道重叠，使核间电子云密度加大，形成了与两个原子核之间较大的引力。共用电子对实质是原子轨道或电子云的重叠，共价键就是重叠部分形成的负电区与两核之间的静电引力，其重叠区域越大，共价键越稳定。

2)共价键的成键原理

(1)电子配对原理

一个原子有几个未成对的电子，一般只能和几个自旋方向相反的电子配对成键，参与重叠的原子轨道能量相近。

(2)能量最低原理

成键过程中，自旋相反的单电子之所以要配对，主要是因为配对以后会放出能量，从而使系统能量降低。放出能量越多，形成的化学键就越稳定。

(3)最大重叠原理

键合原子间形成共价键时，成键电子的原子轨道一定要发生重叠，从而使键合原子之间形成电子云较密集的区域。原子轨道重叠越大，两核间电子的概率密度越大，所形成的共价键越牢固，分子也越稳定。

3)共价键的特点

成键两原子相互靠近时，只有自旋相反的成单电子可以配对形成共价键。

共价键具有饱和性：两个电子相互配对后，不能再与第三个电子配对。

共价键具有方向性：遵循最大重叠原则，共价键沿着原子轨道重叠最大的方向成键。

4)共价键的键型

σ 键：原子轨道沿着键轴方向以“头碰头”的方式进行重叠而形成的共价键称为 σ 键。形成 σ 键时，原子轨道的重叠部分对于键轴呈圆柱形对称，沿键轴方向旋转任意角度，轨道的形状和符号均不改变。一般来说，原子间形成的单键是 σ 键。

π 键：原子轨道以“肩并肩”(或平行)的方式发生轨道重叠形成的共价键称为 π 键。形成 π 键时，原子轨道的重叠部分对等地分布在包括键轴在内的平面上、下两侧，形状相同，符号相反，呈镜面反对称(即正负号相反)。

一般两原子间如果形成双键或叁键，则既有 σ 键，又有 π 键。由于 σ 键的重叠程度较 π 键大，且 σ 重叠部分距核较近，受两核的束缚力较大，所以 σ 键一般较 π 键稳定。即 π 电子较 σ 电子活动性强，易参加化学反应。从原子轨道重叠程度来看，π 键的重叠程度比 σ 键的重叠程度小，π 键的键能小于 σ 键的键能，所以 π 键的稳定性低于 σ 键，它是化学反应的积极参与者。

配位键：又称配位共价键，是一种特殊的共价键。当共价键中共用的电子对由其中一个原子独自提供，另一个原子提供空轨道时，就形成配位键。配位键形成后，就与一般共价键无异。成键的两原子间共享的两个电子来自一个原子。用→表示配位键。配位键也具有共价键的特征，即方向性与饱和性，因此配位键与共价键只是在形成过程上有所不同而已，没有本质上的差异。

5)几个键参数

键参数是表示化学键性质的物理量。

键级：从价键理论来说，键级就是成键两原子间成键的数目。键级越大，原子间结合力越大，分子越稳定。

键能：对双原子分子来说(如 HCl、O_2)，键能是断开气态分子 1 mol 键所需的能量。键能越大，原子间结合力越大，分子越稳定。注意：多原子分子(如 NH_3、CH_4等)的键能为同种键逐级解离能的平均值。

键长：就是成键两原子核间的平均距离。一般来说，键长越短，原子结合越牢固，分子越稳定。两个相同原子所形成的共价单键键长的一半，即为该原子的共价半径；A—B 键的键长约等于 A、B 的共价半径之和。

键角：分子中键与键之间的夹角称为键角。如：气态 $BeCl_2$ 两个 σ 键间的夹角为 180°，为直线形分子；H_2O 的键角为 104°45′，是 V 形分子。

键的极性：指共价键中离子性的大小或共用电子对偏移程度的大小。键的极性与电负性的差值有关。当成键两原子电负性相等时，则共用电子对在两核中心位置，这样，在共价键两端就不显正、负性，称为非极性(共价)键。如果两原子电负性不同，则共用电子对或重叠的原子轨道偏向电负性大的一方，结果使共价键在电负性大的一端带负电，另一端带正电，称为极性共价键。显然，电负性差值越大，共用电子对偏移程度越大，极性越大。当电负性差值＞1.7 时，变为离子键。可见，离子键是极性共价键的极端情况，而极性共价键是由非极性共价键到离子键的过渡键型。

6)价键理论的局限性

价键理论很好地解释了共价键的方向性和饱和性，但是不能解释和预测分子的空间构型，而仅仅说明了成键方式和键的数目，于是鲍林提出了杂化轨道理论。

2.2 杂化轨道理论

杂化轨道理论是1931年由鲍林等在价键理论的基础上提出的。虽然它实质上仍属于现代价键理论，但是它在成键能力、分子的空间构型等方面丰富和发展了现代价键理论。

1)杂化轨道的形成

在形成分子的过程中，由于成键原子间的相互作用，中心原子价电子层上若干不同类型但能量相近的原子轨道混合起来重新组合，形成一组能量相等的新的等价轨道，这个过程叫作杂化，产生的新等价轨道叫作杂化轨道。

2)杂化轨道的特点

(1)只有在分子形成的过程中，由于原子间的相互作用，才能发生轨道杂化。

(2)发生轨道杂化的原子一定是中心原子。

(3)只有不同类型且能量相近的原子轨道才能发生杂化，而且杂化前后杂化轨道电子云的能量、形状及方向均发生了改变，只有轨道数目不发生变化。

(4)杂化轨道在空间构型上是互相之间尽可能相距得远，以使相互间的斥力更小，因此都具有一定的对称性。

(5)经杂化后杂化轨道的角度分布更集中了，能形成更大程度的重叠，成键能力更强，成键后分子更稳定。

(6)杂化轨道一般能与其他原子形成更强的 σ 键或容纳孤对电子，而不会以空轨道形式存在。

3)杂化轨道的类型

sp 杂化：1 个 ns 轨道和 1 个 np 轨道发生的杂化称为 sp 杂化，杂化后的轨道称为 sp 杂化轨道。2 个 sp 杂化轨道的夹角为 180°，为直线形。

sp^2 杂化：1 个 ns 轨道和 2 个 np 轨道发生的杂化称为 sp^2 杂化，杂化后的轨道称为 sp^2 杂化轨道。3 个 sp^2 杂化轨道的夹角为 120°，为平面三角形。

sp^3 杂化：1 个 ns 轨道和 3 个 np 轨道发生的杂化称 sp^3 杂化，杂化后的轨道称为 sp^3 杂化轨道。4 个 sp^3 杂化轨道的夹角为 109°28′，呈正四面体形。

除上述三种杂化方式外，与 s、p 轨道能量相近的 d 轨道也可以参与杂化，形成 dsp^2、d^2sp^3、sp^3d、sp^3d^2 等杂化轨道。

4)等性杂化和不等性杂化

等性杂化：杂化后的各轨道所含 s、p 等成分相等。

不等性杂化：由于孤对电子占据了杂化轨道，各杂化轨道所含 s、p 等成分不同，此类杂化称为不等性杂化。以 NH_3 为例：NH_3 分子是 sp^3 不等性杂化，它的键角为 107°18′，而不是 109°28′。因为 N 最外层电子排布为 $2s^22p^3$，其中一个 sp^3 杂化轨道被 N 的一对孤对电子占据。

各种不同的教科书上对于不等性杂化的定义和范围各有评说。有观点认为：对于不等性杂化，不仅要考虑中心原子是否有孤对电子，而且还要考察与中心原子相互作用的其他原子的影响。若中心原子 A 与不相同的其他原子或基团 B 和 C 同时结合从而形成不同的键，也可称为不等性杂化。

2.3 价层电子对互斥模型

价层电子对互斥（VSEPR）模型，通过计算中心原子周围的电子对数来预测分子的几何构型，并构建一个合理的路易斯结构式来表示分子中所有键和孤对电子的位置。中心原子的价层电子对由于互相排斥，总要尽可能采取对称的形式分布。如果有孤对电子存在，分子的键角就会受到影响。

假定分子通式为 AX_nE_m。A 为中心原子，X 为配位原子，E 为孤对电子。如：H_2O 可写成 OH_2E_2，NH_3可写成 NH_3E_1。无孤对电子时，$m=0$，如 CH_4。

1）影响分子结构的因素

（1）价层电子对（VP）：

键电子对数（BP）：共用电子对数（n）。

孤电子对数（LP）：中心原子未成键的电子对数（m）。

不同种类价层电子对之间斥力大小顺序：孤电子对之间＞孤电子对与成键电子对之间＞成键电子对之间。

（2）多重键：由于多重键电子云在中心原子周围占据的空间比单键电子云大，因此斥力大小的顺序为叁键＞双键＞单键。

（3）电负性：若中心原子相同，成键电子对之间的斥力随配位原子电负性的增大而减小（配位原子电负性大，可使成键电子对远离中心原子，斥力减小），因而键角减小。

如：$NF_3(102°6')<NH_3(107°18')$。

配体相同，成键电子对之间的斥力随中心原子电负性的增大而增大（中心原子电负性越大，则成键电子对更接近中心原子，使其周围电子云密度增大，斥力增大），因而键角增大。

2）推测分子几何构型的步骤

（1）确定中心原子 A 价层电子对数：VP＝BP＋LP。

可以先算 LP，再算 VP。$LP=\frac{1}{2}\times$（中心原子价电子总数－所有基态配位原子未成对价电子数）（若为离子则需加减得失电子数）。

也可以先算 VP，再算 LP。$VP=\frac{1}{2}\times$（中心原子价电子总数＋所有基态配位原子提供的价电子数）（若为离子则需加减得失电子数）。

（2）推测中心原子 A 价层电子对的理想几何分布。

根据第一步得出 A 的价层电子对数后，即可推测出该分子或中心原子 A 价层电子对的理想分布。

（3）推测 AX_m分子几何构型。

应用价层电子对互斥（VSEPR）理论模型即可推测分子的几何构型。

例如：PCl_5，BP＝5，$LP=\frac{1}{2}\times(5-5\times1)=0$，VP＝5＋0＝5，可知 PCl_5的价层电子对理想构型为三角双锥，分子几何构型也为三角双锥。

又如：NH_3，BP=3，LP=$\frac{1}{2}\times(5+3-3\times2)=1$，VP=4，所以$NH_3$的价层电子对理想构型为正四面体，而分子几何构型为三角锥。

2.4 分子轨道理论

1)分子轨道的形成

分子轨道是由多个原子核构成的多中心轨道，分子轨道波函数也是薛定谔方程的解。可以采取原子轨道线性组合的方法求得分子轨道的波函数。分子轨道理论是把原子电子层结构的主要概念扩展到分子系统而形成的一种分子结构理论。它把组成分子的各原子核作为分子骨架，所有电子按照与原子结构理论相似的原理和规则分布在骨架周围的若干分子轨道内。

原子轨道组成分子轨道遵循三原则：

对称性匹配——决定能否成键；

能量相近——决定成键效率高低；

最大重叠——决定共价键的方向性。

(1)s-s 重叠：

如：两个 H 原子的 1s 轨道相结合，可形成两个分子轨道。

两个 1s 轨道相加重叠，所得到的分子轨道能量比 H 原子的 1s 轨道能级低，称成键分子轨道，用 σ_{1s}表示；两个 1s 轨道相减重叠，所得到的分子轨道能量比 H 原子的 1s 轨道能级高，称反键分子轨道，用 σ_{1s}^*表示。

(2)p-p 重叠：

两个原子的 p 轨道重叠可以有两种组合方式，即“头碰头”和“肩并肩”。当两个原子的 p 轨道沿 x 轴(即键轴)以“头碰头”形式发生重叠时，可形成一个成键的分子轨道 σ_p和一个反键分子轨道 σ_p^*。如果两个 p 轨道以“肩并肩”的方式线性组合，形成的分子轨道叫 π 分子轨道，得到成键 π_p和反键 π_p^* 两个分子轨道。

2)同核双原子分子的分子轨道能级图

每个分子轨道都有相应的能量。分子轨道的能级顺序目前主要通过光谱实验数据来确定。如果把分子中各分子轨道按能级高低排列起来，可得到分子轨道能级图。

(1)对于第一、二周期元素所形成的多数同核双原子分子(O_2、F_2除外)，由于 2s 和 2p 能量差较小，两原子靠近时，不但会发生 s-s 重叠和 p-p 重叠，而且会发生 s-p 重叠，以至改变了能级的顺序。其分子轨道能级如下：

$$\sigma_{1s}<\sigma_{1s}^*<\sigma_{2s}<\sigma_{2s}^*<\pi_{2py}=\pi_{2pz}<\sigma_{2px}<\pi_{2py}^*=\pi_{2pz}^*<\sigma_{2px}^*$$

(2)对于电负性大的 O、F 等原子来说，由于 2s 和 2p 原子轨道能级相差较大(>15 eV)，故不必考虑 2s 和 2p 轨道的相互作用。其分子轨道能级如下：

$$\sigma_{1s}<\sigma_{1s}^*<\sigma_{2s}<\sigma_{2s}^*<\sigma_{2px}<\pi_{2py}=\pi_{2pz}<\pi_{2py}^*=\pi_{2pz}^*<\sigma_{2px}^*$$

2.5 分子间作用力

1)分子的极性

每个分子都由带正电的原子核和带负电的电子组成，由于正负电荷数量相等，所以整个分子是电中性的。任何一个分子都可以找到一个正电荷中心和一个负电荷中心。如果分子的正电中心和负电中心不重合在同一点上，那么分子就具有极性，该分子叫极性分子。正负电荷中心重合的分子叫非极性分子。

分子极性的大小是用偶极矩 μ 的大小来衡量的。

$$\mu=qd$$

其中，q 为正负电荷中心所带电量，d 为正、负电荷中心间的距离。

对双原子分子来说，键的极性与分子的极性是一致的，即键是极性的，则分子也是极性的。而多原子分子的极性不仅决定于键的极性，还决定于分子的空间构型。如 CO_2 和 SO_2：它们的键都是极性的，但因 CO_2 为直线形结构，键的极性互相抵消，正负电荷中心重合，$\mu=0$，是非极性分子；SO_2 为 V 形结构，正负电荷中心不重合，$\mu>0$，所以是极性分子。

2)分子间力(范德华力)的类型

取向力：极性分子有固有偶极，当极性分子相互接近时，因异极相吸，同极相斥，所以极性分子之间要按异极相邻的取向排列，从而产生相互吸引的作用力。取向力只存在于极性分子之间。分子的极性越大，即偶极矩 μ 越大，取向力越大。

诱导力：当非极性分子与极性分子接近时，非极性分子处于极性分子的微电场中。在极性分子的极化作用下，非极性分子发生变形，正负电荷中心发生位移，产生诱导偶极。诱导偶极与固有偶极之间的吸引力就叫诱导力。分子的偶极矩 μ 越大，变形性越大，诱导力越大。诱导力存在于极性分子与极性分子、极性分子与非极性分子之间。

色散力：由于分子中的电子在不停地运动，原子核也在不停地振动，因此总会出现正负电荷中心的瞬间位移而产生瞬间偶极，且分子的瞬间偶极必然是异极相邻。所以，在瞬间偶极之间产生了吸引力，叫色散力。色散力存在于任何分子之间(极性分子之间、非极性分子之间以及极性与非极性分子之间)。色散力的大小与分子的变形性有关，分子变形性越大，产生正负电荷中心的瞬间位移越大，瞬间偶极矩越大，色散力越大。

3)分子间力的特点

分子间力的本质是静电作用，作用范围小，仅为几百皮米，当距离>50 pm 时，作用力就显著减弱，能量小，其作用能约比化学键能小 1～2 个数量级，没有方向性和饱和性，一般来说，色散力占主导。

三种力的相对大小一般为色散力>> 取向力>诱导力。

4)氢键

氢键是一个与电负性大、体积小的原子相结合的 H 原子，与另一个电负性大、体积小、带负电且有孤对电子的原子间的吸引力。表示为 X—H…Y。

其中 X、Y 都是电负性大、体积小的原子，且 Y 还带负电并有孤对电子。X、Y 可以是同种元素的原子(如 F—H…F)，也可是不同元素的原子(如 H_3N…H—OH)。

(1)氢键的特点：

氢键是一种电性引力，具有方向性和饱和性，氢键键能比共价键的键能小 1～2 个数量级，与分子间力大小接近。

(2)氢键对化合物性质的影响：

对物质熔、沸点的影响：一般情况下，分子间氢键可使物质的熔、沸点升高，而分子内氢键可使物质的熔、沸点降低。

对物质溶解度、硬度和黏度的影响：溶质与溶剂之间形成氢键可增大溶解度，液体分子之间形成氢键可增大黏度，晶体中的分子间氢键可增大晶体的硬度。

对物质酸性的影响：分子内形成氢键，往往使物质的酸性增强。

对水和冰密度的影响：水在 4 ℃时密度最大，因为在 4 ℃以上时，分子的热运动是主要的，使水的体积膨胀，密度减小；当水结成冰后，由于冰分子间氢键的作用，分子发生定向有序排列，分子间的空隙增大，冰的密度反而低于 4 ℃的水。

【例　题】

例 1. 形成下列分子时是由两原子的哪些原子轨道重叠而成?(形成 σ 键时原子轨道的重叠均沿 x 轴)

(1) Cl_2；(2) N_2(π 分子轨道)；(3) HCl。

解：(1) 两个 Cl 原子的 $3p_x$-$3p_x$轨道重叠。

(2) 两个 N 原子的 $2p_y$-$2p_y$、$2p_z$-$2p_z$轨道重叠。

(3) H 原子的 1s 和 Cl 原子的 $3p_x$轨道重叠。

例 2. 分别指出 H_2S(V 形)、SO_2Cl_2(四面体形)、SF_6(八面体形)、SOF_4(三角双锥形)和 SF_3^+(三角锥形)分子或离子中的 σ 键数、孤对电子数及硫的杂化轨道类型。

解：如表所示。

分子或离子	σ 键个数	孤对电子数	硫的杂化轨道类型
H_2S	2	2	sp^3
SO_2Cl_2	4	0	sp^3
SF_6	6	0	sp^3d^2
SOF_4	5	0	sp^3d
SF_3^+	3	1	sp^3

例 3. NH_3、PH_3均为三角锥形结构。实测：氨分子中键角∠H—N—H＝107.3°，磷化氢分子中键角∠H—P—H＝93.5°，为什么这两种分子的键角有差别?

解：在 NH_3、PH_3中，中心原子 N 和 P 均是不等性 sp^3杂化，均有一对孤对电子，因此均为三角锥形。两者的中心原子不同，其中 N 的电负性较大，则成键电子对更接近中心原子，使其周围电子云密度增大，斥力增大，因而键角比较大。

例 4. 试用价层电子对互斥模型讨论 $COCl_2$ 分子的几何构型和键角。

解：在 $COCl_2$ 分子中，中心原子是 C 原子，其价层电子对数计算为 $(4+1\times2+0)/2=3$，价电子对的空间构型为平面三角形，因为没有孤对电子，所以分子的空间几何构型也为平面三角形。因碳氧之间是双键，电子云较大，在其排斥作用下，C—Cl 键角被压缩，故而∠Cl—C—O＞120°，∠Cl—C—Cl＜120°。

例 5. 根据价层电子对互斥理论，对于离子 ICl_4^-：

(1) 指出中心原子；

(2) 计算其中心原子的价层电子对数；

(3) 指出孤对电子数；

(4) 写出离子空间构型的名称。

解：如下表所示。

中心原子	中心原子价层电子对数	孤对电子数	价电子对的空间构型	离子空间构型
I	$\frac{7+1+4}{2}=6$	2	正八面体形	平面正方形

例 6. 回答下列问题：

(1) 分别写出 N_2、O_2 的分子轨道式，计算它们的键级，说明它们的磁性，比较它们的稳定性。

(2) N_2^+、O_2^+ 分别与 N_2、O_2 分子相比，键的强度是如何变化的？

解：(1) N_2：$[(\sigma_{1s})^2(\sigma_{1s}^*)^2(\sigma_{2s})^2(\sigma_{2s}^*)^2(\pi_{2py})^2(\pi_{2pz})^2(\sigma_{2px})^2]$，键级为 3，反磁性。

O_2：$[(\sigma_{1s})^2(\sigma_{1s}^*)^2(\sigma_{2s})^2(\sigma_{2s}^*)^2(\sigma_{2px})^2(\pi_{2py})^2(\pi_{2pz})^2(\pi_{2py}^*)^1(\pi_{2pz}^*)^1]$，键级为 2，顺磁性。稳定性：$N_2>O_2$。

(2) 若 N_2 分子的成键轨道上失去一个电子则变成 N_2^+，键级变为 2.5，与 N_2 分子相比，N_2^+ 键强度减弱。若 O_2 分子的反键轨道上失去一个电子则变成 O_2^+，键级变为 2.5，与 O_2 分子相比，O_2^+ 键强度增大。

例 7. 判断下列各组物质的两种化合物分子之间存在的分子间力的类型：

(1) 苯和四氯化碳；(2) 甲醇和水；(3) 氦和水；(4) 氯化氢和溴化氢。

解：(1) 两个都是非极性分子，只存在色散力；

(2) 两个都是极性分子，存在取向力、诱导力和色散力，甲醇和水间还存在氢键；

(3) 氦是非极性分子，水是极性分子，两者之间存在诱导力和色散力；

(4) 两个都是极性分子，存在取向力、诱导力和色散力。

例 8. 将下列物质的熔点由高到低进行排列，并作出简要解释：

(1) CO_2、HCl、HF；(2) N_2、NH_3。

解：(1) 熔点：HF＞HCl＞CO_2。

CO_2 是非极性分子，分子间只有色散力，所以熔点最低；HF 和 HCl 都是极性分子，除色散力外还有取向力和诱导力，所以熔点高于 CO_2。而 HF 分子间还能形成氢键，故熔点高于 HCl。

(2)熔点：$NH_3>N_2$。

N_2 是非极性分子，分子间只有色散力；NH_3 虽然分子量小，但 NH_3 是极性分子且分子间能形成氢键，所以熔点高于 N_2。

例 9. 下列化合物中哪些分子不能形成氢键？哪些分子间能形成氢键？

CH_3Cl、H_2O_2、CH_3CHO、H_3BO_3、H_3PO_4、CH_3OCH_3、CH_3COCH_3、$C_6H_5NH_2$

解：不能形成氢键的是 CH_3Cl、CH_3CHO、CH_3OCH_3、CH_3COCH_3。

能形成分子间氢键的是 H_2O_2、H_3BO_3、H_3PO_4、$C_6H_5NH_2$。

例 10. 在下列各对分子中，哪个分子的键角大？说明原因。

(1) $SnCl_2$ 和 SCl_2；(2) OF_2 和 Cl_2O；(3) PF_3 和 NF_3。

解：(1) $SnCl_2>SCl_2$，$SnCl_2$ 是不等性 sp^2 杂化，有一对孤对电子，键角稍小于 120°；SCl_2 是不等性 sp^3 杂化，有两对孤对电子，键角小于 109°28′。

(2) $OF_2<Cl_2O$，两者均为不等性 sp^3 杂化，都有两对孤对电子，但配位原子的电负性 F>O，所以 OF_2 中成键电子对较远离中心原子，成键电子对间斥力较小，键角受孤对电子压缩较大。

(3) $PF_3<NF_3$，两者均为不等性 sp^3 杂化，都有一对孤对电子，但中心原子的电负性 N>P，所以 NF_3 中成键电子对较靠近中心原子，成键电子对间斥力较大，键角被孤对电子压缩得较小。

【知识点练习】

一、选择题

1. 下列关于共价键说法错误的是(　　)。

A. 两个原子间键长越短，键越牢固

B. 两个原子半径之和约等于所形成的共价键键长

C. 共价键具有饱和性

D. 键的强度与键长无关

2. 下列原子轨道的 n 相同，且各有一个自旋方式相反的不成对电子，若沿 x 轴方向头碰头重叠，可形成 π 键的是(　　)。

A. p_x-p_x　　B. p_x-p_y　　C. p_y-p_z　　D. p_z-p_z

3. 下列原子轨道中各有一个自旋方向相反的不成对电子，则沿 x 轴方向可形成 σ 键的(　　)。

A. $2s$-$4d_{z^2}$　　B. $2p_x$-$2p_x$　　C. $2p_y$-$2p_y$　　D. $3d_{xy}$-$3d_{xy}$

4. CH_4 分子中，C—H 键属于(　　)。

A. 离子键　　B. p-p π 键　　C. sp^3-s σ 键　　D. 配位共价键

5. 下列说法中不正确的是(　　)。

A. σ 键比 π 键的键能都要大

B. 在相同原子间形成 σ 键比形成 π 键电子云重叠多

C. 在相同原子间形成双键比形成单键的键长要短

D. 双键和叁键都含有 π 键

6. 下列分子和离子中，中心原子成键轨道不是 sp^2 杂化的是(　　)。

A. NO_3^-　　B. HCHO　　C. BF_3　　D. NH_3

7. CO_2 分子中，碳原子轨道采取的杂化方式是(　　)。

A. sp　　B. sp^2　　C. sp^3 等性杂化　　D. sp^3 不等性杂化

8. NCl_3 分子中，N 原子与三个 Cl 原子成键所采用的轨道是(　　)。

A. 两个 sp 轨道，一个 p 轨道　　B. 三个 sp^3 轨道

C. p_x、p_y、p_z 轨道　　D. 三个 sp^2 轨道

9. 若中心原子为采用 sp^3d^2 杂化轨道成键的分子，其空间构型可能是(　　)。

A. 八面体形　　B. 平面正方形　　C. 四方锥形　　D. 以上三种均有可能

10. 下列分子和离子中，中心原子杂化轨道类型为 sp^3d 杂化，且分子(离子) 空间构型呈直线形的是(　　)。

A. ICl_2^-　　B. SbF_4^-　　C. CO_2　　D. SO_2

11. AB_2 型的分子或离子，其中心原子可能采取的杂化轨道类型是(　　)。

A. sp　　B. sp^2　　C. sp^3　　D. 以上三种均有可能

12. 下列分子构型中以 sp^3 杂化轨道成键的是(　　)。

A. 直线形　　B. 平面三角形　　C. 八面体形　　D. 四面体形

13. H_2S 分子的空间构型、中心原子的杂化方式分别为(　　)。

A. 直线形、sp 杂化　　B. V 形、sp^2 杂化

C. 直线形、sp^3d 杂化　　D. V 形、sp^3 杂化

14. 在乙烯($CH_2{=}CH_2$)分子中，六个原子处于同一平面上，一个 π 键垂直于该平面，则 C 原子采用的杂化轨道是(　　)。

A. sp　　B. sp^2　　C. sp^3　　D. sp^3d

15. 下列分子或离子中，中心原子以 sp 杂化轨道成键，且又具有 π 键的是(　　)。

A. CO_2　　B. C_2H_4　　C. SO_3　　D. NO_3^-

16. 关于杂化轨道的下列说法，正确的是(　　)。

A. CH_4 分子中的 sp^3 杂化轨道是由 H 原子的 1 个 ns 轨道和 C 原子的 3 个 p 轨道混合起来而形成的

B. sp^3 杂化轨道是由同一原子中的 1 个 ns 轨道和 3 个 np 轨道混合起来重新组合成的 4 个新的原子轨道

C. 凡是中心原子采取 sp^3 杂化轨道成键的分子，其几何构型都是正四面体形

D. 凡 AB_3 型共价化合物，其中心原子 A 均采用 sp^3 杂化轨道成键

17. 根据 VSEPR 理论，BrF_3 分子的几何构型为(　　)。

A. 平面三角形　　B. 三角锥形　　C. 三角双锥形　　D. T 形

18. 下列分子或离子中，属于三角锥形的是(　　)。

A. BCl_3　　B. H_3O^+　　C. BrF_3　　D. I_3^-

19. 下列分子或离子中，不是直线形的是(　　)。

A. XeF_2　　B. I_3^-　　C. O_3　　D. CS_2

20. 估计下列分子或离子中，键角最小的是(　　)。

A. NH_3　　B. NO_3^-　　C. NF_3　　D. NCl_3

21. 下列分子或离子中，键角最大的是(　　)。

A. XeF_2　　B. NCl_3　　C. CO_3^{2-}　　D. PCl_4^+

22. ClF_3分子的空间构型是(　　)。

A. 平面三角形　　B. T形　　C. 三角锥形　　D. 四面体形

23. SF_4分子的空间构型是(　　)。

A. 四面体形　　B. 变形四面体　　C. 三角锥形　　D. 三角双锥形

24. ClO_3F分子的几何构型属于(　　)。

A. 直线形　　B. 平面正方形　　C. 四面体形　　D. 平面三角形

25. ICl_2^-离子中，其中心原子I的杂化类型为(　　)。

A. sp^3　　B. sp^2　　C. dsp^3　　D. sp^3d

26. CO_3^{2-}的几何构型是(　　)。

A. 平面三角形　　B. 三角锥形　　C. T形　　D. 直线形

27. 下列分子或离子中，具有反磁性的是(　　)。

A. O_2　　B. O_2^-　　C. O_2^+　　D. O_2^{2-}

28. 按分子轨道理论，下列稳定性排列正确的是(　　)。

A. $O_2>O_2^+>O_2^{2-}$　　B. $O_2^+>O_2>O_2^{2-}$

C. $O_2^{2-}>O_2>O_2^+$　　D. $O_2^+>O_2^{2-}>O_2$

29. 按分子轨道理论，下列稳定性大小顺序正确的是(　　)。

A. $N_2^{2-}>N_2^->N_2$　　B. $N_2>N_2^->N_2^{2-}$

C. $N_2^->N_2^{2-}>N_2$　　D. $N_2^->N_2>N_2^{2-}$

30. 下列分子或离子中，呈反磁性的是(　　)。

A. B_2　　B. O_2　　C. CO　　D. NO

31. 下列分子或离子中，磁性最强的是(　　)。

A. O_2　　B. O_2^-　　C. O_2^+　　D. O_2^{2-}

32. 按分子轨道理论，下列分子或离子中键级等于2的是(　　)。

A. O_2^-　　B. CN^-　　C. Be_2　　D. O_2

33. 根据分子轨道理论，N_2分子中最低空轨道是(　　)。

A. σ_{2p}　　B. π_{2p}^*　　C. π_{2p}　　D. σ_{2p}^*

34. 用分子轨道理论来判断下列说法，不正确的是(　　)。

A. N_2^+的键能比N_2分子的小

B. CO^+的键级是2.5

C. N_2^-和O_2^+是等电子系统

D. 第二周期同核双原子分子中，只有Be_2分子不能稳定存在

35. 分子间的范德华力是随下列哪一个量值增加而增加？(　　)。

A. 分子量　　B. 温度　　C. 电子数　　D. 电离能

36. CH_3OCH_3和HF分子之间存在的作用力有(　　)。

A. 取向力、诱导力、色散力、氢键　　B. 取向力、诱导力、色散力

C. 诱导力、色散力　　D. 色散力

37. 在单质碘的四氯化碳溶液中，溶质和溶剂分子之间存在着(　　)。

A. 取向力　B. 诱导力　C. 色散力　D. 诱导力和色散力

38. 下列各组物质中，两种分子间存在氢键的一组是(　　)。

A. CH_3OH 和 HF　B. HCl 和 HBr

C. C_6H_6 和 H_2O　D. H_2S 和 H_2O

39. 下列说法中正确的是(　　)。

A. 非极性分子中没有极性键　B. 键长不是固定不变的

C. 四个原子组成的分子一定是四面体形　D. 三个原子组成的分子一定是直线形

40. 为确定分子式为 XY_2 的共价化合物是直线形还是弯曲形，最好是测定(　　)。

A. 它与另一个化合物的反应性能　B. 偶极矩

C. 键能　D. 离子性百分数

41. 下列分子中的键有极性，分子也有极性的是(　　)。

A. PH_3　B. SiF_4　C. BF_3　D. CO_2

42. 下列物质中，属于非极性分子的是(　　)。

A. SF_4　B. PCl_5　C. PCl_3　D. IF_5

43. 下列化合物中含有极性共价键的是(　　)。

A. $KClO_3$　B. Na_2O_2　C. Na_2O　D. KI

44. 下列化合物中，键的极性最弱的(　　)。

A. $FeCl_3$　B. $AlCl_3$　C. $SiCl_4$　D. PCl_5

45. 下列氟化物分子中，分子偶极矩不为零的是(　　)。

A. PF_5　B. BF_3　C. IF_5　D. XeF_4

46. 下列表示键角大小顺序正确的是(　　)。

A. $CH_4>H_2O>NH_3>H_2S$　B. $CH_4>NH_3>H_2O\approx H_2S$

C. $CH_4>NH_3>H_2O>H_2S$　D. $CH_4>NH_3>H_2S>H_2O$

47. 下列氢键中最强的是(　　)。

A. S—H…O　B. N—H…N　C. F—H…F　D. C—H…N

48. 下列化合物中，氢键表现最强烈的是(　　)。

A. HF　B. H_2O　C. NH_3　D. HCl

49. 在水分子之间存在的各种相互作用力由强到弱的顺序正确的是(　　)。

A. 氢键>取向力>色散力>诱导力　B. 取向力>色散力>诱导力>氢键

C. 氢键>色散力>取向力>诱导力　D. 氢键>诱导力>取向力>色散力

50. HF 具有反常的高沸点是由于(　　)。

A. 范德华力　B. 极性共价键　C. 氢键　D. 离子键

51. 根据 VSEPR 理论，可判断 XeO_3 和 ClF_3 的分子空间构型是(　　)。

A. 平面三角形和三角锥形　B. 三角锥形和 T 形

C. T 形和平面三角形　D. 三角锥形和平面三角形

52. 原子轨道之所以要发生杂化是因为(　　)。

A. 进行电子重排　B. 增加配对的电子数

C. 增加成键能力　D. 保持共价键的方向性

53. 在 Br—CH═CH—Br 分子中，C—Br 键的轨道重叠方式是(　　)。

A. sp-p　　B. sp^2-s　　C. sp^2-p　　D. sp^3-p

54. 在下列物种中，不具有孤电子对的是(　　)。

A. NCl_3　　B. H_2S　　C. OH^-　　D. NH_4^+

55. HNO_3的沸点(86 ℃)比 H_2O 的沸点(100 ℃)低得多的原因是(　　)。

A. HNO_3的分子量比 H_2O 的分子量大得多

B. HNO_3形成分子间氢键，H_2O 形成分子内氢键

C. HNO_3形成分子内氢键，H_2O 形成分子间氢键

D. HNO_3分子中有 π_3^4 大 π 键，而 H_2O 分子中没有

56. 下列分子中，中心原子不含有孤对电子的是(　　)。

A. NCl_3　　B. SF_4　　C. $CHCl_3$　　D. H_2O

57. 下列离子中，中心原子采取不等性杂化的是(　　)。

A. H_3O^+　　B. NH_4^+　　C. PCl_6^-　　D. BI_4^-

58. 下列分子或离子中，中心原子的杂化轨道与 NH_3分子的中心原子杂化轨道最相似的是(　　)。

A. H_2O　　B. H_3O^+　　C. NH_4^+　　D. BCl_3

59. 下列分子或离子中，构型不为直线形的是(　　)。

A. I_3^+　　B. I_3^-　　C. CS_2　　D. $BeCl_2$

60. 下列化合物中，按沸点由高到低顺序排列正确的是(　　)。

① 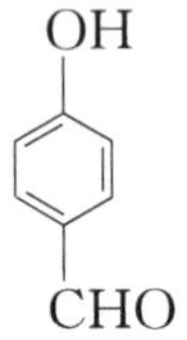

② 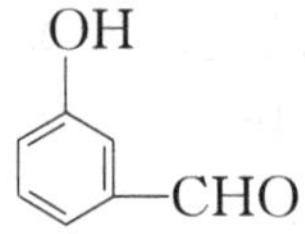

③ 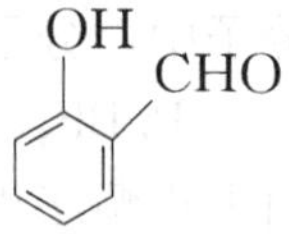

A. ③②①　　B. ②③①　　C. ①②③　　D. ③①②

61. 下列分子或离子为平面四方形构型的是(　　)。

A. ICl_4^-　　B. ClO_4^-　　C. BrF_4^+　　D. SF_4

62. 下列分子中，键角最小的可能是(　　)。

A. NH_3　　B. PH_3　　C. AsH_3　　D. SbH_3

63. 下列分子或离子中，键角最小的可能是(　　)。

A. NH_3　　B. NO_3^-　　C. H_2O　　D. CO_2

64. 下列化合物中，存在氢键的是(　　)。

① H_3BO_3　　② 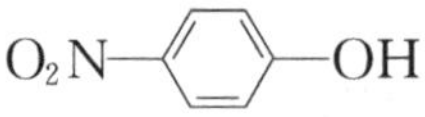　　③ 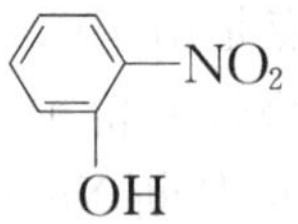　　④ $NaHCO_3$

A. ①②③④　　B. ②　　C. ②③　　D. ①②③

65. SF_4分子的空间构型是(　　)。

A. 四面体形　　B. 变形四面体形　　C. 三角锥形　　D. 三角双锥形

66. 水分子中氧原子的杂化轨道是(　　)。

A. sp　　B. sp^2　　C. sp^3　　D. dsp^2

67. 下列化合物中，极性最大的是(　　)。

A. CS_2　　B. H_2S　　C. SO_3　　D. $SnCl_4$

68. 下列说法中，正确的是(　　)。

A. 相同原子间的双键键能是单键键能的两倍

B. 原子形成共价键的数目等于基态原子的未成对电子数

C. 分子轨道由同一原子中能量相近、对称性匹配的原子轨道组合而成

D. p_y和 d_{xy}的线性组合形成 π 成键轨道和 π^* 反键轨道

69. OF_2分子的中心原子采取的杂化轨道是(　　)。

A. sp^2　　B. sp^3　　C. sp　　D. dsp^2

70. 下列各组判断中，正确的是(　　)。

A. CH_4、CO_2是非极性分子

B. $CHCl_3$、BCl_3、H_2S、HCl 是极性分子

C. CH_4、H_2S、CO_2是非极性分子

D. $CHCl_3$、BCl_3、HCl 是极性分子

二、填空题

1. 化学键是分子或晶体中相邻原子间的强烈相互吸引作用，化学键的类型有______键、______键和______键。

2. 共价键的特点是具有________和________。

3. 相应原子轨道相互重叠，重叠越多，核间电子云密度____________，所成共价键越____________。

4. 原子轨道沿两核连线以“头碰头”方式重叠形成的共价键叫____________键，以“肩并肩”方式重叠形成的共价键叫____________键。

5. 判断下列分子是极性分子还是非极性分子：SO_2是________分子，BF_3是________分子，NF_3是________分子，PF_5是________分子。

6. 当分子的空间构型相同时，多重键和元素的电负性对键角大小有影响。通常含多重键的键角____________；中心原子相同而配位原子不同时，配位原子电负性大，键角________；配位原子相同而中心原子不同时，中心原子电负性大，键角________。

7. ① NH_3分子键角∠H—N—H、② CH_4分子键角∠H—C—H、③ H_2O 分子键角∠H—O—H，按键角增大的顺序是________(以序号排序)。

8. CO_3^{2-}、NF_3、$POCl_3$、PCl_5、BF_3 中，中心原子的杂化方式依次为__________、__________、__________、__________、__________，其中杂化轨道中有孤对电子的分子为__________，有 d 轨道参与杂化的分子为________。

9. 中心原子若以 sp^3d 杂化轨道形成分子或离子，则分子或离子可能的空间构型有四种，它们是____________、____________、____________、____________。

10. 根据杂化轨道理论和价层电子对互斥理论判断下列分子或离子的中心原子杂化轨道类型及分子或离子的空间构型：

① SiF_6^{2-}____________、____________；② ClF_3____________、____________；

③ NO_2____________、____________；④ SCl_2____________、____________。

11. ICl_2^-离子中，中心原子I的价层电子对共有________对，这些电子对排布的空间构型为________形，其中孤对电子为________对，离子的空间构型为________形。

12. 根据价层电子对互斥模型，BF_3和XeF_4的价层电子对总数分别为____________和____________对，其中孤对电子数分别为____________和____________对。它们的分子空间几何构型分别为____________形和____________形。

13. 原子轨道线性组合为分子轨道的三条原则是：(1)____________________________；(2)________________________________；(3)________________________________。

14. 冰融化要克服的作用力有__________________________________；S粉溶于CS_2要靠它们之间的____________________作用。

15. 现有7种物质：BrF_5、CO_2、PCl_3、OF_2、HCHO、H_3O^+、SF_4。

① 分子中有π键，又是极性分子的是________。

② 中心原子以sp^3杂化轨道成键，分子或离子的空间几何构型为V形的是________。

③ 中心原子以sp^3d杂化轨道成键，分子或离子的空间几何构型为变形四面体形的是________。

④ 中心原子价层电子对空间分布为八面体形，分子或离子的空间几何构型为四方锥形的是________。

16. 写出下列物质分子中的杂化轨道类型：C_2H_2 ____________；C_6H_6 ____________；SiO_4^{4-}____________；CS_2____________。

17. 金刚石中，C—C间以________杂化轨道相互成键，其空间构型为________。石墨中，C—C间以________杂化轨道相互成键，键角为________。在石墨中除________键外，还有________键，故有导电性。

18. OF_2分子的中心原子是采用________杂化轨道成键，其空间构型为________。

19. 按分子轨道理论Li_2分子的分子轨道式可表示为____________________________，其键级为____________，这说明它____________(填“可以”或“不可以”)存在。

20. NO^+、NO的稳定性大小顺序为____________，呈顺磁性的是____________。

21. CO的分子轨道电子排布式(类同于N_2)为________________________________；CO^+的分子轨道电子排布式为________________________________；它们的键级分别为________、________；稳定性大小顺序为____________；呈顺磁性的是____________。

22. He、Ne、Ar、Kr、Xe均为单原子分子，在它们的分子之间只存在____________，它们的沸点高低顺序为________________________________。

23. 在H_2S、HNO_3、PH_3、NH_3、H_2O、HF_2^-中，无氢键的是________；有分子内氢键的是________；有分子间氢键，且氢键键能最大的是________。

24. BF_3分子的空间构型为____________，偶极矩____________(填=或>)0；NF_3分子的空间构型为____________，偶极矩____________(填=或>)0。

25. 在干冰、水、氧化钙、二氧化硅等晶体的微粒间，只存在范德华力的是________，只有离子键的是________，存在共价键的是________。

26. 氢键从键能大小考虑属于____________范畴，氢键与共价键的相同之处在于具有____________。

27. Cl_2、F_2、I_2、Br_2的沸点高低顺序为____________________，它们都是________性分子，偶极矩__________(填=或>)0，分子之间的作用力是__________。

28. HI 分子之间的作用力有____________________，其中占主要部分的作用力是__________。

29. H_2O、H_2S、H_2Se、H_2Te 等化合物分子间取向力按____________________次序递增，色散力按____________________次序递增。

30. 对同类型分子，其分子间力随着分子量的增大而变__________。分子间力越__________，物质的熔点、沸点、硬度就越__________。

31. O_2^+的分子轨道式为______________________________，它的键级是__________，显__________性。

32. 根据价层电子对互斥模型填写下表：

物质	中心原子价层电子对数	成键电子对数	孤电子对数	分子或离子的空间构型
XeF_4				
AsO_4^{3-}				

33. 用价层电子对互斥模型预测下列离子和分子的空间几何构型：

分子或离子	中心原子价层电子对数	孤对电子数	分子或离子的空间几何构型
BeF_2			
BF_3			
H_2O			
NH_3			
PCl_4^+			
BrF_3			
IF_5			
SF_6			
$IO_2F_2^-$			

34. 综合应用杂化轨道理论和价层电子对互斥模型填写下表：

分子或离子	H_2Se	$SbCl_5$	ICl_3	AlF_6^{3-}	XeF_4
中心原子价层电子对数					
成键电子对数					
孤对电子数					
电子对构型					
分子或离子空间构型					
中心原子杂化轨道类型					

三、判断题

1.(　　)原子轨道相互重叠应满足最大重叠原理，所以沿键轴以“头碰头”方式才能形成共价键。

2.(　　)发生轨道杂化的原子可以具有成对电子。

3.(　　)轨道发生杂化可以提高成键能力。

4.(　　)由于离子键没有方向性和饱和性，因此任何离子周围可以吸引数目不定的异号离子，并且能任意堆积成固态离子化合物。

5.(　　)键级和键能一样，也可以作为衡量化学键牢固程度的物理量。

6.(　　)BCl_3分子中B原子采取sp^2等性杂化，而NF_3分子中，N原子采取的是sp^3不等性杂化。

7.(　　)CH_3OCH_3分子间存在氢键，使其沸点升高。

8.(　　)反键轨道中电子数增多，将降低分子的稳定性。

9.(　　)只有极性分子之间存在取向力，所以取向力总是大于色散力和诱导力。

10.(　　)SiH_4分子空间构型为正四面体形，是非极性分子，其化学键也是非极性的。

11.(　　)极性分子中的化学键一定是极性键，非极性分子中的化学键一定是非极性键。

12.(　　)HF液体的氢键键能比H_2O大，而且具有一定的方向性。

13.(　　)氧原子中有两个单电子，所以形成O_2分子时两个氧原子间将形成两个共价键，电子配对后分子中不再有单电子，故氧分子具有反磁性。

14.(　　)共价分子中的键角大小与多重键有关，包含有多重键的键角较大。

15.(　　)共价分子中的键角大小与成键原子的电负性大小有关，当中心原子不同而配位原子相同时，中心原子电负性越大，键角也越大。

16.(　　)共价分子中的键角大小与成键原子的电负性大小有关，当中心原子相同而配位原子不同时，配位原子电负性越大，键角也越大。

17.(　　)共价分子中，中心原子价层电子对的构型就是该分子的构型。

18.(　　)氢键是含有氢原子的分子中的一种特殊化学键。

19.(　　)当分子的中心原子以sp^3杂化成键时，分子的空间构型为四面体形。

20.(　　)CH_4分子中的sp^3杂化轨道是由H原子的1个ns轨道和C原子的3个p轨道混合起来而形成的。

21.(　　)OF_2分子空间构型为V形，是一个极性分子。

22.(　　)在BF_3和NF_3分子中，中心原子均采取sp^2杂化成键，分子呈平面三角形。

23.(　　)s电子与s电子配对形成的键一定是σ键，而p电子与p电子配对形成的键则是π键。

24.(　　)价层电子对互斥模型可以推测所有共价分子的空间构型。

25.(　　)空间构型为直线形的分子，都是非极性分子。

26.(　　)双原子分子中，键的极性和分子的极性是一致的。

27.(　　)多原子分子中，键的极性越强，分子的极性也越强。

28.(　　)离子化合物中的化学键都是离子键。

29.(　　)HF、HCl、HBr、HI 的分子量依次增大，分子间力依次增强，则其熔、沸点依次升高。

30.(　　)根据分子轨道理论，O_2是顺磁性物质。

31.(　　)$BeCl_2$分子与 XeF_2分子的偶极矩为零，由此可以推断 Be 原子和 Xe 原子均采用 sp 杂化轨道成键。

32.(　　)两原子之间形成共价键时，首先形成的一定是 σ 型共价键。

33.(　　)所有 AB_4型分子都是四面体形，也都是非极性分子。

四、问答题

1. 什么是 σ 键？什么是 π 键？它们分别有何特征和性质？
2. 双原子分子中能否有两个以上 σ 键？为什么？
3. 什么叫轨道杂化？什么是杂化轨道？主要的杂化轨道及其空间构型有哪些？
4. 原子轨道杂化后，为什么能提高其成键能力？
5. 指出 OF_2和 H_2O 分子中氧原子的杂化轨道类型及分子的几何构型。
6. 在 CH_4、NH_3、H_2O 分子中，中心原子各采用什么杂化轨道？它们的键角各为多少？为什么？
7. 为什么 BF_3是平面三角形的几何构型，但 NF_3却是三角锥形的几何构型？
8. 为什么存在 H_3O^+ 和 NH_4^+ 而不存在 CH_5^+？
9. 为什么存在 SF_6而不存在 OF_6？
10. 为什么甲烷分子中键角为 109°28′，乙烯分子中键角为 120°，乙炔分子中键角为 180°？
11. 分别指出 H_2S(V 形)、SO_2Cl_2(四面体形)、SF_6(八面体形)、SOF_4(三角双锥形)和 SF_3^+(三角锥形)分子或离子中的 σ 键数、硫的杂化轨道类型及其孤对电子数。
12. PCl_3的空间几何构型为三角锥形，键角略小于 109°28′，$SiCl_4$是四面体形，键角为 109°28′，试用杂化轨道理论加以说明。
13. 在下列各对分子中，哪个分子的键角大？说明原因。

(1) $HgCl_2$和 BCl_3；(2) CCl_4和 PCl_3；(3) SiF_4和 SF_6。

14. 试用价层电子对互斥模型讨论 $COCl_2$分子的几何构型和键角。
15. 根据价层电子对互斥模型，对于离子 $IBrCl_3^-$：

(1) 哪个原子是中心原子？

(2) 计算其中心原子的价层电子对数；

(3) 指出孤对电子数；

(4) 指出离子空间构型。

16. 用价层电子对互斥模型，判断下列分子或离子的空间几何构型：

(1) NO_2；(2) NF_3；(3) SO_3^{2-}；(4) ClO_4^-；(5) CS_2；(6) BF_3；(7) SiF_4；(8) H_2S。

17. 将下列分子按键角大小由大至小进行排列，并说明这个变化规律的原因是什么。

PF_3、PCl_3、PBr_3、PI_3

18. 现有离子 H_2^+、H_2^-、H_2^{2-}，分别写出它们的分子轨道式，计算其键级，判断哪些可以存在，哪些不能存在。

19. 写出 He_2分子和 He_2^+离子的分子轨道式，计算它们的键级。解释为什么氦不能以双原子分子形式存在。

20. 已知 NO 分子具有与 N_2分子相同的分子轨道能级类型，试写出 NO、NO^+的分子轨道式，指出它的键级、磁性和相对稳定性。

21. 判断下列各组中同种或异种分子之间存在哪些形式的分子间作用力。

(1) H_2S；(2) CH_4；(3) Ne 和 H_2O；(4) CH_3Br；(5) NH_3；(6) Br_2和 CCl_4。

22. 按沸点由低至高的顺序排列下列两组中的各个物质，并简要说明理由。

(1) H_2、CO、Ne、HF；(2) CI_4、CF_4、CBr_4、CCl_4。

23. 举例说明氢键对物质性质有哪些影响。

24. HF 分子间氢键的键能(28.0 kJ·mol^{-1})比 H_2O 分子间氢键的键能(18.8 kJ·mol^{-1})更强些，为什么 HF 的沸点及气化热均比 H_2O 的低？

25. 判断下列各组物质的熔点高低顺序，并简要说明理由。

(1) H_2O、H_2S、H_2Se；(2) C_6H_6、C_6H_5Cl、C_6H_5Br。

26. 比较下列各对分子偶极矩的大小，简要说明理由。

(1) CO_2和 SO_2；(2) CCl_4和 CH_4；(3) PH_3和 NH_3；(4) BF_3和 NF_3。

【单元测试】

一、选择题(共 40 分)

1. 下列哪一种物质既有离子键又有共价键(　　)。

A. NaOH　　B. H_2O　　C. CH_3Cl　　D. SiO_2

2. 下列说法中，正确的是(　　)。

A. 相同原子间的双键键能是单键键能的两倍

B. 原子形成共价键的数目等于基态原子的未成对电子数

C. 分子轨道是由同一原子中能量相近、对称性匹配的原子轨道组合而成

D. p_y和 d_{xy}的线性组合形成 π 成键轨道和 π^*反键轨道

3. 下列分子中，两个相邻共价键的夹角最小的是(　　)。

A. BF_3　　B. CCl_4　　C. NH_3　　D. H_2O

4. 中心原子采取 sp^2杂化的分子是(　　)。

A. NH_3　　B. BCl_3　　C. PCl_3　　D. H_2O

5. CS_2分子中，碳原子轨道采取的杂化方式是(　　)。

A. sp　　B. sp^2　　C. sp^3等性杂化　　D. sp^3不等性杂化

6. 在 IO_6^{5-}离子中 I 原子采用的杂化方式为(　　)。

A. sp^3d^2　　B. d^2sp^3　　C. sp^3d　　D. dsp^3

7. 在下列分子或离子中，不含有孤对电子的是(　　)。

A. H_2O　　B. NH_3　　C. NH_4^+　　D. H_2S

8. 下列离子中，中心原子采取不等性杂化的是(　　)。

A. H_3O^+　　B. NH_4^+　　C. PCl_6^-　　D. BI_4^-

9. 根据 VSEPR 理论，可判断 XeO_3 和 ClF_3 的分子空间构型是(　　)。

A. 平面三角形和三角锥形　　B. 三角锥形和 T 形

C. T 形和平面三角形　　D. 三角锥形和平面三角形

10. 下列分子或离子为平面四方形构型的是(　　)。

A. ICl_4^-　　B. ClO_4^-　　C. BrF_4^+　　D. SF_4

11. 下列分子中至少有两个不同长度的键的是(　　)。

A. CS_2　　B. BF_3　　C. SF_4　　D. XeF_4

12. 同核双原子分子中，能级相近的两个原子的 p 轨道可组成的分子轨道数是(　　)。

A. 4　　B. 6　　C. 8　　D. 2

13. 根据分子轨道理论，下列解释正确的是(　　)。

A. F_2 分子中 $E(\pi_{2p})<E(\sigma_{2p})$

B. O_2^+ 离子中不存在双键，键级为 2

C. N_2 分子的稳定性略低于 O_2^+ 离子的稳定性

D. CO^+ 离子中有一个 σ 单电子键

14. 由分子轨道理论可推断，在下列四种阳离子中最稳定的是(　　)。

A. N_2^+　　B. NO^+　　C. O_2^+　　D. Be_2^+

15. 下列各组双原子分子中，均具有顺磁性的是(　　)。

A. O_2，B_2　　B. O_2，C_2　　C. Be_2，B_2　　D. Be_2，O_2

16. 下列分子或离子中键长由大到小的顺序正确的是(　　)。

A. $O_2>O_2^+>O_2^->O_2^{2-}$　　B. $O_2^+>O_2>O_2^->O_2^{2-}$

C. $O_2^{2-}>O_2^->O_2>O_2^+$　　D. $O_2^->O_2^+>O_2^{2-}>O_2$

17. 下列说法中正确的是(　　)。

A. 多数含氢的化合物中都存在氢键

B. 分子型物质的沸点总是随相对分子量增大而升高

C. 极性分子之间只存在取向力

D. 色散力存在于所有相邻的分子和原子之间

18. 下列氟化物分子中，偶极矩为 0 的为(　　)。

A. OF_2　　B. PF_3　　C. SnF_4　　D. SF_4

19. 乙醇和醋酸易溶于水而碘和二硫化碳难溶于水的根本原因是(　　)。

A. 分子量不同　　B. 有无氢键　　C. 分子的极性不同　D. 分子间力不同

20. HNO_3 的沸点(86 ℃)比 H_2O 的沸点(100 ℃)低得多的原因是(　　)。

A. HNO_3 的分子量比 H_2O 的分子量大得多

B. HNO_3 形成分子间氢键，H_2O 形成分子内氢键

C. HNO_3 形成分子内氢键，H_2O 形成分子间氢键

D. HNO_3 分子中有 π_3^4 大 π 键，而 H_2O 分子中没有

二、填空题(共 20 分)

1. IF_4^-离子的中心原子的杂化类型是__________，其几何构型是__________。

2. 根据价层电子对互斥模型，BrF_3和 XeF_2的价层电子对总数分别为__________和__________对，其中孤对电子数分别为__________和__________对。它们的分子空间几何构型分别为__________形和__________形。

3. NO_3^-、NH_3、H_2O、PCl_4^+的键角小到大顺序为____________________，中心原子不含有孤对电子的物质是____________。

4. 已知 NO^+与 N_2是等电子体，因此可推断 NO^+离子轨道电子排布式为__________________，它的键级为____________，在磁场中表现为____________。

5. 氢键一般具有___________性和___________性。分子间存在氢键时，物质的熔、沸点___________，而具有分子内氢键的物质的熔、沸点则____________。

6. 在下列各对分子之间存在哪些相互作用力？

(1) CH_3Cl 和 CCl_4之间存在________________________；

(2) N_2和 N_2之间存在________________________；

(3) H_2O 和 C_2H_5OH 之间存在________________________。

三、判断题(共 10 分)

1. (　　) 分子中键的极性越强，分子的偶极矩越大。

2. (　　) $BeCl_2$分子与 XeF_2分子的偶极矩为 0，由此可以推断 Be 原子和 Xe 原子均采用 sp 杂化轨道成键。

3. (　　) 离子化合物中的化学键都是离子键。

4. (　　) NCl_3分子呈三角锥形，是因为其中心原子以 sp^2杂化。

5. (　　) 同种原子之间的化学键的键长越短，键能越大，化学键也越稳定。

6. (　　) s 电子与 s 电子配对形成的键一定是 σ 键，而 p 电子与 p 电子配对形成的键可能是 σ 键也可能是 π 键。

7. (　　) 在不存在氢键的前提下，同类分子的相对分子质量越大，分子间作用力也越大。

8. (　　) sp^3杂化轨道是由同一原子中的 1 个 *n*s 轨道和 3 个 *n*p 轨道混合起来重新组合成的 4 个新的原子轨道。

9. (　　) 氢键是含有氢原子的分子中的一种特殊化学键。

10. (　　) 所有分子间均存在范德华力。

四、问答题(共 30 分)

1. 判断下列分子或离子中何者键角最小并简要写出推断理由。

① NH_3，② PCl_4^+，③ BF_3，④ H_2O，⑤ $HgCl_2$。

2. 综合应用杂化轨道理论和价层电子对互斥理论填写下表：

物质	中心原子价层电子对数	成键电子对数	孤对电子数	空间几何构型	中心原子杂化轨道类型	是否为极性分子
XeF_4						
CCl_4						
CH_2Cl_2						
SF_4						

3. 写出 N_2 和 O_2 的分子轨道排布式，并比较两分子的键级、稳定性大小。

4. 下列情况要克服哪种类型的吸引力？

(1)冰融化；(2)NaCl 溶于水；(3)I_2 溶于 CCl_4。

第3章　晶体结构

【知识点梳理】

自然界中绝大多数的固体是晶体，只有极少数是非晶体。非晶体是当温度骤然下降到液体的凝固点以下，物质内部的粒子来不及进行有规则的排列时形成的，如玻璃、沥青、石蜡和木炭等。当固体内部的粒子进行规律排列时，就会形成晶体。与非晶体相比，晶体具有许多独特的宏观性质，例如晶体具有一定规则的几何外形、具有固定的熔点、具有各向异性等。

3.1　晶体学基础

1)晶体的概念和性质

(1) 定义：晶体是由许多质点(严格说来应是无穷多个质点)在三维空间作周期性排列的固体物质。

(2) 晶体的共性：均一性、各向异性、对称性、自限性、具有固定的熔点、最小内能稳定性等。

2)非晶体的概念和特点

(1) 定义：非晶体是内部质点在三维空间不呈周期性重复排列的固体。在非晶体的各个部位上，没有任何两部分的内部结构是完全相同的。

(2) 非晶体的共性：表现在外形上，非晶体在任何条件下都不可能自发地长成规则的几何多面体形状。通常表现为在外形上为无规则形状的固体，因此也称为无定形体。

(3) 非晶体的特点：没有固定的熔点，通常会在一定的温度范围内从液态经过熔融状态到固态，其间发生的是一个连续变化的过程，这个温度范围被称为转变区；各向同性；没有规则稳定的几何外形，并且没有内在的晶界或相界。

3)晶体结构的周期性

晶格：由于晶体点阵的周期性，空间点阵学说把晶体内部的粒子抽象成质点，然后让质点成行成列地排列，形成点阵。点与点连接形成的格子叫晶格。

空间点阵：在晶体中重复出现的基本单元在三维空间周期性排列，为简便描述质点排列的规律性，可抽象成几何点，称为阵点或结点。上述阵点在空间呈周期性规则排列得到的阵列图形称为空间点阵。

四种点阵类型：素晶胞(P)、体心晶胞(I)、底心晶胞(C)、面心晶胞(F)点阵。

晶胞：从晶格中可以抽取出一个基本单元，可以从中了解整个晶格的排列规律，这个基本单元叫作晶胞。整个晶体就是晶胞在三维空间呈周期性重复排列，相互平行取向，按每一个顶点为八个晶胞共有的方式堆砌而成。

七大晶系：根据晶胞参数间的相互关系，可将全部空间点阵归属为七种类型，即七个晶系。按照对称性从高到低分别是立方、六方、四方(正方)、三方(菱方)、正交(斜方)、单斜和三斜，晶胞参数分别如下：

立方晶系：$a=b=c$，$\alpha=\beta=\gamma=90°$；

六方晶系：$a=b\neq c$，$\alpha=\beta=90°$，$\gamma=120°$；

四方(正方)晶系：$a=b\neq c$，$\alpha=\beta=\gamma=90°$；

(菱方)三方晶系：$a=b=c$，$\alpha=\beta=\gamma\neq 90°$；

正交(斜方)晶系：$a\neq b\neq c$，$\alpha=\beta=\gamma=90°$；

单斜晶系：$a\neq b\neq c$，$\alpha=\gamma=90°$，$\beta\neq 90°$；

三斜晶系：$a\neq b\neq \mathrm{c}$，$\alpha\neq\beta\neq\gamma\neq 90°$。

法国的晶体学家布拉维(Bravais)证实了七大晶系与四种点阵形式结合，总共可以产生十四种点阵，后人称这十四种点阵为布拉维点阵。布拉维点阵是四种点阵类型与七大晶系的结合。

3.2 晶体的类型

1)金属晶体

(1) 定义：金属晶体是金属原子或离子彼此靠金属键结合而成的。金属键是金属晶体中原子、离子和自由电子之间的结合力。金属键没有方向性和饱和性，金属晶体内原子以配位数高为特征。金属晶体中原子紧密堆积，有较大的密度，配位数大，空间利用率大。

(2) 金属键理论。对金属键实质的解释目前有两种理论：一种是“电子气理论”，另一种是能带理论。

① “电子气理论”。

金属晶体中存在着共用电子，所以有共价键。而一般共价键的共用电子是归两原子所有，形成的共价键是定域键。但金属晶体的共价键是“少电子多中心”，即许多原子共用少量电子。这样，在金属晶体中，可以看作金属原子、离子沉浸在自由电子的海洋中，或在原子和离子之间有自由移动的“电子气”。这就是金属键的形成。由于金属键有共用电子，这是其共价键的一面，但又是离域键，没有方向性和饱和性，所以又称改性共价键。此理论可以解释金属的导电性、导热性、延展性等性质，但过于简单，无法解释导体、半导体等的区别。

②能带理论。

该理论是将金属晶体看成一个大分子，这个分子由晶体所有原子组合而成。若干个金属原子的原子轨道重叠，显然可形成许多的分子轨道。这些分子轨道的能级差很小，可看作连成一片，称为能带。金属的电子填充到这些能带中，同样符合能量最低原理、泡利不相容原理、洪特规则等。

由充满电子的原子轨道形成的降低能量的能带叫满带。

由未充满电子的原子轨道所形成的较高能量的能带叫导带。

在满带和导带间还隔有一段能带，称为禁带。

导体的结构特征是有满带、导带、空带。如金属 Li，其密集堆积使原子间距离很小，造成能带间距很小，甚至可以重叠(其满带和导带间重叠形成一个大导带)。绝缘体和半导体的结构特征都是只有满带和空带(没有电子的能带)。绝缘体的禁带宽度大，其满带中的电子难以被激发入空带，即不能形成导带导电；半导体的禁带宽度较窄，在外电场作用下，其满带中的部分电子可跃入空带，使空带有了电子变成了导带，满带因缺少了电子留下一些空穴，也形成了导带，能导电(空穴导电)。

能带理论除了可以解释金属的导电性外，还可解释其导热性及延展性，也可解释金属的光泽。

导电性：导电的能带有两种情形，一种是有导带，另一种是满带和空带有部分重叠。如 Be，也有满带电子跃迁，进入空带中，形成导带，使金属晶体导电。

金属光泽：电子在能带中跃迁，能量变化的覆盖范围相当广泛，放出各种波长的光，故大多数金属呈银白色。

延展性：受外力时，金属能带不受破坏。

(3) 等径圆球密堆积模型。

构成金属晶体的粒子可视为相同体积的圆球，金属的结构可看作这些圆球以尽可能紧密的方式堆积在一起。在同一层中每个球和周围 6 个球接触，即配位数为 6，在密堆积层中，每个球周围有 6 个三角形空隙，每个空隙由 3 个球组成。这些三角形空隙分为两类，如图 3-1 中的 1、3、5 位和 2、4、6 位。由密堆积层进行堆积时，若采用最密堆积的方式，必须是堆积层中的每个球正好对准相邻一层中的一类三角形空隙，即每一个球都同时和相邻一层的 3 个球相接触。按照这种方式将密堆积层堆积起来，才能形成最密堆积的空间结构。

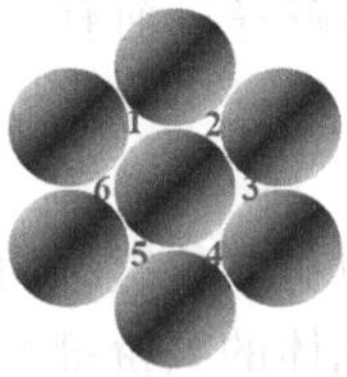

图 3-1 密堆积层示意图

常见的最密堆积结构有两种，即立方最密堆积和六方最密堆积。若将图 3-1 中球的位置、135 位、246 位分别标记为 A、B、C，则按照 ABCABCABC……方式作最密堆积的为立方最密堆积，按照 ABABAB……方式作最密堆积的为六方最密堆积。

① 立方最密堆积。

将密堆积的相对位置按照 ABCABCABC……方式作最密堆积，这时重复的周期为 3 层，由于从这种最密堆积方式中可划出面心立方晶胞(图 3-2)，故称为立方最密堆积，记为A1型堆积。每个晶胞中含4个金属原子，每个金属的配位数为12，空间占有率为74.05%。

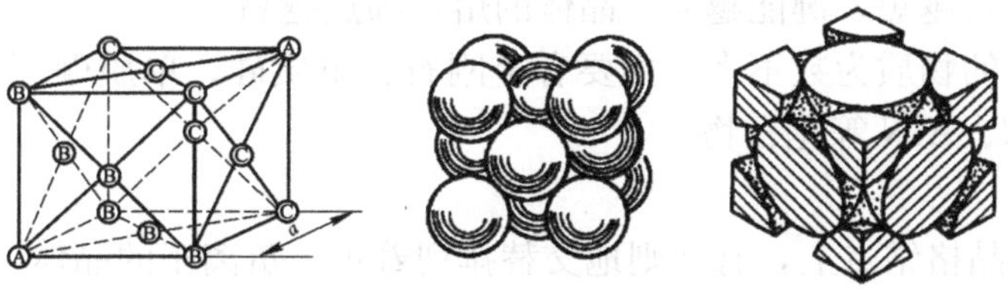

图 3-2　立方最密堆积(面心立方堆积)

② 六方最密堆积。

将密堆积的相对位置按照ABABAB…方式作最密堆积，其重复周期为两层。由于这种堆积方式可划出六方晶胞，故称为六方最密堆积(图3-3)，记为A3型堆积。每个晶胞中含2个原子，每个金属的配位数为12，空间占有率为74.05%。

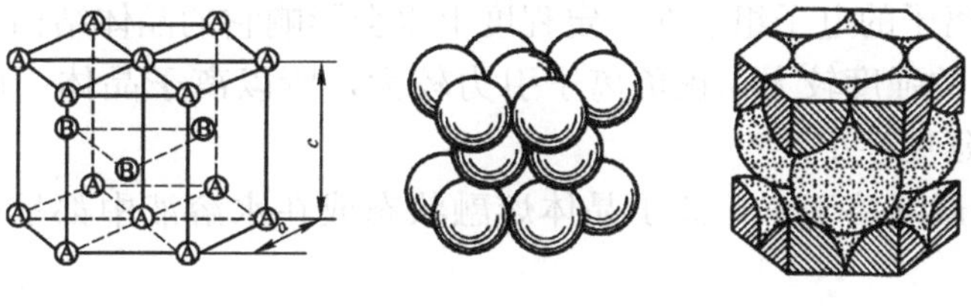

图 3-3　六方最密堆积

③ 立方体心密堆积。

立方体心密堆积(图3-4)，记为A2型堆积。但这种密堆积并不是最密堆积，堆积系数为68.02%。立方体心密堆积结构中，每个晶胞中有2个原子，每个圆球均有8个最近的配位球，处在立方体的8个顶点上。

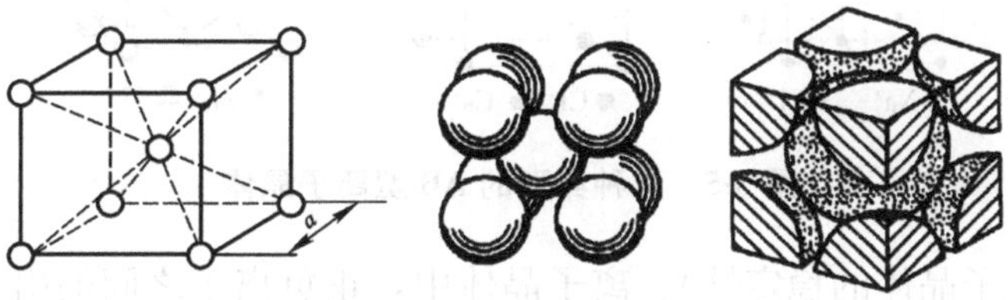

图 3-4　立方体心密堆积

2)原子晶体

(1) 定义：原子以共价键相互连接形成无限伸展网络状结构的晶体。

(2) 原子晶体的特点：

① 原子晶体中，没有独立的分子存在。分子式(如SiC、SiO_2等)只表示原子晶体中各元素原子的个数比。

② 在原子晶体中，原子与原子之间是以共价键结合在一起的。由于共价键的键能很大，结合力极强，所以原子晶体熔点高、硬度大、延展性小。又由于共价键具有方向性和饱和性，原子晶体配位数较小。

③ 原子晶体中没有离子存在，所以固态和熔融状态都不导电，而且在一般溶剂里不溶解。

④ 原子晶体的熔、沸点高低与其内部结构密切相关，对结构相似的原子晶体来说，原子半径越小，键长越短，键能越大，晶体的熔、沸点越高。

属于原子晶体的物质为数不多，主要有金刚石、单质硅、单质硼等单质和 SiC、石英(SiO_2)、B_4C、BN、AlN 等化合物。

3)离子晶体

(1) 定义：在晶格结点上，有规则地交替排列着正、负离子的晶体，叫离子晶体。

(2) 离子晶体的特点：

① 在晶格结点上，正、负离子有规则、交替地排列着，每一个离子都被带有相反电荷的离子所包围。在离子晶体中，没有独立存在的分子。

② 离子晶体是由带正、负电的原子或者原子团通过静电作用(离子键)形成的晶体。

③ 离子晶体的配位数较大(离子晶体的配位数：每个离子周围最邻近的带相反电荷的离子数)；离子晶体的结构类型的制约因素主要是离子的电荷比(决定数量比)和半径大小比(决定配位数)，离子的电子组态在一定程度上也会影响它的晶体结构。

④ 因为离子键的强度较大，正负离子引力较大，所以离子晶体一般熔点比较高，硬度比较大，较脆，延展性小。

⑤ 离子晶体一般易溶于水，离子晶体熔融状态或在水溶液中都呈离子状态，因而都能导电。

(3) 典型的离子晶体。三种典型的 AB 型离子晶体分别是 NaCl 型、CsCl 型、ZnS 型(图 3-5)。NaCl 和 ZnS 都是面心立方晶格，CsCl 是简单立方晶格。NaCl 的配位数为 6，CsCl 为 8，ZnS 为 4。

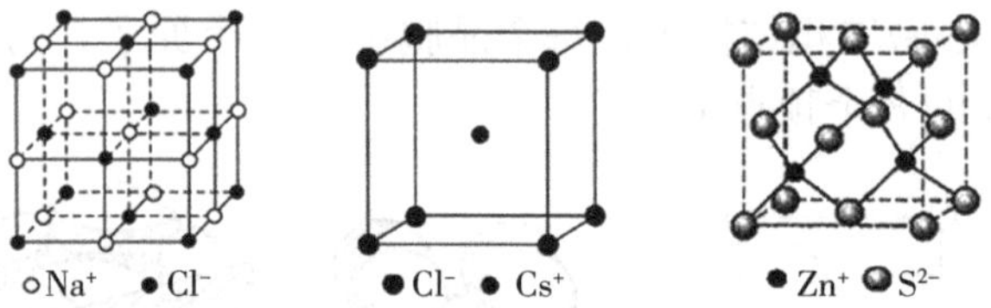

图 3-5 三种典型的 AB 型离子晶体

(4) 晶格能(离子晶体的稳定性)。离子晶体中，正负离子之间的引力大小，或离子键的强弱可以用晶格能 U 的大小来表示。晶格能是指在标准态下，拆开单位物质的量即 1 mol的离子晶体使其变为气态组分离子所需吸收的能量。晶格能的大小与正负离子的电荷数及核间距离大小有关：正负离子电荷数越多，核间距离越小，晶格能越大。此外，晶格能还与晶体的结构类型及离子的电子层结构类型有关。显然，离子间引力越大，离子键越强，晶格能越大，离子晶体的熔点越高，硬度越大。

4)分子晶体

(1) 定义：在晶格结点上是分子的晶体是分子晶体。

绝大多数非金属单质，如 N_2、H_2、O_2及稀有气体等的晶体是分子晶体；大多数非金属元素之间形成的化合物在固态时也属分子晶体，如 CO_2(干冰)等；大部分有机化合物在固态时也是分子晶体。

(2) 分子晶体的特点：

① 在分子晶体中，有独立分子存在。分子之间是以分子间作用力(范德华力、氢键)结合在一起的。因范德华力没有方向性和饱和性，所以通过范德华力结合的分子其配位数比较大，如碘分子、干冰分子等的配位数都是12；而氢键具有方向性和饱和性，因此，通过氢键结合的分子其配位数比较低，如冰中一个水分子周围只紧邻4个水分子。

② 因为分子间作用力比共价键和离子键都要弱，所以分子晶体不稳定，一般具有较小的硬度，较低的熔点和沸点。

③ 分子晶体在固态和熔融态时，因无离子存在，故都不导电。

④ 其溶解性遵守“相似相溶”原理。极性分子易溶于极性溶剂，非极性分子易溶于非极性的有机溶剂，例如：NH_3、HCl极易溶于水，难溶于CCl_4和苯；而Br_2、I_2难溶于水，易溶于CCl_4、苯等有机溶剂。极性分子晶体的水溶液因能形成水合离子，所以能导电，如HCl、冰乙酸等。

5)混合型晶体

(1) 定义：混合型晶体的晶格结点之间存在两种或者两种以上的结合力。

(2) 链状结构晶体。如硅酸盐类，每个Si原子以sp^3杂化，分别与4个O原子结合成正四面体结构。由若干个正四面体相连形成一个链状结构。这样，在硅酸盐晶体的长链上是Si—O共价键结合形成的原子晶体结构，链与链之间却是靠带负电的链和带正电的金属离子的静电引力结合在一起的，又有离子晶体的结构。由此可见，链状结构晶体有共价键和离子键两种结合力，有原子晶体和离子晶体两种晶体结构，所以是混合晶体。因为链本身的结合力共价键比链与链之间的离子键稳定，所以这种晶体易从纵向断裂成纤维状，如石棉。

(3)层状结构晶体。如石墨，每个C以sp^2杂化轨道与其他3个C原子形成平面三角形结构，由若干平面三角形连接形成一个层状结构。因为每个C原子尚有一个未杂化、未成键的p轨道，这些p轨道彼此平行，且与C原子层垂直。这样，同层上所有C原子的p轨道相互重叠形成一个属于C原子层的离域π键，又称为大π键。大π键中的电子具有很强的流动性，与金属中的自由电子有些类似，所以石墨能导电、导热；又因为层与层之间距离较远，只存在微弱的分子间力，层与层之间易滑动，所以石墨可作润滑剂。可以看出在石墨晶体里既有共价键，又有金属键，还有分子间力，所以石墨为混合型晶体。

3.3 离子的极化

1)离子极化的形成

离子的电荷是球形对称分布的，因此离子的正负电荷重心是重合的，不存在偶极，但在外加电场作用下或者在阳阴离子自身电场作用下，离子也会发生变形，造成正负电荷重心的不重合，出现诱导偶极，这就是离子的极化。

2)离子的极化作用

一种离子使异号离子极化而变形的作用，称为该离子的极化作用。被异号离子极化而发生离子电子云变形的性能，称为该离子的变形性或可极化性。离子极化作用的大小，是由离子的极化力和变形性两方面决定的。

(1) 离子的极化力。

极化力是指离子对带相反电荷的离子极化(变形)的能力。使相反电荷的离子变形越大，产生的诱导偶极矩越大，说明其极化作用越大。极化力的大小与三个因素(离子的三个特征)有关：离子电荷数、离子半径和离子的电子构型。

① 离子所带电荷数越大，则形成的电场越强，极化力越强。

② 离子半径越小，极化力越强。

③ 当离子的电荷数相同、半径相似时，离子的极化力决定于离子的电子构型。

(a) 当离子的构型为 $2e^-$、$18e^-$、$(18+2)e^-$ 时，离子的极化力最强。如 Li^+、Be^{2+}、Ag^+、Cu^+、Zn^{2+}、Hg^{2+}、Pb^{2+}、Sn^{2+} 等。

(b) 当离子的电子构型为 $(9\sim17)e^-$ 时，离子的极化力次之。如 Cr^{3+}、Mn^{2+}、Fe^{3+} 等。

(c) 当离子的电子构型为 $8e^-$ 时，离子的极化力最弱。如第ⅠA、ⅡA 元素的离子。

(2) 离子的变形性(极化率)。

离子的内层电子与核联系较牢固，不易变形；其外层电子距核较远，与核联系不牢固，容易变形。所以离子的变形性实际上是指外层电子云的变形性，指外层电子云与原子核发生相对位移。显然，离子变形性的大小是由核与外层电子的联系是否牢固决定的。因此，其影响因素如下：

① 它主要决定于离子半径的大小。半径越大，核与外层电子的联系越不牢固，变形性越大。如 $F^- \rightarrow I^-$，随离子半径的增大，变形性依次增大。

② 对于电子构型相同的离子而言，由于阳离子的电子数小于核电荷数，阴离子的电子数大于核电荷数，阴离子的变形性要大于阳离子的。如 Cl^- 变形性大于 K^+。

③ 当离子的电荷数相同、半径相近时，离子的变形性又决定于离子的电子构型。电子构型为 $18e^-$、$(18+2)e^-$ 和 $(9\sim17)e^-$ 的离子，其变形性远远大于电子构型为 $8e^-$ 的离子。前者有 d 电子，而 d 电子钻穿效应小，与原子核联系不牢固，所以容易变形。

综上所述可以看出：半径大的阴离子，或电荷数小、电子构型为 $18e^-$、$(18+2)e^-$、$(9\sim17)e^-$ 的阳离子变形性大；而电荷数大、半径小、电子构型为 $8e^-$ 的阳离子的变形性最小。

3)离子极化对物质结构和性质的影响

(1) 离子极化对化学键型的影响。

由于离子极化作用，不管是阳离子对阴离子的极化，还是阴阳离子的相互极化，其结果都将使阴离子变形，阴离子的电子云将偏向阳离子，结果使阴、阳离子的原子轨道发生重叠。

相互极化作用越强，电子云重叠的程度(即电子对共用的程度)也越大，键的极性也就越弱，键长缩短，离子性减小，共价性增大，从而由离子键过渡到共价键。如 AgF、AgCl、AgBr、AgI，这四种化合物中，阳离子是极化力和变形性都强的 Ag^+($18e^-$ 构型)，而 F^-、Cl^-、Br^-、I^- 离子半径逐渐变大，变形性逐渐变大，因而与 Ag^+ 的相互极化作用越来越大，原子轨道的重叠程度越来越大，键的离子性越来越小，共价性越来越大。AgF 的键型是离子键；AgCl、AgBr 的键型介于离子键和共价键之间，是过渡型键；AgI 的键型基本上成了共价键。

(2) 离子极化对晶格类型的影响

由于离子极化作用，阴阳离子发生原子轨道的重叠，离子间的作用力加大了，离子间的距离变小了，离子周围的空间变小，从而导致配位数变小。如 AgF、AgCl、AgBr、AgI，从理论上讲，都应是 NaCl 型晶体，即配位数为 6；事实上，只有 AgF、AgCl、AgBr 是 NaCl 型晶体，AgI 由于极化作用很大，原子轨道重叠程度大，核间距离小，离子周围空间小，因而配位数为 4，转化为 ZnS 型晶体。

(3) 离子极化对物质溶解度的影响。

对离子化合物来说，溶解后显然是以水合离子状态存在于水溶液中的。因此，离子溶解，首先有一个克服离子间引力、离解为离子的过程。离子间引力越小，离子化合物越易溶解。由于离子的极化作用，离子间原子轨道重叠，核间距离变小，离子间的引力变大。所以，随着极化作用的变大，离子晶体的溶解度越来越小。如 AgF、AgCl、AgBr、AgI，随极化作用的变大，溶解度依次变小。

(4) 离子极化对物质颜色的影响。

离子的极化作用，使离子发生了变形，离子的外层电子离开了稳定状态，变得容易激发，因而可以吸收可见光，使化合物显色。

极化程度越大，电子越容易激发，也就越容易吸收可见光的长波部分(即激发所需能量小)，而表现出深颜色的短波可见光的颜色。所以，极化程度越大，物质的颜色越深。如：AgF→AgI 的颜色变化，由 AgF(无色)→AgCl(白)→AgBr(橙黄)→AgI(黄)，颜色随极化程度的增大而加深。

3.4 晶体的性能

1)单晶与多晶

单晶：整个晶体(或晶粒)中的原子按同一周期性排列，即整块固体基本为一个空间点阵所贯穿。

多晶：由许多小单晶体杂乱无规则聚合而成的固体。在多晶中，每个单晶小颗粒间存在晶界。

大多数金属和非金属固体是多晶固体，单晶比较少见，但可以人工培养获得。

2)晶体结构的转化

晶体在一定条件下会从一种结构转化为另一种结构，这种晶体结构的转化又称为相变。这种化学组成相同而具有不同晶体构型的现象称为同质多晶现象。

例如，纯铁在室温至 906 ℃范围内为体心立方结构，称为 α-Fe，当温度升高到 906～1401 ℃时，结构将转化为面心立方结构。

晶体结构的转化一旦完成，迅速去除引起转化的条件，转化后形成的晶体结构一般可以保留。

3)晶体缺陷

理想晶体结构，只有在特殊条件下才能得到(如在卫星或宇宙飞船上，失重条件下生长)。实际生长晶体时，由于生长条件的波动和外界条件的干扰，长出的真实晶体总是具有缺陷。

缺陷本身具有不利的一面，但也有其有利的一面。这些缺陷对于晶体的化学性质影响较小，而对于许多物理性质(如电性能、磁性、光学性能以及机械性能等)常常起决定性作用。所以缺陷对晶体的应用有着重要意义。

【例　题】

例 1. 什么叫离子的极化？离子极化对物质的性质造成了哪些影响？

解：离子受外电场作用发生变形的过程称为离子的极化。一个离子可以视为一个外电场，它能使靠近它的异号离子发生变形。离子极化对物质的性质造成了如下几方面的影响：

① 对化学键型的影响：随正负离子间相互极化作用的增强，化学键的极性减弱，键长缩短，离子键逐渐向共价键过渡。

② 对晶格类型的影响：随正负离子间相互极化作用的增强，正负离子核间距离将缩短，使晶体向配位数减少的方向转化。

③ 对物质颜色的影响：随正负离子间相互极化作用的增强，有色的物质颜色加深，物质由无色变有色。

④ 水溶性：随正负离子间相互极化作用的增强，键的极性减弱，物质水溶性降低。

⑤ 熔点、沸点、稳定性：随正负离子间相互极化作用的增强，物质的熔点、沸点降低，稳定性下降。

例 2. 试用离子极化解释 Cu^+ 与 Na^+ 虽然半径相似(前者 96 pm、后者 95 pm)，但 CuCl 比 NaCl 熔点低很多(前者 425 ℃、后者 801 ℃)、CuCl 在水中溶解度比 NaCl 小得多的原因。

解：Cu^+ 与 Na^+ 虽半径相近，电荷相同，但 Na^+ 外层电子构型为 $8e^-$，本身不易变形，使 Cl^- 极化(变形)的作用也弱，因此 NaCl 为离子晶体，易溶于水，而 Cu^+ 为 $18e^-$ 构型，使 Cl^- 极化(变形)的作用较强，而其本身的极化率也较大，因此 CuCl 的键型已由离子型过渡为共价型，而 NaCl 为离子型化合物，故 NaCl 熔点较高，水溶性较大，CuCl 则熔点低，水溶性小。

例 3. 评论下列说法的正确性，并举出必要的例子：

(1) 所有高熔点的物质都是离子型的；

(2) 沸点随着分子量的增加而升高；

(3) 将离子型固体物质与水一起搅拌可以得到良导电性溶液。

解：(1) 这种说法很不全面，因为许多原子晶体的物质，如 SiO_2、SiC 等熔点都很高，此外，有一些金属如 W、Re 等熔点也都很高。

(2) 不完全正确。以色散力为主的同类型物质沸点随着分子量的增加而升高，但若还有其他作用力时情况则有不同，如 H_2O 分子间还有氢键，沸点就比 H_2S 高。

(3) 不完全正确。只有将可溶性的离子型固体物质与水一起搅拌才能得到良导电性溶液，有的离子型固体物质是难溶的，由于它们的溶解度很小，因此不能得到良导电性溶液。

例4. 回答下列问题，并作出简要解释：

(1) MgO 的硬度比 LiF 的________，因为________________________；

(2) NH_3的沸点比 PH_3的________，因为________________________；

(3) $FeCl_3$的熔点比 $FeCl_2$的________，因为________________________；

(4) HgS 的颜色比 ZnS 的________，因为________________________；

(5) AgF 的溶解度比 AgCl 的________，因为________________________。

解：(1) 大；MgO 的晶格能比 LiF 的大。

(2) 高；NH_3的极性比 PH_3大，且分子间有氢键。

(3) 低；Fe^{3+}的极化力比 Fe^{2+}大，$FeCl_3$有共价性。

(4) 深；Hg^{2+}和 S^{2-}间的极化作用较大。

(5) 大；因为 F^-的变形性小于 Cl^-，AgF 仍为离子型，而 AgCl 已有一定共价性。

例5. 金刚石和石墨互为同素异形体，为什么金刚石不导电，而石墨却是电的良导体？

解：金刚石不导电，而石墨却是电的良导体，这是由它们的晶体结构不同而造成的。金刚石是典型的原子晶体，每一个 C 原子的 sp^3杂化轨道与其他四个 C 原子以共价键结合，C 原子外层的四个价电子全部配对，已没有能自由运动的电子，所以不导电。石墨是层状晶体，层内每个 C 原子的 sp^2杂化轨道与同一平面上的三个 C 原子以共价键结合，尚有一个未参与杂化的 p 电子垂直于该平面，这些 p 电子相互重叠形成大 π 健，p 电子可以在整个 C 原子平面层上运动，当接上电源后它们便定向流动，因此石墨具有导电性。

例6. 比较下列各组物质的热稳定性并说明原因。

(1) Na_2CO_3和 $NaHCO_3$；(2) $CaCO_3$和 $MnCO_3$；(3) Li_2CO_3和 K_2CO_3；(4) $NaNO_2$和 $NaNO_3$。

解：(1) 热稳定性 $Na_2CO_3 > NaHCO_3$。

氢离子的离子半径比钠离子小很多，但是它们所带电荷相等，氢离子的极化作用比钠离子大，氢离子对碳酸根离子有较强的反极化作用，导致碳氧键结合力减弱，使碳酸氢根的稳定性弱于碳酸根的稳定性，因此热稳定性 $Na_2CO_3 > NaHCO_3$。

(2) 热稳定性 $CaCO_3 > MnCO_3$。

因离子半径 $Ca^{2+} > Mn^{2+}$，Ca^{2+}为 $8e^-$构型，Mn^{2+}为$(9\sim17)e^-$构型。因此极化能力 $Mn^{2+} > Ca^{2+}$，化合物热稳定性 $CaCO_3 > MnCO_3$。

(3) 热稳定性 $Li_2CO_3 < K_2CO_3$。

Li^+和 K^+离子电荷数相同，但半径 $Li^+ < K^+$，极化能力 $Li^+ > K^+$，所以热稳定性 $Li_2CO_3 < K_2CO_3$。

(4) 热稳定性 $NaNO_2 < NaNO_3$。

两种化合物的阳离子相同，热稳定性由阴离子决定。$NaNO_2$中 N 的氧化数为$+3$，$NaNO_3$中的氧化数为$+5$，显然 N 的氧化数高的 $NaNO_3$中的阴离子抵抗阳离子 Na^+的极化能力强，热稳定性 $NaNO_2 < NaNO_3$。

例7. 元素 Si 和 Sn 的电负性相差不大(只差 0.06)，为什么常温下 SiF_4为气态，而 SnF_4却呈固态？

解：因为 Si^{4+}的原子半径比 Sn^{4+}小得多，所以 Si^{4+}的极化能力很强，使得 SiF_4为共价化合物，而 SnF_4仍是离子化合物，故常温下 SiF_4为气态，而 SnF_4却呈固态。

例 8. 为什么第ⅠA族元素单质(除 H_2 外)和第ⅦA族元素单质的熔点变化规律恰好相反?

解:第ⅠA族单质(除 H_2 外)为金属,它们的金属键随原子半径增大而减弱,所以从上至下熔点降低。第ⅦA族元素单质为双原子分子,分子间只有色散力,色散力随分子相对质量增加而增大,所以从上至下熔点升高。

例 9. 已知 NaF 中键的离子性比 CsF 小,但 NaF 的晶格能比 CsF 的大。请解释原因。

解:Na 与 F 的电负性差比 Cs 与 F 的电负性差小,所以 NaF 中键的离子性比 CsF 的小。但两者均属于离子晶体,而离子晶体的晶格能主要决定于正负离子间引力的大小,这种静电引力不仅和离子键的极性大小有关,还与正负离子的半径大小有关,半径越小,正负离子间的引力越大,晶格能就越大。由于 Cs^+ 离子的半径比 Na^+ 离子的半径大得多,因此 Cs^+ 与 F^- 间的静电引力要比 Na^+ 与 F^- 间的静电引力小得多,最终导致 CsF 的晶格能比 NaF 的小。

【知识点练习】

一、选择题

1. 如果正离子的电子层结构类型相同,在下述情况中极化能力较大的是(　　)。

A. 离子电荷高、离子半径大　　B. 离子电荷高、离子半径小

C. 离子电荷低、离子半径小　　D. 离子电荷低、离子半径大

2. 下列各组离子中,离子的极化力最强的是(　　)。

A. K^+、Li^+　　B. Ca^{2+}、Mg^{2+}　　C. Fe^{3+}、Ti^{4+}　　D. Sc^{3+}、Y^{3+}

3. 比较下列各组物质的熔点,正确的是(　　)。

A. $NaCl > NaF$　　B. $CCl_4 > CBr_4$　　C. $H_2S > H_2Te$　　D. $FeCl_3 < FeCl_2$

4. 下列各组离子化合物的晶格能变化顺序中,正确的是(　　)。

A. $MgO > CaO > Al_2O_3$　　B. $LiF > NaCl > KI$

C. $RbBr < CsI < KCl$　　D. $BaS > BaO > BaCl_2$

5. 下列晶体中,熔化时只需克服色散力的是(　　)。

A. K　　B. H_2O　　C. SiC　　D. SiF_4

6. 下列物质的熔点由高到低的顺序正确的是(　　)。

a. $CuCl_2$　　b. SiO_2　　c. NH_3　　d. PH_3

A. a>b>c>d　　B. b>a>c>d　　C. b>a>d>c　　D. a>b>d>c

7. 下列说法中,正确的是(　　)。

A. 离子键和共价键相比,其作用范围更大

B. 所有高熔点物质都是离子型的

C. 离子型固体的饱和水溶液导电性都极其好

D. 阴离子总是比阳离子大

8. 下列物质熔点变化顺序正确的一组是(　　)。

A. $MgO>BaO>BN>ZnCl_2>CdCl_2$

B. $BN>MgO>BaO>CdCl_2>ZnCl_2$

C. $BN>MgO>BaO>ZnCl_2>CdCl_2$

D. $BN>BaO>MgO>ZnCl_2>CdCl_2$

9. 下列物质中属于以分子间作用力结合的晶体是(　　)。

A. KBr(s)　　B. CO_2(s)　　C. $CuAl_2$(s)　　D. SiC(s)

10. 离子晶体溶于水时，其溶解热与下列哪两种能量的相对值有关？(　　)

A. 离解能和电离能　　B. 离解能和晶格能

C. 水合能和晶格能　　D. 晶格能和电离能

11. 下列说法不正确的是(　　)。

A. 离子晶体中，离子的电荷数越多，核间距离越大，晶格能越大

B. 离子晶体在熔融时能导电

C. 离子晶体的水溶液大多能导电

D. 离子晶体中，晶格能越大，通常熔点越高，硬度越大

12. 按离子的电子构型分类，Li^+属于(　　)。

A. (9～17)e^-构型　　B. 2e^-构型　　C. 8e^-构型　　D. 18e^-构型

13. 下列各组物质中，熔点最高的一组是(　　)。

A. NaI 和 SiI_4　　B. NaI 和 SiF_4　　C. NaF 和 SiF_4　　D. NaF 和 SiI_4

14. 下列化合物中，熔点最高的是(　　)。

A. CaO　　B. SrO　　C. BaO　　D. MgO

15. 石英(SiO_2)和金刚石的相似之处在于(　　)。

A. 都具有四面体结构　　B. 都是以共价键结合的原子晶体

C. 都具有非极性共价键　　D. 其硬度和熔点相近

16. 在金属晶体的面心立方密堆积结构中，金属原子的配位数为(　　)。

A. 4　　B. 6　　C. 8　　D. 12

17. 下列离子中，极化力最大的是(　　)。

A. Cu^+　　B. Rb^+　　C. Ba^{2+}　　D. Sr^{2+}

18. 下列离子半径大小次序错误的是(　　)。

A. $Mg^{2+}<Ca^{2+}$　　B. $Fe^{2+}>Fe^{3+}$　　C. $Cs^+>Ba^{2+}$　　D. $F^->O^{2-}$

19. 在 CsCl 晶体中，每个 Cl^- 离子周围最接近的 Cs^+ 离子数是(　　)。

A. 2　　B. 4　　C. 6　　D. 8

20. 已知立方 ZnS(面心立方晶格)中的 Zn 和 S 全被 C 取代则成为金刚石晶胞。金刚石晶胞中含碳原子数为(　　)。

A. 12　　B. 8　　C. 6　　D. 4

21. 下列化合物中共价性最强的是(　　)。

A. LiI　　B. CsI　　C. BeI_2　　D. MgI_2

22. 下列化合物中，键的极性最弱的是(　　)。

A. $FeCl_3$　　B. $AlCl_3$　　C. $SiCl_4$　　D. PCl_5

23. 下列化合物中，正负离子间附加极化作用最强的是(　　)。

A. AgCl　　B. HgS　　C. ZnI_2　　D. $PbCl_2$

24. 下列化合物中，最稳定的是(　　)。

A. CsF　　B. CsCl　　C. CsBr　　D. CsI

25. 干冰中每个 CO_2 分子周围距离最近的 CO_2 分子个数为(　　)。

A. 4　　B. 6　　C. 8　　D. 12

26. 下列氟化物中，在水中溶解度最小的是(　　)。

A. LiF　　B. NaF　　C. KF　　D. CsF

27. 硼酸晶体的形成所依赖的作用力是(　　)。

A. 氢键、范德华力　B. 共价键　　C. 离子键　　D. 离子键、共价键

28. 反应的焓变可代表 NaCl 晶格能的是(　　)。

A. $Na(g) + Cl(g) = NaCl(s)$　　B. $Na(g) + (1/2)Cl_2(g) = NaCl(s)$

C. $Na^+(g) + Cl^-(g) = NaCl(g)$　　D. $Na^+(g) + Cl^-(g) = NaCl(s)$

29. NaCl 结构是阴离子排成最紧密堆积，阳离子则占据(　　)。

A. 所有八面体空穴　　B. 所有四面体空穴

C. 二分之一的八面体空穴　　D. 四分之一的八面体空穴

30. 下列关于金属晶体等径球堆积的叙述中，不正确的是(　　)。

A. 立方体心堆积不属于最紧密堆积

B. 立方面心堆积的配位数为 12

C. ABCABC 方式的堆积形成六方紧密堆积

D. 立方面心堆积和六方堆积，其空间利用率相等

31. 下列叙述中错误的是(　　)。

A. 能带理论认为，绝缘体有满带和空带，且禁带宽度大

B. 根据能带理论，半导体有满带和空带，但禁带宽度较窄

C. 分子间力没有饱和性和方向性，氢键有饱和性和方向性

D. 金属钾是体心立方晶格，每个晶胞中只有一个钾原子

32. 下列氯化物熔点高低次序不正确的是(　　)。

A. $ZnCl_2 < BaCl_2$　　B. $BeCl_2 > MgCl_2$　　C. $NaCl > LiCl$　　D. $KCl > RbCl$

33. 下列各组化合物在水中溶解度大小顺序不正确的是(　　)。

A. $NaCl > CuCl$　　B. $CaF_2 > CaCl_2$　　C. $HgCl_2 > HgI_2$　　D. $AgF > AgBr$

34. 分子晶体中即使没有分子本身形状的影响，它们的晶体也会趋向于最紧密堆积，其主要原因是(　　)。

A. 分子间力无方向性和饱和性　　B. 分子间力比共价键弱得多

C. 原子间的作用力是共价键　　D. 晶格结点上的质点是原子

35. 下列关于导体、半导体、绝缘体的说法中，正确的是(　　)。

A. 在满带和空带之间，有能量间隔较大的禁带的固体为导体

B. 除了有满带和空带外，还有导带的固体为半导体

C. 在满带和空带之间，有电子不能停留的能量间隔(禁带)的固体为绝缘体

D. 价电子能带为满带，导带全空，禁带宽度较小的固体为半导体

36. AgCl 在水中的溶解度大于 AgI 的主要原因是( )。
A. AgCl 晶体为 NaCl 型结构，而 AgI 晶体为 ZnS 型结构
B. 化学活泼性和电负性 Cl 都大于 I
C. AgCl 可与水形成氢键，而 AgI 与水不形成氢键
D. I^- 的变形性大于 Cl^-，AgI 中正负离子间的极化作用大于 AgCl
37. 下列晶体中，属于原子晶体的是( )。
A. Ar B. Si C. Cu_3Au D. SeO_2
38. 下列化合物均属于 NaCl 晶型，其中晶格能最小的是( )。
A. NaBr B. LiF C. CaO D. BeO
39. 在金属晶体的体心立方晶格中，金属原子的配位数为( )。
A. 4 B. 6 C. 8 D. 12
40. 下列晶体熔化时，需要破坏共价键的是( )。
A. HF B. P_4 C. Hg D. SiC

二、填空题

1. 正负离子间的相互极化作用增强将导致离子间距离缩短和轨道重叠，使得________键向________键过渡，同时使化合物在水中的溶解度________，颜色________。

2. 将 BaO、CaO、MgO 按晶格能从大到小的顺序排列：________________________。

3. 判断下列物质熔点的高低(用“>”或“<”表示)：

NaCl ________ RbCl；CuCl ________ NaCl；MgO ________ BaO；KCl ________ $AlCl_3$。

4. 从离子极化的观点看，在 Cu^{2+}、Ag^+、Cl^-、Br^-、I^- 等离子中，极化力最大的是________，极化率最大的是________。

5. 原子晶体晶格结点上的微粒之间的作用力是________，这类晶体一般熔点________，例如________和________两种晶体就是原子晶体。

6. Si 熔点 1423 ℃，属于________晶体，晶格结点上排列的是________，微粒间的作用力为________。

7. KF 熔点 880 ℃，属于________晶体，晶格结点上排列的是________，微粒间的作用力为________。

8. X 射线衍射测定表明，几乎所有金属晶体都呈球密堆积结构，在球密堆积结构中空间利用率最高的是__________密堆积和__________密堆积，其中金属原子的配位数是________；空间利用率稍小的是________密堆积，其中金属原子的配位数是________。

9. 阳离子的极化能力与________、________和________有关，电荷越高，极化能力越________，半径越大，极化能力越________。阳离子的电子构型以________构型和________构型变形性最大，________型次之。

10. 阴离子的极化能力和变形性对简单离子来说和阳离子类似，但复杂阴离子的变形性在电荷相等时，半径越大，变形性越______________，而中心原子氧化数越高，变形性越________。

11. $BaCl_2$ 晶体中晶格结点上的粒子是________，粒子间的作用力是________，其晶体

类型是________，它在同族氯化物中熔点最高，这可用________理论来作出合理解释。

12. 在干冰、水、氧化钙、二氧化硅等晶体的微粒间，只存在范德华力的是________，只有离子键的是________；只存在共价键的是________。

13. MgO 晶体中晶格结点上的粒子是________，粒子间的作用力是________，其晶体类型是________，可预测其熔点________。

14. 离子晶体晶格能大小取决于________、________和离子的电子层结构类型。

15. NaF、NaCl、NaBr、NaI 的熔点依次________，SiF_4、$SiCl_4$、$SiBr_4$、SiI_4 的熔点依次________，造成这两组卤化物熔点顺序相反的根本原因是________________________________。

16. 根据金属能带理论，半导体与绝缘体的区别在于____________________不同。

17. NaCl、CsCl、ZnS 晶体的配位数分别是________、________、________。

18. 根据离子极化理论，预测 ZnS、CdS、HgS 在水中溶解度从大到小排列顺序：________________________________，这是因为____。

19. SiC 晶格结点微粒之间的作用力是________，熔点________。白磷的熔点为 44 ℃，属于________晶体，晶格结点上排列的微粒是________，微粒间的作用力是________。金刚石的熔点大于 3550 ℃，属于________晶体，晶格结点排列的粒子是________，微粒之间的作用力是________。

20. 正、负离子间相互极化作用的增强，将使结合生成的化合物的键型由________向________转化，化合物的晶型由________向________转化，通常表现出化合物的熔、沸点________，颜色________，溶解度________。

21. 用离子极化理论推测：$AuCl_3$ 热稳定性比 AuCl 热稳定性________，$PbCl_2$ 的热稳定性比 $PbCl_4$ 的热稳定性________。

22. 比较下列各对化合物的热稳定性(用“＞”或“＜”表示)：

HNO_3________$NaNO_3$；Na_2SO_4________Na_2SO_3；

Ag_2O________Cu_2O；$ZnCO_3$________$HgCO_3$。

23. 在金属晶体中最常见的三种堆积方式：① 配位数为 8 的________堆积；②配位数为________的面心立方堆积；③ 配位数为________的________堆积。

其中________________和________________的空间利用率相等，________________以 ABAB 方式堆积，________________以 ABCABC 方式堆积。

24. 已知 Ag^+ 离子半径为 126 pm，I^- 离子半径为 216 pm，根据正负离子半径比规则，AgI 应具有________型晶格，正、负离子相互的配位数应是________，实际上它们的配位数为________，这是________________________________造成的。

25. O^{2-}、S^{2-}、Se^{2-} 的变形性由小到大的顺序为____________________；Li^+、Na^+、K^+、Rb^+、Cs^+ 的极化力由小到大的顺序为________________________________；Fe^{3+} 的极化力比 Fe^{2+} 的极化力________。

26. 指出下列离子的外层电子构型的类型：

Ba^{2+}________e^-；Mn^{2+}________e^-；Sn^{2+}________e^-；Cd^{2+}________e^-。

27. CsCl 的晶胞属于________晶系________晶格，晶胞中粒子数为________，阳离子的配位数为________，阴离子的配位数为________。

三、判断题

1.（　　）固体物质大多数为晶体。

2.（　　）仅依据离子晶体中正离子半径的相对大小即可判断晶体的晶格类型。

3.（　　）人工制备的晶体中，所有粒子都是按照一定规律有序排列的，没有缺陷。

4.（　　）在常温常压下，原子晶体物质的聚集状态只可能是固体。

5.（　　）晶格的基本单元叫晶胞，晶胞在空间堆积形成晶体，所以晶格就是晶体。

6.（　　）晶体一定具有各向异性。

7.（　　）分子的极化率越大，分子的变形性越大，分子间的作用力越强。

8.（　　）金属与非金属元素的原子间形成的化学键都是离子键。

9.（　　）离子所带电荷越多、半径越小，则其电荷密度越大，离子键越强，该离子晶体的晶格能也越大。

10.（　　）分子晶体晶格结点上排列的分子可以是极性分子也可以是非极性分子。

11.（　　）CaF_2是离子型固体，但却难溶于水，是其晶格能太大的缘故。

12.（　　）金属元素与非金属元素之间形成的二元化合物的化学键不一定都是离子键，但非金属元素之间形成的二元化合物的化学键一定是共价键。

13.（　　）金属晶体的熔、沸点普遍都很高。

14.（　　）极化能力强的离子其结构的特性是离子电荷高、离子半径小。

15.（　　）晶格能是指气态阳离子与气态阴离子生成 1 mol 离子晶体所释放的能量。

16.（　　）在 NaCl 晶体中，任意指定一种离子，其周围异号离子排列呈八面体结构。

17.（　　）在 NaCl 和 CuCl 中，Na^+和 Cu^+离子的半径分别为 95 pm 和 96 pm，则它们的晶格能应当相近，故它们的水溶性和熔点都相近。

18.（　　）离子化合物中的化学键都是离子键。

19.（　　）所有金属和非金属元素之间形成的化合物都是离子化合物。

20.（　　）所有的盐都是离子化合物。

21.（　　）反应 $Na(s)+1/2F_2(g)=NaF(s)$ 的 $\Delta_r H_m^{\ominus}$就是 NaF 的晶格能。

22.（　　）由于离子键没有方向性和饱和性，因此任何离子周围可以吸引数目不定的异号离子，并且能任意堆积成固态离子化合物。

23.（　　）半导体有满带和空带，但禁带宽度较窄。

24.（　　）稀有气体分子由单个原子组成，低温凝固后形成的晶体属于原子晶体。

25.（　　）全由共价键结合形成的化合物只能形成分子晶体。

四、问答题

1. 试比较 $ZnCl_2$、$FeCl_2$、$CaCl_2$、KCl 中正离子极化能力的大小，并作出简要解释。

2. 比较 SiO_2、KI、CCl_4的熔点，并解释。

3. 比较 BF_3和 BCl_3的熔点，并解释。

4. 试解释为什么从 AgF 至 AgI 颜色逐渐加深、溶解度逐渐减小?

5. 试指出石墨具有怎样的晶体结构，并从石墨晶体结构的特点解释其具有导电性和润滑性的原因。

6. 请指出下列物质中，熔化时分别需要破坏什么作用力。

(1) MgF_2；(2) CO_2；(3) SiO_2；(4) Fe；(5) H_2O。

7. 填写下表：

化合物	晶体中质点间作用力	晶体类型	预测熔点高低
KCl			
SiC			
HI			
H_2O			
MgO			

8. 试说明导致下列各组化合物间熔点差别的原因：

(1) NaF(992 ℃)，MgO(2800 ℃)；

(2) MgO(2800 ℃)，BaO(1923 ℃)；

(3) NaCl(800 ℃)，AgCl(455 ℃)；

(4) $CaCl_2$(782 ℃)，$ZnCl_2$(215 ℃)；

(5) $FeCl_2$(672 ℃)，$FeCl_3$(282 ℃)。

9. C 和 Si 是同一族元素，为什么 CO_2 形成分子晶体，而 SiO_2 却是原子晶体？

10. 试解释：NaCl 的熔点为 808 ℃，而 $AlCl_3$ 在 183 ℃就升华了。

11. 根据下列两组晶体的熔点数据，可以总结出什么规律？试作出简要解释。

(1) NaF，NaCl，NaBr，NaI；

1266 K，1047 K，1020 K，934 K；

(2) SiF_4，$SiCl_4$，$SiBr_4$，SiI_4；

182.8 K，203 K，278.6 K，393 K。

12. 判断下列各组物质的熔点高低顺序，并简要说明理由。

(1) H_2O，H_2S，H_2Se；(2) C_6H_6，C_6H_5Cl，C_6H_5Br。

13. 说明水中溶解度为什么 NaF<$NaBF_4$。

14. 判断下列各组物质的熔点高低顺序，并简要说明理由。

(1) KCl，AgI，MgO；(2) Si，SiH_4，NaCl。

15. 化合物中阳离子的极化能力越强，在水中的溶解度一定越小吗？

16. 比较 $CaCl_2$ 和 $GeCl_4$ 的熔点高低，并用离子极化理论给予解释。

17. 试用离子极化的观点排出 LiCl、KCl、CuCl 的熔点大小顺序。

18. 将下列物质的熔点由高到低进行排列，并作出简要解释。

(1) CO_2，HCl，HF；(2) NaCl，N_2，NH_3，Si。

19. 为什么金属铜可以压片或抽丝，而石灰石却不能？

20. 按离子半径比规则，AgI 晶体中正、负离子的配位数应为 6，但实测为 4，为什么？

21. 比较 $SrSO_4$ 和 $MgSO_4$ 在水中的溶解度并说明为什么。

22. 为什么 Hg 是比 S 更好的导体？

【单元测试】

一、选择题(共 40 分)

1. 下列物质熔点变化顺序不正确的是(　　)。

A. $NaF>NaCl>NaBr>NaI$　　B. $NaCl<MgCl_2<AlCl_3<SiCl_4$

C. $LiF>NaCl>KBr>CsI$　　D. $Al_2O_3>MgO>CaO>BaO$

2. 下列晶格能大小顺序正确的是(　　)。

A. $CaO>KCl>MgO>NaCl$　　B. $NaCl>KCl>RbCl>SrO$

C. $MgO>RbCl>SrO>BaO$　　D. $MgO>NaCl>KCl>RbCl$

3. 在石墨晶体中，层与层之间的结合力是(　　)。

A. 金属键　　B. 共价键　　C. 范德华力　　D. 大 π 键

4. 关于晶格能，下列说法中正确的是(　　)。

A. 晶格能是指气态阳离子与气态阴离子生成 1 mol 离子晶体所释放的能量

B. 晶格能是由单质化合成 1 mol 离子化合物时所释放的能量

C. 晶格能是指气态阳离子与气态阴离子生成离子晶体所释放的能量

D. 晶格能就是组成离子晶体时，离子键的键能

5. 下列物质中，既有离子键又有共价键的是(　　)。

A. KCl　　B. CO　　C. Na_2SO_4　　D. NH_4^+

6. 下列物质在液态时只需要克服色散力就能沸腾的是(　　)。

A. O_2　　B. CO　　C. HF　　D. H_2O

7. 下列各组化合物在水中溶解度大小顺序不正确的是(　　)。

A. $NaCl>CuCl$　　B. $AgF>AgBr$　　C. $HgCl_2>HgI_2$　　D. $CaF_2>CaCl_2$

8. 石英和金刚石的相似之处在于(　　)。

A. 都具有八面体结构　　B. 都是以共价键结合的原子晶体

C. 都具有非极性共价键　　D. 其硬度和熔点相近

9. 如果正离子的电子层结构类型相同，在下述情况中极化能力较大的是(　　)。

A. 离子的电荷多、半径大　　B. 离子的电荷多、半径小

C. 离子的电荷少、半径大　　D. 离子的电荷少、半径小

10. 下列离子中，变形性最大的是(　　)。

A. Na^+　　B. I^-　　C. Rb^+　　D. Cl^-

11. 下列离子中，属于(9～17)e^- 构型的是 (　　)。

A. Li^+　　B. F^-　　C. Fe^{3+}　　D. Pb^{2+}

12. 下列说法不正确的是(　　)。

A. 离子晶体中，离子的电荷数越多，核间距离越大，晶格能越大

B. 离子晶体在熔融时能导电

C. 离子晶体的水溶液能导电

D. 离子晶体中，晶格能越大，通常熔点越高，硬度越大

13. 下列具有最高熔点的化合物是(　　)。

A. NaBr　　B. PBr_3　　C. $AlBr_3$　　D. $MgBr_2$

14. 按照 AgF、AgCl、AgBr、AgI 的顺序，下列关于性质变化的叙述正确的是(　　)。

A. 颜色变深　　B. 溶解度变小

C. 离子键递变到共价键　　D. A、B、C 都是

15. 在 NaCl 晶体中，每个 Cl^- 离子周围最接近的 Na^+ 离子数是(　　)。

A. 2　　B. 8　　C. 6　　D. 4

16. 按离子的电子构型不同，Sn^{2+} 属于(　　)。

A. (9～17)e^- 构型　　B. (18+2)$^-$ 电子构型

C. 8e^- 构型　　D. 18e^- 构型

17. 熔融 SiO_2 晶体时，需要克服的作用力主要是(　　)。

A. 离子键　　B. 氢键　　C. 共价键　　D. 范德华力

18. 对化合物在水中的溶解度，下列判断中正确的是(　　)。

A. AgF＞HF　　B. CaF_2＞$CaCl_2$　　C. $HgCl_2$＞HgI_2　　D. LiF＞NaCl

19. 在 ZnS 晶体中，每个 S^{2-} 离子周围最接近的 Zn^{2+} 离子数是(　　)。

A. 2　　B. 4　　C. 6　　D. 8

20. 下列各组离子中，离子的变形性最大的是(　　)。

A. I^-、S^{2-}　　B. F^-、Br^-　　C. Cl^-、O^{2-}　　D. N^-、H^-

二、填空题(共 20 分)

1. $MgCl_2$、NaCl、$SiCl_4$、$AlCl_3$的离子极化作用由大到小的顺序为__________________，熔点由高到低的顺序为__________，在有机溶剂中的溶解度最大的是__________。

2. CO_2、SiO_2、MgO、Ca 的晶体类型分别属于________、________、________、________，其中熔点最高的是________，熔点最低的是________。

3. BBr_3熔点−6 ℃，属于______晶体，晶格结点上排列的是______，微粒间的作用力为______。

4. 将下列物质按熔点由高至低的顺序排列：

(1) NaF、NaCl、NaBr、NaI：__________；

(2) MgO、CaO、SrO、BaO：__________。

5. 在 ZnS 晶体中，一个晶胞中 Zn^{2+} 离子的数目为______个。

6. O^{2-}、S^{2-}、F^- 按变形性增大的顺序排列为__________。

7. 金刚石属于________晶格，在金刚石的单位晶格中的结点(阵点)数是____，单位晶胞中的碳原子数是______。

8. 金属最密堆积中，每个金属的配位数为________。

三、判断题(共10分)

1.(　　) NaCl、$MgCl_2$、$AlCl_3$三种物质的熔点依次降低，表明键的共价程度依次增大。

2.(　　) 离子的极化，可以造成化学键类型的转化。

3.(　　) 离子所带电荷越多，离子的半径就越大。

4.(　　) AgF易溶于水，AgBr难溶于水，主要是由于F^-离子比Br^-离子难变形。

5.(　　) 同族元素往往有一些相似的性质。CO_2固体(干冰)是分子晶体，由于碳和硅同族，从而可推断SiO_2也属于分子晶体。

6.(　　) Sb^{3+}离子属于(18+2)e^-电子构型，Mn^{2+}离子属于(9～17)e^-构型。

7.(　　) 离子半径与离子的配位数有关，配位数越大，离子半径就越小。

8.(　　) 极化能力强的离子其结构的特性是离子电荷低、离子半径小。

9.(　　) 在分子晶体中，其物理性质取决于分子中共价键的强度。

10.(　　) 晶格能大小除了与离子半径和电荷有关外，还与离子的电子层构型有关。

四、问答题(共30分)

1. 指出下列物质在晶体中质点间的作用力、晶体类型、熔点高低。

(1) CaF_2；(2) BN；(3) CH_3Cl；(4) NH_3；(5) Ti；(6) Xe。

2. 比较SiC、CO_2、BaO的硬度，并解释。

3. 将CaF_2、$CaCl_2$、MgO三种晶体的熔点由高到低排序，并作出简要解释。

4. NaF、NaCl、NaBr、NaI中哪种物质的晶格能最大?

5. 为什么NaCl具有比ICl更高的熔点?

第4章 配合物

【知识点梳理】

配位化合物，简称配合物，又叫络合物，是化合物中较大的一个子类别，广泛应用于日常生活、工业生产及生命科学中，近些年来的发展尤其迅速。本章主要介绍配合物的基本知识和两种重要的配合物的结构理论。

4.1 配合物的基本知识

1)配合物的概念

配合物是一类具有特征化学结构的复杂离子或化合物，由中心原子或离子(统称中心原子)和围绕它的分子或离子(称为配体)完全或部分通过配位键结合而形成。这些复杂离子或化合物也称为配位个体。其中的复杂离子称为配离子。严格来说，只有配离子与相反电荷的离子组成的电中性化合物才能称为配合物。但在配位化学中，有时也将配离子称为配合物。带正电荷的配离子称为配阳离子，带负电荷的配离子称为配阴离子。

2)配合物的组成

(1)中心原子或离子。

中心原子位于配位个体的中心位置，是配位个体的核心部分。中心原子或离子必须具有可以接受孤对电子的空轨道。中心原子一般是金属离子，特别是过渡金属的离子，某些副族元素的原子和高氧化态的非金属元素的原子也可以作中心原子。

如$[Cu(NH_3)_4]^{2+}$中，中心原子是Cu^{2+}；$Ni(CO)_4$中，中心原子是Ni。

(2)配体和配位原子。

在配位个体中，与中心原子结合的阴离子或分子称为配体。配体中直接与中心原子相结合的原子称为配位原子。配位原子提供孤对电子，和中心原子的空轨道形成配位键。

配位原子通常是电负性较大的非金属原子，如N、O、S、Cl等。有时候C也可作为配位原子，如CO、CN^-等配体。

如$[Cu(NH_3)_4]^{2+}$中，配体是NH_3，配位原子是N；$Ni(CO)_4$中，配体是CO，配位原子是C。

只含有一个配位原子的配体称为单齿配体。如H_2O、CN^-、NH_3、OH^-、CO、F^-、

Cl^-、Br^-、I^-、O^{2-}等，单齿配体组成的配合物如$[Co(NH_3)_6]^{3+}$、$[Fe(CN)_6]^{3-}$等。

含有两个或两个以上配位原子的配体称为多齿配体。双齿配体包括乙二胺($NH_2CH_2CH_2NH_2$，写作 en)、邻二氮杂菲(o-phen)、草酸根($C_2O_4^{2-}$)，其组成的配合物如$[Co(en)_3]^{3+}$、$[Cr(C_2O_4)_3]^{3-}$、$[Fe(NH_3)_4(o\text{-}phen)]^{3+}$。

再如六齿配体乙二胺四乙基盐($EDTA^{4-}$) $=[(O_2CCH_2)_2N(CH_2)_2N(CH_2CO_2)_2]^{4-}$，它是最常用的络合滴定剂，形成的配合物如$[Fe(EDTA)]^{-1}$、$[Co(EDTA)]^{-1}$。

还有一种两可配体，配体上虽然也含两个或两个以上可以配位的原子，但通常只有一个原子与中心原子配位，这类配体称为两可配体，通常作为单齿配体配位。如SCN^-中 S 和 N 均可配位，S 配位时称作硫氰酸根，写作SCN^-；N 配位时称作异硫氰酸根，写作NCS^-。NO_2^-中 N 配位时称作硝基，写作NO_2^-；O 配位时称作亚硝酸根，写作ONO^-。

(3)配位数。

配位个体中直接与中心原子结合的配位原子的数目称为中心原子的配位数。如果配体均为单齿配体，则配体的数目与中心原子的配位数相等。如果配体中有多齿配体，则中心原子的配位数与配体的数目不相等。在配合物中，中心原子的配位数可以为 1～12，其中最常见的为 4 和 6。如$[Cu(NH_3)_4]^{2+}$的配位数为 4，$[Co(NH_3)_6]^{3+}$、$[Fe(EDTA)]^{-1}$和$[Fe(NH_3)_4(o\text{-}phen)]^{3+}$的配位数均为 6。

3)配合物的命名

对配位个体命名时，配体名称写在中心原子名称之前，二者之间用“合”字联系。配体的数目用倍数词头一、二、三、四……表示，并写在配体名称之前；中心原子的氧化态用带括号的罗马数字表示，写在中心原子名称后面。配位个体的命名顺序：倍数词头-配体名称-合-中心原子名称(氧化态)。如 $[Cu(NH_3)_4]^{2+}$称作四氨合铜(Ⅱ)离子，$[Ni(CO)_4]$称作四羰基合镍(0)。

配合物命名时，阴离子名称在前，阳离子名称在后，与无机盐的命名相同。

含配阳离子的配合物命名时，外界阴离子和配阳离子之间用“化”或“酸”连接。如$[Cu(NH_3)_4]SO_4$ 称作硫酸四氨合铜(Ⅱ)，$[Co(H_2O)_6]Cl_2$称作氯化六水合钴(Ⅱ)。

含配阴离子的配合物命名时，配阴离子按酸根处理，配阴离子和外界阳离子之间用“酸”字联系。如 $K_4[Fe(CN)_6]$称作六氰合铁(Ⅱ)酸钾。

如果配体不止一种，则不同配体名称之间用中圆点“·”分开，配体名称列出顺序与书写配位个体化学式时配体列出顺序相同，即先无机后有机、先阴离子后中性分子，同类配体按配位原子元素符号的英文字母顺序排列。如$[CoCl_2(NH_3)_4]$称作二氯·四氨合钴(Ⅱ)，$[Co(NH_3)_4(H_2O)_2]Cl_3$称作三氯化四氨·二水合钴(Ⅲ)，$[PtCl(NO_2)(NH_3)_4]SO_4$称作硫酸一氯·一硝基·四氨合铂(Ⅳ)。

4)配合物的异构现象

(1)结构异构。

① 解离异构。组成相同的配合物，在水溶液中解离得到不同离子的现象称为解离异构。如$[Cr(H_2O)_6]Cl_3$(紫色)、$[CrCl(H_2O)_5]Cl_2 \cdot H_2O$ (绿色)、$[CrCl_2(H_2O)_4]Cl \cdot 2H_2O$ (暗绿色)。

②键合异构。键合异构是由于两可配体以两种不同配位原子与中心原子配位所产生的异构现象。如$[Cr(SCN)(H_2O)_5]^{2+}$与$[Cr(NCS)(H_2O)_5]^{2+}$。

(2)立体异构。

配合物的立体异构是指组成相同的配合物的不同配体因在空间排列不同而产生的异构现象。

①几何异构。几何异构体主要存在于配位数为 4 的平面正方形配合物和配位数为 6 的八面体配合物中。在配合物的几何异构体中，当同种配体处于相邻位置时称为顺式异构体(代号 *cis*-)，处于对角线位置时称为反式异构体(代号 *trans*-)。

②对映异构。对映异构又称手性异构或旋光异构、光学异构，它指存在一对互为不可重合镜像的异构体，好比左右手一样，互为镜像却不能在三维空间中重合。一对对映异构体的熔点、折射率、溶解度、热力学稳定性等都毫无差别，最大的差别是，它们使偏振光旋转的角度相同而方向正好相反。使偏振光向左偏转的对映异构体称为左旋体，使偏振光向右偏转的对映异构体称为右旋体。

5)螯合物

螯合物是具有环状结构的配合物，通过两个或多个配位体与同一金属离子形成螯合环的螯合作用而得到。金属离子与多齿配体生成的螯合物，比它与单齿配体生成的类似配合物有更高的稳定性。这是由于要同时断开螯合剂配位于金属上的两个键是困难的。由螯合作用得到的某些金属螯合剂用途很广，例如 EDTA 为六齿螯合剂，可用于水软化、食物保存等方面，环状配体冠醚类对碱金属和碱土金属的分离和分析特别适用。一些生命必需的物质是螯合物，如血红蛋白和叶绿素中卟啉环上的 4 个氮原子把金属原子(血红蛋白含 Fe^{2+}、叶绿素含 Mg^{2+})固定在环中心。

4.2 配合物的结构理论

1)配合物的价键理论

(1)价键理论基本要点。

①中心离子与配体以配位键结合。即配体的配位原子提供的孤对电子与中心离子所提供的空轨道形成配位键。这种键的本质是共价性的。

②中心离子提供杂化空轨道参与成键。为了增强成键能力，中心原子所提供的空轨道必须首先进行杂化，形成能量相同并具有一定方向性的一组杂化轨道，容纳配体提供的孤对电子形成配位键。

③中心离子的配位数、配合物的空间构型和稳定性是由杂化的方式和杂化轨道的数目决定的。

中心离子所采用的杂化方式首先是由中心离子的结构特性决定的，即中心离子有哪些能量相近的原子轨道能参加杂化。此外与配位数有关，中心离子要提供与配位数相等的杂化轨道形成配位键。不同的杂化方式使杂化轨道的空间构型不同，在形成配位键时要求配体必须从特定的空间位置接近中心离子，以保证原子轨道的最大重叠，形成稳定的共价键，所以可以根据中心离子的杂化方式判断配合物的空间构型。

(2)内轨型配合物和外轨型配合物。

①外轨型配合物。

如果配位原子的电负性较大，如卤素、O(如 Cl^-、H_2O^+)等，它们不易给出孤电子对，其电场对中心离子的影响较小，使中心离子原有的价电子层结构不变，仅用外层的 ns、np、nd 空轨道进行杂化，生成能量相同且具有一定空间构型的一组杂化轨道与配体结合，这类配合物称外轨型配合物。

例如$[Fe(H_2O)_6]^{3+}$配离子，Fe^{3+}离子的价电子层结构是 $3d^5$，当 Fe^{3+}离子与 H_2O 形成配离子时，Fe^{3+}离子的原有的电子层结构保持不变，用 1 个 4s、3 个 4p 和 2 个 4d 轨道进行 sp^3d^2杂化，形成具有八面体构型的 6 个杂化轨道，分别接纳 6 个 H_2O 分子的配位原子 O 所提供的孤对电子，形成 6 个配位键，配离子的空间构型是八面体形。外轨型配合物中，中心原子成单电子数较多，也称高自旋配合物，用于成键的轨道为外部轨道，能量较高，因此，相对内轨型配合物来说，外轨型配合物稳定性较差。

②内轨型配合物。

如果配位原子的电负性较小，如 C、N(如 CN^-、NO_2^-)，配位原子在形成配位键时较易给出孤对电子，对中心离子的影响较大，形成配合物时能使中心离子的价电子层结构发生电子重排，空出能量较低的次外层 d 轨道参与成键。由$(n-1)$d 和 ns、np 轨道参加杂化所形成的配合物称内轨型配合物。

例如$[Fe(CN)_6]^{3-}$配离子，Fe^{3+}离子的价电子层结构是 $3d^5$，当 Fe^{3+}离子与 CN^-形成配离子时，Fe^{3+}离子原有的电子层结构发生变化，3d 轨道中的 5 个价电子进行重排而空出 2 个 3d 轨道，用 2 个 3d、1 个 4s 和 3 个 4p 轨道进行 d^2sp^3杂化，形成 6 个杂化轨道分别接纳 6 个 CN^-的配位原子 C 所提供的孤对电子，形成 6 个配位键，配离子的空间构型也是八面体形。内轨型配合物中，中心原子的价电子发生重排，成单电子数较少，也称低自旋配合物，内轨型配合物的配体提供的孤对电子深入内层轨道，能量较低，因此，内轨型配合物较为稳定。

通过以上例子可以发现，对 Fe^{3+}而言，内轨型配合物与外轨型配合物的未成对电子数分别为 1 和 5，差距甚大，这使得它们的磁性不同。配合物的磁矩可用下式计算：

$$\mu = \sqrt{n(n+2)}\mu_B$$

式中，n 是分子中未成对电子数；μ_B 叫玻尔磁子，是磁矩的习惯使用单位。

通过对比实测磁矩与理论磁矩，可以辅助判断某些配合物的杂化类型。例如，实验测得$[Co(NH_3)_6]^{3+}$磁矩为零，可知其为低自旋，中心原子采用 d^2sp^3杂化。

价键理论十分简单易懂，能够解释并预言部分实验事实，但同时它也有许多缺点，不能解释很多实验事实，应用的范围有限。

2)晶体场理论

晶体场理论由皮塞在 1929 年提出。该理论将中心离子和配体之间的相互作用完全看作静电的吸引和排斥，同时考虑到配体电场对中心离子 d 轨道的影响，成功地解释了过渡金属配合物的光学和磁性问题，从而得以迅速发展。

(1)晶体场理论的要点。

①晶体场理论认为配合物中化学键的本质是纯静电作用力。即把中心离子和配体都当作点电荷，中心离子与配体之间作用力类似于晶体中正负离子间的相互作用。配体产生的电场叫晶体场。

②由于配体静电场的影响，中心离子价电子层的 d 轨道发生能级分裂。由五个能量相

等的 d 轨道分裂成能级不同的几组轨道。分裂后的 d 轨道的能级差叫晶体场分裂能。在不同对称性的配体场作用下，d 轨道有不同的分裂方式，晶体场分裂是晶体场理论的主要特征。

③中心离子 d 电子在分裂后的轨道上重新排布，使系统能量降低，产生晶体场稳定化能。d 电子的重排结果是影响配合物稳定性和理化性质的重要因素之一。

(2)中心离子 d 轨道的分裂。

中心离子的 d 轨道在空间的分布方向不同，使其在不同空间构型的配合物中，所受到的配体场的影响程度不同，d 轨道产生的分裂方式和分裂后轨道的能级变化也有所不同。

在正八面体场中，六个配体从正八面体的六个顶角，沿$\pm x$、$\pm y$、$\pm z$ 轴向中心离子靠近时，中心离子和配体间产生静电吸引的同时，中心离子 d 轨道上电子受到配体的斥力。中心离子的 d 轨道在配体的影响下分裂成两组：$d_{x^2-y^2}$、d_{z^2} 轨道的电子云图像的轴正好与配体相碰，会受到配体带负电的孤对电子的排斥而能量升高，这两个能量较高的轨道，称 d_γ轨道，也称 e_g；d_{xy}、d_{xz}、d_{yz} 三个轨道的电子云长轴没有对准配体，正好插在它们之间的空隙中，受到的排斥小得多，能量较低，称 d_ε轨道，也称 t_{2g}。

在正四面体场中，中心离子的 d 轨道受到配体的影响情况可假设成把四面体形的配离子放到一个立方体中，配体位于立方体四个相间的顶点，中心离子在立方体中心：d_{xy}、d_{xz}、d_{yz} 轨道电子云密度最大处指向立方体边线的中心，离配体最近，受到的斥力较大，形成能量较高的三重简并的 d_ε轨道，也称 t_2 轨道；$d_{x^2-y^2}$、d_{z^2} 轨道则指向立方体的面心，离配体较远，受到配体的斥力较小，形成能量较低的二重简并的 d_γ轨道，也称 e 轨道。

(3)晶体场分裂能。

d 轨道分裂后最高能级的轨道和最低能级的轨道的能量差叫晶体场分裂能，以符号 Δ 表示。在不同构型的配合物中，Δ 值是不同的。例如正八面体场中 d 轨道能级分裂后，d_γ轨道与 d_ε轨道间的能级差，以符号 Δ_o(下标 o 表示八面体)或 $10D_q$表示。晶体场分裂能 Δ_o 在数值上相当于一个电子从 d_ε轨道激发到 d_γ轨道所需的能量。d 轨道在四面体场中不像在八面体场中是与配体迎头相碰，所以受到的斥力较小，其分裂能小于八面体的分裂能，以 Δ_t(下标 t 表示四面体)表示。晶体场分裂能 Δ_t在数值上只相当于 Δ_o 的 4/9，即 $\Delta_t = 4/9\Delta_o$。

晶体场分裂能的数值一般可以由晶体或溶液的光谱数据直接求得。

晶体场分裂能数值的大小主要受配合物的几何构型、配体的电场、中心离子的电荷及其 d 轨道的主量子数等因素的影响。

四面体场的分裂能小于八面体的分裂能。中心离子电荷数越大，中心与配体距离越近，则作用越强，Δ 越大。周期系同族金属元素自上而下分裂能增大。例如，同族同价第二过渡系金属离子比第一过渡系的分裂能增大 40%～50%，第三过渡系比第二过渡系又增加 20%～25%。

对同一中心离子和相同构型的配合物，Δ 值随配体场强度的增强而增大。按照 Δ 值相对大小排列的配体顺序称为“光谱化学序”，它反映了配体所产生的配位场强度的相对大小。光谱化学序列由光谱得到，用以表示配体和金属离子对分裂能 Δ 的影响大小。

$I^- < Br^- < S^{2-} < SCN^- < Cl^- < NO_3^- < F^- < OH^- < C_2O_4^{2-} < H_2O < NCS^- < CH_3CN <$ py (吡啶)$< NH_3 <$ en (乙二胺)$<$ bipy (2，2′-联吡啶)$<$ phen (1，10-邻菲啰啉)$< NO_2^- <$ $CN^- < CO$。

通常把光谱化学序列中最左边的 I^-、Br^-、S^{2-} 等配体称为弱场，最右边的 NO_2^-、CN^-、CO等称为强场。

(4)晶体场中d电子的填充。

当中心离子的d轨道发生分裂时，电子是首先分占不同的d轨道，还是先填充能量较低的简并d轨道，则要看中心离子在配位场中的分裂能和电子成对能的相对大小。如果要使两个电子进入同一轨道，就必须克服电子之间的排斥力，此时所需能量称为电子成对能(P)。

在八面体场中，中心离子d轨道分裂成 d_γ、d_ε 两组，所以电子在分裂后的d轨道重新排布时就会有两种可能的情况：一种是d电子以自旋平行的方式分占较多的轨道，以减少电子成对能，使系统能量降低；另一种是根据能量最低原理d电子先排在能量较低的 d_ε 轨道，在两两配对填满 d_ε 轨道后再进入能量较高的 d_γ 轨道。当配体为弱场时，Δ_o 值较小，则 $P>\Delta_o$，电子尽可能自旋平行地分占各d轨道，配合物常具有较多的自旋平行的单电子，叫高自旋态；当配体为强场时，Δ_o 值较大，则 $P<\Delta_o$，电子将按第二种方式填充电子，配合物常含有较少的单电子，叫低自旋态。

例如 $[Fe(H_2O)_6]^{3+}$ 和 $[Fe(CN)_6]^{3-}$ 配离子，中心离子 Fe^{3+} 都是处于八面体场中，但 H_2O 属于弱场，CN^- 属于强场，d电子在分裂后的d轨道中的填充方式分别是 $d_\varepsilon^3 d_\gamma^2$ 高自旋态和 $d_\varepsilon^5 d_\gamma^0$ 的低自旋态。$[Fe(CN)_6]^{3-}$ 是低自旋配合物，$[Fe(H_2O)_6]^{3+}$ 是高自旋配合物。

$[Fe(H_2O)_6]^{3+}$ 和 $[Fe(CN)_6]^{3-}$ 配离子的d电子排布式：

$[Fe(H_2O)_6]^{3+}$	$[Fe(CN)_6]^{3-}$
$P>\Delta_o$	$P<\Delta_o$
$d_\varepsilon^3 d_\gamma^2(t_{2g}^3 e_g^2)$ 高自旋态	$d_\varepsilon^5 d_\gamma^0(t_{2g}^5 e_g^0)$ 低自旋态

但对d电子是 d^1、d^2、d^3、d^8、d^9、d^{10} 中心离子，在八面体中无论处于强场还是弱场，d电子都只能有一种分布方式。

(5)晶体场稳定化能。

中心离子的d电子填入分裂后的d轨道所产生的总能量下降值，叫晶体场稳定化能(缩写CFSE)。晶体场理论认为d电子填充分裂后的d轨道可以给系统带来额外的稳定性，即除中心离子与配体由静电引力形成配合物的结合能以外的稳定性。这种稳定性的大小可以用晶体场稳定化能的数值进行衡量。晶体场稳定化能的数值可以根据分裂后 d_ε、d_γ 轨道的能量和填入这些轨道的电子数目进行计算。稳定化能越大，配合物越稳定。

八面体场中，中心离子的d轨道分裂产生的结果是如果一个d电子填入能量较低的 d_ε 轨道，可以使系统的能量降低 $4Dq$，如果一个d电子填入能量较高的 d_γ 轨道，可使系统能量升高 $6Dq$。根据晶体场中d轨道的分裂方式和晶体场分裂能的规定，推导出八面体场中晶体场稳定化能的计算公式：

$$\text{CFSE(八面体场)} = -4Dqn_\varepsilon + 6Dqn_\gamma$$

式中，n_ε 代表填入 d_ε 轨道的电子数，n_γ 代表填入 d_γ 轨道的电子数。

四面体配合物的晶体场稳定化能的计算公式推导结果：

$$\text{CFSE(四面体场)} = -2.67Dqn_\gamma + 1.78Dqn_\varepsilon$$

从不同空间构型的配合物晶体场稳定化能计算公式可以看出，晶体场稳定化能与配合物的晶体场的强弱、配合物的立体构型和中心离子的d电子数和有关。晶体场的强弱不同，一方面对中心离子 d 轨道分裂产生的影响大小不同，使晶体场的分裂能大小也不同；另一方面还影响到中心离子的 d 电子的排布方式(高自旋或低自旋)，从而影响到填入能量高低不同的简并轨道的电子数目。当晶体场一定时，配合物的空间构型不同使中心离子的 d 轨道受到配体的影响不同，晶体场分裂能的数值也有所不同($\Delta_t=4/9\Delta_o$)。当晶体场分裂能一定时，进入不同简并轨道的电子数目决定了晶体场稳定化能的大小。

晶体场理论可以解释配合物的磁性、稳定性和空间构型等，还可以解释配合物的颜色。如过渡元素水合离子均为配离子，其中心离子在配体水分子的影响下，d 轨道能级分裂。而 d 轨道又常没有填满电子，当配离子吸收可见光区某一部分波长的光时，d 电子可从能级低的 d 轨道跃迁到能级较高的 d 轨道(例如八面体场中由 t_{2g}轨道跃迁到 e_g轨道)，这种跃迁称为 d-d 跃迁。发生 d-d 跃迁所需的能量即为轨道的分裂能 Δ。

含有 $d^{1\sim9}$构型的过渡元素配合物大多是有颜色的。以水合配离子为例：

晶体场理论认为，这些配离子的形成体(或中心离子)由于 d 轨道未填满，有未成对电子，d 电子吸收光能在低能级的 d 轨道到高能级的 d 轨道之间发生电子跃迁，这种跃迁称 d-d 跃迁，其相应的能量间隔一般在 10000～40000 cm^{-1}，相当于可见光及近紫外光区的波长范围。例如正八面体配离子$[Ti(H_2O)_6]^{3+}$的水溶液显紫红色，这是因为 Ti^{3+}只有 1 个 3d 电子，它在八面体场中的电子排布为 d_ε^1，当可见光照射到该配离子溶液时，处于 d_ε轨道上的电子吸收了可见光中波长为 492.7 nm 附近的光而跃迁到 d_γ轨道。这一波长光子的能量恰好等于配离子的分裂能，相当于 20400 cm^{-1}，这时可见光中蓝绿色光被吸收，剩下红色和紫色的光，故溶液显紫红色。根据晶体场理论，配合物的颜色与 Δ 值有关，分裂能越大，要实现 d-d 跃迁就越需要吸收高能量的光子(即波长短的光子)，使配合物吸收光谱向短波方向移动。$[Cu(H_2O)_4]^{2+}$显蓝色(以吸收橙红色光为主，吸收峰约在 12600 cm^{-1})而$[Cu(NH_3)_4]^{2+}$显深蓝色(以吸收橙黄色光为主，吸收峰约在 15100 cm^{-1})，就是因为 NH_3比 H_2O 的分裂能大。

晶体场理论可以成功地解释配位化合物的许多结构和性质，但该理论只按静电作用进行处理，相当于只考虑离子键的作用，出发点过于简单。事实上金属离子的轨道与配位体分子轨道仍有重叠，也就是说金属离子与配位体之间的化学键具有一定程度的共价成分。因此，晶体场理论不能解释像 $Ni(CO)_4$、$Fe(CO)_5$等以共价为主的配合物，难以解释分裂能大小变化次序。如中性的 NH_3分子比带电的卤素离子分裂能大，而且 CO 和 CN^-的分裂能都特别大，不能用静电场理论解释。

【例　题】

例 1. 什么是中心离子的配位数？怎样确定配位数？配位数和配体的数目有什么关系？举例说明。

解：直接与中心离子配合的配位原子(或离子)的数目叫中心离子的配位数。配位数是由实验确定的。配位数与配体数目的关系：

单齿配体：配位数＝配体数目

双齿配体：配位数＝配体数目×2。

总之，对于多齿配体的配合物，中心离子的配位数不等于配体的数目，需要具体分析。例如$[Co(en)_3]^{3+}$(式中 en 代表乙二胺)的配位数不是 3 而是 6。

例 2. 命名下列各配合物和配离子。

(1) $(NH_4)_3[SbCl_6]$；　(2) $Li[AlH_4]$；

(3) $[Co(en)_3]Cl_3$；　(4) $[CoCl_2(H_2O)_4]Cl$；

(5) $[CrBr_2(H_2O)_4]Br \cdot 2H_2O$；　(6) $[CrCl_3(H_2O)(py)_2]$；

(7) $[Co(NO_2)_6]^{3-}$；　(8) $[CoCl(NO_2)(NH_3)_4]^+$。

解：(1) 六氯合锑(Ⅲ)酸铵；

(2) 四氢合铝(Ⅲ)酸锂；

(3) 氯化三(乙二胺)合钴(Ⅲ)；

(4) 氯化二氯・四水合钴(Ⅲ)；

(5) 二水合溴化二溴・四水合铬(Ⅲ)；

(6) 三氯・一水・二吡啶合铬(Ⅲ)；

(7) 六硝基合钴(Ⅲ)配阴离子；

(8) 一氯・一硝基・四氨合钴(Ⅲ)配阳离子。

例 3. 实验测得下列配离子的磁矩，试推测其是内轨型配合物还是外轨型配合物。

(1) $[Mn(SCN)_6]^{4-}$，$\mu=6.1\mu_B$；　(2) $[Mn(CN)_6]^{4-}$，$\mu=1.8\mu_B$；

(3) $[Co(NO_2)_6]^{3-}$，$\mu=0.0\mu_B$；　(4) $[Co(SCN)_4]^{2-}$，$\mu=4.3\mu_B$；

(5) $K_3[FeF_6]$，$\mu=5.9\mu_B$；　(6) $K_3[Fe(CN)_6]$，$\mu=2.3\mu_B$。

解：(1) $[Mn(SCN)_6]^{4-}$，$\mu=6.1\mu_B$。

Mn^{2+}，$3d^5$，若为外轨型的，则 $n=5$，由公式 $\mu=\sqrt{n(n+2)}$，得 $\mu\approx5.92\mu_B$，由于计算值与实验值很接近，所以配离子为外轨型的，中心离子采取 sp^3d^2 杂化。

(2) $[Mn(CN)_6]^{4-}$，$\mu=1.8\mu_B$。

Mn^{2+}，$3d^5$，若为内轨型的，电子层结构发生重排，则 $n=1$，由公式 $\mu=\sqrt{n(n+2)}$，得 $\mu\approx1.73\mu_B$，与实验值很接近，所以配合物为内轨型的，中心离子采取 d^2sp^3 杂化。

(3) $[Co(NO_2)_6]^{3-}$，$\mu=0.0\mu_B$。

Co^{3+}，$3d^6$，若为内轨型的，则电子层结构发生重排，$n=0$。所以配合物为内轨型的，中心离子为 d^2sp^3 杂化。

(4) $[Co(SCN)_4]^{2-}$，$\mu=4.3\mu_B$。

Co^{2+}，$3d^7$，若为外轨型的，电子层结构未发生重排，单电子数为 3，由公式 $\mu=\sqrt{n(n+2)}$，得 $\mu\approx3.87\mu_B$，与实验值很接近，所以配合物为外轨型的，中心离子为 sp^3 杂化。

(5) $K_3[FeF_6]$，$\mu=5.9\mu_B$。

Fe^{3+}，$3d^5$，若为外轨型的，电子层结构未发生重排，单电子数为 5，由公式 $\mu=\sqrt{n(n+2)}$，计算出 $\mu\approx5.92\mu_B$ 与实验值很接近，所以配合物为外轨型的，中心离子为 sp^3d^2 杂化。

(6) $K_3[Fe(CN)_6]$，$\mu=2.3\mu_B$。

Fe^{3+}，$3d^5$，若为内轨型的，电子层结构发生重排，则单电子数为 1，按照公式 $\mu=$

$\sqrt{n(n+2)}$ 计算出 $\mu \approx 1.73\mu_B$，与实验值很接近，所以配合物为内轨型的，中心离子为 d^2sp^3 杂化。

例 4. Fe^{2+} 与 CN^- 形成的配离子是反磁性的，但与 H_2O 形成的配离子则为顺磁性的，解释这种现象。

解：Fe^{2+} 的价层结构为 $3d^6$。CN^- 是强场配体，与 Fe^{2+} 形成配合物，使 Fe^{2+} 内层 $3d^6$ 电子发生重排两两成对，空出 2 个 3d 轨道，与 4s、4p 轨道发生 d^2sp^3 杂化，形成低自旋、内轨型配合物 $[Fe(CN)_6]^{4-}$。无成单电子，故是反磁性的。而 H_2O 属场强较弱配体，与 Fe^{2+} 形成配合物时，不能使内层 3d 电子重排，利用空的 4s、4p、4d 轨道发生 sp^3d^2 杂化，形成高自旋、外轨型配合物 $[Fe(H_2O)_6]^{2+}$。其中有较多成单电子，故是顺磁性的。

例 5. 实验证明，$[Fe(H_2O)_6]^{3+}$ 和 $[Fe(CN)_6]^{3-}$ 的磁矩差别极大，如何用价键理论来理解？

解：Fe^{3+} 的价层结构为 $3d^5$。H_2O 是弱场配体，$[Fe(H_2O)_6]^{3+}$ 的中心离子 Fe^{3+} 用 sp^3d^2 杂化轨道成键，属外轨型高自旋配合物，有 5 个单电子；CN^- 是强场配体，$[Fe(CN)_6]^{3-}$ 的中心离子 Fe^{3+} 的价电子发生重排，用 d^2sp^3 杂化轨道成键，属内轨型低自旋配合物，只有 1 个单电子，所以二者磁矩差别极大。

例 6. 为什么可形成 $[Al(OH)_6]^{3-}$ 和 $[AlF_6]^{3-}$ 离子，而不能形成 $[B(OH)_6]^{3-}$ 和 $[BF_6]^{3-}$ 离子？

解：因为 B 是第二周期元素，原子外层只有 2s、2p 轨道，成键时最高配位数为 4，所以不能形成 $[B(OH)_6]^{3-}$ 和 $[BF_6]^{3-}$ 离子。而 Al 是第三周期元素，原子外层有 3s、3p 和 3d 轨道，当它以 sp^3d^2 杂化轨道成键时，即可形成 $[Al(OH)_6]^{3-}$ 和 $[AlF_6]^{3-}$ 离子。另外，中心原子的配位数除与其成键原子轨道数有关外，还与中心原子和配位原子的相对大小有关，如 Al^{3+} 与 Cl^- 和 Br^- 形成配离子时，由于 Cl^- 和 Br^- 的半径较大，所以只能形成四配位的 $[AlCl_4]^-$ 和 $[AlBr_4]^-$。

例 7. 金属离子形成配合物能力的大小顺序通常是 d 区元素 > f 区元素 > s 区元素，为什么？

解：形成配合物时中心离子与配体间的结合力有两种类型：静电作用的电价配键和轨道重叠的共价配键。这两种配位键的强度决定了配合物稳定性的大小。

首先，d 区元素的离子通常半径较小，电荷较高，有未充满的 $(n-1)$d 轨道。因此这些离子与配体结合时既有电价配键的成分，还有较强的共价配键成分。共价配键的强弱与中心离子空的价轨道能量高低有关，而 d 区元素的 $(n-1)$d 轨道能量较低，能与配体形成有效的共价配键。其次，d 区元素离子的离子势较大，极化力强，本身有一定变形性，与配体间的相互极化作用能够加强共价配键。最后，中心离子未充满的 $(n-1)$d 轨道在形成配合物后能产生额外的晶体场稳定化能，进一步提高了配合物的稳定性。

f 区元素的 M^{3+} 离子都是惰气型离子(外层为 $5s^25p^6$ 或 $6s^26p^6$)，内层的 4f 轨道或 5f 轨道上的电子被外层轨道上的电子有效屏蔽，因而与配体轨道之间基本上没有成键作用，只能用更高能量的外层轨道(5d、6s、6p 或 6d、7s、7p)成键。所以，f 区元素的 M^{3+} 离子与配体间的作用只有电价配键，而 M^{3+} 离子的半径都较大，对配体的吸引力较小。故形成配合物能力 d 区元素强于 f 区元素。但就静电引力的比较，f 区元素的 M^{3+} 离子所带电荷比 s 区元素离子高，所以它们形成配合物的能力强于 s 区元素。

例 8. 什么叫分裂能和电子成对能？怎样用它们的数据判断配合物属于高自旋型还是低自旋型？

解： 分裂能 Δ 是中心离子的 d 轨道的简并能级因配位场的影响而分裂成不同组能级之间的能量差。

成对能是电子在配对时为了克服静电场的排斥作用所需的能量，通俗地讲就是使自旋成对的两个电子占据同一轨道所必须付出的能量，以 P 表示。

当 $P > \Delta$ 时，因电子成对需要的能量高，电子将尽量以单电子排布分占不同的轨道，取高自旋状态；当 $P < \Delta$ 时，电子成对耗能较少，此时将取低自旋状态。在弱场时，由于 Δ 值较小，配合物将取高自旋构型；相反，在强场时，由于 Δ 值较大，配合物将取低自旋构型。对于四面体配合物，由于 $\Delta_t = (4/9)\Delta_o$，这样小的 Δ_t 值，通常都不能超过成对能值，所以四面体配合物通常是高自旋的。第二、三过渡系金属因 Δ 值较大，故它们几乎是低自旋的。由于 $P(d^5) > P(d^4) > P(d^7) > P(d^6)$，故在八面体场中 d^6 离子常为低自旋的(但$[Fe(H_2O)_6]^{2+}$和$[CoF_6]^{3-}$例外)，而 d^5 离子常为高自旋的(CN^- 的配合物例外)。

例 9. 过渡金属离子的配合物大多具有特征颜色，如$[Cu(H_2O)_4]^{2+}$为蓝色，$[Co(H_2O)_6]^{2+}$为粉红色，$[V(H_2O)_6]^{3+}$为绿色，$[Ti(H_2O)_6]^{3+}$为紫红色，但$[Zn(H_2O)_4]^{2+}$配离子无色，请解释。

解： 配离子的简并 d 轨道在配体的影响下会产生分裂，分成能量不等的 d_ε 和 d_γ 轨道，配离子具有特征颜色是由于中心离子 d 轨道上电子没有充满($d^1 \sim d^9$)，电子可以在获得光能后在 d_ε 和 d_γ 轨道之间发生跃迁，这种跃迁称为 d-d 跃迁。实现这种跃迁所需要的能量为分裂能，吸收的光波波长正处于可见光范围内。当配离子吸收一定波长的可见光发生 d-d 跃迁后，配离子就会显示与吸收光互补的透过光的颜色。不同的配离子产生 d-d 跃迁时吸收光的波长不同(分裂能不同)，使配离子呈现不同的颜色，d^0 和 d^{10} 由于 d 轨道电子全空和全满，不会产生 d-d 跃迁，故配合物无色，如$[Zn(H_2O)_4]^{2+}$配离子无色。

【知识点练习】

一、选择题

1. 下列关于配合物的说法中，错误的是(　　)。

A. 中心原子与配体以配位键结合

B. 配体是具有孤对电子的负离子或分子

C. 配位数是中心原子结合的配体个数之和

D. 配离子可以存在于溶液中，也可以存在于晶体中

2. 一般不能作为配合物中心原子的是(　　)。

A. 高氧化态的金属　　　　B. 高氧化态的非金属

C. 负氧化态的金属　　　　D. 负氧化态的非金属

3. 关于配体，下列说法不正确的是(　　)。
A. 配体中与中心原子直接以配位键结合的原子叫作配位原子
B. 配位原子是多电子原子，常见的是 N、O、S、卤素等非金属原子
C. 只含一个配位原子的配体称为单齿配体
D. 含两个配位原子的配体称螯合剂
4. 关于配合物$[Cu(NH_4)_4][PtCl_4]$的下列说法中正确的是(　　)。
A. 前者肯定是外界　　B. 后者肯定是外界
C. 含有两种配离子　　D. 二者都是外界
5. 下列离子中，形成配合物能力最强的是(　　)。
A. Mg^{2+}　　B. Eu^{3+}　　C. Sn^{2+}　　D. Cu^{2+}
6. 配离子$[Co(SCN)_4]^{2-}$中钴的价态和配位数分别是(　　)。
A. −2，4　　B. +2，4　　C. +3，2　　D. +2，6
7. 在$K[Co(NH_3)_2Cl_4]$中，Co 的氧化数和配位数分别是(　　)。
A. +2 和 4　　B. +4 和 6　　C. +3 和 6　　D. +3 和 4
8. 在$K_xNi(CN)_4 \cdot H_2O$中，x值应为(　　)。
A. 1　　B. 2　　C. 3　　D. 4
9. 血红素是一种卟啉环配合物，其中心离子是(　　)。
A. Fe(Ⅱ)　　B. Fe(Ⅲ)　　C. Mg(Ⅱ)　　D. Co(Ⅱ)
10. 下列关于配合物的论述中不当的是(　　)。
A. 在配合物中，阴离子不能作为中心原子
B. 配体除阴离子和中性分子外，也可以有阳离子
C. 配合物实际上是一种酸碱加合物
D. 一些复盐如$CaRh(SO_4)_2 \cdot 4H_2O$实际上也是配合物
11. 对于配合物$[CrF(H_2O)_5][SiF_6]$，下列说法中正确的是(　　)。
A. 前者是内界，后者是外界　　B. 后者是内界，前者是外界
C. 两者都是外界　　D. 两者都是配离子
12. 配离子$[Ca(EDTA)]^{2-}$中，Ca^{2+}的配位数是(　　)。
A. 1　　B. 2　　C. 4　　D. 6
13. 在$[Co(en)(C_2O_4)_2]^-$配离子中，中心离子的配位数为(　　)。
A. 3　　B. 4　　C. 5　　D. 6
14. 在$[Cu(SCN)_2]^-$中，配位原子、配位数和名称依次为(　　)。
A. S，4，二硫氰酸根合铜(Ⅰ)离子
B. S，2，二硫氰酸根合铜(Ⅰ)离子
C. N，4，二异硫氰酸根合铜(Ⅰ)离子
D. N，2，二异硫氰酸根合铜(Ⅰ)离子
15. 下列配合物的命名正确的是(　　)。
A. $K_3[Co(NO_2)_3Cl_3]$三氯·三硝基合钴(Ⅲ)酸钾
B. $K_3[Co(NO_2)_3Cl_3]$三硝基·三氯合钴(Ⅲ)酸钾
C. $K_3[Co(NO_2)_3Cl_3]$三氯·三亚硝酸根合钴(Ⅲ)酸钾
D. $K_3[Co(NO_2)_3Cl_3]$三亚硝酸根·三氯合钴(Ⅲ)酸钾

16. $[Cr(py)_2(H_2O)Cl_3]$ 的名称是(　　)。

A. 氯化一水・二吡啶合铬(Ⅲ)　　B. 一水合三氯化二吡啶合铬(Ⅲ)

C. 三氯・一水・二吡啶合铬(Ⅲ)　　D. 一水・二吡啶・三氯合铬(Ⅲ)

17. 下列关于螯合物的叙述，不正确的是(　　)。

A. 螯合物的配体是多齿配体，与中心原子形成环状结构，故螯合物稳定性高

B. 螯合剂中配位原子相隔愈远，形成的环愈大，螯合物愈稳定

C. 大多数螯合物呈现特征颜色

D. 多齿配体与中心原子也可能形成简单配合物

18. 下列配合物中，属于螯合物的是(　　)。

A. $[Ni(en)_2]Cl_2$　　B. $K_2[PtCl_6]$

C. $(NH_4)[Cr(NH_3)_2(SCN)_4]$　　D. $Li[AlH_4]$

19. 已知$[PtCl_2(OH)_2]^{2-}$有顺式和反式两种几何异构体，则中心离子铂的杂化轨道类型是(　　)。

A. sp^3　　B. sp^3d　　C. dsp^2　　D. d^2sp^3

20. 下列配离子中，不存在空间几何异构体的是(　　)。

A. $[PtCl_2(NH_3)_4]^{2+}$　　B. $[PtCl_3(NH_3)_3]^+$

C. $[PtCl(NO_2)(NH_3)_4]^{2+}$　　D. $[PtCl(NH_3)_5]^{3+}$

21. $[Co(NO_2)(NH_3)_5]Cl_2$和$[Co(ONO)(NH_3)_5]Cl_2$属于(　　)。

A. 几何异构　　B. 旋光异构　　C. 电离异构　　D. 键合异构

22. $[NiCl_4]^{2-}$是顺磁性分子，则其几何构型为(　　)。

A. 平面正方形　　B. 四面体形　　C. 正八面体形　　D. 四方锥形

23. $[Cr(H_2O)_5Cl]Cl_2 \cdot H_2O$ 和$[Cr(H_2O)_4Cl_2]Cl \cdot 2H_2O$ 属于(　　)。

A. 几何异构　　B. 水合异构　　C. 电离异构　　D. 键合异构

24. 配合物$[Pt(NH_3)_4][CuCl_4]$与$[PtCl_4][Cu(NH_3)_4]$互为(　　)。

A. 几何异构　　B. 电离异构　　C. 旋光异构　　D. 配位异构

25. $[PtCl_2(OH)_2(NH_3)_2]$的几何异构体及旋光异构体数分别是(　　)。

A. 3 和 2　　B. 4 和 1　　C. 5 和 1　　D. 5 和 2

26. 已知某金属离子配合物的磁矩为 $4.90\mu_B$，而同一氧化态的该金属离子形成的另一配合物，其磁矩为 0，则此金属离子可能为(　　)。

A. Cr(Ⅲ)　　B. Mn(Ⅱ)　　C. Fe(Ⅱ)　　D. Mn(Ⅲ)

27. Fe(Ⅲ)形成的配位数为 6 的外轨型配合物中，Fe^{3+}离子接受孤对电子的空轨道是(　　)。

A. d^2sp^3　　B. sp^3d^2　　C. p^3d^3　　D. sp^3d

28. 下列配离子或配合物中，具有顺磁性的是(　　)。

A. $[Ni(CN)_4]^{2-}$　　B. $[CoCl_4]^{2-}$　　C. $[Co(NH_3)_6]^{3+}$　　D. $Fe(CO)_5$

29. 下述配合物高自旋或低自旋的判断错误的是(　　)。

A. $[Fe(H_2O)_6]^{3+}$高自旋　　B. $[Ni(CN)_4]^{2-}$低自旋

C. $[Fe(CN)_6]^{4-}$低自旋　　D. $[Co(NH_3)_6]^{3+}$高自旋

30. 下列各组配离子中，属于高自旋型的一组是(　　)。

A. $[Cu(H_2O)_4]^{2+}$和$[Zn(CN)_4]^{2-}$　　B. $[Fe(H_2O)_6]^{2+}$和$[Mn(NCS)_6]^{4-}$

C. $[Fe(CN)_6]^{3-}$和$[PtCl_6]^{2-}$　　D. $[ZnCl_4]^{2-}$和$[Ni(CN)_4]^{2-}$

31. $K_4[Fe(CN)_6]$是(　　)。

A. 反磁性　　B. 顺磁性　　C. 铁磁性　　D. 反铁磁性

32. $[Co(NH_3)_6]^{2+}$为高自旋配合物，在空气中非常容易氧化成低自旋配合物$[Co(NH_3)_6]^{3+}$。则$[Co(NH_3)_6]^{2+}$和$[Co(NH_3)_6]^{3+}$的成单电子数分别是(　　)。

A. 1 和 4　　B. 3 和 4　　C. 3 和 0　　D. 0 和 3

33. 在$[Fe(CN)_6]^{3-}$配离子中，Fe^{3+}所采用的杂化轨道是(　　)。

A. dsp^2　　B. sp^3d^2　　C. sp^3d　　D. d^2sp^3

34. 最适合于$[Fe(H_2O)_6]^{2+}$描述的是(　　)。

A. sp^3d^2杂化，顺磁性　　B. sp^3d^2杂化，反磁性

C. d^2sp^3杂化，顺磁性　　D. d^2sp^3杂化，反磁性

35. $[PtCl_4]^{2-}$($\mu=0$)的中心原子杂化轨道类型为(　　)。

A. sp^3d^2　　B. dsp^2　　C. dsp^3　　D. d^2sp^2

36. 下列关于$[Cu(CN)_4]^{3-}$的空间构型及中心离子的杂化方式的叙述正确的是(　　)。

A. 平面正方形，d^2sp^2杂化　　B. 变形四面体，sp^3d杂化

C. 正四面体，sp^3杂化　　D. 平面正方形，sp^3d^2杂化

37. 关于外轨型与内轨型配合物的区别，下列说法不正确的是(　　)。

A. 中心原子杂化方式在外轨型配合物是ns、np、nd轨道杂化，内轨型配合物是$(n-1)$d、ns、np轨道杂化

B. 形成外轨型配合物时中心原子d电子排布不变，而形成内轨型配合物时中心原子d电子一般发生重排

C. 通常外轨型配合物比内轨型配合物磁矩小

D. 相同中心离子形成相同配位数的配离子时，一般内轨型比外轨型稳定

38. 下列配合物中，具有顺磁性的是(　　)。

A. $[ZnF_4]^{2-}$　　B. $Ni(CO)_4$　　C. $[Fe(CN)_6]^{3-}$　　D. $[Fe(CN)_6]^{4-}$

39. 关于$[Cr(NH_3)_6]^{3+}$离子，下列说法中正确的是(　　)。

A. Cr^{3+}以d^2sp^3杂化轨道成键，配合物具有反磁性

B. Cr^{3+}以sp^3d^2杂化轨道成键，配合物具有反磁性

C. Cr^{3+}以sp^3d^2杂化轨道成键，配合物具有顺磁性

D. Cr^{3+}以d^2sp^3杂化轨道成键，配合物具有顺磁性

40. 下列配合物中空间构型是直线形的是(　　)。

A. $[Cu(P_2O_7)_2]^{6-}$　　B. $[Fe(EDTA)]^-$　　C. $[Cu(en)_2]^{2+}$　　D. $[CuCl_2]^-$

41. 根据晶体场理论，下列配离子具有顺磁性的是(　　)。

A. $[Ni(CN)_4]^{2-}$　　B. $[Co(CN)_6]^{3-}$　　C. $[Fe(CN)_6]^{3-}$　　D. $[Hg(CN)_4]^{2-}$

42. 下列关于配合物磁性的说法中，正确的是(　　)。

A. 反磁性的配合物，其配体场肯定是强场

B. 顺磁性的配合物都是高自旋型配合物

C. 磁矩为 5.9μ_B 的配合物，其配体场肯定是弱场

D. 反磁性配合物的稳定性比顺磁性配合物的稳定性高

43. 如果下列配合物都存在，其中分裂能最大的是(　　)。

A. $[Rh(NH_3)_6]^{3+}$　B. $[Ni(NH_3)_6]^{3+}$　C. $[Co(NH_3)_6]^{3+}$　D. $[Fe(NH_3)_6]^{3+}$

44. 实验测定配离子$[Co(H_2O)_6]^{2+}$的磁矩为 4.1μ_B，下列说法中与实验事实相符合的是(　　)。

A. 该配离子的晶体场分裂能 Δ_o 大于电子成对能 P

B. d 轨道电子排布式为 $t_{2g}^5e_g^2$

C. d 轨道电子排布式为 $t_{2g}^6e_g^1$

D. 该配离子有 4 个单电子

45. 下列配离子中，无色的是(　　)。

A. $[Ni(NH_3)_6]^{2+}$　B. $[Cu(NH_3)_4]^{2+}$　C. $[Cd(NH_3)_4]^{2+}$　D. $[CuCl_4]^{2-}$

46. 在下列不同的 d 电子构型的离子中，哪一种离子在弱的八面体场中具有最大的晶体场稳定化能？(　　)

A. d^1　B. d^2　C. d^3　D. d^4

47. 在八面体场中，中心离子的 d 轨道在配体场作用下分裂的情况为(　　)。

A. 能量较高的 $d_{x^2-y^2}$ 、d_{xy} 和能量较低的 d_{z^2} 、d_{xz} 、d_{yz} 两组

B. 能量较高的 $d_{x^2-y^2}$ 、d_{z^2} 和能量较低的 d_{xy} 、d_{xz} 、d_{yz} 两组

C. 能量较高的 d_{z^2} 、d_{xz} 、d_{yz} 和能量较低的 $d_{x^2-y^2}$ 、d_{xy} 两组

D. 能量不等的四组轨道

48. 在下列影响配合物分裂能大小的因素中，正确的一组是(　　)。

A. 配合物的几何构型：八面体>四面体

B. 配体种类：$CN^- > SCN^- > H_2O > F^- > Cl^- > Br^- > I^-$

C. 中心原子的电荷：$Fe^{3+} < Fe^{2+}$

D. 中心原子 d 轨道的主量子数：3d>4d>5d

49. 下列配离子中，分裂能值最大的是(　　)。

A. $[Co(NH_3)_6]^{2+}$　B. $[Ni(NH_3)_6]^{2+}$　C. $[Zn(NH_3)_4]^{2+}$　D. $[Rh(NH_3)_6]^{2+}$

50. 下列电子构型的中心离子主要形成四面体配合物的是(　　)。

A. d^3　B. d^7　C. d^8　D. d^{10}

51. $[Co(CN)_6]^{3-}$离子中，Co^{3+}离子的 d 电子排布式为(　　)。

A. $t_{2g}^6e_g^0$　B. $t_{2g}^4e_g^2$　C. $t_{2g}^6e_g^1$　D. $t_{2g}^5e_g^2$

52. 下列物质中，中心离子基态的 d 电子排布为$[Ar]e_g^1t_{2g}^0$的是(　　)。

A. $[CuCl_4]^{2-}$　B. $ZrCl_4$　C. VCl_4　D. $[Ti(H_2O)_6]^{2+}$

53. 电子排布为$[Ar]t_{2g}^3e_g^0$的八面体配合物是(　　)。

A. $[MnCl_6]^{4-}$　B. $[CuCl_6]^{4-}$　C. $[Co(CN)_6]^{3-}$　D. $[CrF_6]^{3-}$

54. 根据晶体场理论，在八面体场中，由于场强的不同，有可能产生高自旋和低自旋的电子构型是(　　)。

A. d^2　B. d^3　C. d^4　D. d^8

55. 下列离子具有最大晶体场稳定化能的是(　　)。

A. $[Fe(H_2O)_6]^{2+}$　B. $[Ni(H_2O)_6]^{2+}$　C. $[Co(H_2O)_6]^{2+}$　D. $[Mn(H_2O)_6]^{2+}$

56. $[Fe(H_2O)_6]^{2+}$的晶体场稳定化能(CFSE)是(　　)。

A. $-4Dq$　B. $-12Dq$　C. $-6Dq$　D. $-8Dq$

二、填空题

1. 填写下列表格。

配　合　物	中心离子	配体	配位原子	配位数	配合物的系统命名
$[CoCl_2(NH_3)_3(H_2O)]Cl$					
$K_2[PtCl_6]$					
$[Cr(H_2O)(en)(C_2O_4)(OH)]$					
$[CoCl_2(en)_2]_2SO_4$					
$[Ag(NH_3)_2]Cl$					
$(NH_4)_3[SbCl_6]$					
$[CrCl_2(H_2O)_4]Cl$					
$Li[AlH_4]$					
$[Co(NO_2)_3(NH_3)_3]$					
$[Cr(NH_3)_6][Co(CN)_6]$					
$[Co(en)_3]Cl_3$					
$K_4[Fe(CN)_6]$					
$K_2Na[Co(ONO)_6]$					
$Na[Cr(EDTA)]$					
$Ni(CO)_4$					

2. 根据配合物名称写出下列配合物的化学式。

配合物名称	配合物的化学式
四氯合铂(Ⅱ)酸四氨合铂(Ⅱ)	
四异硫氰根合钴(Ⅱ)酸钾	
五氰·一羰基合铁(Ⅱ)配离子	
二氯·二羟基·二氨合铂(Ⅳ)	
四硫氰根·二氨合铬(Ⅲ)酸铵	
二水合溴化二溴·四水合铬(Ⅲ)	
六氰合钴(Ⅲ)酸六氨合铬(Ⅲ)	
氯化五氨·一水合钴(Ⅲ)	
碳酸一氯·一硝基·四氨合铂(Ⅳ)	

续表

配合物名称	配合物的化学式
四异硫氰根·二氨合钴(Ⅲ)酸铵	
氯化亚硝酸根·三氨·二水合钴(Ⅲ)	
五氰·一羰基合铁(Ⅱ)配离子	
四氯合铂(Ⅱ)酸四氨合铜(Ⅱ)	

3. 形成配位键时，中心原子应具备的条件是____________________，配位体应具备的条件是____________________。

4. $CrCl_3 \cdot 6H_2O$ 的三种溶剂合异构体分别为________、________、________。$[Co(NO_2)(NH_3)_5]Cl_2$的键合异构体是____________。

5. $PtCl_2(NH_3)_2$的空间构型为________，它有________种几何异构体，其中________式结构的异构体具有抗癌作用。

6. 有三种组成为 $CrCl_3 \cdot 6H_2O$ 的配合物，它们各呈不同的颜色，它们互为________异构体。有两种组成为$[CrCl_2(NH_3)_4]^+$的八面体构型的配离子，它们互为________异构体，也呈不同的颜色。

7. 配体 Cl^-、H_2O、CN^-、NH_3 在光谱化学序列中由强场到弱场的顺序为________。

8. $[Mn(CN)_6]^{4-}$与$[Fe(CN)_6]^{3-}$都是________(高、低)自旋配离子，其中心离子 Mn^{2+} 和 Fe^{3+} 均以________杂化轨道与 CN^- 成键；而$[MnCl_6]^{4-}$和$[FeCl_6]^{3-}$都是________(高、低)自旋配离子，其中心离子 Mn^{2+} 和 Fe^{3+} 均以________杂化轨道与 Cl^- 成键。

9. 根据价键理论由配合物的空间构型计算下列配位个体的磁矩(μ_B)。

配离子	空间构型	磁矩(μ_B)
$[Cu(NH_3)_4]^{2+}$	平面正方形	
$[Ni(CN)_4]^{2-}$	平面正方形	
$[FeF_6]^{3-}$	八面体形	
$[PtCl_2(NH_3)_2]$	平面四边形	
$[Mn(H_2O)_6]^{2+}$	八面体形	
$[Co(H_2O)_6]^{2+}$	八面体形	

10. 根据价键理论填写下表。

配离子	μ/μ_B	未成对电子数	杂化轨道类型	空间构型	内轨或外轨	相对稳定情况
$[Cd(NH_3)_4]^{2+}$	0					
$[FeF_6]^{3-}$	5.90					
$[Fe(CN)_6]^{4-}$	0					
$[Fe(H_2O)_6]^{2+}$	4.90					
$[Co(NH_3)_6]^{2+}$	3.87					

续表

配离子	μ/μ_B	未成对电子数	杂化轨道类型	空间构型	内轨或外轨	相对稳定情况
$[Ni(NH_3)_4]^{2+}$	2.87					
$[Ni(CN)_4]^{2-}$	0					
$[NiCl_4]^{2-}$	2.8					
$[Mn(CN)_6]^{3-}$	2.83					
$[MnBr_4]^{2-}$	5.90					

11. 第一过渡系列的某 M^{2+} 离子，其最外层电子数为 16 个，该离子为________，M 属于第________族，M^{2+} 与 Cl^-、CN^- 分别作用形成$[MCl_4]^{2-}$和$[M(CN)_4]^{2-}$配离子，在这两个配离子中 M^{2+} 离子所采用的杂化轨道分别是______和________，配离子的空间构型分别是____________形和________________形。

12. 具有 d^5 构型的过渡金属离子，在八面体弱场中，t_{2g}轨道上有_____________个电子，e_g 轨道上有____________个电子；在八面体强场中，t_{2g}轨道上有____________个电子，e_g轨道上有____________个电子。

13. 晶体场理论认为，在电子构型为 $d^1 \sim d^{10}$ 的过渡金属离子中，当形成六配位的八面体配合物时，可能形成高自旋或低自旋两种配合物的中心离子电子构型为__________，其高自旋配合物的晶体场稳定化能 CFSE 比低自旋配合物的__________；中心离子电子构型为__________的过渡金属配离子多具有一定颜色，这是由中心离子能产生__________而引起的。

14. 比较下列各对配离子分裂能 Δ_o 的大小(用“>”和“<”表示)，并简要说明理由。

(1) $[Fe(H_2O)_6]^{2+}$______$[Fe(H_2O)_6]^{3+}$

理由____；

(2) $[Cu(NH_3)_4]^{2+}$______$[Cu(NH_3)_4]^{+}$

理由____；

(3) $[FeF_6]^{3-}$______$[Fe(CN)_6]^{3-}$

理由____；

(4) $[NiCl_4]^{2-}$________$[PtCl_4]^{2-}$

理由____。

15. 分裂能 Δ 的大小主要决定于配合物的________，中心离子的____________和 d 轨道的主量子数 n；此外，还与配体的种类有很大关系，如 CN^-、CO 配体的配合物的 Δ 值____________，是因为它们都是 π 酸配体。

16. 在过渡金属离子的八面体配合物中，当 $\Delta_o > P$ 时，将形成____________自旋配合物，而 $\Delta_o < P$ 时，将形成__________自旋配合物。

17. 根据晶体场理论填写下表。

配离子	Δ_o和 P 大小	中心离子的 d 电子排布式	高低自旋	相对稳定性	单电子数	μ/μ_B
$[Co(CN)_6]^{3-}$	$\Delta_o > P$					
$[CoF_6]^{3-}$	$\Delta_o < P$					
$[Co(NH_3)_6]^{2+}$	$\Delta_o < P$					
$[Co(NH_3)_6]^{3+}$	$\Delta_o > P$					
$[Fe(H_2O)_6]^{2+}$	$\Delta_o > P$					
$[Fe(CN)_6]^{4-}$	$\Delta_o < P$					

18. 将正确答案填入下列表格的各空格中。

中心离子	d 轨道电子数	在八面体弱场中		在八面体强场中	
		未成对电子数	CFSE/Dq	未成对电子数	CFSE/Dq
Cr^{3+}					−12
Co^{2+}			−8		
Cu^{2+}			−6		
Fe^{2+}			−4		
Mn^{2+}					−20

19. Ni^{2+}的两种配合物，$[NiCl_4]^{2-}$是________磁性，其空间构型是____________；$[Ni(CN)_4]^{2-}$是________磁性，其空间构型是____________。

20. 按晶体场理论，$[Co(NO_2)_6]^{4-}$和$[Co(H_2O)_6]^{2+}$两种配离子中，d 电子排布式分别为________和________；晶体场稳定化能分别为________和________Dq；磁矩较大的是________。

21. 某配合物的化学式为 $CoCl_3 \cdot 4NH_3 \cdot H_2O$，内界为正八面体构型配离子。1 mol 该化合物溶于水中，加入过量 $AgNO_3$，有 2 mol AgCl 生成。它的结构简式是________。按无机化合物系统命名原则，命名为__________。

22. 已知铁的原子序数为 26，则 Fe^{2+}在八面体场中的晶体场稳定化能（以 $\Delta_o = 10Dq$ 表示）在弱场中是__________，在强场中是__________。

三、判断题

1.（　　）配合物的中心原子的配位数等于配体的数目。

2.（　　）配合物的中心原子一般是金属元素。

3.（　　）CO 之所以与零或低氧化态金属有很强的配位能力，主要是因为 CO 与中心原子能够形成反馈 π 配键。

4.（　　）由$[Co(NH_3)_6]^{3+}$的磁矩 $\mu = 0$，可推知中心原子的杂化方式为内轨型杂化。

5.（　　）配合物中心原子轨道进行杂化时，其轨道必须是能量相近的空轨道。

6.(　　)化合物$[CoCl_2(NH_3)_4]Br$的名称是溴化二氯·四氨钴酸盐(Ⅱ)。

7.(　　)配合物中心离子配位数的大小，只决定于中心离子和配体的性质(它们的电荷、半径、核外电子排布等)。

8.(　　)由中心原子与多齿配体形成的环状配合物，称为螯合物。

9.(　　)螯合物的稳定性还与成环数和环的大小有关。

10.(　　)配合物都包含内界和外界两部分。

11.(　　)$[PtCl_2(OH)_2(NH_3)_2]$配合物有5种几何异构体。

12.(　　)中心离子都带正电荷，而配离子都具有负电荷。

13.(　　)$[CrCl(H_2O)_5]Cl_2 \cdot H_2O$和$[CrCl_2(H_2O)_4]Cl \cdot 2H_2O$属于水合异构。

14.(　　)对于八面体场来说，d^1、d^2、d^3是没有高自旋、低自旋之分的。因此，$[Cr(H_2O)_6]^{3+}$、$[Cr(NH_3)_6]^{3+}$、$[CrF_6]^{3-}$等都是采取相同的杂化轨道类型。

15.(　　)因CN^-为强场配体，故$[Zn(CN)_4]^{2-}$为内轨型化合物。

16.(　　)Fe(Ⅲ)形成的配位数为6的外轨配合物中，Fe^{3+}接受孤电子对的空轨道是sp^3d^2。

17.(　　)EDTA与金属离子形成螯合物时，其螯合比一般为2∶1。

18.(　　)低自旋型配合物的磁性一般而言比高自旋型配合物的磁性相对要弱一些。

19.(　　)配位数为4的配离子，其空间构型为四面体形。

20.(　　)对同一中心原子所形成的配合物，低自旋型配合物的稳定性较小，高自旋型配合物的稳定性较大。

21.(　　)$[Zn(NH_3)_4]^{2+}$配离子的空间构型为正四面体形。

22.(　　)若已知$[NiCl_4]^{2-}$是顺磁性分子，则其几何构型为平面正方形。

23.(　　)根据晶体场理论，在一个八面体强场中，中心离子d电子数为6时，晶体场稳定化能最大。

24.(　　)中心离子以dsp^2杂化轨道成键而形成的配合物，其空间构型为平面四方形。

25.(　　)根据晶体场理论，自由离子在带有负电荷的球形静电场作用下，d轨道的能量是一起升高的。而在八面体场配体负静电场作用下，d轨道能量一部分升高，一部分降低，其总能量与未加电场以前自由离子时相同。

26.(　　)根据晶体场理论，形成高自旋配合物的理论判据是分裂能>成对能。

27.(　　)具有d^5构型的中心金属离子，在八面体弱场中，t_{2g}轨道上有3个电子，e_g轨道上有2个电子。

28.(　　)在过渡金属离子形成的八面体配合物中，当$\Delta_o < P$时，可形成低自旋配合物。

29.(　　)晶体场理论认为，中心离子与配位体以静电引力结合，价键理论则认为中心离子与配位体以配位键结合。

30.(　　)按价键理论，任何一个中心离子都可以形成外轨型和内轨型配合物。

四、问答题

1. 无水三氯化铬和氨形成两种配合物，组成相当于 $CrCl_3 \cdot 6NH_3$ 和 $CrCl_3 \cdot 5NH_3$。加入硝酸银溶液能从第一种配合物溶液中几乎将所有的氯沉淀为 AgCl，而从第二种配合物溶液中仅能沉淀出相当于组成中含氯量的 2/3 的 AgCl。加入氢氧化钠并加热时两溶液都无氨气味。试推出它们的内界和外界，并指出配离子的电荷数、中心离子的氧化数和配合物的名称。

2. 解释原因：$[ZnCl_4]^{2-}$ 和 $[NiCl_4]^{2-}$ 为四面体形，而 $[PtCl_4]^{2-}$ 和 $[CuCl_4]^{2-}$ 为正方形。

3. 实验测得 $[Fe(CN)_6]^{4-}$ 和 $[Co(NH_3)_6]^{3+}$ 均为反磁性物质(磁矩等于零)，求它们的杂化轨道类型。

4. 有两种组成相同的 $CoSO_4Br(NH_3)_5$ 配合物。其一的水溶液为无色，加 $AgNO_3$ 溶液后生成黄色沉淀，若加 $BaCl_2$ 溶液则无变化。另一水溶液为紫色，加入 $BaCl_2$ 溶液生成沉淀，若加入 $AgNO_3$ 溶液则无变化。试确定它们的结构式，并一一命名。

5. 实验测得 $[Mn(CN)_6]^{4-}$ 配离子的磁矩为 $2.00\mu_B$，而 $[Pt(CN)_4]^{2-}$ 的磁矩为 $0\mu_B$。试推断它们的中心原子的杂化类型和配合物的空间构型，指出是内轨型还是外轨型。

6. 为什么正四面体形配合物绝大多数是高自旋？

7. 向 Hg^{2+} 溶液中加入 KI 溶液时有红色 HgI_2 生成，继续加入过量的 KI 溶液时 HgI_2 溶解得无色的 $[HgI_4]^{2-}$ 配离子。请说明 HgI_2 有颜色而 $[HgI_4]^{2-}$ 无色的原因。

8. 根据晶体场理论，推测 $[Fe(H_2O)_6]^{2+}$ 与 $[Fe(H_2O)_6]^{3+}$ 的晶体场分裂能 Δ_o 何者为大，$[CoF_6]^{3-}$ 的 Δ_o 与 $[Co(CN)_6]^{3-}$ 的 Δ_o 何者为大，并说明原因。

9. 为什么 Ni^{2+} 的八面体形配合物都属于外轨型配合物？

10. Zn^{2+} 和 Ni^{2+} 都可以与 NH_3 形成配合物，但锌氨配合物是无色的，而镍氨配合物是蓝色的。为什么？

11. 解释说明 $[Fe(H_2O)_6]^{3+}$ 和 $[Fe(H_2O)_6]^{2+}$ 谁更稳定。

12. 解释说明 $[Fe(phen)_3]^{3+}$ 和 $[Fe(phen)_3]^{2+}$ 谁更稳定。

13. 分别用价键理论和晶体场理论解释 $[CoCl_4]^{2-}$ 的构型。

14. 已知 $[Co(CN)_6]^{4-}$ 和 $[Co(CN)_6]^{3-}$ 配离子均属内轨型配合物，试根据价键理论解释 $[Co(CN)_6]^{4-}$ 易被氧化成 $[Co(CN)_6]^{3-}$ 的原因。

15. 为什么不存在 $[ZnCl_5]^{3-}$ 配离子？

16. 为什么重金属中毒时可以使用 EDTA 的二氢钙盐解毒？

17. 为什么 Cu^+ 的配位数大多为 2，其配合物的构型常为直线形？

18. Ni(Ⅱ)、Pd(Ⅱ)、Pt(Ⅱ)为同族元素，为什么 Ni(Ⅱ)的四配位的配合物常为四面体形，而 Pd(Ⅱ) 和 Pt(Ⅱ) 的四配位的配合物大都是平面四方形？

19. $[Ni(CO)_4]$ 与 $[Ni(CN)_4]^{2-}$ 磁矩都是 0，为什么 $[Ni(CN)_4]^{2-}$ 为平面正方形而 $[Ni(CO)_4]$ 为四面体形？

20. 根据价键理论，指出下列配合物的中心原子的杂化类型和配合物的空间构型、内外轨型以及磁性。

(1) $[Fe(CN)_6]^{3-}$；(2) $[FeF_6]^{3-}$；(3) $[Co(NH_3)_6]^{3+}$(已知反磁性)；

(4) $[Co(NH_3)_6]^{2+}$；(5) $[Ni(H_2O)_4]^{2+}$；(6) $[Ni(CN)_4]^{2-}$。

【单元测试】

一、选择题(共 40 分)

1. $[CrCl_3(H_2O)(py)_2]$(py 代表吡啶)的名称是(　　)。

A. 三氯化一水・二吡啶合铬(Ⅲ)　　B. 一水合三氯化二吡啶合铬(Ⅲ)

C. 三氯・一水・二吡啶合铬(Ⅲ)　　D. 二吡啶・一水・三氯化铬(Ⅲ)

2. 下列各组配合物，中心离子氧化数相同的是(　　)。

A. $K[Al(OH)_4]$与 $K_2[Co(NCS)_4]$　　B. $[Ni(CO)_4]$与$[Mn_2(CO)_{10}]$

C. $H_2[PtCl_6]$与$[Pt(NH_3)_2Cl_2]$　　D. $K_2[Zn(OH)_4]$与 $K_3[Co(C_2O_4)_3]$

3. $[CoCl_2(en)_2]^+$中互为异构体的总数(　　)。

A. 2 个　　B. 3 个　　C. 4 个　　D. 1 个(即无异构体)

4. 下列哪一种中心离子在一般情况下在各自的配合物中不取 sp 杂化轨道成键？(　　)

A. Cu(Ⅰ)　　B. Cu(Ⅱ)　　C. Ag(Ⅰ)　　D. Au(Ⅰ)

5. $[PdCl_2(OH)_2]^{2-}$有两种不同的结构，成键电子占据的杂化轨道是(　　)。

A. sp^3　　B. d^2sp^3　　C. sp^3和 dsp^2　　D. dsp^2

6. 配合物的中心原子的轨道在杂化时，轨道必须是(　　)。

A. 同层轨道　　B. 空轨道

C. 能量相差较大的轨道　　D. 具有单电子的轨道

7. 下列哪种物质形成配合物时不可以作为配体？(　　)

A. CH_3NH_2　　B. NH_4^+　　C. CN^-　　D. NH_3

8. $[Co(SCN)_2(H_2O)_2(en)]^+$的配位数为(　　)。

A. 3　　B. 4　　C. 5　　D. 6

9. 已知$[Ni(NH_3)_4]^{2+}$的磁矩为 $2.82\mu_B$，那么配合物的构型为(　　)。

A. 直线形　　B. 平面正方形　　C. 正四面体形　　D. 正八面体形

10. 下列配合物中，属于螯合物的是(　　)。

A. $[Ni(en)_2]Cl_2$　　B. $K_2[PtCl_6]$

C. $(NH_4)[Cr(SCN)_4(NH_3)_2]$　　D. $Li[AlH_4]$

11. $[Cu(EDTA)]^{2-}$中铜的配位数是(　　)。

A. 1　　B. 4　　C. 6　　D. 8

12. 某中心离子与弱场配体形成的八面体配合物磁矩为 $4.98\mu_B$，而与强场配体形成反磁性八面体配合物，则该金属离子是(　　)。

A. Cr^{3+}　　B. Ti^{3+}　　C. Mn^{3+}　　D. Au^{3+}

13. 下列配离子中，未成对电子数最多的是(　　)。

A. $[Cr(NH_3)_6]^{3+}$　　B. $[Mn(H_2O)_6]^{2+}$　　C. $[Fe(CN)_6]^{4-}$　　D. $Ni(CO)_4$

14. $[Fe(NCS)_6]^{3-}$的配位原子为(　　)。

A. C　　B. N　　C. S　　D. 以上都对

15. 下列配合物空间构型为直线形的是(　　)。

A. $[Cu(en)_2]^{2+}$　　B. $[Cu(P_2O_7)_2]^{6-}$　　C. $[Ag(S_2O_3)_2]^{2-}$　　D. $[AuCl_4]^-$

16. 下列关于$[Cu(CN)_4]^{3-}$的空间构型和中心离子杂化方式的表述中正确的是(　　)。

A. 平面正方形，d^2sp^3杂化　　B. 变形四面体形，sp^3d杂化

C. 正四面体形，sp^3杂化　　D. 平面正方形，sp^3d^2杂化

17. Fe^{3+}在八面体场中要使配合物为高自旋状态，则分裂能Δ_o和电子成对能P需要满足的条件是(　　)。

A. Δ_o和P越大越好　　B. $\Delta_o<P$

C. $\Delta_o>P$　　D. $\Delta_o=P$

18. $[Fe(H_2O)_6]^{2+}$的晶体场稳定化能为(　　)。

A. $-4Dq$　　B. $-6Dq$　　C. $-12Dq$　　D. $-8Dq$

19. Mn^{2+}的正八面体配合物有很微弱的颜色，其原因是(　　)。

A. Mn^{2+}的高能d轨道都充满了电子　　B. d-d跃迁是禁阻的跃迁

C. 分裂能太大，吸收不在可见光范围　　D. d^5构型的离子d能级不分裂

20. 在弱场中，八面体和四面体配合物的CFSE值相同的是(　　)。

A. Mn^{2+}　　B. Ni^{2+}　　C. Fe^{2+}　　D. Cu^{2+}

二、填空题(共20分)

1. 为下列配合物命名。

$K_2[Zn(OH)_4]$：________________________；

$Na_3[FeF_6]$：________________________；

$[Co(ONO)(NH_3)_5]^{2+}$：________________________；

$[Co(ONO)(NH_3)_3(H_2O)_2]Cl_2$：________________________。

2. 写出下列配合物的结构简式。

五氰·羰基合铁(Ⅱ)配阴离子：________________________；

四氯合铂(Ⅱ)酸四氨合铜(Ⅱ)：________________________。

3. 已知$[Ni(NH_3)_4]^{2+}$的磁矩大于零，则其空间构型为________，中心离子杂化轨道方式为________；$[Ni(CN)_4]^{2+}$的磁矩等于零，则其空间构型为________，中心离子杂化轨道方式为________。

4. 有些含有两个配位原子的配体只能使用其中之一与一个中心原子配位，它们称作________。$[Ag(SCN)_2]^-$中配位原子为________，$[Fe(NCS)_6]^{3-}$中配位原子为________。

5. 第四周期的某金属离子在八面体弱场中的磁矩为$4.90\mu_B$，而它在八面体强场中的磁矩为0，该中心原子可能是________。

6. 在光谱化学序列中，F^-是________场配体，CN^-是________场配体；$[FeF_6]^{3-}$是________自旋配合物，在八面体场中，中心离子Fe^{3+}的电子排布为________。

7. 根据晶体场理论，电子构型为$d^1\sim d^{10}$的过渡金属离子中，形成六配位的八面体配合物时，高自旋和低自旋配合物的电子排布不相同的中心离子的电子构型是________，其高自旋配合物的晶体场稳定化能比低自旋的________。

三、判断题(共 10 分)

1.(　　)配离子的电荷数等于中心原子的电荷数。

2.(　　)配合物的空间构型主要取决于杂化轨道的类型。

3.(　　)$Ni(NH_3)_2Cl_2$无异构现象，$[Co(en)_3]Cl_3$有异构体。

4.(　　)若已知$[NiCl_4]^{2-}$是顺磁性分子，则其几何构型为正四面体形。

5.(　　)内轨型配合物一定比外轨型配合物稳定。

6.(　　)因 CN^- 为强场配体，故其配合物全部都是内轨型化合物。

7.(　　)$[Fe(C_2O_4)_2(NH_3)_2]^-$ 中，Fe^{3+} 中心离子的配位数是 4。

8.(　　)顺磁性的配合物都是高自旋配合物。

9.(　　)$[Co(H_2O)_6]^{2+}$ 的磁矩为 4.1μ_B，中心离子 d 轨道电子排布式为 $t_{2g}^5e_g^2$。

10.(　　)强场配体引起的中心原子 d 轨道分裂能较小。

四、问答题(共 30 分)

1. 第ⅠB 族和第ⅡB 族的金属元素形成配合物时配位数一般不超过 4，试解释之。

2. 判断 PH_3 与 NH_3 形成配合物的能力哪个更强？试解释之。

3. Fe^{2+} 与 CN^- 形成的配合物是反磁性的，而与 F^- 形成的配离子则是顺磁性的，试解释之。

4. $[Ni(CO)_4]$和$[Ni(CN)_4]^{2-}$ 的立体构型有何不同？为什么？

5. 根据下列配合物的磁矩，推出配离子的中心离子、价层电子排布、轨道的杂化类型、空间构型，指出配离子属内轨型还是外轨型。

(1) $[Mn(CN)_6]^{3-}$ μ =2.8μ_B；　　(2) $[Co(NH_3)_6]^{2+}$ μ =3.88μ_B；

(3) $[Pt(CN)_4]^{2-}$ μ =0；　　(4) $[Cd(CN)_4]^{2-}$ μ =0。

第 5 章　化学热力学基础

【知识点梳理】

化学热力学是研究化学反应及相变过程中能量转换规律的科学，其研究内容主要是反应过程中的能量变化以及反应(或相变)的方向和限度。注意：化学热力学研究的是封闭系统，化学热力学研究的是宏观物质，化学热力学只研究系统的始态和终态，化学热力学没有时间的概念。

5.1　热力学基本概念及定律

1)热力学基本概念

(1)环境与系统。

系统：人为划出的作为研究对象的一部分空间。如敞开系统(也称开放系统，与外界可进行物质能量交换)、封闭系统(只有能量交换)、孤立系统(也称隔离系统，物质、能量均不与外界交换)。

环境：除系统以外的其他部分。

(2)功和热。

功和热是系统状态变化时，与环境进行能量交换(传递或转换)的两种形式。具体地说：

热(Q)：系统和环境之间由于温度差别而进行的能量传递形式是热。

功(W)：系统和环境之间除热以外，其他的能量传递形式是功。

功有多种形式，可分为体积功和非体积功。

体积功：指由于系统体积变化，反抗外力作用而与环境交换的功。$W=-p\Delta V$。

非体积功：除体积功外，其他功统称为非体积功。如电功等。

功和热的单位为“J”“kJ”，但它们都不是状态函数。

因为：① 功和热是伴随着状态的变化而产生的，它是一种过程变量，没有状态变化就没有功和热。② 功和热的数值大小与变化途径有关。

功和热取值规则：

系统从环境吸收热量，Q 为正值；系统放出热量，Q 为负值。

系统对环境做功，W 为负值；环境对系统做功，W 为正值。

(3)状态及状态函数。

状态：系统的某种存在状况。它由一系列的物理量决定，如气体的 p、V、T 等，一旦系统处于一定的状态，系统的所有其他性质都有确定值。

状态函数：在特定状态下，某一性质具有唯一值，则称该性质为状态函数。

状态函数的特征："状态一定值一定，殊途同归变化同，周而复始变化零"。

(4)过程与途径。

过程：系统的状态发生变化时，从始态到终态，我们说系统经历了一个热力学过程，简称过程。过程可以是在特定条件下进行的，如恒压过程、恒温过程、恒容过程、绝热过程等，都具备各自特定的条件。

途径：系统由始态到终态的变化过程，可以采用许多种不同的方式，每一种具体的方式称为一种途径。

注意：系统状态函数的变化只取决于系统始终变化的过程，而与变化的路径无关。

(5)广度性质与强度性质。

广度性质：也称容量性质，与系统中物质的量成正比的量，具有加和性。如质量、体积等。

强度性质：数值上不随系统中物质总量的变化而变化的物理量，不具有加和性。如温度、密度、浓度等。

两个广度性质状态函数的比值为强度性质状态函数。如密度＝质量/体积。

(6)热力学标准态。

当系统中各种气态物质的气压均为标准压力 $p^{\ominus}$，固态和液态物质表面承受的压力等于压力 $p^{\ominus}$，溶液中各物质的浓度均为 $1\ \text{mol}\cdot\text{L}^{-1}$时，我们就说各物质处于热力学标准态。

注：热力学标准态并未对温度有限制，任何温度都有热力学标准态。

2)热力学定律

(1)热力学第一定律。

在任何过程中，能量是不会自生自灭的，只能从一种形式转化为另一种形式，而总能量是不变的。这就是热力学第一定律。设一封闭系统，若外界输送给它的热量为 Q，并对其做功 W，则其内能的变化 $\Delta U = Q + W$。这就是热力学第一定律的数学表达式。

注意：功和热不是状态函数，但两者之和是状态函数。

(2)热力学第二定律。

热力学第二定律揭示了宏观过程的方向与限度。

熵增加原理：孤立系统有自发向混乱度增加的方向变化的趋势。

(3)热力学第三定律。

在绝对零度(0 K)时，任何纯净的晶态物质的熵值都是 0。

5.2　几个重要的状态函数

1)热力学能(内能)

符号为U，是系统内各种形式能量的总和，单位为 $kJ \cdot mol^{-1}$。热力学能是系统的一种宏观性质，一定量某种物质的热力学能(内能)与物质的种类、温度、压力、体积等性质有关，所以它是系统的状态函数，其变化值只与始态和终态有关，而与途径无关。

系统热力学能的绝对值大小是无法测量的，但它随系统状态变化而产生的变化值，可以从系统与环境在变化过程中的能量交换测得。ΔU 表示热力学能(内能)的变化。热力学第一定律：$\Delta U = Q + W$。

由 $\Delta U = Q + W$，可得 $Q = \Delta U - W$。我们研究反应热一般都是在系统不做非体积功时进行，此时只有体积功。$W = -p\Delta V$，在恒容条件下，体积不变，即 $\Delta V = 0$，$W = 0$，所以有 $Q_V = \Delta U$，即当系统不做非体积功时，恒容过程反应放出的热量等于内能的减少量，或吸收的热量等于内能的增加量。

2)焓

若反应在恒压条件下进行，即敞口系统(绝大多数情况)，恒压条件的反应热 $Q = \Delta U - W$，系统要做体积功，$W = -p\Delta V$，则 $Q = \Delta U + p\Delta V = U_2 - U_1 + p(V_2 - V_1)$。

重新组合后，$Q = (U_2 + pV_2) - (U_1 + pV_1)$。

引入一个新的概念，焓，符号 H。$H \equiv U + pV$，所以有 $Q_p = H_2 - H_1 = \Delta H = \Delta U + p\Delta V$。

焓定义：焓是系统内能加上压力与体积的乘积，没有特殊的物理意义，它是系统的一种能量的组合形式，是一种组合能量；其变化量焓变 ΔH 是恒压条件下的热效应。单位：$kJ \cdot mol^{-1}$。

$\Delta H < 0$，说明反应焓值减少，反应是放热的，放出的热量等于系统焓值的减少量；$\Delta H > 0$，说明反应焓值增加，反应是吸热的，吸收的热量等于系统焓值的增加量。

热化学方程式：表示化学反应与其热效应关系的化学方程式。因绝大多数反应是在恒压条件下进行的，故可以用 ΔH 表示反应的热效应。

例如：$2H_2(g) + O_2(g) = 2H_2O(g)$　　$\Delta_r H_m^\ominus(T) = -483.6\ kJ \cdot mol^{-1}$

书写化学方程式的注意事项：

(1)应注明反应条件(温度、压力)，若为 100 kPa、298 K 时可忽略。

(2)必须标出各物质的聚集状态，这是因为不同聚集状态的热效应是不同的。

(3)方程式中的系数不表明分子数，只表示摩尔数，所以可以是分数。注意：计量数不同时，同一反应的反应热是不同的。

(4)逆反应的热效应与正反应的热效应数值相同，符号相反。

$\Delta_r H_m(T)^\ominus$表示标准摩尔反应焓变，标准状态下，某反应进度 $\xi = 1$ mol(按所给定的反应式进行 1 mol 反应)时的反应焓变为标准摩尔反应焓变。

标准摩尔生成焓(又称标准生成热)：指在恒温及标准态下，由最稳定的纯态物质生成单位物质的量的某物质的焓变。表示为 $\Delta_f H_m^\ominus(T)$，单位 $kJ \cdot mol^{-1}$。当 $T = 298$ K 时，可

简写成 $\Delta_f H_m^\ominus$。规定在热力学标准态下，稳定单质的标准摩尔生成焓为零。

3)熵

熵表示混乱度，即无序度，其大小与系统中存在的微观粒子数目有关。表示符号为 S，单位为 $J \cdot K^{-1}$，熵是广度性质状态函数。S 与 H 和 U 不同，它的绝对值可以测得。

反应熵：凡气体分子增多的反应，一定是熵增反应；反之是熵减小反应。

标准摩尔熵：在标准态和一定温度下，1 mol 物质的熵值称为标准摩尔熵。表示为 $S_m^\ominus(T)$(T=298 K 时可简化为 $S_m^\ominus$)；单位为 $J \cdot mol^{-1} \cdot K^{-1}$。

标准摩尔反应熵变：$\Delta_r S_m^\ominus = \sum \nu_B S_m^\ominus$(生成物)$- \sum \nu_B S_m^\ominus$(反应物)。

与 $\Delta_r H_m^\ominus$ 一样，$\Delta_r S_m^\ominus$ 可看作不受温度变化的影响(因为反应物、生成物的 $S_m^\ominus$ 同时随 T 改变)，因此，任意 T 都可代用 $S_m^\ominus$(298 K)去求 $\Delta_r S_m^\ominus(T)$。

熵的可比性：

(1)在相同条件下，$S_{气} > S_{液} > S_{固}$。

(2)结构相似，相对分子量不同的物质，S_m 随相对分子量的增加而增大。

(3)相对分子量接近，分子结构越复杂的，S_m 也越大。

标准摩尔反应熵变 $\Delta_r S_m^\ominus$：热力学标准态下，反应终始态物质的熵值之差，$\Delta_r S_m^\ominus$=所有生成物的标准熵的总和－所有反应物的标准熵的总和。

$\Delta_r S_m^\ominus$ 为正值(熵增加)，反应倾向自发过程；若为负值倾向非自发过程。

4)吉布斯自由能

封闭系统在等温等压条件下向环境可能做的最大有用功对应的状态函数，符号为 ΔG，计算公式为 $\Delta G = \Delta H - T\Delta S$，单位为 $kJ \cdot mol^{-1}$ 。

当 $\Delta G < 0$ 时，是自发过程；当 $\Delta G > 0$ 时，表明过程非自发进行；当 $\Delta G = 0$ 时，反应处于平衡状态。

自由能 G 可作为反应自发性的判据，根据 $\Delta G = \Delta H - T\Delta S$，可分四种情况来分析反应的自发与否：

(1)$\Delta H(+)$、$\Delta S(-)$，在任何温度下 $\Delta G > 0$，反应都非自发。

(2)$\Delta H(-)$、$\Delta S(+)$，在任何温度下 $\Delta G < 0$，反应都自发进行。

(3)$\Delta H(+)$、$\Delta S(+)$，高温时 $\Delta G < 0$，反应自发进行，低温时 $\Delta G > 0$，反应非自发进行。

(4)$\Delta H(-)$、$\Delta S(-)$，低温时 $\Delta G < 0$，反应自发进行，高温时 $\Delta G > 0$，反应非自发进行。

标准摩尔生成自由能 $\Delta_f G_m^\ominus$：由稳定单质生成 1 mol 纯物质时反应的自由能变化 $\Delta_r G_m^\ominus$ 为该物质的标准摩尔生成自由能 $\Delta_f G_m^\ominus$。常见化合物的 $\Delta_f G_m^\ominus$(298 K)值可查相关表格，此时温度可省略。由定义可知，最稳定单质的 $\Delta_f G_m^\ominus = 0$。

有关 $\Delta_r G$ 的计算：

(1)当处于标准态，且温度为 298 K 时，可通过查表得到的 $\Delta_f G_m^\ominus$ 求 $\Delta_r G_m^\ominus$。

$$\Delta_r G_m^\ominus = \sum_i^\nu \Delta_f G_m^\ominus(\text{产物}) - \sum_i^\nu \Delta_f G_m^\ominus(\text{反应物})$$

(2)当处于标准态，但温度不是 298 K，可通过 $\Delta G = \Delta H - T\Delta S$ 计算。

查得 298 K 时各物质的 $\Delta_f H_m^\ominus$ 和 $S_m^\ominus$，求 $\Delta_r H_m^\ominus$ 和 $\Delta_r S_m^\ominus$，再结合温度求 $\Delta_r G_m^\ominus$，这是因为 $\Delta_r H_m^\ominus$ 和 $\Delta_r S_m^\ominus$ 随温度变化不大，但 $\Delta_r G_m^\ominus$ 随温度变化较大。

(3)当各物质不是处于标准态时，ΔG 这一判据如何求得呢？

如：$aA(aq)+bB(aq)\rightarrow gG(aq)+hH(aq)$　或 $aA(g)+bB(g)\rightarrow gG(g)+hH(g)$

设 J 为某时刻的反应商(生成物浓度或压力方次乘积与反应物浓度或压力方次乘积之比)，即

$$J_c=c_G{}^g\cdot c_H{}^h/(c_A{}^a\cdot c_B{}^b)\text{或}J_p=p_G{}^g\cdot p_H{}^h/(p_A{}^a\cdot p_B{}^b)$$

则化学热力学中有如下关系式：$\Delta_r G_m=\Delta_r G_m^{\ominus}+RT\ln J$（称化学反应等温式）。利用此式，可以在已知某反应 $\Delta_r G_m^{\ominus}$的基础上，求出非标准态时的 $\Delta_r G_m$。

注意：反应方向要用 $\Delta_r G_m$判定。

5.3　盖斯定律

如果一个反应可以分几步进行，则总反应的焓变等于各分步反应焓变之和，前提是保持反应条件(温度、压力)不变。盖斯定律可用于计算反应进行太慢或反应速率不易控制而无法直接测得反应热的化学反应。

注意：某化学反应是在等压(或等容)的条件下进行的，在分步完成时各分步反应也要在等压(或等容)条件下进行；要消去某一物质时，不仅要求物质的种类相同，其物质的聚集状态也要相同。

【例　题】

例 1. 已知 12 g 钙燃烧时放出 190.8 kJ 的热；6.2 g 磷燃烧时放出 154.9 kJ 的热；而 168 g 氧化钙与 142 g 五氧化二磷相互作用时，放出 672.0 kJ 的热。试计算结晶状正磷酸钙的生成热。

解：

$$Ca(s)+\frac{1}{2}O_2(g)=CaO(s)$$

$$\Delta_f H_m^{\ominus}(CaO)=-\frac{190.8}{\frac{12}{40}}=-636(kJ\cdot mol^{-1})$$

$$2P(s)+\frac{5}{2}O_2(g)=P_2O_5(s)$$

$$\Delta_f H_m^{\ominus}(P_2O_5)=-\frac{154.9}{\frac{6.2}{2\times 31}}=-1549(kJ\cdot mol^{-1})$$

$$3CaO(s)+P_2O_5(s)=Ca_3(PO_4)_2(s)$$

$$\begin{aligned}\Delta_r H_m^{\ominus}&=\sum(\nu_B\Delta_f H_m^{\ominus})\text{产物}-\sum(\nu_B\Delta_f H_m^{\ominus})\text{反应物}\\&=\Delta_f H_m^{\ominus}[Ca_3(PO_4)_2]-3\Delta_f H_m^{\ominus}(CaO)-\Delta_f H_m^{\ominus}(P_2O_5)\\&=-672.0(kJ\cdot mol^{-1})\end{aligned}$$

$$\Delta_f H_m^{\ominus}[Ca_3(PO_4)_2]=-672.0+3\times(-636)+(-1549)=-4129(kJ\cdot mol^{-1})$$

例 2. 已知标准状态和 298 K 时：

$$①\ CO(g) + \frac{1}{2}O_2(g) = CO_2(g)$$

$$\Delta_r H_{m1}^{\ominus}(298\ K) = -283\ kJ \cdot mol^{-1},\ \Delta_r S_{m1}^{\ominus}(298\ K) = -87.2\ J \cdot mol^{-1} \cdot K^{-1}$$

$$②\ CaO(s) + CO(g) + \frac{1}{2}O_2(g) = CaCO_3(s)$$

$$\Delta_r H_{m2}^{\ominus}(298\ K) = -460.5\ kJ \cdot mol^{-1},\ \Delta_r S_{m2}^{\ominus}(298\ K) = -247\ J \cdot mol^{-1} \cdot K^{-1}$$

通过计算说明反应 $CaO(s) + CO_2(g) = CaCO_3(s)$在标准状态时能自发进行的温度是多少。

解：反应③$CaO(s) + CO_2(g) = CaCO_3(s)$可由反应②－① 得到，所以反应 ③

$$\begin{aligned}\Delta_r H_m^{\ominus}(298\ K) &= \Delta_r H_{m2}^{\ominus}(298\ K) - \Delta_r H_{m1}^{\ominus}(298\ K)\\ &= -460.5 - (-283)\\ &= -177.5\ (kJ \cdot mol^{-1})\end{aligned}$$

$$\begin{aligned}\Delta_r S_m^{\ominus}(298\ K) &= \Delta_r S_{m2}^{\ominus}(298\ K) - \Delta_r S_{m1}^{\ominus}(298\ K)\\ &= -247 - (-87.2)\\ &= -159.8\ (J \cdot mol^{-1} \cdot K^{-1})\end{aligned}$$

该反应是一个放热而熵减的过程，低温下正反应能自发进行，当温度高于一定值时，正反应将不能自发进行。转换温度为

$$T \leqslant \Delta_r H_m^{\ominus}(298\ K)/\Delta_r S_m^{\ominus}(298\ K) = \frac{-177.5 \times 10^3}{-159.8} \approx 1110.8\ (K)$$

在标准状态下，温度低于 1110.8 K 时该反应能自发进行。

例 3. 甲苯、二氧化碳和水在 298 K 下的标准摩尔生成焓分别为

$C_6H_5CH_3(l)$	$\Delta_f H_m^{\ominus} = -48.0\ kJ \cdot mol^{-1}$
$CO_2(g)$	$\Delta_f H_m^{\ominus} = -393.5\ kJ \cdot mol^{-1}$
$H_2O(l)$	$\Delta_f H_m^{\ominus} = -286.0\ kJ \cdot mol^{-1}$

计算在 298 K 和恒压下，10 g 液体甲苯完全燃烧所放出的热量。

解：甲苯燃烧反应如下：

$$C_6H_5CH_3(l) + 9O_2(g) \rightarrow 7CO_2(g) + 4H_2O(l)$$

$$\begin{aligned}\Delta_r H_m^{\ominus} &= 7\Delta_f H_m^{\ominus}(CO_2, g) + 4\Delta_f H_m^{\ominus}(H_2O, l) - \Delta_f H_m^{\ominus}(C_6H_5CH_3, l)\\ &= 7 \times (-393.5) + 4 \times (-286.0) - (-48.0)\\ &= -3850.5\ (kJ \cdot mol^{-1})\end{aligned}$$

10 g 甲苯的燃烧热：

$$Q = \frac{-3850.5 \times 10}{92.0} \approx -418.5\ (kJ)$$

例 4. 已知 25 ℃ 时：$F_2(g)$ 的 $S_m^{\ominus} = 187.6\ J \cdot mol^{-1} \cdot K^{-1}$，$F(g)$ 的 $S_m^{\ominus} = 158.7\ J \cdot mol^{-1} \cdot K^{-1}$，$F_2(g) \rightarrow 2F(g)$ 的 $\Delta_r G_m^{\ominus} = 123.9\ kJ \cdot mol^{-1}$。试计算 $F_2(g) \rightarrow 2F(g)$的反应热 $\Delta_r H_m^{\ominus}$。

解：在 298 K 下的反应：

$$F_2(g) \rightarrow 2F(g)\quad \Delta_r G_m^{\ominus} = 123.9\ kJ \cdot mol^{-1},$$

$$\Delta_r S_m^{\ominus} = 2 \times 158.7 - 187.6 = 129.8\ (J \cdot mol^{-1} \cdot K^{-1})$$

由 $\Delta_r G_m^\ominus = \Delta_r H_m^\ominus - T\Delta_r S_m^\ominus$，得

$$\begin{aligned}\Delta_r H_m^\ominus &= \Delta_r G_m^\ominus + T\Delta_r S_m^\ominus \\ &= 123.9 + 298\times 129.8\times 10^{-3} \\ &\approx 162.6\ (\text{kJ}\cdot\text{mol}^{-1})\end{aligned}$$

例 5. 已知下列热力学数据：

	$C_2H_4(g)$	$C_2H_6(g)$
$\Delta_f G_m^\ominus(298\ \text{K})/(\text{kJ}\cdot\text{mol}^{-1})$	68.1	−32.9

通过计算判断下列反应的方向：

$$C_2H_6(g,\ 80.0\ \text{kPa}) = C_2H_4(g,\ 3.00\ \text{kPa}) + H_2(g,\ 3.00\ \text{kPa})$$

解：在 298 K、标准状态下：

$$\Delta_r G_m^\ominus(298\ \text{K}) = 68.1 + 0 - (-32.9) = 101.0\ (\text{kJ}\cdot\text{mol}^{-1})$$

在 298 K、题目给定的非标准状态下：

$$\begin{aligned}\Delta_r G_m(298\ \text{K}) &= \Delta_r G_m^\ominus(298\ \text{K}) + 2.303RT\lg J \\ &= 101.0 + 2.303\times 8.314\times 298\times 10^{-3}\lg\frac{\frac{3.00}{100}\times\frac{3.00}{100}}{\frac{80.0}{100}} \\ &\approx 84.2\ (\text{kJ}\cdot\text{mol}^{-1}) > 0\end{aligned}$$

因此该反应是逆向自发进行的。

例 6. 白云石（$CaCO_3\cdot MgCO_3$）的性质可看成 $CaCO_3$ 和 $MgCO_3$ 的混合物，受热时可分解放出 CO_2。已知下列热力学数据：

	$CaCO_3(s)$	$MgCO_3$（s）	MgO（s）	CaO（s）	$CO_2(g)$
$\Delta_f H_m^\ominus(298\ \text{K})/(\text{kJ}\cdot\text{mol}^{-1})$	−1206.92	−1096	−601.7	−635.09	−393.51
$S_m^\ominus(298\ \text{K})/(\text{J}\cdot\text{mol}^{-1}\cdot\text{K}^{-1})$	92.9	65.7	26.9	39.75	213.6

通过计算说明在 500 ℃ 和 1000 ℃ 时的分解产物。

解：对于白云石中 $MgCO_3$ 的分解反应：

$$MgCO_3(s) = MgO(s) + CO_2(g)$$

$$\begin{aligned}\Delta_r H_m^\ominus(298\ \text{K}) &= -601.70 + (-393.51) - (-1096) \\ &= 100.79\ (\text{kJ}\cdot\text{mol}^{-1})\end{aligned}$$

$$\Delta_r S_m^\ominus(298\ \text{K}) = 26.9 + 213.6 - 65.7 = 174.8\ (\text{J}\cdot\text{mol}^{-1}\cdot\text{K}^{-1})$$

$$T_1 \geqslant \Delta_r H_m^\ominus(298\ \text{K}) / \Delta_r S_m^\ominus(298\ \text{K}) = \frac{100.79\times 10^3}{174.8} \approx 577\ (\text{K})$$

标准状态下，$MgCO_3(s)$ 在高于 577 K 温度下将自发分解。

对于白云石中 $CaCO_3$ 的分解反应：

$$CaCO_3(s) = CaO(s) + CO_2(g)$$

$$\begin{aligned}\Delta_r H_m^\ominus(298\ \text{K}) &= -635.09 + (-393.51) - (-1206.92) \\ &= 178.32(\text{kJ}\cdot\text{mol}^{-1})\end{aligned}$$

$$\Delta_r S_m^\ominus(298\ K) = 39.75 + 213.6 - 92.9 = 160.45\ (J \cdot mol^{-1} \cdot K^{-1})$$

$$T_2 \geqslant \Delta_r H_m^\ominus(298\ K) / \Delta_r S_m^\ominus(298\ K) = \frac{178.32 \times 10^3}{160.45} \approx 1111\ (K)$$

标准状态下，$CaCO_3(s)$需在高于 1111 K 温度下才能自发分解。

所以根据题目条件，在 500 ℃(即 773 K)和 1000 ℃（即 1273 K)时，分解产物将分别为 $MgO + CO_2$和 $MgO + CaO + CO_2$。

例 7. 已知反应 $2CuO(s) = Cu_2O(s) + \frac{1}{2}O_2(g)$在 300 K 时 $\Delta_r G_m^\ominus = 112.7\ kJ \cdot mol^{-1}$，在 400 K 时 $\Delta_r G_m^\ominus = 101.6\ kJ \cdot mol^{-1}$，试计算 $\Delta_r H_m^\ominus$和 $\Delta_r S_m^\ominus$。

解：根据 $\Delta_r G_m^\ominus(T) = \Delta_r H_m^\ominus(T) - T\Delta_r S_m^\ominus(T)$，反应热和熵随温度变化小，则有

$$\Delta_r G_m^\ominus(300\ K) = \Delta_r H_m^\ominus - 300 \times \Delta_r S_m^\ominus \times 10^{-3} = 112.7\ (kJ \cdot mol^{-1})$$

$$\Delta_r G_m^\ominus(400\ K) = \Delta_r H_m^\ominus - 400 \times \Delta_r S_m^\ominus \times 10^{-3} = 101.6\ (kJ \cdot mol^{-1})$$

解方程组，得 $\Delta_r H_m^\ominus = 146\ (kJ \cdot mol^{-1})$，$\Delta_r S_m^\ominus = 111\ (J \cdot mol^{-1} \cdot K^{-1})$。

例 8. 已知下列过程的热力学数据：

	$C_2H_5OH(l)$ =	$C_2H_5OH(g)$
$\Delta_f H_m^\ominus(298\ K)/(kJ \cdot mol^{-1})$	−277.6	−235.3
$S_m^\ominus(298\ K)/(J \cdot mol^{-1} \cdot K^{-1})$	161	282

试估算乙醇的正常沸点。

解：

$$\Delta_r H_m^\ominus(298\ K) = -235.3 - (-277.6) = 42.3\ (kJ \cdot mol^{-1})$$

$$\Delta_r S_m^\ominus(298\ K) = 282 - 161 = 121\ (J \cdot mol^{-1} \cdot K^{-1})$$

根据吉-赫方程 $\Delta_r G_m^\ominus = \Delta_r H_m^\ominus - T\Delta_r S_m^\ominus$，在标准压力下正常沸点的蒸发过程是平衡过程，所以 $\Delta_r G_m^\ominus = 0$。假定 $\Delta_r H_m^\ominus$和 $\Delta_r S_m^\ominus$不随温度变化，则

$$T_{沸点} \approx \Delta_r H_m^\ominus / \Delta_r S_m^\ominus = \frac{42.3 \times 10^3}{121} \approx 349.6\ (K)$$

例 9. 已知 298 K 时下列热力学数据：

	$CH_4(g)$	$CO_2(g)$	$H_2O(l)$
$\Delta_f H_m^\ominus/(kJ \cdot mol^{-1})$	−74.85	−393.51	−285.85
$\Delta_f G_m^\ominus/(kJ \cdot mol^{-1})$	−50.81	−394.38	−237.14

(1) 计算反应 $CH_4(g) + 2O_2(g) = CO_2(g) + 2H_2O(l)$在 298 K 时的 $\Delta_r G_m^\ominus$；

(2) 计算上述反应在 100 ℃ 时的 $\Delta_r G_m^\ominus$。

解：(1) $\Delta_r G_m^\ominus = -394.38 + 2 \times (-237.14) - (-50.81) - 0 = -817.85\ (kJ \cdot mol^{-1})$

(2) 由于 $\Delta_r G_m^\ominus = \Delta_r H_m^\ominus - T\Delta_r S_m^\ominus$，为计算 $\Delta_r S_m^\ominus$，先计算 $\Delta_r H_m^\ominus$。

$$\Delta_r H_m^\ominus = -393.51 + 2 \times (-285.85) - (-74.85) - 0 = -890.36\ (kJ \cdot mol^{-1})$$

$$\Delta_r S_m^\ominus = (\Delta_r H_m^\ominus - \Delta_r G_m^\ominus)/T = \frac{(-890.36 + 817.85) \times 10^3}{298} \approx -243.3\ (J \cdot mol^{-1} \cdot K^{-1})$$

由于 $\Delta_r H_m^\ominus$和 $\Delta_r S_m^\ominus$随温度变化很小，所以

$$\Delta_r G_m^\ominus(373\ K) \approx -890.36 - 373 \times (-243.3) \times 10^{-3} \approx -799.6\ (kJ \cdot mol^{-1})$$

【知识点练习】

一、选择题

1. 对于封闭系统，系统与环境间(　　)。

A. 既有物质交换，又有能量交换　B. 没有物质交换，只有能量交换

C. 既没物质交换，又没能量交换　D. 没有能量交换，只有物质交换

2. 下列变化为绝热过程的是(　　)。

A. 系统温度不变　B. 系统不从环境吸收热量

C. 系统与环境无热量交换　D. 系统的内能保持不变

3. 关于 Q 和 W 的符号，下列叙述错误的是(　　)。

A. 系统从环境吸热 Q 为＋　B. 系统向环境放热 Q 为－

C. 系统对环境做功(膨胀)W 为＋　D. 环境对系统做功(压缩)W 为＋

4. 下列各项与变化途径有关的是(　　)。

A. 内能 U　B. 焓 H　C. 自由能 G　D. 功 W

5. 下列物质中，标准摩尔熵最大的是(　　)。

A. MgF_2　B. MgO　C. $MgSO_4$　D. $MgCO_3$

6. 按通常规定，标准生成焓为零的物质为(　　)。

A. $Cl_2(l)$　B. $Br_2(g)$　C. $N_2(g)$　D. $I_2(g)$

7. 下列物质中，$\Delta_f H_m^\ominus$不等于零的是(　　)。

A. Fe(s)　B. C(石墨)　C. Ne(g)　D. $Cl_2(l)$

8. 下列物质中 $\Delta_f H_m^\ominus$不等于零的是(　　)。

A. Fe(s)　B. $O_3(g)$　C. C(石墨)　D. Ne(g)

9. 按热力学上通常的规定，下列物质中标准摩尔生成焓为零的是 (　　)。

A. C(金刚石)　B. P_4(白磷)　C. $O_3(g)$　D. $I_2(g)$

10. 下列热力学函数的数值等于零的是 (　　)。

A. $S_m^\ominus(O_2, g)$　B. $\Delta_f H_m^\ominus(I_2, g)$　C. $\Delta_f G_m^\ominus(P_4, s)$　D. $\Delta_f G_m^\ominus$(金刚石)

11. 下列物质中，混乱度最大的是(　　)。

A. $Br_2(l)$　B. $Br_2(g)$　C. $Cl_2(l)$　D. $Cl_2(g)$

12. 室温下，稳定状态的单质的标准摩尔熵为(　　)。

A. 零　B. $1\ J \cdot mol^{-1} \cdot K^{-1}$　C. 大于零　D. 小于零

13. 恒温下，下列相变中，$\Delta_r S_m^\ominus$最大的是(　　)。

A. $H_2O(l) \rightarrow H_2O(g)$　B. $H_2O(s) \rightarrow H_2O(g)$

C. $H_2O(s) \rightarrow H_2O(l)$　D. $H_2O(l) \rightarrow H_2O(s)$

14. 系统对环境做 20 kJ 的功，并失去 10 kJ 的热给环境，则系统内能的变化为(　　)。

A. ＋30 kJ　B. ＋10 kJ　C. －10 kJ　D. －30 kJ

15. 如果系统经过一系列变化，最后又变到初始状态，则系统的(　　)。

A. $Q=0$，$W=0$，$\Delta U=0$，$\Delta H=0$　　B. $Q\neq 0$，$W\neq 0$，$\Delta U=0$，$\Delta H=Q$

C. $Q=W$，$\Delta U=Q-W$，$\Delta H=0$　　D. $Q\neq W$，$\Delta U=Q-W$，$\Delta H=0$

16. 稳定单质在 298 K、101.3 kPa 下，下述正确的是(　　)。

A. $S_m^\ominus$、$\Delta_f G_m^\ominus$为零　　B. $\Delta_f H_m^\ominus$不为零

C. $S_m^\ominus$不为零，$\Delta_f H_m^\ominus$为零　　D. $S_m^\ominus$、$\Delta_f G_m^\ominus$、$\Delta_f H_m^\ominus$均为零

17. 在下列反应中，焓变等于 AgBr(s)的 $\Delta_f H_m^\ominus$的反应是(　　)。

A. $Ag^+(aq)+Br^-(aq)=AgBr(s)$　　B. $2Ag(s)+Br_2(g)=2AgBr(s)$

C. $Ag(s)+\frac{1}{2}Br_2(l)=AgBr(s)$　　D. $Ag(s)+\frac{1}{2}Br_2(g)=AgBr(s)$

18. 下列各热化学方程式的热效应 $\Delta_r H_m^\ominus$符合物质标准摩尔生成焓 $\Delta_f H_m^\ominus$定义的是(　　)。

A. $2S(s)+3O_2(g)=2SO_3(g)$　　B. $H_2(g)+I_2(g)=2HI(g)$

C. C(金刚石)+ $O_2(g)\rightarrow CO_2(g)$　　D. C(石墨)+ $O_2(g)\rightarrow CO_2(g)$

19. 已知 25 ℃时：

	$H_2O(g)$	$H_2(g)$	$O_2(g)$
$S_m^\ominus/(J\cdot mol^{-1}\cdot K^{-1})$	188.7	130.6	205.0

在标准状态下，生成 1 mol 气态水的 $\Delta_r S_m^\ominus$为(　　)$J\cdot mol^{-1}\cdot K^{-1}$。

A. 205.0　　B. 188.7　　C. 44.4　　D. −44.4

20. $CO_2(g)$的生成焓($\Delta_f H_m^\ominus$)等于(　　)。

A. 金刚石的燃烧热　　B. 石墨的燃烧热

C. CO(g)的燃烧热　　D. 碳酸钙分解的焓变

21. 25 ℃时，1.00 g 铝在常压下燃烧生成 Al_2O_3，释放出 30.92 kJ 的热，则 Al_2O_3的标准摩尔生成焓为(铝的原子量为 27)(　　)$kJ\cdot mol^{-1}$。

A. 30.92　　B. −30.92　　C. −27×30.92　　D. −54×30.92

22. 下列叙述中正确的是(　　)。

A. 在恒压下，凡是自发过程一定是放热的

B. 焓是状态函数，而恒压反应的焓变等于恒压反应热，所以热也是状态函数

C. 单质的 $\Delta_f H_m^\ominus$和 $\Delta_f G_m^\ominus$都为零

D. 在恒温恒压条件下，系统自由能减少的过程都是自发进行的

23. 下列反应中，$\Delta_r S_m^\ominus>0$ 的是(　　)。

A. $2H_2(g)+O_2(g)=2H_2O(g)$　　B. $N_2(s)+3H_2(g)=2NH_3(g)$

C. $NH_4Cl(s)=NH_3(g)+HCl(g)$　　D. $C(s)+O_2(g)=CO_2(g)$

24. 下列属于状态函数的是(　　)。

A. 功　　B. 热

C. 焓　　D. 南宁至北京的铁路距离

25. 在标准状态下某反应的 $\Delta_r G_m^\ominus$为零，则该反应(　　)。

A. 是自发进行的　　B. 处于平衡状态　　C. 是放热的　　D. 是吸热的

26. 下列说法不正确的是(　　)。
A. 最稳定单质的标准摩尔生成焓为零
B. 最稳定单质的标准熵为零
C. 最稳定单质的标准摩尔生成自由能为零
D. 热和功都不是状态函数
27. 关于熵，下列叙述中正确的是(　　)。
A. 298 K 时，稳定单质的 $S_m^\ominus=0$
B. 298 K 时，纯物质的 $S_m^\ominus=0$
C. 298 K 时，一切纯物质的 $S_m^\ominus>0$
D. 反应过程中，随着产物的生成，系统的熵值增大
28. 若某系统所吸收的热量，全部用于系统的内能增加，则所需的条件是(　　)。
① 封闭系统；② 不做体积功和其他功；③ 恒压；④ 恒温
A. ①和②　　B. ①和③　　C. ①和④　　D. ②和④
29. 下列叙述中不是状态函数的特征的是(　　)。
A. 系统的状态一定，状态函数的数值也一定
B. 系统状态变化时，状态函数变化值只决定于始态和终态而与变化的途径无关
C. 大多数状态函数具有加和性
D. 系统恢复到原来状态时，状态函数不一定能恢复到原来的数值
30. 标准状态下进行的气相化学反应，是指恒温时(　　)。
A. 各反应物和各生成物的浓度都是 1 mol・L^{-1}
B. 各反应物和各生成物的分压都是 100 kPa ($p^\ominus$)
C. 反应物和生成物的总压是 100 kPa ($p^\ominus$)
D. 反应物和生成物的总浓度是 1 mol・L^{-1}
31. 在 298 K 时，下列物质的标准生成吉布斯自由能为零的是(　　)。
A. Br_2(g)　　B. Br_2(aq)　　C. Br^-(aq)　　D. Br_2(l)
32. 热力学第一定律的数学表达式为(　　)。
A. $H=U+pV$　　B. $\Delta S=Q/T$　　C. $G=H-TS$　　D. $\Delta U=Q+W$
33. 下列性质中不属于广度性质的是(　　)。
A. 热力学能　　B. 焓　　C. 温度　　D. 熵
34. 热力学温度为零时，任何完美的晶体物质的熵为(　　)。
A. 零　　B. 1 J・mol^{-1}・K^{-1}
C. 大于零　　D. 不确定
35. 在等温等压下，某一反应的 $\Delta_r H_m^\ominus<0$、$\Delta_r S_m^\ominus>0$，则此反应(　　)。
A. 低温下才能自发进行　　B. 正向自发进行
C. 逆向自发进行　　D. 处于平衡态
36. 如果反应的 ΔH 为正值，要它成为自发过程必须满足的条件是(　　)。
A. ΔS 为正值，高温　　B. ΔS 为正值，低温
C. ΔS 为负值，高温　　D. ΔS 为负值，低温

37. 某反应的 $\Delta_r H_m^{\ominus} = -122\ kJ \cdot mol^{-1}$、$\Delta_r S_m^{\ominus} = -231\ J \cdot K^{-1} \cdot mol^{-1}$。则在标准状态下，下列对此反应的叙述正确的是(　　)。

A. 在任何温度下均自发进行　　B. 在任何温度下均非自发进行

C. 仅在高温下自发进行　　D. 仅在低温下自发进行

38. 已知反应 $CO(g) = C(s) + \frac{1}{2}O_2(g)$ 的 $\Delta_r H_m^{\ominus} > 0$、$\Delta_r S_m^{\ominus} < 0$，则此反应(　　)。

A. 低温下是自发变化

B. 高温下是自发变化

C. 低温下是非自发变化，高温下是自发变化

D. 任何温度下都是非自发的

39. 已知升温时某反应 $\Delta_r G^{\ominus}$ 值减小，则下列情况与其相符的是(　　)。

A. $\Delta_r S^{\ominus} < 0$　　B. $\Delta_r S^{\ominus} > 0$　　C. $\Delta_r H^{\ominus} > 0$　　D. $\Delta_r H^{\ominus} < 0$

40. 298 K，往 1 L 水中加入 1 mol 固体 NaCl，则溶解过程的(　　)。

A. $\Delta G > 0$，$\Delta S > 0$　　B. $\Delta G < 0$，$\Delta S > 0$

C. $\Delta G > 0$，$\Delta S < 0$　　D. $\Delta G < 0$，$\Delta S < 0$

41. 某反应的 $\Delta_r H_m^{\ominus}$ 和 $\Delta_r S_m^{\ominus}$ 均为正值且不随温度变化，下列说法正确的是(　　)。

A. 低温下自发，高温下非自发　　B. 高温下自发，低温下非自发

C. 任何温度下均非自发　　D. 任何温度下均自发

42. 反应 $2CuO(s) = Cu_2O(s) + \frac{1}{2}O_2(g)$，在常温下不能进行，说明该反应(　　)。

A. $\Delta H > 0$，$\Delta S > 0$　　B. $\Delta H > 0$，$\Delta S < 0$

C. $\Delta H < 0$，$\Delta S < 0$　　D. $\Delta H < 0$，$\Delta S > 0$

43. 反应 $2HI(g) = H_2(g) + I_2(s)$ 在 25 ℃时是自发的，其逆反应在高温下变为自发，由此可知其正反应(　　)。

A. $\Delta H > 0$ 和 $\Delta S < 0$　　B. $\Delta H < 0$ 和 $\Delta S < 0$

C. $\Delta H > 0$ 和 $\Delta S > 0$　　D. $\Delta H < 0$ 和 $\Delta S > 0$

44. $Mg(s) + Cl_2(g) = MgCl_2(s)$，$\Delta_r H_m^{\ominus} = -642\ kJ \cdot mol^{-1}$，则(　　)。

A. 在任何温度下正向反应是自发的

B. 在任何温度下正向反应是非自发的

C. 高温下正向反应是自发的，低温下正向反应是非自发的

D. 高温下正向反应是非自发的，低温下正向反应是自发的

45. 对于等温等压下不做非体积功的系统，若在非标准状态下自发进行，下列表示正确的是(　　)。

A. $\Delta_r H_m^{\ominus} < 0$　　B. $\Delta_r S_m^{\ominus} < 0$　　C. $\Delta_r G_m < 0$　　D. $\Delta_r G_m^{\ominus} < 0$

46. 下列能正确表示 $H_2(g)$ 燃烧生成水蒸气的热化学方程式的是(　　)。

A. $2H_2(g) + O_2(g) = 2H_2O(l)$　$\Delta_r H_m^{\ominus} = -242\ kJ \cdot mol^{-1}$

B. $2H_2 + O_2 = 2H_2O$　$\Delta_r H_m^{\ominus} = -242\ kJ \cdot mol^{-1}$

C. $H_2 + 1/2O_2 = H_2O$　$\Delta_r H_m^{\ominus} = -242\ kJ \cdot mol^{-1}$

D. $2H_2(g) + O_2(g) = 2H_2O(g)$　$\Delta_r H_m^{\ominus} = -242\ kJ \cdot mol^{-1}$

47. 热化学方程式：$Zn(s)+1/2O_2(g)=ZnO(s)$，$\Delta_r H_{m1}^\ominus=-348.3\ kJ\cdot mol^{-1}$

$2Hg(l)+O_2(g)=2HgO(s)$，$\Delta_r H_{m2}^\ominus=-181.6\ kJ\cdot mol^{-1}$

则反应 $Zn(s)+HgO(s)=ZnO(s)+Hg(l)$的 $\Delta_r H_m^\ominus$ 为(　　)$kJ\cdot mol^{-1}$。

A. 166.7　　B. −257.5　　C. −439.1　　D. −529.9

48. 已知：$CuCl_2(s)+Cu(s)=2CuCl(s)$，$\Delta_r H_m^\ominus=170\ kJ\cdot mol^{-1}$，

$Cu(s)+Cl_2(g)=CuCl_2(s)$，$\Delta_r H_m^\ominus=-206\ kJ\cdot mol^{-1}$

则 $CuCl(s)$的 $\Delta_f H_m^\ominus$为(　　)$kJ\cdot mol^{-1}$。

A. 36　　B. 18　　C. −18　　D. −36

49. 已知：

	$C_2H_4(g)$	$CO(g)$	$H_2O(g)$
$\Delta_f H_m^\ominus/(kJ\cdot mol^{-1})$	52.3	−110.5	−242.0

则反应 $C_2H_4(g)+2O_2(g)=2CO(g)+2H_2O(g)$的 $\Delta_r H_m^\ominus$为(　　)$kJ\cdot mol^{-1}$。

A. −300　　B. −405　　C. −652　　D. −757.3

50. 已知：$C_2H_2(g)+5/2O_2(g)=2CO_2(g)+H_2O(l)$　　$\Delta_r H_{m1}^\ominus$

$C(s)+O_2(g)=CO_2(g)$　　$\Delta_r H_{m2}^\ominus$

$H_2(g)+1/2O_2(g)=H_2O(l)$　　$\Delta_r H_{m3}^\ominus$

则 $\Delta_f H_m^\ominus(C_2H_2,g)$与 $\Delta_r H_{m1}^\ominus$、$\Delta_r H_{m2}^\ominus$、$\Delta_r H_{m3}^\ominus$的关系为(　　)。

A. $\Delta_f H_m^\ominus=\Delta_r H_{m1}^\ominus+\Delta_r H_{m2}^\ominus+\Delta_r H_{m3}^\ominus$　　B. $\Delta_f H_m^\ominus=2\Delta_r H_{m2}^\ominus-\Delta_r H_{m3}^\ominus-\Delta_r H_{m1}^\ominus$

C. $\Delta_f H_m^\ominus=2\Delta_r H_{m2}^\ominus+\Delta_r H_{m3}^\ominus+\Delta_r H_{m1}^\ominus$　　D. $\Delta_f H_m^\ominus=2\Delta_r H_{m2}^\ominus+\Delta_r H_{m3}^\ominus-\Delta_r H_{m1}^\ominus$

51. 标准状态下石墨燃烧反应的焓变为−393.7 $kJ\cdot mol^{-1}$，金刚石燃烧反应的焓变为−395.6 $kJ\cdot mol^{-1}$，则石墨转变成金刚石反应的焓变为(　　)$kJ\cdot mol^{-1}$。

A. −789.3　　B. 0　　C. +1.9　　D. −1.9

52. 已知反应 $B_4C(s)+4O_2(g)=2B_2O_3(s)+CO_2(g)$的 $\Delta_r H_m^\ominus=-2859\ kJ\cdot mol^{-1}$，而且 $\Delta_f H_m^\ominus(B_2O_3,s)=-1273\ kJ\cdot mol^{-1}$，$\Delta_f H_m^\ominus(CO_2,g)=-393\ kJ\cdot mol^{-1}$。则 $\Delta_f H_m^\ominus(B_4C,s)$为(　　)$kJ\cdot mol^{-1}$。

A. −2859　　B. −1666　　C. 1666　　D. −80.0

53. 已知：$A+B\rightarrow C+D$，$\Delta_r H_{m1}^\ominus=-40.0\ kJ\cdot mol^{-1}$

$2C+2D\rightarrow E$，$\Delta_r H_{m2}^\ominus=-40.0\ kJ\cdot mol^{-1}$

则反应 $E\rightarrow 2A+2B$ 的 $\Delta_r H_{m3}^\ominus$等于(　　)$kJ\cdot mol^{-1}$。

A. 140.0　　B. −140.0　　C. −120.0　　D. 120.0

54. 298 K 时，反应：$2NH_3(g)\rightarrow N_2(g)+3H_2(g)$　　$\Delta_r H_m^\ominus=92.2\ kJ\cdot mol^{-1}$

$H_2(g)+1/2O_2(g)\rightarrow H_2O(g)$　　$\Delta_r H_m^\ominus=-241.8\ kJ\cdot mol^{-1}$

$4NH_3(g)+5O_2(g)\rightarrow 4NO(g)+6H_2O(g)$　　$\Delta_r H_m^\ominus=-905.5\ kJ\cdot mol^{-1}$

则 $NO(g)$的 $\Delta_f H_m^\ominus$为(　　)$kJ\cdot mol^{-1}$。

A. 90.2　　B. −90.2　　C. −709.8　　D. 360.8

55. 已知:

	$CH_4(g)$	$CO_2(g)$	$H_2O(l)$
$\Delta_f G_m^{\ominus}(298\ K)/(kJ\cdot mol^{-1})$	-50.8	-394.4	-237.2

则 298 K 时反应 $CH_4(g)+2O_2(g)=CO_2(g)+2H_2O(l)$ 的 $\Delta_r G_m^{\ominus}$ 为(　　)$kJ\cdot mol^{-1}$。

A. -818　　B. 818　　C. -580.8　　D. 580.8

56. 已知:

化学键	C═C	C—C	C—H	H—H
键焓/$(kJ\cdot mol^{-1})$	610	346	413	435

则反应 $C_2H_4(g)+H_2(g)=C_2H_6(g)$ 的 $\Delta_r H_m^{\ominus}$ 为(　　)$kJ\cdot mol^{-1}$。

A. 127　　B. -127　　C. 54　　D. 172

57. 已知:$MnO_2(s)=MnO(s)+1/2O_2(g)$,$\Delta_r H_m^{\ominus}=134.8\ kJ\cdot mol^{-1}$,

$MnO_2(s)+Mn(s)=2MnO(s)$,$\Delta_r H_m^{\ominus}=-250.1\ kJ\cdot mol^{-1}$,

则 MnO_2 的标准生成热 $\Delta_f H_m^{\ominus}$ 为(　　)$kJ\cdot mol^{-1}$。

A. 519.7　　B. -317.5　　C. -519.7　　D. 317.5

58. 已知 298 K 时,有 $Zn(s)+1/2O_2(g)=ZnO(s)$,$\Delta_r H_m^{\ominus}=-351.5\ kJ\cdot mol^{-1}$,$Hg(l)+1/2O_2(g)=HgO(s)$,$\Delta_r H_m^{\ominus}=-90.8\ kJ\cdot mol^{-1}$。

则反应 $Zn(s)+HgO(s)=Hg(l)+ZnO(s)$ 的 $\Delta_r H_m^{\ominus}$ 为(　　)$kJ\cdot mol^{-1}$。

A. 442.3　　B. 260.7　　C. -442.3　　D. -260.7

59. 对于任一过程,下列叙述正确的是(　　)。

A. 系统所做的功与反应途径无关　　B. 系统的内能变化与反应途径无关

C. 系统所吸收的热量与反应途径无关　　D. 以上叙述均不正确

60. 判断任意一个化学反应自发性的唯一标准是(　　)。

A. $\Delta H>0$　　B. $\Delta S>0$　　C. $\Delta G<0$　　D. $\Delta G^{\ominus}<0$

二、填空题

1. 在下列物理量:内能、熵、焓、温度、体积、热和功中,其中不属于状态函数的有________。

2. 系统从环境吸热时,Q ________0,系统对环境做功时,W ________0。(填写“>”“<”或“=”)

3. 对某系统做 165 J 的功,该系统应________热量________J 才能使内能增加 100 J。

4. 液态苯气化为气态苯的过程 $\Delta_r S_m$ 值________0;气体在催化剂上被吸附的过程其 $\Delta_r S_m$ 值________0。(填写“>”“<”或“=”)

5. 在恒温恒压下,化学反应的 $\Delta_r H_m=T\Delta_r S_m$,则该反应________。

6. 下列物质中标准摩尔熵值最大的是________。

$NaCl(s)$,$Cl_2(g)$,$Na(s)$,$F_2(g)$。

7. 下列四个反应,$\Delta_r S_m^{\ominus}$ 最大的是________。(填序号)

① $C(s)+O_2(g)=CO_2(g)$;　　② $2CO(g)+O_2(g)=2CO_2(g)$;

③ $NH_4Cl(s)=NH_3(g)+HCl(g)$;　　④ $CaCO_3(s)=CaO(s)+CO_2(g)$。

8. $CaCO_3(s)$ 加热分解为 $CaO(s)$ 和 $CO_2(g)$,$\Delta_r S_m^{\ominus}$ ________0。

9. 一个 $\Delta_r H_m^\ominus>0$、$\Delta_r S_m^\ominus>0$ 的反应，在温度较__________时可能自发进行。

10. 高温下非自发、低温下自发的反应，通常是 ΔS ________0，ΔH ________0 的反应。

11. 一系统由状态(1)到状态(2)：沿途径Ⅰ完成时放热 200 J，环境对系统做功 50 J；沿途径Ⅱ完成时，系统吸热 100 J，则 W 值为____________J；沿途径Ⅲ完成时，系统对环境做功 40 J，则 Q 值为________J。

12. 写出下列过程的熵变的正负号：

①溶解少量盐于水中，$\Delta_r S_m^\ominus$是________号；

②NaCl 熔融，$\Delta_r S_m^\ominus$是________号；

③液态水蒸发变成 $H_2O(g)$，$\Delta_r S_m^\ominus$是________号；

④$CaCO_3(s)$加热分解为 $CaO(s)$和 $CO_2(g)$，$\Delta_r S_m^\ominus$是________号。

13. NaCl 溶解过程的 ΔG ________0，ΔS ________0。(填“>”或“<”)

14. 已知反应：$A + B \rightarrow C + D$，$\Delta_r H_{m1}^\ominus=50\ kJ\cdot mol^{-1}$

$1/2C + 1/2D \rightarrow E$，$\Delta_r H_{m2}^\ominus=10\ kJ\cdot mol^{-1}$

则相同条件下，$2E \rightarrow A+B$ 反应的 $\Delta_r H_m^\ominus=$____________kJ·mol^{-1}。

15. 25 ℃标准条件下，$2H_2(g)+O_2(g)=2H_2O(l)$的 $\Delta_r H_m^\ominus=-571.70\ kJ\cdot mol^{-1}$，则 $\Delta_f H_m^\ominus(H_2O,\ l)=$____________kJ·mol^{-1}。

16. 298 K 时，生成气态水的 $\Delta_f G_m^\ominus=-228.6\ kJ\cdot mol^{-1}$，$\Delta_r S_m^\ominus=-44.4\ J\cdot mol^{-1}\cdot K^{-1}$，则其 $\Delta_r H_m^\ominus$为____________kJ·mol^{-1}。

17. 反应 $H_2O(l)=H_2(g)+1/2O_2(g)$的 $\Delta_r H_m^\ominus=285.83\ kJ\cdot mol^{-1}$，则 $\Delta_f H_m^\ominus(H_2O,\ l)$为____________kJ·mol^{-1}；每生成 1 g $H_2(g)$时的 $\Delta H^\ominus$为____________kJ。

18. 已知反应 $CaCO_3(s) \rightarrow CaO(s)+CO_2(g)$的 $\Delta_r H_m^\ominus=178.26\ kJ\cdot mol^{-1}$，$\Delta_r S_m^\ominus=159.0\ J\cdot mol^{-1}\cdot K^{-1}$，则 $CaCO_3(s)$的最低分解温度为____________K。

19. 298 K 时，$Br_2(g)$的标准摩尔生成焓为 $\Delta_f H_m^\ominus=30.71\ kJ\cdot mol^{-1}$，标准摩尔生成自由能为 $\Delta_f G_m^\ominus=3.142\ kJ\cdot mol^{-1}$，因此 $Br_2(l)$的摩尔蒸发熵为________J·mol^{-1}·K^{-1}。

20. 已知反应 $CaCO_3(s) \rightarrow CaO(s)+CO_2(g)$的 $\Delta_r H_m^\ominus=178\ kJ\cdot mol^{-1}$，$\Delta_r S_m^\ominus=161\ J\cdot mol^{-1}\cdot K^{-1}$。则在 298 K 时，该反应的 $\Delta_r G_m^\ominus=$____________kJ·mol^{-1}，欲使反应自发进行必须将温度控制在____________。

21. 已知 $2HBr(g)=H_2(g)+Br_2(l)$，$\Delta_r H_m^\ominus(298\ K)=72.8\ kJ\cdot mol^{-1}$，则 $\Delta_f H_m^\ominus(HBr,\ g,\ 298\ K)=$____________kJ·mol^{-1}。

22. 已知 $H_2O(g)=H_2(g)+1/2O_2(g)$，$\Delta_r H_m^\ominus(298\ K)=242\ kJ\cdot mol^{-1}$，则 $\Delta_f H_m^\ominus(H_2O,\ g,\ 298\ K)=$____________kJ·mol^{-1}。

23. 已知 $HCN(aq)+OH^-(aq) \rightarrow CN^-(aq)+H_2O(l)$，$\Delta_r H_{m1}^\ominus=-12.1\ kJ\cdot mol^{-1}$；$H^+(aq)+OH^-(aq) \rightarrow H_2O(l)$，$\Delta_r H_{m2}^\ominus=-55.6\ kJ\cdot mol^{-1}$。则 $HCN(aq)$在水中的解离反应方程式为____________________________________，该反应的 $\Delta_r H_m^\ominus$为________kJ·mol^{-1}。

24. 已知 $4NH_3(g)+5O_2(g)=4NO(g)+6H_2O(l)$ 的 $\Delta_r H_m^\ominus=-1170\ kJ\cdot mol^{-1}$，$4NH_3(g)+3O_2(g)=2N_2(g)+6H_2O(l)$的 $\Delta_r H_m^\ominus=-1530\ kJ\cdot mol^{-1}$，则 $\Delta_f H_m^\ominus(NO,\ g)$

为______________$kJ \cdot mol^{-1}$。

25. 已知$CO_2(g)$的$\Delta_f H_m^\ominus(298\ K)=-394\ kJ \cdot mol^{-1}$，$CO_2(g)=C$(石墨)$+O_2(g)$反应的$\Delta_r H_m^\ominus(298\ K)=$______________$kJ \cdot mol^{-1}$。

26. 已知反应C(石墨)$+O_2(g)=CO_2(g)$，$\Delta_r H_m^\ominus(298\ K)=-394\ kJ \cdot mol^{-1}$，而C(金刚石)$+O_2(g)=CO_2(g)$，$\Delta_r H_m^\ominus(298\ K)=-396\ kJ \cdot mol^{-1}$，则金刚石的$\Delta_f H_m^\ominus(298\ K)=$______________$kJ \cdot mol^{-1}$。

27. 已知下列两个反应：

(1)$2CO(g)+O_2(g)=2CO_2(g)$　　$\Delta_r H_m^\ominus=-566\ kJ \cdot mol^{-1}$；

(2)$2C(s)+O_2(g)=2CO(g)$　　$\Delta_r H_m^\ominus=-221\ kJ \cdot mol^{-1}$。

反应温度升高时，反应(1)的$\Delta_r G_m^\ominus$变________，反应(2)的$\Delta_r G_m^\ominus$变________。

28. 298 K时，标准态下，1 g Fe在氧气中完全燃烧生成$Fe_2O_3(s)$，放热7.36 kJ。则298 K时，$Fe_2O_3(s)$的$\Delta_f H_m^\ominus=$______________。(Fe原子量56)

29. 有A、B、C、D四个反应，在298 K时反应的热力学数据如下：

反应	A	B	C	D
$\Delta_r H_m^\ominus/(kJ \cdot mol^{-1})$	10.5	1.80	−126	−11.7
$\Delta_r S_m^\ominus/(J \cdot mol^{-1} \cdot K^{-1})$	30.0	−113	84.0	−105

则在标准状态下，任何温度都能自发进行的反应是__________，任何温度都不能自发进行的反应是__________，余下的两个反应中，在温度高于__________℃时可自发进行的反应是__________，在温度低于__________℃时可自发进行的反应是________。

30. 已知反应$CaCO_3(s)=CaO(s)+CO_2(g)$在298 K时$\Delta_r G_m^\ominus=130\ kJ \cdot mol^{-1}$，在1200 K时$\Delta_r G_m^\ominus=-15.3\ kJ \cdot mol^{-1}$，则该反应的$\Delta_r H_m^\ominus=$____________$kJ \cdot mol^{-1}$，$\Delta_r S_m^\ominus=$______________$J \cdot mol^{-1} \cdot K^{-1}$。

31. 已知在25 ℃时：

	$CO(g)$	$CO_2(g)$	$H_2O(g)$
$\Delta_f G_m^\ominus/(kJ \cdot mol^{-1})$	−137.2	−394.4	−228.6

则反应$CO(g)+H_2O(g)=CO_2(g)+H_2(g)$在25 ℃和101.3 kPa下的$\Delta_r G_m^\ominus=$____________。

32. 已知$\Delta_f H^\ominus(CaCO_3)=-1207.6\ kJ \cdot mol^{-1}$，$\Delta_f H_m^\ominus(CaO)=-634.9\ kJ \cdot mol^{-1}$，$\Delta_f H_m^\ominus(CO_2)=-393.5\ kJ \cdot mol^{-1}$，则反应$CaCO_3$(方解石)$=CaO(s)+CO_2(g)$的反应热$\Delta_r H^\ominus$为____________$kJ \cdot mol^{-1}$。

33. 已知反应A + B=C + D的$\Delta_r H_{m1}^\ominus=-40.0\ kJ \cdot mol^{-1}$，C + D=E的$\Delta_r H_{m2}^\ominus=60.0\ kJ \cdot mol^{-1}$；则反应C+ D=A + B的$\Delta_r H_{m3}^\ominus=$____________$kJ \cdot mol^{-1}$，反应2C + 2D=2A + 2B的$\Delta_r H_{m4}^\ominus=$__________$kJ \cdot mol^{-1}$，反应A+B=E的$\Delta_r H_{m5}^\ominus=$__________$kJ \cdot mol^{-1}$。

34. 已知C(石墨)$+O_2(g)=CO_2(g)$，$\Delta_r H_{m1}^\ominus=-393.5\ kJ \cdot mol^{-1}$，$CO(g)+1/2O_2(g)=CO_2(g)$，$\Delta_r H_{m2}^\ominus=-283\ kJ \cdot mol^{-1}$，则反应C(石墨)$+1/2O_2(g)=CO(g)$在298 K时的$\Delta_r H_m^\ominus$为____________。

35. 已知 $\Delta_f G_m^\ominus(AgCl)=-110\ kJ\cdot mol^{-1}$，$\Delta_f G_m^\ominus(Ag^+)=+77.1\ kJ\cdot mol^{-1}$，$\Delta_f G_m^\ominus(Cl^-)=-132.1\ kJ\cdot mol^{-1}$，则 $AgCl(s)\rightleftharpoons Ag^+(aq)+Cl^-(aq)$ 的 $\Delta_r G_m^\ominus=$________ $kJ\cdot mol^{-1}$。

三、判断题

1. (　　) 内能的改变值 ΔU 可通过测定 Q 和 W 算出。由于内能是状态函数，因此热和功也是状态函数。

2. (　　) 反应热的单位是 $kJ\cdot mol^{-1}$，反应式配平系数不同时，该反应的反应热也不同。

3. (　　) 由于物质的量增加的反应其 $\Delta S>0$，故这些反应都是自发反应。

4. (　　) 某反应的 $\Delta_r G_m^\ominus>0$，该反应不一定不能自发进行。

5. (　　) 若反应的 ΔH 和 ΔS 都是正值，则随着温度的升高反应自发进行的可能性增大。

6. (　　) 某化学反应可表示为 $A(g)+2B(s)=2C(g)$。已知 $\Delta_r H_m^\ominus<0$，则该反应在任何温度下均可以自发进行。

7. (　　) 体积是强度性质，摩尔体积则是容量性质。

8. (　　) 稳定单质的 $\Delta_f H_m^\ominus$、$\Delta_f G_m^\ominus$ 和 $S_m^\ominus$ 均为零。

9. (　　) 298.15 K 时，$H_2(g)$ 的标准摩尔燃烧焓与 $H_2O(l)$ 的标准摩尔生成焓数值上相等。

10. (　　) 凡是系统的温度升高，系统一定吸热；温度不变，系统既不吸热也不放热。

11. (　　) 同一条件下，同一种物态的物质分子中原子或电子数目多，熵值大。

12. (　　) 0 K 时，任何纯物质完整晶体的熵值等于零。

13. (　　) 室温下，稳定状态的单质的标准熵大于零。

14. (　　) NH_4I 比 NH_4Cl 的熵值大。

15. (　　) 环境对系统做 10 kJ 的功，系统又从环境获得 5 kJ 的热量，则系统内能增加了 15 kJ。

16. (　　) 若反应的 ΔH 和 ΔS 都是负值，则随着温度的升高反应自发进行的可能性降低。

17. (　　) 等温等压不做非体积功条件下，凡是 $\Delta_r G_m>0$ 的化学反应都不能自发进行。

18. (　　) 将固体 NH_4NO_3 溶于水中，溶液变冷，则该过程的 ΔG、ΔH、ΔS 的符号依次为－、＋、＋。

19. (　　) 室温下，稳定状态的单质的标准摩尔熵为零。

20. (　　) 如果一个反应的 $\Delta_r H_m^\ominus<0$、$\Delta_r S_m^\ominus>0$，则此反应在任何温度下都是自发的。

21. (　　) $CO_2(g)$ 的标准摩尔生成焓等于石墨的标准摩尔燃烧热。

22. (　　) $\Delta_f G_m^\ominus$ 像 $\Delta_r H_m^\ominus$ 和 $\Delta_r S_m^\ominus$ 一样，受温度的影响较小。

23. (　　) 单质的标准生成焓为零。

24.(　　) p、V、T、G 等都是状态函数，所以它们的变化值与变化途经无关。

25.(　　) 反应的热效应就是反应的焓变。

26.(　　) 凡能自发进行的反应，都是放热反应。

27.(　　) 因为 $\Delta H=Q_p$，所以恒压过程才有 ΔH。

28.(　　) 判断任意一个化学反应自发性的唯一标准是 $\Delta G<0$。

29.(　　) 焓是状态函数，恒压反应的焓变等于恒压反应热，则热也是状态函数。

30.(　　) 绝热过程的特征是系统既不吸收也不放出热量。

31.(　　) 某反应的 $\Delta_r H_m^\ominus$ 和 $\Delta_r S_m^\ominus$ 均为正值且不随温度而变化，则该反应在高温下自发，低温下非自发。

32.(　　) $N_2(g)+O_2(g) \rightarrow 2NO(g)$，$\Delta_r H_m^\ominus=181.00\ kJ \cdot mol^{-1}$，表明该反应生成 1 mol NO(g)可放出 90.50 $kJ \cdot mol^{-1}$的热。

33.(　　) 反应 $H_2(g)+S(g) \rightarrow H_2S(g)$ 的 $\Delta_r H_m^\ominus$ 就是 $H_2S(g)$ 的标准摩尔生成焓 $\Delta_f H_m^\ominus$。

34.(　　) 系统经历一个循环，无论多少步骤，只要回到起始状态，其热力学能和焓的变化量 ΔU 和 ΔH 都为零。

35.(　　) C(石墨)$+O_2(g) \rightarrow CO_2(g)$，$\Delta_r H_m^\ominus=-393.5\ kJ \cdot mol^{-1}$，这个热效应既是 $\Delta_f H_m^\ominus(CO_2, g)$，又是碳(石墨)的燃烧热 $\Delta_c H_m^\ominus$。

36.(　　) $CaO(s)+CO_2(g) \rightarrow CaCO_3(s)$ 的焓变 $\Delta_r H_m^\ominus$，就是 $CaCO_3(s)$ 的标准摩尔生成焓。

37.(　　) C(石墨)、C(金刚石)和 O_3(臭氧)都属于单质，它们的标准摩尔生成焓 $\Delta_f H_m^\ominus$ 都为零。

38.(　　) 等温等压且不做非体积功的条件下，一切吸热且熵增的反应都是自发进行的。

39.(　　) 在标准状态下，任何纯净物质的标准摩尔生成焓 $\Delta_f H_m^\ominus=0$。

40.(　　) 某反应，若 $\Delta_r G_m^\ominus>0$，则表示该反应在任何条件下是无法进行的。

四、问答题

1. 单斜硫和金刚石都是单质，它们的 $\Delta_f H_m^\ominus$ 是否等于零？为什么？

2. 在标准状态下，下列各组内反应的等压热效应是否相同？说明理由。

(1) $N_2(g)+3H_2(g)=2NH_3(g)$　　$1/2N_2(g)+3/2H_2(g)=NH_3(g)$；

(2) $H_2(g)+Br_2(g)=2HBr(g)$　　$H_2(g)+Br_2(l)=2HBr(g)$。

3. 100 g 铁粉在 25 ℃溶于盐酸生成氯化亚铁($FeCl_2$)。

(1)这个反应在烧杯中发生；

(2)这个反应在密闭贮瓶中发生。

两种情况相比，哪个放热较多？简述理由。

4. 判断下列反应哪些是熵增加的过程，并说明理由。

(1) $I_2(s) \rightarrow I_2(g)$；　　(2) $H_2O(s) \rightarrow H_2O(g)$；

(3) $H_2O(l) \rightarrow H_2(g)+1/2O_2(g)$；　　(4) $2CO(g)+O_2(g) \rightarrow 2CO_2(g)$。

5. 摩尔反应热 $\Delta_r H$ 的单位与摩尔生成热 $\Delta_f H$ 的单位相同，皆为 $kJ \cdot mol^{-1}$，它们表

达的含义是否相同？

6. 过去曾用 HCl 制 Cl_2，其反应式为

$$4\,HCl(g) + O_2(g) = 2\,H_2O(g) + 2\,Cl_2(g) \qquad \Delta_r H_m^\ominus = -92\ kJ \cdot mol^{-1}$$

温度低于 800 K 时，反应正向进行；温度高于 850 K 时，反应则逆向进行。试解释反应能逆向进行的原因。

7. 不必具体计算，分析下列反应自发进行的温度条件。

(1) $2N_2(g) + O_2(g) \rightarrow 2N_2O(g)$ $\qquad \Delta_r H_m = 163\ kJ \cdot mol^{-1}$；

(2) $Ag(s) + \frac{1}{2}Cl_2(g) \rightarrow AgCl(s)$ $\qquad \Delta_r H_m^\ominus = -127\ kJ \cdot mol^{-1}$；

(3) $HgO(s) \rightarrow Hg(l) + \frac{1}{2}O_2(g)$ $\qquad \Delta_r H_m^\ominus = 91\ kJ \cdot mol^{-1}$；

(4) $H_2O_2(l) \rightarrow H_2O(l) + \frac{1}{2}O_2(g)$ $\qquad \Delta_r H_m^\ominus = -98\ kJ \cdot mol^{-1}$。

8. 容量性质和强度性质有何不同？试举例说明。

9. 反应 $Fe_2O_3(s) + \frac{3}{2}C$（石墨）$= 2Fe(s) + \frac{3}{2}CO_2(g)$在 298 K 和标准状态下为非自发反应，判断是否可以通过控制温度使其自发进行，并说明理由。

10. 为什么在一定条件下有些反应的 $\Delta G < 0$，但实际上未发生反应？

五、计算题

1. 已知下列数据(298 K)：

$H_2(g) + \frac{1}{2}O_2(g) = H_2O(g)$ $\qquad \Delta_r H_{m1}^\ominus = -242\ kJ \cdot mol^{-1}$

$H_2(g) \rightarrow 2H(g)$ $\qquad \Delta_r H_{m2}^\ominus = 436\ kJ \cdot mol^{-1}$

$O_2(g) \rightarrow 2O(g)$ $\qquad \Delta_r H_{m3}^\ominus = 498\ kJ \cdot mol^{-1}$

通过计算确定反应 $H_2O(g) \rightarrow 2H(g) + O(g)$吸热还是放热。

2. 已知下列反应的焓变：

$\frac{1}{2}H_2(g) + \frac{1}{2}I_2(s) = HI(g)$ $\qquad \Delta_r H_m^\ominus = 25.9\ kJ \cdot mol^{-1}$

$\frac{1}{2}H_2(g) = H(g)$ $\qquad \Delta_r H_m^\ominus = 218\ kJ \cdot mol^{-1}$

$\frac{1}{2}I_2(g) = I(g)$ $\qquad \Delta_r H_m^\ominus = 75.7\ kJ \cdot mol^{-1}$

$I_2(s) = I_2(g)$ $\qquad \Delta_r H_m^\ominus = 62.3\ kJ \cdot mol^{-1}$

计算反应 $H(g) + I(g) = HI(g)$的焓变 $\Delta_r H_m^\ominus$。

3. 已知下列数据（298 K）：

$H_2(g) + \frac{1}{2}O_2(g) \rightarrow H_2O(g)$ $\qquad \Delta_r H_{m1}^\ominus = -242\ kJ \cdot mol^{-1}$

$H_2(g) \rightarrow 2H(g)$ $\qquad \Delta_r H_{m2}^\ominus = +436\ kJ \cdot mol^{-1}$

$O_2(g) \rightarrow 2O(g)$ $\qquad \Delta_r H_{m3}^\ominus = +500\ kJ \cdot mol^{-1}$

试计算 $H_2O(g)$中 O—H 键的键能。

4. 由下列热化学方程式，计算 298 K 时 $N_2O(g)$的标准摩尔生成焓。

(1) $C(s) + N_2O(g) \rightarrow CO(g) + N_2(g)$　$\Delta_r H^\ominus_{m1} = -192.9\ kJ \cdot mol^{-1}$；

(2) $C(s) + O_2(g) \rightarrow CO_2(g)$　$\Delta_r H^\ominus_{m2} = -393.5\ kJ \cdot mol^{-1}$；

(3) $2CO(g) + O_2(g) \rightarrow 2CO_2(g)$　$\Delta_r H^\ominus_{m3} = -566.0\ kJ \cdot mol^{-1}$。

5. 根据热力学近似计算，判断氯化铵的升华分解反应 $NH_4Cl(s) = NH_3(g) + HCl(g)$，在 100 ℃ 时能否自发进行。

25 ℃，100 kPa 时：

	$NH_4Cl(s)$	$NH_3(g)$	$HCl(g)$
$\Delta_f H^\ominus_m/(kJ \cdot mol^{-1})$	−314.4	−46.1	−92.3
$S^\ominus_m/(J \cdot mol^{-1} \cdot K^{-1})$	94.56	192.34	186.82

6. 根据热力学近似计算，说明反应 $ZnO(s) + C(s) = Zn(s) + CO(g)$约在什么温度时能自发进行。

25 ℃，100 kPa 时：

	$ZnO(s)$	$CO(g)$	$Zn(s)$	$C(s)$
$\Delta_f H^\ominus_m/(kJ \cdot mol^{-1})$	−348.3	−110.5	0	0
$S^\ominus_m/(J \cdot mol^{-1} \cdot K^{-1})$	43.6	197.6	41.6	5.7

7. 已知晶体碘和碘蒸气的 $S^\ominus_m$分别为 $116.7\ J \cdot mol^{-1} \cdot K^{-1}$和 $261.0\ J \cdot mol^{-1} \cdot K^{-1}$，碘蒸气的 $\Delta_f H^\ominus_m$为 $62.4\ kJ \cdot mol^{-1}$。试计算晶体碘的升华温度。

8. 已知下列热力学数据：

	$NO(g)$	$NO_2(g)$	$O_2(g)$
$\Delta_f H^\ominus_m/(kJ \cdot mol^{-1})$	90.4	33.9	0
$S^\ominus_m/(J \cdot mol^{-1} \cdot K^{-1})$	210	240	205

298 K、标准压力下，$2NO(g) + O_2(g) = 2NO_2(g)$能否自发进行?

9. 阿波罗登月火箭用 $N_2H_4(l)$作燃料，用 $N_2O_4(g)$作氧化剂，燃烧后产生 $N_2(g)$和 $H_2O(l)$。写出配平的化学方程式，利用下列 $\Delta_f H^\ominus_m$数据计算 $N_2H_4(l)$的摩尔燃烧热。

298 K 时：

	$N_2(g)$	$H_2O(l)$	$N_2H_4(l)$	$N_2O_4(g)$
$\Delta_f H^\ominus_m/(kJ \cdot mol^{-1})$	0	−285.84	50.63	9.16

10. 根据下列热力学数据，近似计算反应 $CO_2(g) + C(s) = 2CO(g)$ 能够自发进行的最低温度。

298 K 时：

	$CO_2(g)$	$C(s)$	$CO(g)$
$\Delta_f H^\ominus_m/(kJ \cdot mol^{-1})$	−393.7	0	−110.5
$S^\ominus_m/(J \cdot mol^{-1} \cdot K^{-1})$	213.8	5.7	197.9

11. 利用下列热力学数据近似计算 $CaCO_3$ 的分解温度。已知：

298 K 时：

	$CaCO_3(s)$	$CaO(s)$	$CO_2(g)$
$\Delta_f H_m^\ominus/(kJ \cdot mol^{-1})$	−1207.0	−635.5	−393.5
$S_m^\ominus/(J \cdot mol^{-1} \cdot K^{-1})$	92.88	39.8	213.6

12. 斜方硫和单斜硫的 $S_m^\ominus$ 分别为 31.9 $J \cdot mol^{-1} \cdot K^{-1}$ 和 32.6 $J \cdot mol^{-1} \cdot K^{-1}$，它们的标准燃烧焓分别为−296.81 $kJ \cdot mol^{-1}$ 和−297.14 $kJ \cdot mol^{-1}$。计算 S（斜方）→ S（单斜）的 $\Delta_r G_m^\ominus$。

13. 已知 298 K 时的下列热力学数据：

	$C(s)$	$CO(g)$	$Fe(s)$	$Fe_2O_3(s)$
$\Delta_f H_m^\ominus/(kJ \cdot mol^{-1})$	0	−110.5	0	−822.2
$S_m^\ominus/(J \cdot mol^{-1} \cdot K^{-1})$	5.74	197.56	27.28	90

假定上述热力学数据不随温度而变化，试估算 Fe_2O_3 能用 C 还原的温度。

14. 根据下列热力学数据，计算按照 $2Cl_2(g) + 2H_2O(g) = 4HCl(g) + O_2(g)$ 制取 HCl 的反应能够开始的近似温度。

已知：

	$HCl(g)$	$O_2(g)$	$H_2O(g)$	$Cl_2(g)$
$\Delta_f H_m^\ominus/(kJ \cdot mol^{-1})$	−92.30	0	−241.84	0
$S_m^\ominus/(J \cdot mol^{-1} \cdot K^{-1})$	186.77	205.06	188.74	222.97

15. 已知：① $4NH_3(g) + 5O_2(g) \rightarrow 4NO(g) + 6H_2O(l)$　$\Delta_r H_m^\ominus = -1170\ kJ \cdot mol^{-1}$；

② $4NH_3(g) + 3O_2(g) \rightarrow 2N_2(g) + 6H_2O(l)$　$\Delta_r H_m^\ominus = -1530\ kJ \cdot mol^{-1}$。

试计算 NO 的生成焓 $\Delta_f H_m^\ominus$。

16. 298 K、101.325 kPa 下，反应 $MgO(s) + SO_3(g) = MgSO_4(s)$ 的 $\Delta_r H_m^\ominus = -287.6\ kJ \cdot mol^{-1}$，$\Delta_r S_m^\ominus = -191.9\ J \cdot mol^{-1} \cdot K^{-1}$，问：

（1）在该条件下上述反应能否自发进行？

（2）对该反应来说，是升温有利还是降温有利？

（3）计算使上述反应逆向进行所需的温度条件。

17. 已知：

	$C_2H_2(g)$	$O_2(g)$	$CO_2(g)$	$H_2O(l)$
$\Delta_f H_m^\ominus(298\ K)/(kJ \cdot mol^{-1})$	226.73	0	−393.5	−285.8

计算 C_2H_2 的燃烧焓。

18. 汽车尾气的两种主要成分 CO 和 NO 能否在常温和标准压力下自发反应生成 CO_2 和 N_2？试根据下列热力学数据计算后作出判断。

	CO(g)	NO(g)	CO_2(g)	N_2(g)
$\Delta_f H_m^\ominus(298\ K)/(kJ \cdot mol^{-1})$	−110.5	90.25	−393.5	0
$S_m^\ominus(298\ K)/(J \cdot mol^{-1} \cdot K^{-1})$	197.7	210.8	213.7	191.6

19. 工业上用一氧化碳和氢气合成甲醇的反应为 $CO(g) + 2H_2(g) = CH_3OH(l)$。试根据下列反应的标准摩尔焓变，计算合成甲醇反应的标准摩尔焓变。

$CH_3OH(l) + \frac{1}{2}O_2(g) = C(石墨) + 2H_2O(l)$ $\Delta_r H_m^\ominus(298\ K) = -333.00\ kJ \cdot mol^{-1}$

$C(石墨) + \frac{1}{2}O_2(g) = CO(g)$ $\Delta_r H_m^\ominus(298\ K) = -110.50\ kJ \cdot mol^{-1}$

$H_2(g) + \frac{1}{2}O_2(g) = H_2O(l)$ $\Delta_r H_m^\ominus(298\ K) = -285.85\ kJ \cdot mol^{-1}$

20. 已知下列反应及 298 K 时各反应的标准摩尔生成自由能，求 $\Delta_f G_m^\ominus(Fe_3O_4, s, 298\ K)$。

$2Fe(s) + \frac{3}{2}O_2(g) = Fe_2O_3(s)$ $\Delta_r G_{m1}^\ominus(298\ K) = -741.0\ kJ \cdot mol^{-1}$

$4Fe_2O_3(s) + Fe(s) = 3Fe_3O_4(s)$ $\Delta_r G_{m2}^\ominus(298\ K) = -78.00\ kJ \cdot mol^{-1}$

21. 甲醚的燃烧热为 $-1461\ kJ \cdot mol^{-1}$，$CO_2(g)$ 的生成焓为 $-393.5\ kJ \cdot mol^{-1}$，$H_2O(l)$ 的生成焓为 $-285.84\ kJ \cdot mol^{-1}$，计算甲醚的生成焓。

22. 甲烷的标准燃烧热为 $-890.35\ kJ \cdot mol^{-1}$，$CO_2$ 的标准生成焓为 $-393.5\ kJ \cdot mol^{-1}$，液态水的标准生成焓为 $-285.84\ kJ \cdot mol^{-1}$，求甲烷的标准生成焓。

23. 已知下列反应的焓变：

$C_6H_6(l) + \frac{15}{2}O_2(g) = 6CO_2(g) + 3H_2O(l)$ $\Delta_r H_m^\ominus = -3267\ kJ \cdot mol^{-1}$

$6C(s) + 6O_2(g) = 6CO_2(g)$ $\Delta_r H_m^\ominus = -2361.3\ kJ \cdot mol^{-1}$

$3H_2(g) + \frac{3}{2}O_2(g) = 3H_2O(l)$ $\Delta_r H_m^\ominus = -857.7\ kJ \cdot mol^{-1}$

求由石墨和氢气制苯的反应热。

24. Fe_2O_3 被 C 还原的反应式为 $2Fe_2O_3(s) + 3C(s) = 4Fe(s) + 3CO_2(g)$，有关热力学数据如下：

	Fe_2O_3(s)	C (s)	Fe (s)	CO_2(g)
$\Delta_f H_m^\ominus(298\ K)/(kJ \cdot mol^{-1})$	−822	0	0	−393.5
$S_m^\ominus/(J \cdot mol^{-1} \cdot K^{-1})$	90	5.7	27.2	214
$\Delta_f G_m^\ominus(298\ K)/(kJ \cdot mol^{-1})$	−741	0	0	−394.4

通过计算说明在 298 K 和标准压力下用 C 还原 Fe_2O_3 生成 Fe 和 CO_2 在热力学上是否可能。若要反应自发进行，温度最低为多少？

25. 在 101.3 kPa 下，甲醇的沸点为 338 K，1 mol 甲醇在沸点时完全气化的焓变 $\Delta_r H_m^{\ominus}=35.3\ kJ \cdot mol^{-1}$，计算该过程的标准摩尔熵变 $\Delta_r S_m^{\ominus}$。

26. 已知：

	Al(s)	$Cl_2(g)$	$AlCl_3(s)$
$S_m^{\ominus}(298\ K)/(J \cdot mol^{-1} \cdot K^{-1})$	28.33	222.96	110.67

且 $\Delta_f G_m^{\ominus}(AlCl_3, s)=-628.86\ kJ \cdot mol^{-1}$。计算 298 K 时反应 $Al(s)+\frac{3}{2}Cl_2(g)=AlCl_3(s)$ 的 $\Delta_r S_m^{\ominus}$ 和 $\Delta_f H_m^{\ominus}(AlCl_3, s)$。

27. 已知 $Cu_2O(s)+\frac{1}{2}O_2(g)=2CuO(s)$ 在 300 K 时 $\Delta_r G_m^{\ominus}=-107.9\ kJ \cdot mol^{-1}$，在 400 K 时 $\Delta_r G_m^{\ominus}=-95.4\ kJ \cdot mol^{-1}$。计算该反应在 298 K 时的 $\Delta_r H_m^{\ominus}$ 和 $\Delta_r S_m^{\ominus}$。在 500 K 时，$\Delta_r G_m^{\ominus}$ 将变为多少？

28. 已知下列数据：

$Zn(s)+\frac{1}{2}O_2(g)=ZnO(s)$　　$\Delta_r H_m^{\ominus}=-348.0\ kJ \cdot mol^{-1}$

S(斜方)$+O_2(g)=SO_2(g)$　　$\Delta_r H_m^{\ominus}=-296.9\ kJ \cdot mol^{-1}$

$SO_2(g)+\frac{1}{2}O_2(g)=SO_3(g)$　　$\Delta_r H_m^{\ominus}=-98.3\ kJ \cdot mol^{-1}$

$ZnSO_4(s)=ZnO(s)+SO_3(g)$　　$\Delta_r H_m^{\ominus}=235.4\ kJ \cdot mol^{-1}$

试计算 $ZnSO_4(s)$的标准摩尔生成热。

29. 由下列数据计算丙烷的标准摩尔生成焓 $\Delta_f H_m^{\ominus}(C_3H_8)(g)$：

$C_3H_8(g)+5O_2(g)\rightarrow 3CO_2(g)+4H_2O(l)$　　$\Delta_r H_m^{\ominus}=-2220\ kJ \cdot mol^{-1}$

$H_2(g)+\frac{1}{2}O_2(g)\rightarrow H_2O(l)$　　$\Delta_r H_m^{\ominus}=-286.0\ kJ \cdot mol^{-1}$

$C(s)+O_2(g)\rightarrow CO_2(g)$　　$\Delta_r H_m^{\ominus}=-393.5\ kJ \cdot mol^{-1}$

30. 根据下列热力学数据，计算反应 $SnO_2(s)+2H_2(g)=Sn(s)+2H_2O(g)$ 的温度条件。

	$SnO_2(s)$	$H_2(g)$	Sn(s)	$H_2O(g)$
$\Delta_f H_m^{\ominus}/(kJ \cdot mol^{-1})$	−580.7	0	0	−241.8
$S_m^{\ominus}/(J \cdot mol^{-1} \cdot K^{-1})$	52.3	130.6	51.6	188.7

【单元测试】

一、选择题(共 40 分)

1. 下列各组都为状态函数的是（　　）。

A. Q、H、G　　B. S、V、W　　C. P、T、W　　D. G、H、S

2. 某一封闭系统从状态 A 发生变化到状态 B 时经历两条不同的途径 1 和 2，则下述关系正确的是(　　)。

A. $Q_1=Q_2$　　B. $W_1=W_2$

C. $Q_1+W_1=Q_2+W_2$　　D. $\Delta U=0$

3. 下列符号所表示的物理量在数值上与等压热效应(Q_p)相等的是(　　)。

A. ΔU　　B. ΔS　　C. ΔH　　D. ΔG

4. 下列物质的 $\Delta_f H_m^\ominus$ 值不等于零的是(　　)。

A. 石墨　　B. $N_2(g)$　　C. $H_2O(g)$　　D. $Cu(s)$

5. 下列物质中混乱度最大的是(　　)。

A. $CH_4(g)$　　B. $C_2H_6(g)$　　C. $C_3H_8(g)$　　D. $C_4H_{10}(g)$

6. 向某系统加 36 kJ 的热，同时系统对环境做了 9 kJ 的功，则环境的能量变化为(　　)。

A. 36 kJ　　B. 9 kJ　　C. ＋27 kJ　　D. －27 kJ

7. 下列反应中，$\Delta_r H_m^\ominus$ 等于生成物的 $\Delta_f H_m^\ominus$ 的是（　　）。

A. $H_2(g)+Cl_2(g)=2HCl(g)$　　B. $CaO(s)+CO_2(g)=CaCO_3(s)$

C. $Cu(s)+\frac{1}{2}O_2(g)=CuO(s)$　　D. $Fe_2O_3(s)+6HCl(aq)=2FeCl_3(aq)+3H_2O(l)$

8. 下列反应中 $\Delta_r S_m^\ominus$ 最大的是(　　)。

A. $PCl_5(g)=PCl_3(g)+Cl_2(g)$　　B. $2SO_2(g)+O_2(g)=2SO_3(g)$

C. $3H_2(g)+N_2(g)=2NH_3(g)$　　D. $C_2H_6(g)+\frac{7}{2}O_2(g)=2CO_2(g)+3H_2O(l)$

9. 下列物质中标准熵值最大的是(　　)。

A. $Hg(l)$　　B. $Na_2SO_4(s)$　　C. $Br_2(l)$　　D. $H_2O(g)$

10. 下列各反应一定为自发过程的是(　　)。

A. $\Delta_r H<0$ 且 $\Delta_r S>0$　　B. $\Delta_r H>0$ 且 $\Delta_r S<0$

C. $\Delta_r H<0$ 且 $\Delta_r S<0$　　D. $\Delta_r H>0$ 且 $\Delta_r S>0$

11. 将固体 NH_4NO_3 溶于水中，溶液变冷，则该过程的 ΔG、ΔH、ΔS 的符号依次是(　　)

A. 正、负、负　　B. 正、正、负　　C. 负、正、负　　D. 负、正、正

12. 25 ℃时 NaCl 晶体在水中的溶解度约为 6 mol · L^{-1}，若在 1 L 水中加入 1 mol NaCl，则 NaCl (s)+ H_2O(l)→ NaCl(aq)的(　　)。

A. $\Delta G>0$，$\Delta S>0$　　B. $\Delta G<0$，$\Delta S>0$

C. $\Delta G>0$，$\Delta S<0$　　D. $\Delta G<0$，$\Delta S<0$

13. 某化学反应可表示为 A(g)+ 2B(s)=2C(g)。已知 $\Delta_r H_m^\ominus<0$，下列判断正确的是(　　)。

A. 仅常温下反应可以自发进行　　B. 仅高温下反应可以自发进行

C. 任何温度下均可以自发进行　　D. 任何温度下均难以自发进行

14. 若升高温度后，反应的 $\Delta_r G_m^\ominus$ 值升高，则此反应(　　)。

A. $\Delta_r H_m^\ominus>0$　　B. $\Delta_r H_m^\ominus<0$　　C. $\Delta_r S_m^\ominus>0$　　D. $\Delta_r S_m^\ominus<0$

15. 当同一反应有两种写法时：

(1)N_2(g)+ 3H_2(g)→ 2NH_3(g)　　$\Delta_r G_{m1}^\ominus$

(2)1/2N_2(g)+ 3/2H_2(g)→ NH_3(g)　　$\Delta_r G_{m2}^\ominus$

则 $\Delta_r G_{m1}^\ominus$ 和 $\Delta_r G_{m2}^\ominus$ 的关系是（　）。

A. $\Delta_r G_{m1}^\ominus=\Delta_r G_{m2}^\ominus$　　B. $\Delta_r G_{m1}^\ominus=\Delta_r G_{m2}^{\ominus 2}$

C. $\Delta_r G_{m1}^\ominus=1/2\Delta_r G_{m2}^\ominus$　　D. $\Delta_r G_{m1}^\ominus=2\Delta_r G_{m2}^\ominus$

16. 在标准状态下石墨的燃烧焓为−393.7 kJ · mol^{-1}，石墨转变为金刚石反应的焓变为 1.9 kJ · mol^{-1}，则金刚石的燃烧焓为(　　)kJ · mol^{-1}。

A. +395.6　　B. +391.8　　C. −395.6　　D. −391.8

17. 已知：

Zn (s)+ 1/2O_2(g)=ZnO (s)　　$\Delta_r H_m^\ominus=-351.5$ kJ · mol^{-1}

Hg(l)+ 1/2O_2(g)=HgO (s，红)　　$\Delta_r H_m^\ominus=-90.8$ kJ · mol^{-1}

则 Zn(s)+ HgO (s，红)=ZnO (s)+ Hg(l)的 $\Delta_r H_m^\ominus$ 为(　　)kJ · mol^{-1}。

A. 442.3　　B. 260.7　　C. −260.7　　D. −442.3

18. 已知：

化学键	H—H	Cl—Cl	H—Cl
键焓/(kJ · mol^{-1})	436	239	431

则可估算出反应 H_2(g)+ Cl_2(g)=2HCl(g)的 $\Delta_r H_m^\ominus$ 为(　　)kJ · mol^{-1}。

A. −224　　B. −187　　C. 187　　D. 224

19. 已知：

物质	C_2H_6(g)	C_2H_4(g)	HF(g)
$\Delta_f H_m^\ominus$/(kJ · mol^{-1})	−84.7	52.3	−271.0

则反应 C_2H_6(g)+ F_2(g)=C_2H_4(g)+ 2HF(g)的 $\Delta_r H_m^\ominus$ 为(　　)kJ · mol^{-1}。

A. 405　　B. 134　　C. −134　　D. −405

20. 已知 $\Delta_f G_m^\ominus$(AgCl)=−109.6 kJ · mol^{-1}，则反应 2AgCl (s)=2Ag (s)+ Cl_2(g)的 $\Delta_r G_m^\ominus$ 为(　　)kJ · mol^{-1}。

A. −219.2　　B. −109.6　　C. 219.2　　D. 109.6

二、填空题(共 20 分)

1. 物理量 Q（热量）、T（热力学温度）、V（系统体积）、W（功），其中属于状态函数的是____________；与过程有关的量是____________。

2. 当温度一定时，在标准压力下，由最稳定单质(或指定单质)化合成 1 mol 物质时的反应热叫作该物质的____________，符号是 $\Delta_f H_m^\ominus(T)$，单位是____________。

3. 熵是衡量物质__________的物理量。溶解少量食盐于水中，$\Delta_r S_m^\ominus$________0。

4. 反应 $AB(s) + B_2(g) = AB_3(s)$在 298 K 时能正向进行，则该反应 $\Delta_r G_m$________0、$\Delta_r S_m$________0、$\Delta_r H_m$________0，若温度升高，反应向右进行的自发性程度________。(填“增强”“减弱”或“不变”)

5. 已知反应：

$Zn(s) + 1/2O_2(g) = ZnO(s)$　　　$\Delta_r H_m^\ominus = -351\ kJ \cdot mol^{-1}$

$Hg(l) + 1/2O_2(g) = HgO(s)$　　　$\Delta_r H_m^\ominus = -90.8\ kJ \cdot mol^{-1}$

则反应 $Zn(s) + HgO(s) = ZnO(s) + Hg(l)$ 的 $\Delta_r H_m^\ominus =$__________$kJ \cdot mol^{-1}$。

6. 已知反应：

$2Cu_2O(s) + O_2(g) = 4CuO(s)$　　　$\Delta_r H_m^\ominus = -290\ kJ \cdot mol^{-1}$

$CuO(s) + Cu(s) = Cu_2O(s)$　　　$\Delta_r H_m^\ominus = -12\ kJ \cdot mol^{-1}$

由此可计算得 $\Delta_f H_m^\ominus(CuO, s) =$__________$kJ \cdot mol^{-1}$。

7. 若熵减小的反应在低温下可自动进行，则此反应的 $\Delta_r H_m$__________0。(填写“>”“<”或“=”)

8. $N_2(g) + 3H_2(g) = 2NH_3(g)$，$\Delta G_1$；$1/2N_2(g) + 3/2H_2(g) = NH_3(g)$，$\Delta G_2$。这是条件相同的同一种反应的两种不同的写法，这里 ΔG_1 和 ΔG_2 的相互关系是____________。

9. 对于反应 $N_2(g) + 3H_2(g) = 2NH_3(g)$，$\Delta_r H_m^\ominus(298\ K) = -92.22\ kJ \cdot mol^{-1}$，若温度升高 100 ℃，则 $\Delta_r S_m^\ominus$__________，$K^\ominus$____________。(填“增大”“减小”“不变”)

10. 已知下列反应：

(1)$C(s) + O_2(g) = CO_2(g)$；(2)$2CO(g) + O_2(g) = 2CO_2(g)$；(3)$NH_4Cl(s) = NH_3(g) + HCl(g)$；(4)$CaCO_3(s) = CaO(s) + CO_2(g)$。

则 $\Delta_r S_m^\ominus$最小的为________。(填序号)

11. 有 A、B、C、D 四个反应，在 298 K 时反应的热力学函数分别如下表所示。

反　应	A	B	C	D
$\Delta_r H_m^\ominus/(kJ \cdot mol^{-1})$	2.80	15.2	−369	−11.7
$\Delta_r S_m^\ominus/(J \cdot mol^{-1} \cdot K^{-1})$	30.0	−113	81.2	−25

则在标准状态下，任何温度都能自发进行的反应是__________，任何温度都不能自发进行的反应是__________。

12. 已知反应 $MgCO_3(s)=MgO(s)+CO_2(g)$ 在温度为 298 K、压力为 1.0×10^5 Pa 下的标准生成焓和标准熵：

物质	$\Delta_f H_m^\ominus/(kJ\cdot mol^{-1})$	$S_m^\ominus/(J\cdot K^{-1}\cdot mol^{-1})$
$MgCO_3$	−1095.8	65.7
CO_2	−393.5	213.8
MgO	−601.6	27.0

则反应能自发进行的最低温度为__________K。

三、判断题(共10分)

1.(　　)等温等压且不做非体积功的条件下，一切放热且熵增的反应都是自发进行的。

2.(　　)某反应的 $\Delta_r H_m^\ominus$ 和 $\Delta_r S_m^\ominus$ 均为正值且不随温度而变化，则该反应在低温下自发进行，高温下非自发进行。

3.(　　)① $H_2(g)+Br_2(g)\rightarrow 2HBr(g)$，② $H_2(g)+Br_2(l)\rightarrow 2HBr(g)$，以上列两个反应的热效应相比，第①个放热较多。

4.(　　)判断任意一个化学反应自发性的唯一标准是 $\Delta G^\ominus<0$。

5.(　　)由于物质的量增加的反应其 $\Delta S>0$，故这些反应都是自发反应。

6.(　　)内能、焓、温度、熵等性质都属于广度性质。

7.(　　)熵是衡量物质混乱度的物理量，同一种物质 $S_气>S_液>S_固$。

8.(　　)系统经历一个循环，无论多少步骤，只要回到起始状态，其热力学能和焓的变化量 ΔU 和 ΔH 都为零。

9.(　　)某化学反应可表示为 $A(g)+2B(s)=2C(g)$。已知 $\Delta_r H_m^\ominus<0$，则该反应在任何温度下均可以自发进行。

10.(　　)热力学规定单质的 $\Delta_f G_m^\ominus$、$\Delta_f H_m^\ominus$ 均为零。

四、计算题(共30分)

1. 已知 H_2 和 O_2 的离解焓分别为 436 $kJ\cdot mol^{-1}$ 和 498 $kJ\cdot mol^{-1}$，$H_2O(g)$ 的标准摩尔生成焓为 −242 $kJ\cdot mol^{-1}$，求 $H_2O(g)$ 中 O—H 键的平均键焓。

2. 合成甲醇的反应为 $CO(g)+2H_2(g)=CH_3OH(g)$，$\Delta_r H_m^\ominus=-90.67\ kJ\cdot mol^{-1}$，$\Delta_r S_m^\ominus=-221.4\ J\cdot mol^{-1}\cdot K^{-1}$，为了加速反应必须升高温度，但温度又不宜过高。通过计算说明此温度最高不得超过多少。

3. 已知：

① $C(s)+O_2(g)=CO_2(g)$　　$\Delta_r H_m^\ominus(298\ K)=-393.5\ kJ\cdot mol^{-1}$

② $Si(s)+CO_2(g)=SiC(s)+O_2(g)$　　$\Delta_r H_m^\ominus(298\ K)=328.2\ kJ\cdot mol^{-1}$

计算 $\Delta_f H_m^\ominus(SiC, s, 298\ K)$。

4. 已知下列热力学数据：

	$C_2H_5OH(l)$	$CH_3CHO(l)$
$\Delta_c H_m^\ominus/kJ \cdot mol^{-1}$	-1366.8	-1166.4

计算乙醇氧化为乙醛反应的标准热效应 $\Delta_r H_m^\ominus$。

5. 制备半导体材料时发生反应 $SiO_2(s) + 2C(s) = Si(s) + 2CO(g)$，其相应的热力学数据如下：

	$SiO_2(s)$	$C(s)$	$Si(s)$	$CO(s)$
$\Delta_f H_m^\ominus(298\ K)/(kJ \cdot mol^{-1})$	-903.5	0	0	-110.5
$\Delta_f G_m^\ominus(298\ K)/(kJ \cdot mol^{-1})$	-850.7	0	0	-137.2

试通过计算回答：(1) 标准状态下，298 K 时，反应能否自发进行？

(2) 标准状态下，反应自发进行的温度条件如何？

第 6 章　化学平衡常数

【知识点梳理】

化学平衡主要是化学反应的平衡规律，它涉及化学反应能否发生，反应进行的方向和限度，属于化学热力学研究的内容。本章的主要内容是研究各种因素，如浓度、温度、压力等对化学反应平衡移动的影响，从而揭示化学平衡的本质和特征。

6.1　化学平衡状态

在同一条件下，既能向正反应方向进行，又能向逆反应方向进行的反应叫可逆反应。可逆性是化学反应的普遍特征，几乎所有的反应都具有可逆性，只不过反应程度不同而已。化学平衡是对可逆反应而言的。在一定条件下的密闭容器中，正逆反应速率相等时系统所处的状态叫化学平衡。

化学平衡的特点：①达到化学平衡时，系统中各物质的量将不随时间而变；②化学平衡是动态平衡；③在平衡状态下，$\Delta_r G=0$；④化学平衡的组成与到达平衡的途径无关；⑤化学平衡是相对的、有条件的、暂时的；⑥达到化学平衡时，正反应进行到最大程度，转化率最高。

从热力学(宏观)上讲，在一定条件下达到平衡状态时，系统的吉布斯自由能达到最低时的状态，$\Delta_r G=0$，在宏观上表现为静止；从动力学(微观)上分析，处于平衡的反应是正逆反应速率相等时的状态，是整个反应保持平衡，实际上正逆反应仍在进行。

6.2　化学平衡常数

1)标准平衡常数

(1)定义：在一定温度下，可逆反应达到平衡时，产物的浓度以反应式中该物质化学式前的系数为乘幂的乘积与反应物的浓度以反应式中该物质化学式前的系数为乘幂的乘积之比是一个常数。用符号 $K^\ominus$ 表示。

表达式：对于反应 $aA+bB \rightleftharpoons dD+eE$，$K^{\ominus}=\dfrac{\left\{\dfrac{c_A}{c^{\ominus}}\right\}^a \cdot \left\{\dfrac{c_B}{c^{\ominus}}\right\}^b}{\left\{\dfrac{c_D}{c^{\ominus}}\right\}^d \cdot \left\{\dfrac{c_E}{c^{\ominus}}\right\}^e}$，标准平衡常数无量纲。

(2)平衡常数的意义：

①平衡常数是反应的特性常数。仅取决于反应的本性，它不随物质的初始浓度(或分压)而改变，但随温度的变化而有所改变。

②平衡常数值的大小是反应进行限度的标志。因为平衡状态是反应进行的最大限度，而平衡常数表达式是以产物浓度系数次方的乘积为分子，而以反应物浓度系数次方的乘积为分母，故它能很好地表示出反应进行的完全程度。一个反应的平衡常数值越大，说明平衡时生成物的浓度越大，剩余反应物的浓度越小，由平衡常数决定的反应物的转化率也越大，也就是正反应的趋势越强，逆反应的趋势越弱。相反，平衡常数越小，说明逆反应的趋势越强，正反应趋势越弱，反应物的平衡转化率越小。

③平衡常数表达式表明在一定温度下系统达成平衡的条件。一个化学反应达到平衡状态，它的标志就是正反应速率等于逆反应速率，此时各物质的浓度将不随时间改变，而且其产物浓度系数次方的乘积与反应物浓度系数次方的乘积之比是一个常数。平衡表达式中任一物质的浓度都是变数，我们可以改变各组分的浓度来改变平衡点，但在一定温度下平衡常数值不会改变。

(3)书写标准平衡表达式的注意事项：

①式中各组分浓度或分压为反应平衡时的浓度或分压。

②反应中有固体和纯液体物质时，其浓度视为常数，不写在表达式中；稀溶液中进行的反应，如反应有水参加，其浓度几乎维持不变，可近似视为一个常数，所以也不必写在平衡常数表达式中；对于非水溶液，当水作为溶质时，其浓度应视为常数，写在表达式中。

③化学平衡常数的表达式与化学方程式的书写有关；同一化学反应的化学方程式写法不同，平衡常数值就不同。

④多重平衡原则：总反应的 $K^{\ominus}$ 等于各相加分反应的 $K^{\ominus}$ 之积；正逆反应的标准平衡常数互为倒数。

⑤平衡常数的大小与温度有关，除温度为 298 K 外，在其他状态下，书写时标明温度。

2)实验平衡常数

定义：实验得到的平衡常数叫作实验平衡常数或经验平衡常数。如浓度平衡常数 K_c、分压平衡常数 K_p。

浓度平衡常数 K_c，其表达式是 $K_c=\dfrac{c_D^d \cdot c_E^e}{c_A^a \cdot c_B^b}$；

如果是气体反应，则用分压平衡常数 $K_p=\dfrac{p_D^d \cdot p_E^e}{p_A^a \cdot p_B^b}$。

K_p 与 K_c 数值是不同的。

根据分压定律 $p_A V=n_A RT$，得 $p_A=\dfrac{n_A}{V} \cdot R \cdot T=c_A \cdot R \cdot T$。

所以 $K_p = \frac{c_D^d \cdot c_E^e}{c_A^a \cdot c_B^b} \cdot (R \cdot T)^{(d+e)-(a+b)} = K_c \cdot (R \cdot T)^{\Delta n}$ 。

式中，$\Delta n = (d + e) - (a + b)$ ，Δn 为生成物和反应物物质的量之差。

注意：K_p 与 K_c 一般有单位，除非表达式中分子、分母的量纲恰好消去（$\Delta n = 0$）。但习惯上不写出量纲。

经验平衡常数与标准平衡常数的比较：标准平衡常数的量纲统一为 1；实验平衡常数有 K_p、K_c 之分，且量纲不统一，特殊情况下才为 1。

3)反应熵 Q(分压熵 Q_p 或浓度熵 Q_c)

①对于反应 $a\mathrm{A}+b\mathrm{B} \rightleftharpoons d\mathrm{D}+e\mathrm{E}$，表达式如下：

$$浓度商\ Q_c = \frac{\left\{\frac{c(\mathrm{D})}{c^\ominus}\right\}^d \left\{\frac{c(\mathrm{E})}{c^\ominus}\right\}^e}{\left\{\frac{c(\mathrm{A})}{c^\ominus}\right\}^a \left\{\frac{c(\mathrm{B})}{c^\ominus}\right\}^b}$$

$$分压商\ Q_p = \frac{\left\{\frac{p(\mathrm{D})}{p^\ominus}\right\}^d \left\{\frac{p(\mathrm{E})}{p^\ominus}\right\}^e}{\left\{\frac{p(\mathrm{A})}{p^\ominus}\right\}^a \left\{\frac{p(\mathrm{B})}{p^\ominus}\right\}^b}$$

②反应熵与平衡常数的比较：

$Q>K$ 时，$\Delta_r G_m > 0$，反应逆向进行。

$Q=K$ 时，$\Delta_r G_m = 0$，反应达到平衡。

$Q<K$ 时，$\Delta_r G_m < 0$，反应正向进行。

6.3　化学平衡的移动

由于反应条件的改变，可逆反应从一种条件下的平衡状态，转变为另一种条件下的平衡状态的过程，称为平衡移动。

1)浓度对化学平衡的影响

在其他条件都不变的情况下，可逆反应达到平衡时，增加反应物浓度或减少生成物浓度，平衡向正反应方向移动；反之，则向逆反应方向移动。

要提高某反应物的转化率，可降低产物(生成物)的浓度，则 $v'_{逆} < v_{正}$，正反应继续进行，使转化率增大，还可增加与其反应的其他反应物的浓度，同样会使 $v'_{正} > v_{逆}$，正反应继续进行，转化率增大。

利用浓度对平衡的影响来提高转化率，实际上是一个控制反应物的物料比的问题。若想充分利用某反应物(即使其转化率增大)，应增加与之反应的另一反应物的浓度。为了提高正反应进行的程度，提高反应物的转化率，可采取把生成物从反应系统中分离出来的方法，这样就可不断地使 $Q'_c < K_c$，使平衡不断地向正反应方向移动。

2)压力对化学平衡的影响

由于固体和液体几乎没有可压缩性或可压缩性很小，压力变化时其浓度几乎不会发生任何变化，因此压力对固相和液相反应的化学平衡几乎没有影响。但压力对气体参加反应的化学平衡影响较大。

(1)部分物质分压强的变化。

保持温度、体积不变，增大反应物的分压强或减小生成物的分压强，使 Q 减小，导致 $Q<K$，平衡向正向移动。反之，减小反应物的分压或增大生成物的分压强，使 Q 增大，导致$Q>K$，平衡向逆向移动。

(2)体积改变引起压力强的变化。

气体体积的变化是指整个反应系统的体积发生变化，则反应物和生成物的分压强会随之同等程度地改变。压强的变化对平衡是否有影响，就要看压强的改变是否会引起 $v_{正}\neq v_{逆}$、$Q_p\neq K_p$的结果。若反应前后气体分子数相同，平衡不会因压强改变而发生移动；若反应前后气体分子数不相等，则压强的改变就会导致 $v_{正}\neq v_{逆}$、$Q_p\neq K_p$，结果引起平衡移动。

结论：对有气体参加的可逆反应，达到平衡时，在其他条件不变的情况下，p 增大，平衡向气体分子数减小的方向移动，p 减小，平衡向气体分子数增大的方向移动。

(3)惰性气体的影响。

① 惰性气体存在时达到平衡后，再恒温压缩，若反应前后气体分子数不同，平衡向气体分子数减小的方向移动，若反应前后气体分子数相同，平衡不移动。

② 对恒温恒容下已达到平衡的反应，引入惰性气体，反应物和生成物分压不变，平衡不移动。

③ 对恒温恒压下已达到平衡的反应，引入惰性气体，总压强不变，体积增大，反应物和生成物分压强减小，若反应前后气体分子数不同，平衡向气体分子数增大的方向移动。

3)温度对化学平衡的影响（Van't Hoff 方程式）

平衡常数 K 与温度有关，而与浓度无关。设 T_1、T_2时的平衡常数分别为 K_1、K_2，由(吉布斯公式)$\Delta G_T^\ominus=\Delta H^\ominus-T\Delta S^\ominus$ 及 $\Delta G_T^\ominus=-RT\ln K_T^\ominus$，可得 $\ln K^\ominus=\dfrac{\Delta S^\ominus}{R}-\dfrac{\Delta H^\ominus}{RT}$，由于 $\Delta S^\ominus$受温度影响不大，不同温度下两式相减，可得$\ln K_2^\ominus-\ln K_1^\ominus=\dfrac{\Delta H^\ominus}{R}\left(\dfrac{1}{T_1}-\dfrac{1}{T_2}\right)$，即 $\ln\dfrac{K_2^\ominus}{K_1^\ominus}=\dfrac{\Delta H^\ominus}{R}\times\dfrac{T_2-T_1}{T_1T_2}$。

当 $\Delta H^\ominus<0$(放热反应)，温度 T 升高时，$T_2>T_1$，可知 $K_2^\ominus<K_1^\ominus$，K 减小，平衡左移；同理，温度 T 下降时，$T_2<T_1$，可知 $K_2^\ominus>K_1^\ominus$，K增大，平衡右移。

当 $\Delta H^\ominus>0$(吸热反应)，温度 T 升高时，$T_2>T_1$，可知 $K_2^\ominus>K_1^\ominus$，K增大，平衡右移；同理，温度 T 下降时，$T_2<T_1$，可知 $K_2^\ominus<K_1^\ominus$，K减小，平衡左移。

结论：在压强不变的条件下，升高温度，平衡向吸热方向移动，温度下降，平衡向放热方向移动。

浓度与压强是通过改变 Q_c、Q_p，使 Q_c' (Q_p')$\neq K_c$(K_p)；而温度是通过改变 K_c、K_p，使 K_c' (K_p')$\neq Q_c$(Q_p)。

4)催化剂对化学平衡的影响

催化剂不能使平衡移动。正催化剂通过改变反应机理、降低活化能而加快反应速率。它同等程度地降低了正逆反应的活化能，也同等程度地加快了正逆反应的速率。催化剂可以把程度很大但速率很慢的反应变得有实际意义。

5)勒夏特列原理

改变平衡系统的条件，如浓度、压强、温度，系统将向削弱这个改变的方向移动。这就是勒夏特列原理。勒夏特列原理对实际生产有着非常重要的意义，但实际应用时，还要综合考虑。

【例　题】

例 1. 已知 800 ℃时，反应 $CaCO_3(s)=CaO(s)+CO_2(g)$的 $K^\ominus=1.16$。若将 20 g $CaCO_3$置于 10.0 L 容器中并加热至 800 ℃，达到平衡时，未分解的 $CaCO_3$百分率是多少?

解：$CaCO_3$的分解反应为 $CaCO_3(s)=CaO(s)+CO_2(g)$，则 $K^\ominus=p(CO_2)/p^\ominus=1.16$，得 $p(CO_2)=116$ kPa。

加入 20 g $CaCO_3$，即 $n_0=20/100=0.20$ (mol)。

设在 10.0 L 容器中加热至 800 ℃平衡时 CO_2的物质的量为 n，则

$$n=\frac{pV}{RT}=\frac{116\times 10}{8.314\times 1073}\approx 0.13\ (\text{mol})$$

所以 $CaCO_3$分解了 0.13 mol，未分解的 $CaCO_3$ 百分率是$\frac{0.20-0.13}{0.20}\times 100\%=35\%$。

例 2. 100 ℃ 时，光气的分解反应为 $COCl_2(g)=CO(g)+Cl_2(g)$，$K^\ominus=8.00\times 10^{-9}$，$\Delta_r S_m^\ominus=125.5\ \text{J}\cdot\text{mol}^{-1}\cdot\text{K}^{-1}$，计算：① 100 ℃、$p_{总}=200$ kPa 时 $COCl_2$的解离度 α；② 100 ℃ 时，上述反应的 $\Delta_r H_m^\ominus$。

解：①

	$COCl_2(g)=$	$CO(g)$ +	$Cl_2(g)$
开始时压强 / kPa	200	0	0
平衡时压强 / kPa	$200-x$	x	x

代入平衡常数表达式，则 $K^\ominus=\dfrac{\left(\dfrac{x}{100}\right)^2}{\dfrac{200-x}{100}}=8.00\times 10^{-9}$，得 $x\approx 1.26\times 10^{-2}$ kPa。

离解度 $\alpha=\dfrac{1.26\times 10^{-2}}{200}\times 100\%=0.0063\%$。

② $\Delta_r G_m^\ominus=-2.303RT\lg K^\ominus\approx 57.83\ (\text{kJ}\cdot\text{mol}^{-1})$，且 $\Delta_r G_m^\ominus=\Delta_r H_m^\ominus-T\Delta_r S_m^\ominus$，则

$\Delta_r H_m^\ominus=\Delta_r G_m^\ominus+T\Delta_r S_m^\ominus=57.83+373\times 125.5\times 10^{-3}\approx 104.6\ (\text{kJ}\cdot\text{mol}^{-1})$

例 3. 在 298 K 时，若甲、乙两反应的平衡常数相差 10 倍，两反应的 $\Delta_r G_m^\ominus$相差多少?

解：由 $\Delta_r G_m^\ominus=-2.303\,RT\lg K^\ominus$，得

$$\begin{aligned}\Delta_r G_{m2}^\ominus-\Delta_r G_{m1}^\ominus&=-2.303RT\lg K_2^\ominus-(-2.303RT\lg K_1^\ominus)\\&=-2.303RT\lg 10\\&=-5.7\ (\text{kJ}\cdot\text{mol}^{-1})\end{aligned}$$

例 4. 300 K 时，9.20 g N_2O_4按 $N_2O_4(g)=2NO_2(g)$分解，达平衡时，系统的体积为 2.95 L，压强为 101 kPa。① 计算离解率；② 计算 300 K 时的 $K^\ominus$；③400 K 时，若 $\Delta_r G_m^\ominus=$

$-13.6\ \text{kJ}\cdot\text{mol}^{-1}$，求 $\Delta_r H_m^\ominus$ 和 $\Delta_r S_m^\ominus$；④ 300 K 时，若 $p(N_2O_4)=p(NO_2)=50.7\ \text{kPa}$，则反应将向何方向自发进行？

解：①9.20 g N_2O_4 的物质的量为 $n(N_2O_4)=9.2/92=0.10\ (\text{mol})$。

平衡时的总物质的量 $n_{总}=\dfrac{pV}{RT}=\dfrac{101\times2.95}{8.314\times300}\approx0.12\ (\text{mol})$。

	$N_2O_4(g)$	$=2NO_2(g)$
开始时物质的量 / mol	0.10	0
平衡时物质的量 / mol	$0.10-x$	$2x$

平衡时 $n_{总}=0.10-x+2x=0.12$，所以 $x=0.02\ \text{mol}$。

离解率 $\alpha=\dfrac{0.02}{0.10}\times100\%=20\%$。

② 平衡时各分压强：

$$p(NO_2)=\frac{2\times0.02}{0.12}\times101\approx33.7\ (\text{kPa})$$

$$p(NO)=\frac{0.08}{0.12}\times101\approx67.3\ (\text{kPa})$$

$$K^\ominus=\frac{(33.7/100)^2}{67.3/100}\approx0.169$$

③300 K 时：

$$\begin{aligned}\Delta_r G_m^\ominus(300\ \text{K})&=-2.303RT\lg K^\ominus\\&=-2.303\times8.314\times10^{-3}\times300\times\lg 0.169\\&\approx4.44\ (\text{kJ}\cdot\text{mol}^{-1})\end{aligned}$$

$\Delta_r G_m^\ominus(T)=\Delta_r H_m^\ominus-T\Delta_r S_m^\ominus$（$\Delta_r H_m^\ominus$ 和 $\Delta_r S_m^\ominus$ 可视为不随温度变化），则有 $-13.6=\Delta_r H_m^\ominus-400\times\Delta_r S_m^\ominus$；$4.44=\Delta_r H_m^\ominus-300\times\Delta_r S_m^\ominus$。

解得 $\Delta_r H_m^\ominus\approx58.4\ \text{kJ}\cdot\text{mol}^{-1}$，$\Delta_r S_m^\ominus\approx180\ \text{J}\cdot\text{mol}^{-1}\cdot\text{K}^{-1}$。

④ 反应熵 $Q=\dfrac{(50.7/100)^2}{50.7/100}=0.507>K^\ominus$，反应将逆向自发进行。

例 5. 已知反应 $C(s)+CO_2(g)=2\ CO(g)$，$K^\ominus(1040\ \text{K})=4.6$，$K^\ominus(940\ \text{K})=0.5$。① 分别计算该反应在 1040 K 和 940 K 时的 $\Delta_r G_m^\ominus$；② 计算该反应的 $\Delta_r H_m^\ominus$ 和 $\Delta_r S_m^\ominus$。

解：① 由 $\Delta_r G_m^\ominus(T)=-2.303RT\lg K^\ominus$，得

$$\Delta_r G_m^\ominus(1040\ \text{K})=-2.303\times8.314\times10^{-3}\times1040\times\lg 4.6\approx-13.2\ (\text{kJ}\cdot\text{mol}^{-1})$$

$$\Delta_r G_m^\ominus(940\ \text{K})=-2.303\times8.314\times10^{-3}\times940\times\lg 0.5\approx5.4\ (\text{kJ}\cdot\text{mol}^{-1})$$

②通常可忽略 $\Delta_r H_m^\ominus$ 和 $\Delta_r S_m^\ominus$ 受温度改变的影响，由 $\Delta_r G_m^\ominus=\Delta_r H_m^\ominus-T\Delta_r S_m^\ominus$，得

$$-13.2=\Delta_r H_m^\ominus-1040\times10^{-3}\times\Delta_r S_m^\ominus$$

$$5.4=\Delta_r H_m^\ominus-940\times10^{-3}\times\Delta_r S_m^\ominus$$

解得 $\Delta_r H_m^\ominus=180.24\ \text{kJ}\cdot\text{mol}^{-1}$，$\Delta_r S_m^\ominus=186\ \text{J}\cdot\text{mol}^{-1}\cdot\text{K}^{-1}$。

例 6. 光气的合成反应为 $CO(g)+Cl_2(g)=COCl_2(g)$，在 100 ℃时 $K^\ominus=1.50\times10^8$。若反应开始时，在 1.00 L 容器中，CO(g) 为 0.035 mol，$Cl_2(g)$ 为 0.027 mol，$COCl_2(g)$ 为 0.010 mol。通过计算判断反应方向，并计算达平衡时各物质的分压强。

解：由 $pV=nRT$ 得 $p=nRT/V$，开始时各分压强为

$$p(CO)=\frac{0.035\times8.314\times373}{1.00}\approx108.5\ (kPa)$$

$$p(Cl_2)=\frac{0.027\times8.314\times373}{1.00}\approx83.7\ (kPa)$$

$$p(COCl_2)=\frac{0.010\times8.314\times373}{1.00}\approx31.0\ (kPa)$$

则反应熵 $Q=\frac{p(COCl_2)/p^\ominus}{[p(CO)/p^\ominus][p(Cl_2)/p^\ominus]}=\frac{31.0/100}{(108.5/100)\times(83.7/100)}=0.341<K^\ominus$。

所以系统中反应将向正反应方向进行。

由于平衡常数很大，所以反应物中不足量的物种可认为转化完全，故设平衡时 $Cl_2(g)$ 的分压强为 x，平衡时各物质的分压强可计算如下：

	$CO(g)$	$+Cl_2(g)=$	$COCl_2(g)$
开始时分压强 / kPa	108.5	83.7	31.0
$Cl_2(g)$完全转化时分压强/ kPa	24.8	0	114.7
平衡时分压强 / kPa	$24.8+x$	x	$114.7-x$

代入平衡常数表达式：$K^\ominus=\frac{(114.7-x)/100}{[(24.8+x)/100][x/100]}=1.50\times10^8$。

近似处理：因为 x 很小，所以 $24.8+x\approx24.8$，$114.7-x\approx114.7$，则

$$x=p(Cl_2)\approx3.08\times10^{-6}\ kPa，p(CO)=24.8\ kPa，p(COCl_2)=114.7\ kPa$$

例 7. 已知下列热力学数据：

	$SO_2(g)$	$SO_3(g)$
$\Delta_f H_m^\ominus(298\ K)/(kJ\cdot mol^{-1})$	−296.9	−395.2
$\Delta_f G_m^\ominus(298\ K)/(kJ\cdot mol^{-1})$	−300.4	−370.4

计算反应 $2SO_2(g)+O_2(g)=2SO_3(g)$在 500 ℃时的 $K^\ominus$。

解：对于反应 $2SO_2(g)+O_2(g)=2\ SO_3(g)$：

$$\Delta_r G_m^\ominus(298\ K)=2\times(-370.4)-2\times(-300.4)=-140\ (kJ\cdot mol^{-1})$$

$$\Delta_r H_m^\ominus(298\ K)=2\times(-395.2)-2\times(-296.9)=-196.6\ (kJ\cdot mol^{-1})$$

由 $\Delta_r G_m^\ominus=-2.303RT\lg K^\ominus$，得

$$\lg K^\ominus=\Delta_r G_m^\ominus/(-2.303RT)=\frac{-140\times10^3}{2.303\times8.314\times298}\approx24.54$$

因此 $K^\ominus(298\ K)\approx3.5\times10^{24}$。

由 $\ln\frac{K_2^\ominus}{K_1^\ominus}=\frac{\Delta H^\ominus}{R}\times\frac{T_2-T_1}{T_1T_2}$，得

$$K^\ominus(773\ K)=2.3\times10^3$$

例 8. 300 K 时，反应 $2NO_2(g)=N_2O_4(g)$的 $K^\ominus=6.06$，$\Delta_r H_m^\ominus=-57.5\ kJ\cdot mol^{-1}$。① 300 K 时，若平衡总压强为 100 kPa，求 NO_2 和 N_2O_4 的平衡分压强和 NO_2 的转化率；② 求 400 K 时，该反应的 $K^\ominus$ 和 $\Delta_r G_m^\ominus$。

解：① 设平衡时 $p(N_2O_4)=x$，则 $p(NO_2)=100-x$ 代入平衡常数表达式，得

$$K^{\ominus}=\frac{x/100}{[(100-x)/100]^2}=6.06$$

解得 $x=p(N_2O_4)\approx 66.8$ kPa，则 $p(NO_2)=100-x=33.2$ (kPa)。

NO_2的转化率 $\alpha=\frac{2\times 66.8}{33.2+2\times 66.8}\times 100\%\approx 80.1\%$。

② 根据 $\ln\frac{K_2^{\ominus}}{K_1^{\ominus}}=\frac{\Delta H^{\ominus}}{R}\times\frac{T_2-T_1}{T_1T_2}$，可得

$$K^{\ominus}(400\ K)\approx 0.019$$

$$\begin{aligned}\Delta_r G_m^{\ominus}&=-2.303RT\lg K^{\ominus}\\&=-2.303\times 8.314\times 10^{-3}\times 400\times\lg 0.019\\&\approx 13.2\ (kJ\cdot mol^{-1})\end{aligned}$$

例 9. 已知分解反应 $PCl_5(g)\rightleftharpoons PCl_3(g)+Cl_2(g)$，在 523 K 时，将 1.40 mol $PCl_5(g)$ 置于 4.0 L 密闭容器中，达到平衡时测得 PCl_5的物质的量为 0.4 mol。① 计算在该温度下反应的 K_c、K_p和 PCl_5 的转化率；② 温度不变时，若在上述平衡系统中加入0.2 mol的 Cl_2，使反应重新达平衡，计算各物质的平衡浓度及 PCl_5的百分转化率。

解：①

	$PCl_5(g)$ ⇌	$PCl_3(g)$ +	$Cl_2(g)$
开始时浓度 /($mol\cdot L^{-1}$)	1.40/4.0	0	0
平衡时浓度 /($mol\cdot L^{-1}$)	0.4/4.0	1.0/4.0	1.0/4.0

代入平衡常数表达式：$K_c=\frac{[PCl_3][Cl_2]}{[PCl_5]}=\frac{0.25\times 0.25}{0.1}=0.625\ (mol\cdot L^{-1})$。

反应前后 $\Delta n=1$，则 $K_p=K_c(RT)^{\Delta n}=0.625\times(0.082\times 523)^1\approx 26.8$ (atm)。

PCl_5的百分转化率 $\alpha=\frac{1.40-0.40}{1.40}\times 100\%\approx 71.4\%$。

②温度不变，则平衡常数不变。增加 $Cl_2(g)$，平衡向反方向移动。增大 Cl_2的浓度为 0.2 mol/4.0 L=0.05 $mol\cdot L^{-1}$。

设生成的 $PCl_5(g)$为 y：

	$PCl_5(g)$ ⇌	$PCl_3(g)$ +	$Cl_2(g)$
开始时浓度 /($mol\cdot L^{-1}$)	0.10	0.25	0.25+0.05
平衡时浓度 /($mol\cdot L^{-1}$)	$0.10+y$	$0.25-y$	$0.30-y$

则有 $K_c=\frac{[PCl_3][Cl_2]}{[PCl_5]}=\frac{(0.25-y)(0.30-y)}{(0.10+y)}=0.625$，解得 $y\approx 0.011\ mol\cdot L^{-1}$，则 $[PCl_5]=0.10+0.011\approx 0.11\ (mol\cdot L^{-1})$，$[PCl_3]=0.25-0.011\approx 0.24\ (mol\cdot L^{-1})$，$[Cl_2]=0.30-0.011\approx 0.29\ (mol\cdot L^{-1})$。

PCl_5的百分转化率 $\alpha=\frac{1.4-0.44}{1.4}\times 100\%\approx 68.6\%$。

例 10. 已知反应 $NO(g)+\frac{1}{2}Br_2(l)=NOBr(g)$ 在 25 ℃ 时 $K_1^{\ominus}=3.6\times10^{-15}$，液态溴在 25 ℃ 时的饱和蒸气压为 28.4 kPa。求 25 ℃ 时反应 $NO(g)+\frac{1}{2}Br_2(g)=NOBr(g)$的标准平衡常数 $K^{\ominus}$。

解：根据题意，反应 $Br_2(l)=Br_2(g)$的 $K_2^{\ominus}=28.4/100=0.284$，则

$$K_3^{\ominus}=K_1^{\ominus}/(K_2^{\ominus})^{1/2}=\frac{3.6\times10^{-15}}{\sqrt{0.284}}\approx6.8\times10^{-15}$$

【知识点练习】

一、选择题

1. 已知某反应的 $K^{\ominus}<1$，则该反应的 $\Delta_rG_m^{\ominus}$值应是(　　)。

A. $\Delta_rG_m^{\ominus}=0$　B. $\Delta_rG_m^{\ominus}>0$　C. $\Delta_rG_m^{\ominus}<0$　D. $\Delta_rG_m^{\ominus}<-1$

2. 恒温下，对同一反应来说，下列叙述中正确的是(　　)。

A. 某反应物浓度增高，该反应物的转化率就增大

B. 方程式中化学计量数相同的反应物的转化率总是相等的

C. 转化率和平衡常数都可以表示化学反应的进行程度

D. 转化率和平衡常数都与反应物的最初浓度无关

3. 对于反应 $2CO(g)+O_2(g)=2CO_2(g)$，$\Delta_rH_m^{\ominus}=-569\ kJ\cdot mol^{-1}$，则提高 CO(g)的理论转化率的措施是(　　)。

A. 提高温度　B. 使用催化剂

C. 加入惰性气体以提高总压强　D. 增加 $O_2(g)$的浓度

4. 当一个化学反应处于平衡时，则(　　)。

A. 平衡混合物中各种物质的浓度都相等　B. 正反应和逆反应速率都是零

C. 反应混合物的组成不随时间而改变　D. 反应的焓变是零

5. 在一定条件下，一个反应达到平衡的标志是(　　)。

A. 各反应物和生成物的浓度相等　B. 各物质浓度不随时间改变而改变

C. $\Delta_rG_m^{\ominus}=0$　D. 正逆反应速率常数相等

6. 反应 $2SO_2(g)+O_2(g)=2SO_3(g)$ 达平衡时，保持体积不变，加入惰性气体 He，使总压强增大一倍，则(　　)。

A. 平衡向左移动　B. 平衡向右移动

C. 平衡不发生移动　D. 条件不足，无法判断

7. 已知 298 K 时，反应 $N_2(g)+3H_2(g)=2NH_3(g)$ 的 $\Delta_rG_m^{\ominus}=-33\ kJ\cdot mol^{-1}$，则反应 $NH_3(g)=\frac{1}{2}N_2(g)+\frac{3}{2}H_2(g)$ 的标准平衡常数 $K^{\ominus}$为(　　)。

A. 6.47×10^{-4}　B. 3.26×10^{-4}　C. 2.31×10^{-3}　D. 1.28×10^{-3}

8. 某温度时反应 $N_2O_4(g) \rightleftharpoons 2NO_2(g)$ 的平衡常数为 $K_1^\ominus$，同温度下反应 $NO_2(g) \rightleftharpoons \frac{1}{2}N_2O_4(g)$的平衡常数 $K_2^\ominus$等于(　　)。

A. $K_1^\ominus$　　B. $1/K_1^\ominus$　　C. $(K_1^\ominus)^{1/2}$　　D. $(K_1^\ominus)^{-1/2}$

9. 反应 $N_2(g)+3H_2(g)=2NH_3(g)$，$\Delta_r H_m^\ominus=-92\ kJ \cdot mol^{-1}$，从热力学观点看要使 $H_2(g)$达到最大转化率，反应条件应该是(　　)。

A. 低温高压　　B. 低温低压　　C. 高温高压　　D. 高温低压

10. 下列反应中，$K^\ominus$值小于 K_p值的是(　　)。

A. $H_2(g)+Cl_2(g)=2HCl(g)$　　B. $H_2(g)+S(g)=H_2S(g)$

C. $CaCO_3(s)=CaO(s)+CO_2(g)$　　D. $C(s)+O_2(g)=CO_2(g)$

11. 已知 $H_2(g)+S(s)=H_2S(g)$，K_1，$S(s)+O_2(g)=SO_2(g)$，K_2，则反应 $H_2(g)+SO_2(g)=O_2(g)+H_2S(g)$的 K 为(　　)。

A. K_1+K_2　　B. K_1-K_2　　C. $K_1\times K_2$　　D. K_1/K_2

12. 某温度时，化学反应 $A+\frac{1}{2}B=\frac{1}{2}A_2B$ 的平衡常数 $K=1\times10^4$，则在相同温度下，反应 $A_2B=2A+B$ 的平衡常数为(　　)。

A. 1×10^4　　B. 1×10^0　　C. 1×10^{-4}　　D. 1×10^{-8}

13. 合成氨反应 $3H_2(g)+N_2(g)=2NH_3(g)$在恒压下进行时，当系统中引入氩气后，氨的产率将(　　)。

A. 减小　　B. 增大　　C. 不变　　D. 无法判断

14. 某温度时，反应 $CO(g)+H_2O(g)=CO_2(g)+H_2(g)$，$\Delta_r H_m^\ominus=-41.2\ kJ \cdot mol^{-1}$已达平衡，为提高 $CO(g)$转化率可采用(　　)。

A. 压缩容器体积，增大总压强　　B. 扩大容器体积，减小总压强

C. 升高温度　　D. 降低温度

15. 在 523 K 时，反应 $PCl_5(g)=PCl_3(g)+Cl_2(g)$ 的 $K^\ominus=1.85$，则反应的 $\Delta_r G_m^\ominus$ 为(　　)$kJ \cdot mol^{-1}$。

A. 2.67　　B. −2.67　　C. 2 670　　D. −2 670

16. 670 K 时，$H_2(g)+D_2(g)=2HD(g)$的平衡常数 $K^\ominus=3.78$，同温度下反应 $HD(g)=\frac{1}{2}H_2(g)+\frac{1}{2}D_2(g)$ 的 K 为(　　)。

A. 0.514　　B. 0.265　　C. 1.94　　D. 0.133

17. 反应 $3R(g)+Q(g)=2T(g)$的 $K_c=2.25$，在平衡时 T 的浓度为 $3.00\ mol \cdot L^{-1}$，R 的浓度为 $2.00\ mol \cdot L^{-1}$，则 Q 的浓度为(　　)。

A. $0.500\ mol \cdot L^{-1}$　　B. $0.667\ mol \cdot L^{-1}$　　C. $1.50\ mol \cdot L^{-1}$　　D. $2.00\ mol \cdot L^{-1}$

18. 在一定温度下，将 1.00 mol $SO_3(g)$放在 1.00 L 密闭容器中，反应 $2SO_3(g)=2SO_2(g)+O_2(g)$达到平衡时，$SO_2(g)$为 0.60 mol，则反应的平衡常数 $K^\ominus$为(　　)。

A. 0.36　　B. 0.68　　C. 0.45　　D. 0.54

19. 在某温度和标准压强下，将 1.00 mol $SO_3(g)$放在一容器中进行如下反应：$2SO_2(g)+O_2(g)=2SO_3(g)$。达到平衡时，$SO_2(g)$为 0.60 mol，则反应的 $K^\ominus$为(　　)。

A. 2.36　　B. 1.93　　C. 3.45　　D. 4.54

20. 可逆反应 $PCl_5(g)=PCl_3(g)+Cl_2(g)$ 在密闭容器中进行，其焓变小于零。当达平衡时，下列说法正确的是(　　)。

A. 条件不变，加入催化剂使平衡向右移动

B. 保持体积不变，加入氮气使压力增大一倍，平衡向左移动

C. 保持压强不变，通入氯气使体积增大一倍，平衡向左移动

D. 向系统通入惰性气体或降低温度，平衡向右移动

21. 已知 25 ℃时 $Ag_2O(s)$的 $\Delta_f G_m^\ominus=-10.82\ kJ\cdot mol^{-1}$，则欲使 $Ag_2O(s)$在 25 ℃时自发分解，$O_2(g)$的分压强应为(　　)。

A. <16.33 Pa　　B. > 16.33 Pa　　C. <1.29 kPa　　D. > 1.29 kPa

22. 已知反应 $3H_2(g)+N_2(g)=2NH_3(g)$，$\Delta_r H_m^\ominus=-92.4\ kJ\cdot mol^{-1}$，若 298 K 时 $K^\ominus=6.75\times10^5$，则 673 K 时的 $K^\ominus$值为(　　)。

A. 6.40×10^{-4}　　B. 8.21×10^4　　C. 7.14×10^{-2}　　D. 4.26×10^2

23. 密闭容器中气体反应 A+B=C 已达到平衡，若在相同温度下将体积缩小 2/3，则平衡常数 $K^\ominus$将变为原来的(　　)。

A. 2 倍　　B. 2/3　　C. 1/3　　D. 不变

24. 某可逆反应 2A(g)+2B(g)=C(g)+2D(g)，$\Delta_r H_m^\ominus<0$，使 A 和 B 达到最大转化率的条件是(　　)。

A. 高温高压　　B. 低温高压　　C. 低温低压　　D. 高温低压

25. 已知乙苯脱氢制乙烯的反应 $C_6H_5—C_2H_5(g)=C_6H_5—C_2H_3(g)+H_2(g)$，若 873 K 时其 $K^\ominus=0.178$，则在该温度及平衡压强为 101325 Pa 下，乙苯的转化率为(　　)。

A. 18.9%　　B. 151%　　C. 30.2%　　D. 38.9%

26. 对于任何一个化学变化，影响平衡常数数值的因素是(　　)。

A. 反应物的浓度　　B. 反应产物的浓度　　C. 系统的总压强　　D. 系统的温度

27. 在反应 A+B=C+D 中，开始时只有 A 和 B，经过长时间反应，最终结果是(　　)。

A. C 和 D 浓度大于 A 和 B　　B. A 和 B 浓度大于 C 和 D

C. A、B、C、D 浓度都一样　　D. A、B、C、D 浓度不再变化

28. 可逆反应 $PCl_5(g)=PCl_3(g)+Cl_2(g)$，在 473 K 达平衡时 PCl_5 的分解率为 48.5%，573 K 时 PCl_5的分解率为 97.0%，则该反应为(　　)。

A. 放热反应　　B. 吸热反应

C. 正反应平衡常数为 2　　D. 逆反应平衡常数为 2

29. 在放热反应中，温度升高 10 ℃ 将会(　　)。

A. 不影响化学平衡　　B. 使平衡常数增大一倍

C. 降低平衡常数　　D. 正反应速度降低，逆反应速度增大

30. 可逆反应 2A(g)+B(g)=2C(g)，$\Delta_r H_m^\ominus>0$，要使反应向左进行，可采取的措施是(　　)。

A. 增大 A 的浓度　　B. 压缩体积，增大反应系统的压强

C. 增大 C 的浓度　　D. 升高反应系统的温度

31. 有助于反应 $3O_2=2O_3$，$\Delta_r H_m^\ominus>0$ 进行的条件是(　　)。

A. 高温低压　　B. 高温高压　　C. 低温高压　　D. 低温低压

32. 可使任何反应达到平衡时增加产率的措施是(　　)。

A. 升高温度　　B. 增大压强　　C. 增加反应物浓度　　D. 加入催化剂

33. 500 K 时，反应 $SO_2(g)+\frac{1}{2}O_2(g)=SO_3(g)$ 的 $K^\ominus=50$，在相同温度下，反应 $2SO_3(g)=2SO_2(g)+O_2(g)$ 的 $K^\ominus$ 为(　　)。

A. 100　　B. 2×10^{-2}　　C. 2500　　D. 4×10^{-4}

34. 一个气相反应 $m\mathrm{A}(g)+n\mathrm{B}(g)=q\mathrm{C}(g)$，达到平衡时(　　)。

A. $\Delta_r G_m^\ominus=0$　　B. $Q_p=1$

C. $Q_p=K^\ominus$　　D. 反应物分压强和等于产物分压强和

35. 某温度下，反应 $3H_2(g)+N_2(g)=2NH_3(g)$，$K_c=0.56$，若系统中$[H_2]=0.2\ \mathrm{mol\cdot L^{-1}}$、$[N_2]=0.1\ \mathrm{mol\cdot L^{-1}}$、$[NH_3]=0.05\ \mathrm{mol\cdot L^{-1}}$，从热力学角度分析，系统中的反应是(　　)。

A. 正向进行　　B. 达到平衡状态　　C. 逆向进行　　D. 方向无法判断

36. $3H_2(g)+N_2(g)=2NH_3(g)$，反应达到平衡后，把 $p(NH_3)$、$p(H_2)$ 各提高到原来的 2 倍，$p(N_2)$不变，则平衡将会(　　)。

A. 向正反应方向移动　　B. 向逆反应方向移动

C. 状态不变　　D. 无法确定

37. 已知 25 ℃时，反应 $AgBr(s)=Ag^+(aq)+Br^-(aq)$的 $\Delta_r G_m^\ominus=70.25\ \mathrm{kJ\cdot mol^{-1}}$，则该反应的平衡常数为(　　)。

A. 2.0×10^{-11}　　B. 7.2×10^{-12}　　C. 4.9×10^{-13}　　D. 5.6×10^{-14}

38. 从 $2HI(g)=H_2(g)+I_2(g)$，$\Delta_r H_m^\ominus(298\ \mathrm{K})=10\ \mathrm{kJ\cdot mol^{-1}}$，$\Delta_r S_m^\ominus(298\ \mathrm{K})=-21.49\ \mathrm{J\cdot mol^{-1}\cdot K^{-1}}$，可以推断出此反应(　　)。

A. 处于标准状态时，在任何温度都能自发进行

B. 永远为非自发反应

C. 在高温为自发的而低温为非自发的

D. 处于标准状态时，任何温度下都是非自发的

39. 某反应 $A_2(g)+2B_2(g)=2AB_2(g)$，$\Delta_r H_m^\ominus<0$，采用下述的哪种方法可以使平衡移向左边？(　　)

A. 减小压强，降低温度　　B. 增大压强，升高温度

C. 减小压强，升高温度　　D. 增大压强，降低温度

40. 已知反应 $3O_2(g)=2O_3(g)$，$\Delta_r H_m^\ominus=-288.7\ \mathrm{kJ\cdot mol^{-1}}$，则有利于反应向右进行的条件是(　　)。

A. 高温低压　　B. 高温高压　　C. 低温低压　　D. 低温高压

41. 若 40 ℃ 时反应 $N_2O_4(g)=2NO_2(g)$的 $K^\ominus=0.90$，则平衡时总压强为 5.0663×10^5 Pa时 $N_2O_4(g)$的离解率为(　　)。

A. 4.3%　　B. 15.6%　　C. 20.8%　　D. 34.2%

42. $3H_2(g)+N_2(g)=2NH_3(g)$，$K^\ominus=0.63$，反应达平衡时，若再通入一定量的 $N_2(g)$，则 $K^\ominus$、Q 和 $\Delta_r G_m^\ominus$的关系为(　　)。

A. $Q=K^\ominus$，$\Delta_r G_m^\ominus=0$　　B. $Q>K^\ominus$，$\Delta_r G_m^\ominus>0$

C. $Q<K^\ominus$，$\Delta_r G_m^\ominus<0$　　D. $Q<K^\ominus$，$\Delta_r G_m^\ominus>0$

43. 已知下列反应的平衡常数 $H_2(g)+S(s)=H_2S(g)$，$K_1^\ominus$，$S(s)+O_2(g)=SO_2(g)$，$K_2^\ominus$，则反应 $H_2(g)+SO_2(g)=O_2(g)+H_2S(g)$ 的 $K_3^\ominus$ 为(　　)。

A. $K_1^\ominus+K_2^\ominus$　　B. $K_1^\ominus-K_2^\ominus$　　C. $K_1^\ominus/K_2^\ominus$　　D. $K_2^\ominus/K_1^\ominus$

44. 下列方法中能改变化学反应平衡常数 $K^\ominus$ 值的是(　　)。

A. 改变反应物浓度　B. 改变温度　　C. 用催化剂　　D. 改变总压强

45. 已知：$2H_2(g)+S_2(g)=2H_2S(g)$，K_{p1}；$2Br_2(g)+2H_2S(g)=4HBr(g)+S_2(g)$，$K_{p2}$；$H_2(g)+Br_2(g)=2HBr(g)$ K_{p3}。则 K_{p3} 为(　　)。

A. $(K_{p1}/K_{p2})^{1/2}$　　B. $(K_{p2}/K_{p1})^{1/2}$　　C. K_{p2}/K_{p1}　　D. $K_{p1}\cdot K_{p2}$

46. 已知反应 $2NO(g)=N_2(g)+O_2(g)$　$\Delta_r H_m^\ominus<0$，则 K_c 与 T 关系为(　　)。

A. K_c 与 T 无关　B. T 升高 K_c 变小　C. T 升高 K_c 变大　D. 无法判断

47. 1 mol AB 和 1 mol CD 按照 AB+CD=BC+AD 进行反应，平衡时各反应物有2/3转变为生成物，该反应的平衡常数 K_c 为(　　)。

A. 1/9　　B. 4/9　　C. 4　　D. 9

48. 在一定温度压强下，反应 $N_2O_4(g)=2NO_2(g)$，$\Delta_r H_m^\ominus>0$。达到平衡后下述变化能使 N_2O_4 解离度增大的是(　　)

A. 使系统的体积减小为 1/2

B. 保持体积不变，加入 Ar 气使系统压强增大一倍

C. 加入 Ar 气使体积增大一倍，而系统压强保持不变

D. 降低系统的温度

49. 已知下列反应的平衡常数：

$HCN=H^++CN^-$　　$K_a=4.9\times10^{-10}$

$NH_3+H_2O=NH_4{}^++OH^-$　　$K_b=1.8\times10^{-5}$

$H_2O=H^++OH^-$　　$K_w=1.0\times10^{-14}$

则反应 $NH_3+HCN=NH_4{}^++CN^-$ 的平衡常数 K 为(　　)。

A. 0.882　　B. 0.441　　C. 1.134　　D. 8.82×10^{-5}

50. 密闭容器中发生反应 $2A(g)+B(g)=2C(g)$，若将 8 mol A 和 4 mol B 反应，测得开始及平衡时气体混合物的压强分别为 303.975 kPa 和 222.915 kPa，则此温度下 A 的转化率为(　　)。

A. 20%　　B. 40%　　C. 60%　　D. 80%

51. 已知 $\Delta_f G_m^\ominus(Cl_2, l)=+4.794\ kJ\cdot mol^{-1}$，则 298 K 时 $Cl_2(l)$ 的饱和蒸气压为(　　)。

A. 101.325 kPa　　B. 202.650 kPa　　C. 506.625 kPa　　D. 709.275 kPa

52. 反应 $2SO_3(g)=2SO_2(g)+O_2(g)$ 的平衡常数 $K_c=32$。如果平衡时 $[SO_3]=[O_2]=2.0\ mol\cdot L^{-1}$，则 $[SO_2]=$(　　)。

A. $0.031\ mol\cdot L^{-1}$　B. $0.25\ mol\cdot L^{-1}$　C. $5.7\ mol\cdot L^{-1}$　D. $8.0\ mol\cdot L^{-1}$

53. 反应 $C(s)+H_2O(g)=CO(g)+H_2(g)$，$\Delta_r H_m^\ominus>0$，下列叙述中正确的是(　　)。

A. 此反应为吸热反应，升高温度则正反应速率增加，逆反应速率减小，所以平衡右移

B. 增大压强不利于 $H_2O(g)$ 的转化

C. 升高温度使其 K_p 减小

D. 加入催化剂可以增加产率

54. 某可逆反应，当温度由 T_1 升至 T_2 时，平衡常数 $K_2^\ominus > K_1^\ominus$，则该反应的(　　)。

A. $\Delta_r H_m^\ominus > 0$　　B. $\Delta_r H_m^\ominus < 0$　　C. $\Delta_r H_m^\ominus = 0$　　D. 无法判断

55. 有两个化学反应，在一定温度下标准自由能变化分别为 $\Delta_r G_{m1}^\ominus$ 和 $\Delta_r G_{m2}^\ominus$，已知 $\Delta_r G_{m1}^\ominus = -2\Delta_r G_{m2}^\ominus$，则它们的平衡常数的关系为(　　)。

A. $K_1^\ominus = (K_2^\ominus)^2$　　B. $(K_1^\ominus)^2 = K_2^\ominus$　　C. $K_1^\ominus = 1/K_2^\ominus$　　D. $K_1^\ominus = (1/K_2^\ominus)^2$

56. 反应1和反应2的平衡常数分别为 $K_1^\ominus$ 和 $K_2^\ominus$，如果 $K_1^\ominus > K_2^\ominus$，当两个反应的反应物初始浓度都是 $1\ mol \cdot L^{-1}$，则在平衡时，反应1和反应2的平衡浓度相比(　　)。

A. 无法比较　　B. 反应1的反应物浓度较小

C. 两者相等　　D. 反应1的产物浓度较小

57. 某反应在一定条件下的平衡转化率为25.3%，当加入一正催化剂后，由于正反应速率显著增大，则其转化率(　　)。

A. 大于25.3%　　B. 等于25.3%　　C. 小于25.3%　　D. 接近100%

58. 已知反应 $3H_2(g) + N_2(g) = 2NH_3(g)$ 的平衡常数为 $K_1^\ominus$。在相同条件下，反应 $NH_3(g) = \frac{1}{2}N_2(g) + \frac{3}{2}H_2(g)$ 的平衡常数为 $K_2^\ominus$。则 $K_1^\ominus$ 和 $K_2^\ominus$ 的关系是(　　)。

A. $K_1^\ominus = K_2^\ominus$　　B. $K_1^\ominus = 1/K_2^\ominus$　　C. $K_1^\ominus = (K_2^\ominus)^2$　　D. $K_1^\ominus = (1/K_2^\ominus)^2$

59. 对于 $\Delta_r H_m^\ominus < 0$ 的反应，温度升高10 ℃，将会使(　　)。

A. $K^\ominus$减小　　B. $K^\ominus$增大一倍　　C. $K^\ominus$减小一半　　D. $K^\ominus$不变

60. 可逆反应 $PCl_5(g) = PCl_3(g) + Cl_2(g)$，某温度下压强为101.325 kPa，体积为1 L，若加入 N_2 使压强增大为2×101.325 kPa，体积不变，则 $PCl_5(g)$ 的离解率(　　)。

A. 不变　　B. 增大　　C. 减小　　D. 不能确定

61. 加入催化剂可使化学反应的下列物理量中哪一个发生改变？(　　)

A. 反应热　　B. 平衡常数　　C. 反应熵变　　D. 速率常数

62. 勒夏特列原理(平衡移动原理)适用于以下哪种情况？(　　)

A. 只适用于气体间的反应　　B. 适用于所有化学反应

C. 平衡状态下的所有系统　　D. 所有的物理平衡

63. 反应 $CO(g) + H_2O(g) \rightleftharpoons CO_2(g) + H_2(g)$ 在一密闭容器中进行，为提高 $CO(g)$ 的转化率可采取的措施是(　　)。

A. 增大CO的浓度　　B. 增大 $H_2O(g)$ 的浓度

C. 通入惰性气体　　D. 使用高效催化剂

64. 在恒温下，将 $2NO_2(g) = N_2O_4(g)$ 平衡系统的总压强增大一倍，则其体积是(　　)。

A. 等于原来体积的1/2　　B. 小于原来体积的1/2

C. 大于原来体积的1/2　　D. 等于原来体积的2倍

65. 若298 K时，$HCO_3^-(aq)$ 和 $CO_3^{2-}(aq)$ 的 $\Delta_f G_m^\ominus$ 分别为 $-587.06\ kJ \cdot mol^{-1}$ 和 $-528.10\ kJ \cdot mol^{-1}$，则反应 $HCO_3^-(aq) \rightleftharpoons H^+(aq) + CO_3^{2-}(aq)$ 的 $\Delta_r G^\ominus$ 和标准平衡常数分别为(　　)。

A. $1115.16\ kJ \cdot mol^{-1}$ 和 4.7×10^{-11}　　B. $58.96\ kJ \cdot mol^{-1}$ 和 4.7×10^{-11}

C. $-58.96\ kJ \cdot mol^{-1}$ 和 4.7×10^{-11}　　D. $58.96\ kJ \cdot mol^{-1}$ 和 -4.7×10^{-12}

66. 在一定温度下，将 1.0 mol $N_2O_4(g)$放入一密闭容器中，当反应 $N_2O_4(g) \rightleftharpoons 2NO_2(g)$达到平衡时，容器内有 0.8 mol NO_2，气体总压强为 100.0 kPa，则该反应的 $K^\ominus$ 为(　　)。

A. 0.76　　B. 1.3　　C. 0.67　　D. 4.0

67. 298 K 时，$H_2O(l) = H_2O(g)$ 达平衡时，系统的水蒸气压强为 3.13 kPa，则该反应的标准平衡常数 $K^\ominus$ 为(　　)。

A. 100　　B. 0.0313　　C. 3.13　　D. 1

68. 当反应容器体积改变时，下列反应的平衡不会受到影响的是(　　)。

A. $H_2(g) + I_2(s) = 2HI(g)$

B. $N_2(g) + 2O_2(g) = 2NO_2(g)$

C. $Fe_3O_4(s) + 4CO(g) = 3Fe(s) + 4CO_2(g)$

D. $H_2O_2(l) = H_2O(l) + 1/2O_2(g)$

69. 可逆反应 $2NO(g) = N_2(g) + O_2(g)$，$\Delta_r H_m^\ominus = -180\ kJ \cdot mol^{-1}$。对此反应的逆反应来说，下列说法中正确的是(　　)。

A. 升高温度 $K^\ominus$ 增大　　B. 升高温度 $K^\ominus$ 变小

C. 增大压强平衡向左移动　　D. 增大 N_2 浓度，NO 离解度增大

70. 在容器中加入相同物质的量的 NO 和 Cl_2，在一定温度下发生反应 $NO(g) + \frac{1}{2}Cl_2(g) = NOCl(g)$，达到平衡时，各有关物质的分压强应是(　　)。

A. $p(NO) = p(Cl_2)$　　B. $p(NO) = p(NOCl)$

C. $p(NO) < p(Cl_2)$　　D. $p(NO) > p(Cl_2)$

71. 已知反应 $CaCO_3(s) = CaO(s) + CO_2(g)$ 的 $\Delta_r H_m^\ominus = 178\ kJ \cdot mol^{-1}$，$\Delta_r S_m^\ominus = 161\ J \cdot mol^{-1} \cdot K^{-1}$，则 $CaCO_3(s)$开始分解的温度应是(　　)。

A. 806 K　　B. 906 K　　C. 1006 K　　D. 1106 K

72. 某气态物质 AB 在高温下建立下列平衡：$AB(g) = A(g) + B(g)$。若把 1 mol 此气体在 $T = 300$ K、$p = 1$ atm 下，放入某密闭容器中，加热到 600 K 时有 25%离解，则此系统的内部压强(大气压)为(　　)。

A. 2.5　　B. 1.0　　C. 0.5　　D. 1.25

73. 已知在一定温度下 $SO_3(g) = SO_2(g) + \frac{1}{2}O_2(g)$，$K_c = 0.050$，$NO_2(g) = NO(g) + \frac{1}{2}O_2(g)$，$K_c = 0.012$，则反应 $SO_2(g) + NO_2(g) = SO_3(g) + NO(g)$ 的 K_c 为(　　)。

A. 4.2　　B. 0.038　　C. 0.24　　D. 0.062

74. 已知反应 $2SO_3(g) = 2SO_2(g) + O_2(g)$在 298 K 下 $\Delta_r H_m^\ominus = 197\ kJ \cdot mol^{-1}$，反应达平衡时(　　)。

A. 增大 SO_3 的分压强，平衡向右移动，再达平衡时，$K^\ominus$ 值增大

B. 如使上述可逆平衡发生移动，$K^\ominus$ 值不一定发生改变

C. 升高温度有利于逆反应进行

D. 在反应系统中加入惰性气体使总压增大，平衡将向左移动

75. 在某温度、压强下反应 $H_2O(g) \rightleftharpoons H_2(g)+\frac{1}{2}O_2(g)$达到平衡，若向该系统中通入惰性气体，保持温度、压强不变，但使体积增大，此时(　　)。

A. 平衡向左移动　　B. H_2O 的转化率降低

C. 平衡向右移动　　D. 平衡保持不变

76. 某温度时，反应 $N_2O_4(g) \rightleftharpoons 2NO_2(g)$ 达到平衡，如 N_2O_4的分解率为 25%，则此时混合气体的总压强是 N_2O_4分解前压力的(　　)。

A. 0.75 倍　　B. 1.75 倍　　C. 1.50 倍　　D. 1.25 倍

77. 反应 $PCl_5(g)=PCl_3(g)+Cl_2(g)$ 达平衡时的总压强为 p，若离解率为 50%，则此时的 K_p为(　　)。

A. p　　B. $\frac{p}{2}$　　C. $\frac{p}{3}$　　D. $\frac{p}{4}$

78. 对于反应 $4NH_3(g)+7O_2(g)=2N_2O_4(g)+6H_2O(l)$，在密闭容器中通入稀有气体使压力增大，出现的情况为(　　)。

A. 平衡时 N_2O_4的产量减少　　B. 平衡时 N_2O_4的产量增加

C. 正反应速率增大　　D. N_2O_4和 NH_3相对量不变

79. 某反应在 298 K 时的 $K_{c1}=5$，398 K 时 $K_{c2}=11$，则反应的 $\Delta_r H^\ominus$值为(　　)。

A. <0　　B. >0　　C. $=0$　　D. 不一定

80. 298 K 时 $A+B \rightarrow C+D$ 的 $\Delta_r G_m^\ominus=-10\ kJ \cdot mol^{-1}$。已知 298 K 时 A、B、C、D 皆为气体，当由等物质的量的 A 和 B 开始反应时，则达到平衡时混合物中(　　)。

A. 只有 C 和 D

B. 只有 A 和 B

C. A、B、C、D 都有，但 A 和 B 的量大于 C 和 D 的量

D. A、B、C、D 都有，但 C 和 D 的量大于 A 和 B 的量

二、填空题

1. 以 K_c与 K_p表示的平衡常数仅与________有关，而与________和________无关。在一定温度下，对于一个可逆反应，当反应前后气态物质分子数不变时，压强的增大或减小对平衡常数________________。

2. 温度 T 时，在抽空的容器中发生分解反应 $NH_4HS(s)=NH_3(g)+H_2S(g)$，测得此平衡系统的总压强为 p，则平衡常数 $K^\ominus$的表达式为________。

3. 反应 $2A+B=2D$ 的 $K_p=p_D^2/p_B$，升高温度和增大压力都能使平衡逆向移动，则正反应是________ 热反应。

4. 反应 $N_2O_4(g)=2NO_2(g)$ 是一个熵________的反应。在恒温恒压下达到平衡，若使 $n(N_2O_4):n(NO_2)$ 增大，平衡将________移动；若向系统中加入 Ar(g)，$n(NO_2)$ 将________，$\alpha(N_2O_4)$ 将________。

5. $2Cl_2(g)+2H_2O(g)=4HCl(g)+O_2(g)$，$\Delta_r H_m>0$，当反应达到平衡时，下列操作对各平衡数值有何影响(操作条件中没有注明的，是指温度不变、体积不变)？

① 加 O_2，$n(O_2, g)$________________；② 减小容器体积，$K^\ominus$________________；

③ 加入氮气，n(HCl，g)____________。

6. 反应 $2HBr(g) = H_2(g) + Br_2(g)$，$\Delta_r H_m^\ominus = 311.3\ kJ \cdot mol^{-1}$已达平衡。升高温度，平衡__________移动。

7. 已知反应 $A(g) + B(g) = C(g) + D(g)$，$\Delta_r H_m^\ominus(298\ K) < 0$。达平衡时，若增大 B 的分压，$Q$ 值比 $K^\ominus$值________，而升高系统的温度，平衡将向________移动。

8. 在等温条件下，若化学平衡发生移动，其平衡常数________。

9. 可逆反应 $2A(g) + B(g) = 2C(g)$，$\Delta_r H_m^\ominus < 0$，反应达到平衡时，容器体积不变，增大 B 的分压，则 C 的分压强________，A 的分压强________，K_p________；升高温度，则 K_p________。

10. 反应 $PCl_5(g) = PCl_3(g) + Cl_2(g)$在 473 K 达平衡时有 48.5 %分解，在 573 K 达平衡时有 97%分解，此反应的 $\Delta_r H_m^\ominus$________0。(填“>”“<”或“=”)

11. 已知可逆反应 $Cl_2(g) + 3F_2(g) \rightleftharpoons 2ClF_3(g)$，$\Delta_r H_m^\ominus = -326.4\ kJ \cdot mol^{-1}$。要提高反应物的转化率，应采取的反应条件是________温________压；若在恒温恒容条件下，加入稀有气体 He，F_2的转化率将________。

12. 已知可逆反应 $CO(g) + 2H_2(g) \rightleftharpoons CH_3OH(g)$，$K^\ominus(523\ K) = 2.33 \times 10^{-3}$，$K^\ominus(548\ K) = 5.42 \times 10^{-4}$，则该反应为__________热反应。当平衡后减小系统的容积而使压强增大，平衡将向__________方向移动；若在恒温恒压条件下，向系统中加入惰性气体，CO(g) 的转化率将__________。

13. 反应 $N_2O_4(g) = 2NO_2(g)$，若在 35 ℃达平衡时系统总压强为 202.6 kPa，$p(NO_2) = 66\ kPa$，则该温度下的 $K^\ominus$为__________。

14. 一定温度下，反应 $PCl_5(g) = PCl_3(g) + Cl_2(g)$达平衡后，维持温度和体积不变，向容器中加入一定量的惰性气体，平衡将________移动。

15. 现有反应式 ①②③，其平衡常数分别为 K_1、K_2、K_3，若 ①－②＝③，则 $K_3 =$__________。

16. 反应 $C(s) + H_2O(g) = CO(g) + H_2(g)$的 $\Delta_r H_m^\ominus = 134\ kJ \cdot mol^{-1}$。当升高温度时，该反应的平衡常数 $K^\ominus$将________，系统中 CO(g)的含量将________。增大系统压强将使平衡________移动，保持温度和体积不变，加入 $N_2(g)$，平衡将________移动。

17. 反应 $2Cl_2(g) + 2H_2O(g) = 4HCl(g) + O_2(g)$，$\Delta H > 0$。若在平衡系统中加入 O_2，则 HCl 的物质的量将________；若恒容下加入 N_2，HCl 的物质的量将________；若减小容器体积，Cl_2的分压强________，$K^\ominus$________；若升高温度，HCl 的分压强________，$K^\ominus$________；若加催化剂，HCl 的物质的量将________，Cl_2的转化率________。

18. 已知在温度 T 时下列反应及其标准平衡常数：

$4HCl(g) + O_2(g) = 2Cl_2(g) + 2H_2O(g)$　　　$K_1^\ominus$

$2HCl(g) + \frac{1}{2}O_2(g) = Cl_2(g) + H_2O(g)$　　　$K_2^\ominus$

则 $K_1^\ominus$和 $K_2^\ominus$之间的关系是____________________。

19. 反应 $3H_2(g) + N_2(g) = 2NH_3(g)$的 $\Delta_r H_m^\ominus(298\ K) = -92.38\ kJ \cdot mol^{-1}$，$\Delta_r S_m^\ominus(298\ K) = -198.3\ J \cdot mol^{-1} \cdot K^{-1}$，则其 $\Delta_r G_m^\ominus(298\ K) =$________ $kJ \cdot mol^{-1}$，标准平衡常数 $K^\ominus(298\ K) =$________。

20. 已知AB、A、B均为气体，高温下有如下平衡：$AB=A+B$。若在$T=300$ K时，把1 mol AB放入密闭容器中，此时压强为101.3 kPa，当加热至600 K时，有25% AB离解为A和B，则此时容器内部的总压强为________kPa。

21. 若可逆反应$2A(g)+2B(g)=C(g)+2D(g)$，$\Delta_r H_m^\ominus<0$，则提高A和B转化率的条件是________________。

22. 已知甲醇的合成反应$CO(g)+2H_2(g)=CH_3OH(g)$，$\Delta_r H_m^\ominus=-174.5\ kJ\cdot mol^{-1}$。能使上述平衡向右移动的条件有________________。

23. 823 K时反应① $CoO(s)+H_2(g)=Co(s)+H_2O(g)$，$K_1^\ominus=67$，② $CoO(s)+CO(g)=Co(s)+CO_2(g)$，$K_2^\ominus=490$，则反应③ $CO_2(g)+H_2(g)=CO(g)+H_2O(g)$，$K_3^\ominus=$________。

24. 根据公式$\Delta_r G_m^\ominus=-RT\ln K^\ominus$，理论上：当$\Delta_r G_m^\ominus<0$时，$K^\ominus>1$，标准状态下，反应向________进行；$\Delta_r G_m^\ominus=0$时，$K^\ominus=1$，标准状态下，反应________；当$\Delta_r G_m^\ominus>0$时，$K^\ominus<1$，标准状态下，反应向________进行。

25. 已知：

	$MgCO_3(s)$	$MgO(s)$	$CO_2(g)$
$\Delta_f G_m^\ominus/(kJ\cdot mol^{-1})$	-1012	-569.4	-394

则反应$MgCO_3(s)=MgO(s)+CO_2(g)$的$\Delta_r G_m^\ominus=$________$kJ\cdot mol^{-1}$，此条件下CO_2的分压强为________Pa。

26. 已知下列反应在25 ℃时的标准平衡常数：

$HCN(aq)=H^+(aq)+CN^-(aq)$　　$K_1^\ominus=6.2\times10^{-10}$

$NH_3(aq)+H_2O(l)=NH_4^+(aq)+OH^-(aq)$　　$K_2^\ominus=1.8\times10^{-5}$

$H_2O(l)=H^+(aq)+OH^-(aq)$　　$K_3^\ominus=1.0\times10^{-14}$

则反应$NH_3(aq)+HCN(aq)=NH_4^+(aq)+CN^-(aq)$的$K^\ominus=$________。

27. 已知25 ℃时，I_2的蒸气压强为0.041 kPa，则25 ℃时$\Delta_f G_m^\ominus(I_2, g)$为________$kJ\cdot mol^{-1}$。

28. 已知可逆反应$A(g)=B(g)+C(g)$在833 K时$K^\ominus=1.0$，以纯A为原料进行反应，平衡时总压强为100 kPa，则A的转化率为________，平衡时B的分压强$p(B)$为________kPa。

29. 306 K时，在容积为10 L的容器中有4.0 mol N_2O_4、1.0 mol NO_2，反应$N_2O_4(g)=2NO_2(g)$的$K^\ominus=0.26$。则刚开始时$p(总)=$________kPa，反应向________方向进行。

30. 在100 ℃时，反应$AB(g)=A(g)+B(g)$的平衡常数$K_c=0.21\ mol\cdot L^{-1}$，则该反应的标准平衡常数$K^\ominus=$________。

31. 合成氨反应$3H_2(g)+N_2(g)=2NH_3(g)$，在673 K时，$K^\ominus=5.7\times10^{-4}$，在473 K时，$K^\ominus=0.61$，则873 K时，$K^\ominus=$________。

32. 某温度下，反应$PCl_5(g)=PCl_3(g)+Cl_2(g)$的平衡常数$K^\ominus=2.25$。把一定量的$PCl_5$注入一真空瓶内，达平衡后$PCl_5$的分压强为$2.533\times10^4$ Pa，则PCl_3的分压强为________Pa，PCl_5的解离度为________。

33. 在确定温度对化学平衡的影响时，常以 $\lg K^{\ominus}$ 对 $\frac{1}{T}$ 作图得一直线方程，对于放热反应，$\Delta_r H_m^{\ominus}$ 为________值，此直线的斜率为________值，说明温度越高，$K^{\ominus}$ 越________。

34. 已知：$H_2O(l) \rightleftharpoons H^+(aq) + OH^-(aq)$，$K^{\ominus}=1.0\times10^{-14}$；$CH_3COOH(aq) \rightleftharpoons CH_3COO^-(aq) + H^+(aq)$，$K^{\ominus}=1.8\times10^{-5}$。则反应 $CH_3COO^-(aq) + H_2O(l) \rightleftharpoons CH_3COOH(aq) + OH^-(aq)$ 的平衡常数 $K^{\ominus}=$__________。

35. 318 K 时，反应 $N_2O_4(g) \rightleftharpoons 2NO_2(g)$ 的 $K_c=0.024$，则该温度时反应 $NO_2(g) \rightleftharpoons \frac{1}{2}N_2O_4(g)$ 的 $K_c=$________，$K_p=$________，$\Delta_r G_m^{\ominus}(318\ K)=$________$kJ\cdot mol^{-1}$。

36. 在 300 K、100 kPa 时，N_2O_4 有部分离解为 NO_2。若达平衡时混合气体的相对密度(以氢气为标准)为 38.34，则 N_2O_4 的离解率为________。

三、判断题

1.( ) 可逆反应达平衡时，反应物的转化率不随起始浓度而变。

2.( ) 平衡移动是指反应从不平衡到平衡的过程。

3.( ) 在平衡移动过程中，平衡常数 $K^{\ominus}$ 总是保持不变。

4.( ) 勒夏特列原理(平衡移动原理)适用于平衡状态下的所有系统。

5.( ) 增大反应物浓度可使反应达到平衡时产率增大。

6.( ) 现有反应 $C(s) + H_2O(g)=CO(g) + H_2(g)$，$\Delta_r H_m^{\ominus}=133.9\ kJ\cdot mol^{-1}$，升高温度，将对 C (s) 的转化有利。

7.( ) 对于可逆反应 $2NO=N_2+O_2$，$\Delta_r H_m^{\ominus}=-180\ kJ\cdot mol^{-1}$，增大 NO 浓度，$K_p$ 将增大。

8.( ) PCl_5 分解反应如下：$PCl_5=PCl_3+Cl_2$。实验指出：在压强恒定时，升高温度，将增大 PCl_5 的离解度。可判断 PCl_5 分解反应是吸热反应。

9.( ) 已知反应 $N_2(g) + 3H_2(g)=2NH_3(g)$，$\Delta_r H_m^{\ominus}=-92.4\ kJ\cdot mol^{-1}$。在 200 ℃时，反应达到平衡。恒容下，加入 He 以增大总压强，平衡右移。

10.( ) 反应 $2HBr(g)=H_2(g) + Br_2(g)$，$\Delta_r H_m^{\ominus}=311.3\ kJ\cdot mol^{-1}$ 已达平衡。将系统压缩，对平衡无影响。

11.( ) 可逆反应 $2NO(g)=N_2(g)+O_2(g)$，$\Delta_r H_m^{\ominus}=-179.9\ kJ\cdot mol^{-1}$，对此反应的逆反应来说，温度升高时 K_p 值增大。

12.( ) 反应 $2A(g) + B(g) \rightleftharpoons 2C(g)$ 的 $\Delta_r H_m^{\ominus}>0$，恒压下加入惰性气体，平衡将向左移动。

13.( ) 若反应的 $\Delta H>0$，无论 $\Delta S>0$ 或 $\Delta S<0$，反应达平衡时，升高温度平衡总是向正向移动。

14.( ) 某化学反应在任何温度下都不能正向进行，则该反应的 $\Delta H<0$，$\Delta S>0$。

15.( ) 将 1 mol HI(g)与 1 mol H_2(g) 放在一真空容器中，反应 $2HI(g) \rightleftharpoons H_2(g)+I_2(g)$ 在 100 ℃时达平衡，平衡常数为 $K_1^{\ominus}$。恒温下，在平衡后向系统中又加入 0.5 mol HI(g)，平衡右移，再达平衡后，平衡常数为 $K_2^{\ominus}$。则 $K_1^{\ominus}<K_2^{\ominus}$。

16.(　　)某可逆反应 $A(s) + B(g) \rightleftharpoons 2C(g)$ 在温度 T 时达平衡。为了使平衡向生成 C 物质方向移动，可以保持反应容器总压强不变情况下通入惰性气体。

17.(　　)已知反应 $NO(g)+CO(g) \rightleftharpoons \frac{1}{2}N_2(g)+CO_2(g)$，$\Delta_r H_m^{\ominus}=-370\ kJ \cdot mol^{-1}$，为了使 NO(g) 和 CO(g) 的转化率提高，可以采用低温、高压条件。

18.(　　)任何一个可逆的化学反应，当达到平衡时各反应物和生成物的浓度为常数。

19.(　　)任何一个可逆的化学反应达到平衡时，$\Delta G^{\ominus}=0$，$\Delta H^{\ominus}=0$，$\Delta S^{\ominus}=0$。

20.(　　)反应 $2A(g) + B(g) \rightleftharpoons 2C(g)$，$\Delta H<0$，由于 $K_c=\frac{[C]^2}{[A]^2[B]}$，随着反应的进行，A 和 B 的浓度逐渐减小，所以平衡常数 K_c 将增大。

21.(　　)某一反应物的转化率越大，则该反应的平衡常数也越大。

22.(　　)设有一可逆反应 $A + B \rightleftharpoons C + D$，已知在某温度下 $K_c=2$，当 A、B、C、D 四种物质的浓度均为 $1\ mol \cdot L^{-1}$ 时，该系统处于平衡状态。

23.(　　)对于一个放热反应，温度越高，其反应物的转化率就越低。

24.(　　)在 473 K 时，反应 $2NO + O_2 \rightleftharpoons 2NO_2$ 在密闭容器中达到平衡，平衡时总压强为 1053.78 kPa，当加入 He 气后，平衡将向右移动。

25.(　　)某放热反应 $A(g) + B(g) \rightleftharpoons 2C(g)$，在 473 K 的情况下达到平衡。将此混合物的体积在恒温下增大一倍时，反应物和产物的物质的量都不改变。

26.(　　)因为 $-\Delta G^{\ominus}=RT\ \ln K^{\ominus}$，所以温度升高时，平衡常数将增大。

27.(　　)可逆反应达平衡时，一种反应物的转化率随另一种反应物的起始浓度不同而异。

28.(　　)当一个化学反应处于平衡时，反应混合物的组成不随时间而改变。

29.(　　)反应 $3CH_4(g) + F_2O_3(s) \rightleftharpoons 2Fe(s) + 3CO(g) + 6H_2(g)$，$\Delta_r H_m^{\ominus}>0$，若降低温度，增大压力，平衡向正方向移动。

30.(　　)温度相同时，两个不同的化学反应，平衡常数 K 值较大者，其进行程度也一定大。

31.(　　)分几步完成的化学反应的总平衡常数是各步平衡常数之积。

32.(　　)由化学反应等温式可以判断，反应熵 Q 大于平衡常数 K 时，反应可正向进行。

33.(　　)某反应 $A_2(g) + 2B_2(g)=2AB_2(g)$，$\Delta_r H_m^{\ominus}<0$。欲使平衡移向左边，可以采取的方法是增大压强和升高温度。

34.(　　)在一定温度、压强下，反应 $N_2O_4(g)=2NO_2(g)$，$\Delta_r H_m^{\ominus}>0$。达到平衡后加入 Ar 气使体积增大一倍，能使 N_2O_4 解离度增大。

35.(　　)在平衡常数表达式中，应写出所有气体物质的相对压强项和溶解物质的相对浓度项，固态和纯液态物质则不计入。

36.(　　)在相同温度下，对于化学方程式 $H_2(g) + I_2(g) \rightleftharpoons 2HI(g)$ 和化学方程式 $\frac{1}{2}H_2(g) + \frac{1}{2}I_2(g) \rightleftharpoons HI(g)$，前者的平衡常数是后者的 2 倍。

37.(　　)有气体参加的平衡反应，改变总压强，不一定使平衡移动，而改变任一气体的分压强，则一定破坏平衡。

38.（　　）当反应前后分子数目相等时，增大压强对平衡没有影响。

39.（　　）在一定温度和压强下，一个反应系统达到平衡时的条件是正、逆反应速度相等。

四、计算题

1. 某反应 $A(s) \rightleftharpoons B(g)+C(s)$，已知 $\Delta_r G_m^\ominus = +40\ kJ \cdot mol^{-1}$。

(1)计算该反应在 298 K 时的 $K^\ominus$；

(2)当 $p_B = 1\ Pa$ 时，该反应能否正向自发进行？

2. 反应 $CO(g)+H_2O(g) \rightleftharpoons CO_2(g)+H_2(g)$ 于 794 K 达到平衡时，$K_c = 2.60$。

(1) 当 CO 和 H_2O 的起始浓度都为 2.00 $mol \cdot L^{-1}$ 时，达到平衡后 CO 的转化率是多少？

(2)当 CO 的起始浓度为 2.00 $mol \cdot L^{-1}$，H_2O 的起始浓度为 6.00 $mol \cdot L^{-1}$ 时，达到平衡后 CO 的转化率是多少？

3. 298 K 时，在 1.0 L 容器中，1.0 mol NO_2 按式 $2NO_2(g) = 2NO(g)+O_2(g)$ 分解，达平衡时，若有 $(3.3\times10^{-3})\%$ 的 NO_2 发生分解，求平衡常数 K_c。

4. 在一个密闭容器中含 0.075 $mol \cdot L^{-1}$ HCl(g) 和 0.033 $mol \cdot L^{-1}$ $O_2(g)$，在 480 ℃ 时发生可逆反应 $4HCl(g)+O_2(g) = 2Cl_2(g)+2H_2O(g)$，达平衡后生成了 0.030 $mol \cdot L^{-1}$ $Cl_2(g)$，求该温度下此反应的 K_c。

5. 已知 $\Delta_f G_m^\ominus(CO_2, g) = -394.4\ kJ \cdot mol^{-1}$，$\Delta_f G_m^\ominus(CO, g) = -137.3\ kJ \cdot mol^{-1}$，试判断在常温常压下反应 C(石墨)$+CO_2(g) = 2CO(g)$ 能否自发进行，并计算该反应在 25 ℃时的标准平衡常数 $K^\ominus$。

6. 将 1.00 mol SO_2 和 1.00 mol O_2 的混合物在 600 ℃ 和总压强为 100 kPa 的恒压下，通过 V_2O_5 催化剂生成 SO_3，达到平衡后测得混合物中剩余的 O_2 为 0.62 mol，求该反应的标准平衡常数 $K^\ominus$。

7. 690 K 时，反应 $CO_2(g)+H_2(g) = CO(g)+H_2O(g)$ 的 $K^\ominus = 0.10$。如果将 0.50 mol CO_2 和 0.050 mol H_2 放入一容器中，690 K 下达到平衡时，各物质的物质的量是多少？

8. 298 K 时，1.0 L 容器中有 1.0 mol NO_2 按 $2NO_2(g) = 2NO(g)+O_2(g)$ 分解，$K_c = 1.8\times10^{-14}$，求 NO_2 的离解率。

9. 设 N_2O_4 及 NO_2 在反应器内混合，达平衡时总压强为 146 kPa。若 N_2O_4 的分解反应 $N_2O_4(g) \rightleftharpoons 2NO_2(g)$，$K^\ominus = 4.90$，则 $p(N_2O_4)$、$p(NO_2)$ 各为多少？

10. NH_4Cl 的分解反应 $NH_4Cl(s) = NH_3(g) + HCl(g)$ 在 597 K 时 $\Delta_r G_m^\ominus = 6.88\ kJ \cdot mol^{-1}$，求该温度下 NH_3 和 HCl 分压强各为多少。

11. 已知：$Fe^{2+} + Co^{3+} = Fe^{3+} + Co^{2+}$，$K_1 = 1.1\times10^{18}$；$Cu^+ + Co^{3+} = Cu^{2+} + Co^{2+}$，$K_2 = 1.6\times10^{25}$。计算反应 $Cu^+ + Fe^{3+} = Cu^{2+} + Fe^{2+}$ 的 $K^\ominus$，由计算结果可以得出什么结论？

12. 在 673 K 时，合成氨反应 $N_2(g)+3H_2(g) = 2NH_3(g)$，$K^\ominus = 1.64\times10^{-4}$，$\Delta_r H_m^\ominus = -92.4\ kJ \cdot mol^{-1}$，计算当温度达到 873 K 时的 $K^\ominus$。

13. 已知反应 $CaCO_3(s) = CaO(s) + CO_2(g)$，在 973 K 时，$K^\ominus = 3.00\times10^{-2}$，在 1173 K时，$K^\ominus = 1.00$。

(1) 根据什么可以判断上述反应是吸热反应还是放热反应？

(2) 计算该反应的 $\Delta_r H_m^\ominus$。

14. 300 ℃时，反应 $PCl_5(g)=PCl_3(g)+Cl_2(g)$，$K^\ominus=11.5$。将 2.00 mol PCl_5 与 1.00 mol PCl_3 混合，在总压强 200 kPa 下反应达平衡，求平衡混合物中各组分的分压强。

15. 100 ℃ 时光气分解反应 $COCl_2(g)=CO(g)+Cl_2(g)$。当 $p_{总}=202$ kPa 时，$COCl_2$ 的解离度 $\alpha=6.3\times10^{-5}$，$\Delta_r H_m^\ominus=104\ kJ\cdot mol^{-1}$，计算该反应 100 ℃时的 $K^\ominus$、$\Delta_r S_m^\ominus$。

16. 已知分解反应 $N_2O_4(g)=2NO_2(g)$，在 55 ℃、100 kPa 时，系统平衡混合物的平均摩尔质量为 61.3 g，试计算：

(1) 解离度 α 和平衡常数 $K^\ominus$；

(2) 55 ℃、10 kPa 时的解离度。

17. 在容积为 5.00 L 的容器中装有等物质的量的 PCl_3 和 Cl_2，于 250 ℃下发生反应 $PCl_3(g)+Cl_2(g)=PCl_5(g)$。达到平衡时，$p(PCl_5)=100$ kPa，若反应的 $K^\ominus=0.57$，求开始装入的 PCl_3 和 Cl_2 的物质的量以及 PCl_3 的平衡转化率。

18. 已知：

	$F_2(g)$	$Si(s)$	$SiF_4(g)$
$S_m^\ominus(298\ K)/(J\cdot mol^{-1}\cdot K^{-1})$	202.7	18.8	282.4
$\Delta_f H_m^\ominus(298\ K)/(kJ\cdot mol^{-1})$	0	0	−1614.9

求 298 K 时，反应 $2F_2(g)+Si(s)=SiF_4(g)$ 的 $\Delta_r G_m^\ominus$ 和 $K^\ominus$。

19. 由二氧化硫制备三氧化硫的反应 $2SO_2(g)+O_2(g)\rightleftharpoons 2SO_3(g)$是工业上制备硫酸的重要反应，已知：

	$O_2(g)$	$SO_3(g)$
$\Delta_f H_m^\ominus(298\ K)/(kJ\cdot mol^{-1})$	−296.8	−396.7
$\Delta_f G_m^\ominus(298\ K)/(kJ\cdot mol^{-1})$	−300.2	−371.1

计算反应在 298 K 时的 $\Delta_r G_m^\ominus$ 和 $\Delta_r H_m^\ominus$，并分别计算反应在 298 K 和 400 ℃下的标准平衡常数 $K^\ominus$。

20. 在 1558 K 时 $Br_2(g)=2Br(g)$ 的 $K^\ominus=0.133$。若在 1.00 L 容器中放入 0.0100 mol Br_2，加热到 1558 K，Br_2的解离度 α 是多少?

21. 1000 K 时，$CaCO_3(s)$ 和 $CaO(s)$、$CO_2(g)$达到平衡时，CO_2的压强为 390 kPa，反应 $C(s)+CO_2(g)=2\ CO(g)$，$K^\ominus=1.9$。当固体 $CaCO_3$和 CaO、C 混合，在 1000 K 的密闭容器中达到平衡时，CO 的分压强是多少?

22. 已知 1362 K 时下列反应的平衡常数：① $H_2(g)+\frac{1}{2}S_2(g)=H_2S(g)$，$K_{p1}=0.800$；② $Br_2(g)+H_2S(g)=2HBr(g)+\frac{1}{2}S_2(g)$，$K_{p2}=9.00\times10^4$。现有 $H_2(g)$和 $Br_2(g)$各 1.00 mol，在同样温度下发生反应 $H_2(g)+Br_2(g)=2\ HBr(g)$。试计算达平衡时 H_2的转化率。

23. 已知在 20 ℃时，水的饱和蒸气压强为 2.34 kPa，若 $p^\ominus=100$ kPa，试求 $H_2O(l)=H_2O(g)$的 $K^\ominus$和 $\Delta_r G_m^\ominus$。

24. 已知反应 $2SO_2(g)+O_2(g)=2SO_3(g)$，$K^{\ominus}(773\ K)=2.34\times10^{3}$，$K^{\ominus}(298\ K)=3.55\times10^{24}$。试计算该反应的 $\Delta_r H_m^{\ominus}$ 和 $\Delta_r S_m^{\ominus}$。

25. 合成氨反应 $N_2(g)+3H_2(g)\rightleftharpoons 2NH_3(g)$ 在 298 K 时 $K^{\ominus}=6.5\times10^{-5}$，在 125℃ 时 $K^{\ominus}=5.6$。假定反应热不随温度而变，计算该反应在 75 ℃时的 $K^{\ominus}$ 值。

26. 已知反应 $\frac{1}{2}H_2(g)+\frac{1}{2}Cl_2(g)\rightleftharpoons HCl(g)$，有关热力学数据如下：

	$H_2(g)$	$Cl_2(g)$	$HCl(g)$
$\Delta_f H_m^{\ominus}/(kJ\cdot mol^{-1})$	0	0	−92.3
$S_m^{\ominus}/(J\cdot mol^{-1}\cdot K^{-1})$	223.1	130.7	186.9

计算该反应在 500 K 时的 $K^{\ominus}$。

27. 某温度时，反应 $Fe_3O_4(s)+4H_2(g)\rightleftharpoons 3Fe(s)+4H_2O(g)$，开始时用 1.6 g$H_2$ 和过量的 $Fe_3O_4(s)$ 在密闭容器中作用，达到平衡后有 16.76 g Fe 生成，计算该反应的标准平衡常数 $K^{\ominus}$。(Fe 相对原子质量为 55.85)

28. 已知反应 $NH_4HS(s)=NH_3(g)+H_2S(g)$，$\Delta_r H_m^{\ominus}=93.72\ kJ\cdot mol^{-1}$。在 298 K 时，$NH_4HS(s)$ 分解后的平衡压强为 59.96 kPa(设气相中只有 NH_3 和 H_2S)。

(1) 求 298 K 时该反应的标准平衡常数 $K^{\ominus}$；

(2) 计算此反应在 308 K 时，$NH_4HS(s)$在真空容器中分解，达到平衡时容器中的总压强。

29. 在 1000 ℃ 时，炼铁高炉中的一个反应 $FeO(s)+CO(g)=Fe(s)+CO_2(g)$ 平衡常数 $K^{\ominus}=0.5$，如果 CO 和 CO_2 的初始浓度分别为 $0.05\ mol\cdot L^{-1}$ 和 $0.01\ mol\cdot L^{-1}$，计算在平衡时，它们的浓度各为多少。

30. 已知 298 K 时反应：① $2CO(g)+O_2(g)=2CO_2(g)$，$\Delta_r G_{m1}^{\ominus}=-514.2\ kJ\cdot mol^{-1}$；② $2H_2(g)+O_2(g)=2H_2O(g)$，$\Delta_r G_{m2}^{\ominus}=-457.2\ kJ\cdot mol^{-1}$。计算同温度时反应 ③ $CO_2(g)+H_2O(g)=CO(g)+H_2(g)$ 的 $\Delta_r G_{m3}^{\ominus}$ 和 $K_3^{\ominus}$。

31. 已知 700 K 时，下列反应的标准平衡常数 $K^{\ominus}$ 值：① $PCl_5(g)=PCl_3(g)+Cl_2(g)$，$K_1^{\ominus}=11.5$；② $P(s)+\frac{3}{2}Cl_2(g)=PCl_3(g)$，$K_2^{\ominus}=10^{20}$。试求 700 K 时反应③ $P(s)+\frac{5}{2}Cl_2(g)=PCl_5(g)$ 的 $K_3^{\ominus}$ 值。

32. 已知反应 $CaCO_3(s)=CaO(s)+CO_2(g)$ 在 1037 K 下进行，若将 10 g $CaCO_3$ 置于 5.0 L 容器中并加热至 1037 K，达到平衡时有 68%的 $CaCO_3$ 分解。试计算该反应的标准平衡常数 $K^{\ominus}$。

33. 已知 $N_2(g)+O_2(g)\rightleftharpoons 2NO(g)$ 在 2000 K 下进行，若氧气和氮气的初始浓度均为 $1.0\ mol\cdot L^{-1}$，平衡时 NO 的浓度为 $1.5\times10^{-2}\ mol\cdot L^{-1}$，试计算该条件下的浓度平衡常数 K_c。

34. 可逆反应 $4HCl(g)+O_2(g)\rightleftharpoons 2Cl_2(g)+2H_2O(g)$ 在 70 L 容器中进行。若反应开始时 HCl 和 O_2 的量分别为 1.0 mol 和 0.50 mol，当温度升高至 400 ℃达平衡时，有 0.40 mol的 Cl_2 生成，计算该反应的标准平衡常数 $K^{\ominus}$。

35. 在 669 K 时，反应 $H_2(g)+I_2(g)=2HI(g)$，$K_p=55.3$。如果将 2.00 mol H_2 和 2.00 mol I_2 作用于 4.00 L 的容器内，试计算在该温度下达到平衡时有多少 HI 生成。

36. 反应 $H_2(g)+CO_2(g)=H_2O(g)+CO(g)$，在 1259 K 达平衡，平衡时 $[H_2]=[CO_2]=0.44\ mol\cdot L^{-1}$，$[H_2O]=[CO]=0.56\ mol\cdot L^{-1}$，计算该温度下反应的 K_c 及开始时 H_2 和 CO_2 的浓度。

【单元测试】

一、选择题(共 40 分)

1. 建立化学平衡的条件是(　　)。
A. 必须是可逆过程
B. 系统进行的必须是可逆反应
C. 在恒温恒压条件下，系统进行的可逆反应
D. 在恒温条件下，封闭系统进行的可逆反应

2. 某反应的 $\Delta_r H_m^{\ominus}<0$，当温度升高时，其平衡常数的数值将(　　)。
A. 增大　　B. 不变　　C. 减小　　D. 无法判断

3. 已知某反应的 $\Delta_r G_m^{\ominus}>0$，则该反应的平衡常数 $K^{\ominus}$ 值(　　)。
A. $K^{\ominus}>0$　　B. $K^{\ominus}<0$　　C. $K^{\ominus}>1$　　D. $K^{\ominus}<1$

4. 下列叙述中正确的是(　　)。
A. 反应物的转化率不随起始浓度而变
B. 一种反应物的转化率随另一种反应物的起始浓度不同而异
C. 平衡常数随起始浓度不同而变化
D. 平衡常数不随温度变化

5. 在 300 K 时，反应①的 K_p 值为 2.46，则反应②的 K_p 值为(　　)。

$$①NO_2(g)=\frac{1}{2}N_2O_4(g)；②2NO_2(g)=N_2O_4(g)$$

A. 6.05　　B. 4.92　　C. 2.46　　D. 1.57

6. 在一容器中，反应 $2SO_2(g)+O_2(g)=2SO_3(g)$，达平衡后，在恒压下加入一定量 $N_2(g)$，平衡将(　　)。
A. 向正方向移动　　B. 向逆方向移动
C. 不移动　　D. 无法判断

7. 在一定温度下，将 1.00 mol $SO_3(g)$ 放在 1.00 L 密闭容器中，反应 $2SO_2(g)+O_2(g)=2SO_3(g)$ 达到平衡时，$SO_2(g)$ 为 0.60 mol，则反应的 K_c 为(　　)。
A. 2.82　　B. 2.27　　C. 1.48　　D. 1.91

8. 将 7.0 mol PCl_5 放入 1.0 L 烧瓶中，加热至 375 K 时有 10% PCl_5 按式 $PCl_5(g)=PCl_3(g)+Cl_2(g)$ 分解，则此反应的 $K^{\ominus}$ 是(　　)。
A. 2.4　　B. 0.34　　C. 1.7×10^{-2}　　D. 4.0

9. $3H_2(g)+N_2(g)=2NH_3(g)$，$K_c=0.63$，反应达到平衡时，若再通入一定量的 $N_2(g)$，则 K_c、Q_c 和 $\Delta_r G_m^\ominus$ 的关系为(　　)。

A. $Q_c=K_c$，$\Delta_r G_m^\ominus=0$　　B. $Q_c>K_c$，$\Delta_r G_m^\ominus>0$

C. $Q_c<K_c$，$\Delta_r G_m^\ominus<0$　　D. $Q_c<K_c$，$\Delta_r G_m^\ominus>0$

10. 在生产硝酸的吸收塔内进行反应 $3NO_2(g)+H_2O(g)=2HNO_3(aq)+NO(g)+Q$，为了增加硝酸的平衡产率，应当(　　)。

A. 加压降温　　B. 加压升温　　C. 减压升温　　D. 减压降温

11. 下列叙述中正确的是(　　)。

A. 所有的化学反应都可以建立化学平衡

B. 化学平衡是一种动态平衡

C. 平衡常数不随温度变化

D. 平衡移动原理仅适用于化学平衡

12. 反应 $4NH_3(g)+5O_2(g)=4NO(g)+6H_2O(g)$ 在此平衡系统中加入惰性气体以增大系统的压力，这时(　　)。

A. NO 平衡浓度增大　　B. NO 平衡浓度减小

C. 加快正向反应速度　　D. 平衡时 NH_3 和 NO 的量并没有变化

13. 一定温度下，反应 $SO_2(g)+NO_2(g)=SO_3(g)+NO(g)$，$K_c=0.240$，$NO_2(g)=NO(g)+\frac{1}{2}O_2(g)$，$K_c=0.012$；则反应 $SO_3(g)=SO_2(g)+\frac{1}{2}O_2(g)$ 的 K_c 为(　　)。

A. 20　　B. 0.050　　C. 0.252　　D. 0.228

14. 当反应 $2NO_2(g)=N_2O_4(g)$ 达到平衡时，降低温度混合气体的颜色会变浅，说明此反应的逆反应是(　　)

A. $\Delta_r H_m^\ominus=0$ 的反应　　B. $\Delta_r H_m^\ominus>0$ 的反应

C. $\Delta_r H_m^\ominus<0$ 的反应　　D. 气体体积减小的反应

15. 已知反应 $NO(g)+CO(g)=\frac{1}{2}N_2(g)+CO_2(g)$ 的 $\Delta_r H_m^\ominus=-373.2\ kJ\cdot mol^{-1}$，则有利于 NO 和 CO 最大转化率的措施是(　　)

A. 低温低压　　B. 低温高压　　C. 高温高压　　D. 高温低压

16. 对于可逆反应，其正反应和逆反应的平衡常数之间的关系为(　　)

A. 相等　　B. 二者之和等于 1　　C. 二者之积为 1　　D. 二者正负号相反

17. 473 K 时反应 $2NO(g)+O_2(g)=2NO_2(g)$ 在一密闭容器中达到平衡，若加入稀有气体 He 使总压强增大，平衡将(　　)

A. 左移　　B. 右移　　C. 不移动　　D. 不能确定

18. 对于可逆反应 $2SO_2(g)+O_2(g)=2SO_3(g)$，下列关系正确的是(　　)

A. $K_c=K_p$　　B. $K_c=K_p(RT)^{-1}$　　C. $K_c=K_p(RT)$　　D. $K_c=K_p(RT)^{-2}$

19. 醋酸铵的水溶液中存在如下几个平衡：

$NH_3+H_2O=NH_4^++OH^-$，K_1；$HAc+H_2O=Ac^-+H_3O^+$，K_2；$NH_4^++Ac^-=HAc+NH_3$，K_3；$2H_2O=H_3O^++OH^-$，K_4。

这四个平衡常数之间的关系是(　　)

A. $K_3 = K_1 \cdot K_2 \cdot K_4$　　B. $K_3 \cdot K_4 = K_1 \cdot K_2$

C. $K_3 \cdot K_2 = K_1 \cdot K_4$　　D. $K_4 = K_1 \cdot K_2 \cdot K_3$

20. 反应 $2COF_2(g) = CO_2(g) + CF_4(g)$，当 CO_2 为 8 mol，CF_4 为 5 mol，COF_2 为 3 mol时，系统达到平衡。已知此反应为吸热反应，下列结论中错误的是(　　)

A. $K_p = K_c = 40/9$　　B. 正反应的 $\Delta_r G_m^\ominus < 0$

C. 只改变压力对以上平衡无影响　　D. 只改变温度对以上平衡无影响

二、填空题(共 20 分)

1. 由实验测定的平衡常数称为________________，由吉布斯自由能变化计算的平衡常数称为________________。

2. 反应 $N_2(g) + 3H_2(g) = 2NH_3(g)$，$\Delta_r H_m^\ominus = -92.4\ kJ \cdot mol^{-1}$，在 200 ℃时达到平衡。加入 H_2 以增大总压强，平衡________移动。

3. 如果反应 A 的 $\Delta_r G_{m1}^\ominus < 0$，反应 B 的 $\Delta_r G_{m2}^\ominus < 0$，而且 $|\Delta_r G_{m1}^\ominus| = \frac{1}{2}|\Delta_r G_{m2}^\ominus|$，则 $K_1^\ominus$ 与 $K_2^\ominus$ 的关系为____________。

4. 反应：① $H_2O(l) = H^+(aq) + OH^-(aq)$，$K_1^\ominus = 1.0 \times 10^{-14}$；② $HAc(aq) = Ac^-(aq) + H^+(aq)$，$K_2^\ominus = 1.8 \times 10^{-5}$。则 $Ac^-(aq) + H_2O(l) = HAc(aq) + OH^-(aq)$ 的 $K_3^\ominus =$________。

5. 现有反应式 ①②③，其平衡常数分别为 K_1、K_2、K_3，若 ① + ② = ③，则 $K_3 =$________。

6. 反应 $2SO_2(g) + O_2(g) = 2SO_3(g)$，$\Delta_r H_m^\ominus = -196.6\ kJ \cdot mol^{-1}$。在一密闭容器内当反应达到平衡时，若向系统中加入 O_2，平衡将________移动；若增大系统压强，平衡将________移动；若升高温度，平衡将________移动；若恒压下加入惰性气体，平衡将________移动；若加入催化剂，平衡将________移动。

7. 已知反应 $2SO_2(g) + O_2(g) = 2SO_3(g)$，$\Delta_r H_m^\ominus < 0$，欲增大 SO_2 的转化率，试写出四种可能的措施：____________，____________，____________，____________。

8. 反应 $NO(g) + CO(g) = \frac{1}{2}N_2(g) + CO_2(g)$ 的 $\Delta_r H_m^\ominus = -373.6\ kJ \cdot mol^{-1}$，提高 NO 和 CO 转化率的条件是______温______压。

9. 根据平衡移动原理，讨论下列反应：$2Cl_2(g) + 2H_2O(g) = 4HCl(g) + O_2(g)$ $\Delta_r H_m > 0$。当反应达到平衡时，下列操作对平衡数值有何影响(操作条件中没有注明的，是指温度不变，体积不变)？

①增大容器体积，$n(H_2O, g)$________；② 减小容器体积，$p(Cl_2, g)$________；③ 升高温度，$K^\ominus$________。

三、判断题(共10分)

1.( )对于可逆反应，其正反应和逆反应的平衡常数数值相当，符号相反。

2.( )升高温度可使反应达到平衡时产率增大。

3.( )现有反应 $C(s)+H_2O(g)=CO(g)+H_2(g)$，$\Delta_r H_m^\ominus=133.9\ kJ\cdot mol^{-1}$，由于反应物中有固体，所以增大压强对平衡没有影响。

4.( )对于可逆反应 $2NO(g)=N_2(g)+O_2(g)$，$\Delta_r H_m^\ominus=-180\ kJ\cdot mol^{-1}$，当升高温度时，$K_p$减小。

5.( )PCl_5分解反应如下：$PCl_5(g)=PCl_3(g)+Cl_2(g)$。实验指出：在压强恒定时，升高温度，将增大 PCl_5的离解度。在恒温时增大压强，PCl_5分解率将减小。

6.( )反应 $N_2(g)+3H_2(g)=2NH_3(g)$，$\Delta_r H_m^\ominus=-92.4\ kJ\cdot mol^{-1}$，在 200 ℃时达到平衡。减小容器体积，平衡向右移动。

7.( )反应 $2HBr(g)=H_2(g)+Br_2(g)$，$\Delta_r H_m^\ominus=311.3\ kJ\cdot mol^{-1}$已达平衡。加入 Ar，对平衡无影响。

8.( )增大系统压强，平衡将从分子数多的一方向分子数少的一方移动。

9.( )平衡常数能准确反映反应进行的完全程度。

10.( )反应 $2A(g)+B(g)\rightleftharpoons 2C(g)$ 的 $\Delta_r H_m^\ominus>0$，随着反应的进行，C 的浓度不断增大，A 和 B 的浓度不断减小，所以平衡常数不断增大。

四、计算题(共30分)

1. 已知反应 $N_2(g)+3H_2(g)\rightleftharpoons 2NH_3(g)$，$\Delta_r H_m^\ominus=-92.2\ kJ\cdot mol^{-1}$，298 K 时，$K_1^\ominus=6.0\times10^5$，求 673 K 时的 $K_2^\ominus$。

2. 已知下列反应在 1123 K 时的平衡常数：① C(石墨) + $CO_2(g)=2CO(g)$，$K_1^\ominus=1.3\times10^{14}$；② $CO(g)+Cl_2(g)=COCl_2(g)$，$K_2^\ominus=6.0\times10^{-3}$。计算反应③ $2COCl_2(g)=$ C(石墨) + $CO_2(g)+2Cl_2(g)$ 在 1123 K 时的平衡常数 $K_3^\ominus$。

3. 已知反应 $CO(g)+H_2O(g)=H_2(g)+CO_2(g)$，$\Delta_r H_m^\ominus=-41.2\ kJ\cdot mol^{-1}$，在总压强为 100 kPa、温度为 373 K 时，将等物质的量的 CO 和 H_2O 反应。待反应达到平衡后，测得 CO_2的分压强为 49.84 kPa，求该反应的标准摩尔熵变 $\Delta_r S_m^\ominus$。

4. 在 318 K 时，反应 $N_2O_4(g)\rightleftharpoons 2NO_2(g)$ 在 0.5 L 的真空容器中进行，若开始时充入 3×10^{-3} mol $N_2O_4(g)$，平衡时总压强为 25.8 kPa，计算 318 K 时 $N_2O_4(g)$的离解百分率及反应的 $K^\ominus$和 $\Delta_r G_m^\ominus$。

第7章 化学动力学基础

【知识点梳理】

化学反应动力学反映的是化学反应进行的快慢，即化学反应的速率问题。重点掌握各种因素，如浓度、温度、催化剂等对化学反应速率的影响。本章学习的难点是有关化学反应速率的对碰撞理论及过渡态理论的理解，从分子水平探讨化学反应的机理，建立基元反应的速率理论，以期达到预测化学反应速率的目的。

7.1 化学反应速率

化学反应速率是指在一定条件下，某化学反应的反应物转变为生成物的速率。对恒容反应来说，通常以单位时间内某反应物浓度的减小或某生成物浓度的增大来表示。用 v 表示。$v=|\Delta c|/t$。

时间 t 的单位可以是秒(s)、分(min)或小时(h)，浓度为体积摩尔浓度。

注意：

(1)在表示反应速率时，须注明是用哪种物质表示的。

只要知道其中一种物质表示的速率，就可推知用其他物质表示的速率；各物质的速率比，等于反应式中分子式前的系数比。一般常选用浓度变化容易测定的物质来表示化学反应速率。

(2)上面表示的反应速率是在某一段时间内的平均速率，并不代表反应的真实速率。间隔时间越短，越接近真实速率——瞬间速率，即 $v=-\mathrm{d}c_A/\mathrm{d}t$。(因为速率是正值，$c_A$减小，所以要加负号)。瞬间速率只能通过作图求得。

注意：在比较反应速率时，物质、浓度、时间各因素要保持一致。

(3)若用反应进度 ξ 表示反应速率，则 $v=\mathrm{d}\xi/(V\mathrm{d}t)=\mathrm{d}c/(\nu\mathrm{d}t)$。此时的反应速率对某反应式而言是唯一的。

7.2 反应机理

化学反应式仅表示反应物和产物及其计量关系，不涉及反应过程。一个化学反应所经历的途径或具体步骤，称为反应机理或反应历程。化学动力学的基本任务就是研究反应的机理。

(1)基元反应：反应物分子在有效碰撞过程中经过一次化学变化就能转化为产物的反应。

注意：由一个基元反应构成的化学反应又称简单反应，只有基元反应才能根据质量作用定律直接写出速率方程。

(2)非基元反应：反应分子需经过几步反应才能转化为反应产物的反应。

注意：非基元反应的速率方程不能根据反应式写出速率方程，必须根据实验测定的结果由反应历程推出并验证。

非基元反应的速率实际上是由最慢的基元反应速率决定的。这个决定非基元反应速率的基元反应叫决速步骤。

7.3 反应速率的影响因素

1)浓度对化学反应速率的影响(质量作用定律)

(1) 质量作用定律的定义：在一定温度下，基元反应的反应速率与反应物浓度幂的乘积成正比(幂次等于反应式中反应物分子式前的系数)，这就是质量作用定律。

对基元反应 $aA + bB = dD + eE$，其质量作用定律的数学表达式为 $v = k[A]^m[B]^n$，该式称为(经验)速率方程式。

v 为反应的瞬时速率。k 称为反应速率常数(或比速常数)，其特点如下：

① k 的大小取决于反应的本性，因为它表示单位浓度的反应速率，所以相同条件下，k 值的大小反映了反应速率的快慢。

② k 称为反应速率常数，意思是速率方程式中各种物质浓度均为 $1\ mol \cdot L^{-1}$时的反应速率。k 的大小取决于反应本身，与浓度无关。浓度的大小可以影响反应的速率，但是对速率常数无影响。这与浓度对平衡常数无影响的道理是一样的。

③ k 值随温度的升高而增大，这与平衡常数不同，速率常数对温度非常敏感，温度升高 10 ℃，速率会增大 2～4 倍。

④ 速率方程式的量纲由速率方程确定。

零级反应：$mol \cdot L^{-1} \cdot s^{-1}$；

一级反应：s^{-1}；

二级反应：$mol^{-1} \cdot L \cdot s^{-1}$。

(2) 质量作用定律的使用注意事项：

① 它仅适用于基元反应或复杂反应中的定速步骤，不适用于复杂反应。

② 如果反应物中有固体、纯液体、稀溶液的溶剂(如水)参加反应，而且它们又不与其他物质互溶，则可视其浓度在反应前后不变，而不必写入速率方程中。

注意：对于多相反应，由于反应在相界面上进行，因此多相反应的反应速率还与反应界面(即接触面积)的大小有关，这在速率方程式中是被忽略掉的(即温度、粉碎度一定时可忽略之)。

(3) 反应级数：

定义：$aA + bB = dD + eE$。

实验测得速率方程式为 $v=k[A]^m[B]^n$。

则 m 称为反应物 A 的分级数，n 称为反应物 B 的分级数，$m+n$ 为反应级数。

对于基元反应，$m=a$，$n=b$，$m+n=a+b$，且 a、b 均为简单整数。对于非基元反应，m、n 可能不是整数，反应级数要通过实验测得。

反应级数增大，表明浓度对反应速率的影响增大。反应级数可以为零，也可以为分数，甚至可能是负值。零级反应的反应速率与反应物浓度无关。

2)温度对化学反应速率的影响

由于活化配合物的生成速率决定于单位时间内有效碰撞次数，随温度升高，单位时间内有效碰撞次数增加了，因此反应速率增大了。当浓度一定时，$v=k[A]^m[B]^n$，v 决定 k，k 就可表示出速率的大小。

阿伦尼乌斯公式：$k=A\cdot e^{-\frac{E_a}{RT}}$。

其中，A 是反应的特征常数，称指前因子(也称频率因子)，与分子结构有关，影响着分子的定向碰撞次数；E_a是活化能；R 是气体摩尔常数；e 为自然对数的底数。

对阿伦尼乌斯公式的进一步分析：

(1) 在室温下，E_a每增加 4 $kJ\cdot mol^{-1}$，将使 k 值降低 80%。在室温相同或相近的情况下，活化能 E_a大的反应，其速率系数 k 则小，反应速率较小，E_a小的反应 k 较大，反应速率较大。

(2) 对同一反应来说，温度升高，反应速率系数 k 增大，一般每升高 10 ℃，k 将增大 2～10 倍。

(3) 对同一反应来说，升高一定温度，在高温区 k 值增大倍数小，在低温区 k 值增大倍数大。因此，对一些在较低温度下进行的反应，升高温度更有利于反应速率的提高。

(4) 对于不同的反应，升高相同温度，E_a大的反应 k 值增大倍数大，E_a小的反应 k 值增大倍数小。即升高温度对进行得慢的反应将起到更明显的加速作用。

3)催化剂对化学反应速率的影响

在化学反里能改变其他物质的化学反应速率，而反应前后自身的组成、数量及化学性质都不发生变化的物质叫催化剂。改变反应速率的作用叫催化作用。加快反应速率的叫正催化剂，延缓反应速率的叫负催化剂。我们研究的一般都是正催化剂。

通过对催化原理的研究可以知道：催化剂是参与了反应的。它通过参加反应，改变了反应途经，它在一个反应中被消耗掉，又在另一个反应中生成出来(且数量、组成一点未变)。它通过改变反应途经，降低了反应的活化能，使反应沿着活化能较小的途经进行，从而提高了反应速率。

催化剂的催化特点如下：

① 它通过改变反应机理，降低活化能，进而提高了反应速率，但它不能改变反应的热效应、反应方向及限度。

② 对同一可逆反应来说，催化剂等值地降低了正逆反应的活化能。

③ 它对反应速率的影响是惊人的，远超过了温度、浓度的影响。

④ 催化剂对于热力学预言非自发的反应无作用，即催化剂不能改变反应自发的方向。

【例 题】

例 1. 若高温时 NO_2 分解为 NO 和 O_2，其反应速率方程式为 $v(NO_2)=k[NO_2]^2$。在 592 K，速率常数是 $4.98\times10^{-1}\ mol^{-1}\cdot L\cdot s^{-1}$，在 656 K，其值变为 $4.74\ mol^{-1}\cdot L\cdot s^{-1}$，计算该反应的活化能。

解：由 $\lg k=\lg A-\dfrac{E_a}{2.303RT}$，得

$$\lg 4.98\times10^{-1}=\lg A-\frac{E_a}{2.303\times8.314\times592}$$

$$\lg 4.74=\lg A-\frac{E_a}{2.303\times8.314\times656}$$

得

$$E_a=113.69\ kJ\cdot mol^{-1}$$

例 2. 如果一反应的活化能为 $117.15\ kJ\cdot mol^{-1}$，问在什么温度时反应的速率常数 k 的值是 400 K 时速率常数的值的 2 倍。

解：设温度为 T 时，速率常数 k 的值是 400 K 时速率常数的 2 倍。

$$\lg\frac{k_2}{k_1}=\frac{E_a}{2.303R}\left(\frac{T_2-T_1}{T_2T_1}\right)$$

$$\lg 2=\frac{117150}{2.303\times8.314}\times\left(\frac{1}{400}-\frac{1}{T}\right)$$

$$T=408\ K$$

例 3. 反应 $N_2O_5=NO_2+1/2O_2$，其温度与速率常数关系的数据列于下表，求反应的活化能。

T/ K	328	318	308	298	273
k/s^{-1}	1.50×10^{-3}	4.98×10^{-4}	1.35×10^{-4}	3.46×10^{-5}	7.87×10^{-7}

解：由 $\lg k=\lg A-\dfrac{E_a}{2.303RT}$，得

$$\lg k=-\frac{E_a}{2.303R}\times\frac{1}{T}+\lg A$$

用表中数据，可以计算出 $\lg k$ 和 $\dfrac{1}{T}$，它们的值列于下表：

前　言

Foreword

建筑工程测量是高职高专院校建筑工程技术、工程造价、工程管理等相关专业的一门重要专业课。本教材重点讲解建筑工程测量的基本知识、测量仪器的使用、建筑工程实地测设以及施工测量和变形观测等内容，对培养学生的专业技能和职业能力具有重要的作用。

Architectural engineering surveying is an important specialized course for relevant majors in higher vocational and technical colleges, including architectural engineering technology, project cost, and engineering management. This textbook focuses on the basic knowledge of architectural engineering surveying, application of measuring instruments, field setting-out, construction survey, and deformation observation in building works, aiming to help students build up their professional competence and vocational capability.

为便于理解，本教材在采用文字阐述相关知识的同时，还包含了大量表格与图形配合说明，使枯燥无味的理论学习变得直观明了，在方便教学的同时增强了学生的学习兴趣，从而达到理论联系实际、提高教材实用性的目的。

For the sake of better understanding, this textbook incorporates a large number of tables and figures for illustration, in addition to the text descriptions, to make the theoretical knowledge intuitive and clear, and to attract more students' interest in learning, thus achieving the purpose of combining theory with practice and improving practicability.

为了突出高职高专院校职业教育特色和人才培养目标，在教材编写过程中，编者认真总结了长期以来的课程教学实践经验，广泛汲取同类教学资料的优点，力求做到以下几点：

In order to highlight the characteristics of vocational education and talent-fostering objectives in higher vocational and technical colleges, the editors have systematically summarized the long-term practical experience of curriculum teaching and extensively absorbed the advantages of similar teaching materials in the process of compilation, striving to achieve the following:

①理论知识以必需、够用为原则。编者尽心优化结构、整合内容、强化施工测量知识，使新编的教材内容更能适应高职高专院校教学的要求。

① Incorporate necessary and sufficient theoretical knowledge. This textbook is made up of the refined content of construction survey knowledge in a well-organized structure, to be more adaptive to the teaching requirements of higher vocational and technical colleges.

②体现建筑工程测量知识的系统性。本教材既包含测量的基本知识和技能，又包含测定和测设的专门知识和技能。

② Systematically introduce architectural engineering surveying knowledge. This textbook comprises not only the fundamental knowledge and skills of surveying, but also the expertise of measurement and setting-out.

③建筑工程测量相关论述体现可操作性。力求通过实例说明建筑工程测量的具体过程、

方法和步骤。

③ Expound architectural engineering surveying from the perspective of operability. This textbook contains practical examples as many as necessary to illustrate the specific processes, methods, and steps of architectural engineering surveying.

④强调建筑工程测量实践教学环节，以求实效。学生可通过完成教材配备习题巩固所学理论知识，通过操作实践和综合训练熟练掌握基本技能。

④ Lay stress on the practical teaching of architectural engineering surveying for better results in teaching practice. This textbook gives a way to help students consolidate the theoretical knowledge through exercises and tests, have a good command of the basic skills through operation practice and comprehensive training.

⑤充分结合新内容。对与建筑工程测量相关的一些测绘新仪器、新技术和新方法做了较全面的介绍，以便于学生今后更快、更好地掌握和应用这些新内容。

⑤ Have a full coverage of new contents. This textbook introduces some new instruments, technologies, and methods of surveying and mapping related to architectural engineering in detail, to lay a foundation for students to quickly master and better apply these new contents in the future.

本教材可供各高职高专院校土建类相关专业的学生学习使用，也可作为建筑工程施工及技术管理人员的参考书。本教材在编写过程中，参阅了多部国内同行的著作，部分高职高专院校的老师也提出了很多宝贵意见供我们参考，在此，对他们表示衷心的感谢！

This textbook is suitable for students majoring in civil engineering in higher vocational and technical colleges, and can also be used as a reference book for construction and technical management technicians in building works. This textbook was compiled with reference to many works of industry peers in China, and some teachers of higher vocational and technical colleges have also given much valuable advice for our reference. Heartfelt thanks are extended for their support and help!

本教材在编写过程中，还参阅了有关教材和文献资料，在此对这些教材和文献的作者表示衷心的感谢。由于编者水平有限，书中难免有缺点和疏漏之处，恳请广大教师及读者批评指正。

We would also like to express our sincere thanks to those authors of relevant textbook and literature used as references to this textbook. There are inevitably shortcomings and omissions in this book, due to the editors' knowledge limitations, so comments and criticisms from teachers and readers are always welcomed.

目　录
Contents

lg k	−2.824	−3.303	−3.870	−4.461	−6.104
$1/T$	3.05×10^{-3}	3.14×10^{-3}	3.25×10^{-3}	3.36×10^{-3}	3.66×10^{-3}

作 $\lg k$-$\frac{1}{T}$ 图，得到一条直线，直线的斜率为-5.4×10^3。

$$E_a=-2.303R\times斜率=-2.303\times8.314\times(-5.4\times10^3)=103.39\ (\text{kJ}\cdot\text{mol}^{-1})$$

例 4. 反应 $2NO(g)+H_2(g)=N_2(g)+H_2O(g)$的反应速率表达式为 $v=k[NO]^2[H_2]$。试讨论下列各种条件变化时对初速率有何影响：

(1) NO 的浓度增大一倍；(2) 有催化剂参加；(3) 降低温度；(4) 将反应容器的容积增大一倍；(5) 向反应系统中加入一定量的 N_2。

解：(1) 速率是原来速率的 4 倍。

(2) 正催化剂加快反应速率，负催化剂减慢反应速率。

(3) 减慢反应速率。

(4) 速率是原来速率的 1/8。

(5) 速率不变。

例 5. 影响化学反应速率的外因有哪些？如何影响？试用有效碰撞理论加以解释。

解：影响化学反应速率的外因有浓度、温度和催化剂。增加反应物的浓度使反应物中的活化分子数增加，反应速率加快，反之使反应速率减慢。升高温度使反应物分子获得能量，使部分普通分子活化，活化分子的百分数增大，有效碰撞的百分数增大，使得反应速率增大。催化剂改变了反应机理(途径)，降低了反应的活化能，反应速率增大。

例 6. 已知 HCl(g)在 1.0135 Pa 和 298 K 时的生成热为$-92.3\ \text{kJ}\cdot\text{mol}^{-1}$，生成反应活化能为 $113\ \text{kJ}\cdot\text{mol}^{-1}$，试计算逆反应的活化能。

解：由 $H_2(g)+Cl_2(g)=2HCl(g)$，得

$$\Delta_r H=E_a-E'_a$$

$$E'_a=E_a-\Delta_r H=113-(-92.3)=205.3\ (\text{kJ}\cdot\text{mol}^{-1})$$

例 7. 在一定温度范围内，NO 和 Cl_2的反应为基元反应 $2NO+Cl_2\rightarrow2NOCl$。

(1) 写出该反应的速率方程并确定反应总级数。

(2) 其他条件不变，如果将容器的体积扩大至原来的 2 倍，反应速率如何变化?

(3) 容器体积不变，将 NO 浓度增大到原来的 3 倍，反应速率又怎样变化?

解：(1) 因为基元反应的速率方程可由反应式直接写出，所以 $v=k[NO]^2[Cl_2]$，总的反应级数为三级。

(2) 其他条件不变，容器的体积扩大至原来的 2 倍，则各反应物浓度都降为原来的 1/2，反应速率将变为原来的 1/8。

(3) 若容器体积不变，将 NO 浓度增大到原来的 3 倍，反应速率将增大至原来的 9 倍。

例 8. 有两个化学反应，它们的反应速率与温度的关系服从阿伦尼乌斯方程式。已知第一个反应的活化能为 $104.6\ \text{kJ}\cdot\text{mol}^{-1}$，第二个反应的活化能为 $1255\ \text{kJ}\cdot\text{mol}^{-1}$。当二者的温度都由 300 K 升高至 310 K 时，二者的反应速率分别为原来的多少倍？从计算结果的比较，可以得出速率变化与活化能关系的什么结论?

解：由 $\lg\frac{k_2}{k_1}=\frac{E_a}{2.303R}\left(\frac{T_2-T_1}{T_2\,T_1}\right)$，对于第一个反应，温度由 300 K 升高至 310 K 反

应速率的改变为

$$\lg\frac{k(310\ \mathrm{K})}{k(300\ \mathrm{K})}=\frac{104.6\times10^3}{2.303\times8.314}\left(\frac{310-300}{310\times300}\right)=0.5874$$

$\frac{k(310\ \mathrm{K})}{k(300\ \mathrm{K})}=3.87$，即反应速率增大至原来的 3.87 倍；

对于第二个反应，温度由 300 K 升高至 310 K 反应速率的改变为

$$\lg\frac{k(310\ \mathrm{K})}{k(300\ \mathrm{K})}=\frac{1\,255\times10^3}{2.303\times8.314}\left(\frac{310-300}{310\times300}\right)=7.048$$

$\frac{k(310\ \mathrm{K})}{k(300\ \mathrm{K})}=1.1\times10^7$，即反应速率增大至原来的 1.1×10^7 倍。

计算结果表明：升高相同温度时，活化能大的反应速率增大的倍数要比活化能小的反应速率增大的倍数大。

例 9. N_2O_5的分解反应是一级反应，340 K 时，N_2O_5浓度为 0.160 mol·L^{-1}，其分解反应的速率为 0.056 mol·L^{-1}·min^{-1}。

(1)计算该反应的速率常数；

(2)计算 N_2O_5浓度为 0.100 mol·L^{-1}时的反应速率。

解：(1) 反应速率常数：

$$k=\frac{v}{[N_2O_5]}=\frac{0.056}{0.160}=0.35\ (\mathrm{min}^{-1})$$

(2)N_2O_5浓度为 0.100 mol·L^{-1}时反应的速率：

$$v=k[N_2O_5]=0.35\times0.100=0.035\ (\mathrm{mol\cdot L^{-1}\cdot min^{-1}})$$

例 10. 在 800 ℃时，对于反应 2A+2B=C+2D 测得如下实验数据：

实验编号	起始浓度		起始反应速率
	[A] /(10^{-3} mol·L^{-1})	[B] /(10^{-3} mol·L^{-1})	v_C/(10^{-3} mol·L^{-1}·s^{-1})
1	6.00	1.00	3.19
2	6.00	2.00	6.37
3	6.00	3.00	9.58
4	1.00	6.00	0.49
5	2.00	6.00	1.98
6	3.00	6.00	4.46

(1) 写出该反应的速率方程式，并确定该反应的级数；

(2) 计算该反应在 800 ℃ 时的速率常数 k；

(3) 当 [A]=2.00×10^{-3} mol·L^{-1}，[B]=3.00×10^{-3} mol·L^{-1}时，该反应在 800 ℃时的反应速率是多少？

解：(1) 从第 1、2、3 组数据知：固定 A 的浓度，将 B 的浓度增大至原来的二倍时，反应速率也增大至原来的二倍，所以 $v\propto[B]$。从第 4、5、6 组数据可知：固定 B 的浓度，将 A 的浓度增大至原来的二倍时，反应速率则增大至原来的四倍，所以 $v\propto[A]^2$。速率方程为 $v=k[A]^2[B]$，反应属于三级反应。

(2) 将第1组数据代入计算速率常数:

$$k=\frac{3.19\times10^{-3}}{(6.00\times10^{-3})^2\times10^{-3}}=8.86\times10^4(\text{mol}^{-2}\cdot\text{L}^2\cdot\text{s}^{-1})$$

(3) 反应速率:

$$v=8.86\times10^4\times(2.00\times10^{-3})^2\times(3.00\times10^{-3})=1.1\times10^{-3}(\text{mol}\cdot\text{L}^{-1}\cdot\text{s}^{-1})$$

【知识点练习】

一、选择题

1. 速率常数 k 是(　　)。

A. 量纲的参数　　C. 为 $\text{mol}\cdot\text{L}^{-1}\cdot\text{s}^{-1}$ 的参数

B. 量纲为 $\text{mol}^2\cdot\text{L}^{-2}\cdot\text{s}^{-1}$ 参数　　D. 量纲不定的参数

2. 对于一个给定条件下的反应,随着反应的进行(　　)。

A. 速率常数 k 变小　　B. 平衡常数 K 变大

C. 正反应速率降低　　D. 逆反应速率降低

3. 某化学反应的方程式为 $2A \rightarrow P$,则在动力学研究中表明该反应为(　　)。

A. 二级反应　　B. 基元反应　　C. 双分子反应　　D. 以上都无法确定

4. 温度升高导致反应速率明显增大的主要原因是(　　)。

A. 分子碰撞机会增加　　B. 反应物压力增大

C. 活化分子数增加　　D. 活化能降低

5. 当反应 $A_2+B_2=2AB$ 的速率方程为 $v=k[A_2][B_2]$ 时,可以得出结论:此反应(　　)。

A. 一定是基元反应　　B. 一定是非基元反应

C. 无法肯定是否为基元反应　　D. 对 A 来说是零级反应

6. 对于催化剂特性的描述,不正确的是(　　)。

A. 催化剂只能缩短反应达到平衡的时间而不能改变平衡状态

B. 催化剂在反应前后其化学性质和物理性质皆不变

C. 催化剂不能改变平衡常数

D. 加入催化剂不能实现热力学上不可能进行的反应

7. 要降低反应的活化能,可以采取的手段是(　　)。

A. 升高温度　　B. 降低温度　　C. 移去产物　　D. 加催化剂

8. 某反应的速率常数 k 的量纲为 $\text{L}\cdot\text{mol}^{-1}\cdot\text{s}^{-1}$ 时,该反应是(　　)。

A. 2级反应　　B. 1级反应　　C. 0.5级反应　　D. 1.5级反应

9. 下列说法中正确的是(　　)。

A. 反应速率常数的大小即反应速率的大小

B. 反应级数和反应分子数是同义词

C. 反应级数越大,反应速率越大

D. 从反应的速率常数的单位可以推测该反应的反应级数

10. 某化学反应，消耗 3/4 反应物所需时间是消耗 1/2 所需时间的 2 倍，则该反应的级数为(　　)。

A. 零级　　B. 一级　　C. 二级　　D. 三级

11. 对于一个确定的化学反应来说，下列说法中正确的是(　　)。

A. $\Delta_r H_m^\ominus$越负，反应速率越快　　B. $\Delta_r G_m^\ominus$越负，反应速率越快

C. 活化能越大，反应速率越快　　D. 活化能越小，反应速率越快

12. 正反应活化能($E_{a正}$)大于逆反应活化能($E_{a逆}$)时，则正反应的反应热 ΔH 为(　　)。

A. $\Delta H>0$　　B. $\Delta H<0$　　C. $\Delta H=\dfrac{E_{a正}-E_{a逆}}{2}$　　D. 无法判断

13. 在 300 K 时鲜牛奶大约 4 h 变酸，但在 277 K 的温度下可保持 48 h 不变酸，则牛奶变酸的反应活化能是(　　)$kJ\cdot mol^{-1}$。

A. 5.75　　B. 74.66　　C. 90.65　　D. 38.57

14. 对基元反应而言，下列叙述中正确的是(　　)。

A. 反应级数和反应分子数总是一致的　　B. 反应级数总是大于反应分子数

C. 反应级数总是小于反应分子数　　D. 反应级数不一定与反应分子数相一致

15. 已知 H_2O_2 分解是一级反应，若浓度由 1.0 $mol\cdot L^{-1}$ 降至 0.60 $mol\cdot L^{-1}$ 需 20 min，则浓度从 0.60 $mol\cdot L^{-1}$ 降至 0.36 $mol\cdot L^{-1}$ 需时(　　)。

A. 超过 20 min　　B. 20 min　　C. 低于 20 min　　D. 无法判断

16. 正催化剂能增大反应速率是由于(　　)。

A. 降低了反应的活化能　　B. 增大反应物之间的碰撞频率

C. 减小了速率常数值　　D. 增大了平衡常数值

17. 某化学反应 $2A+B\rightarrow C$ 是一步完成的。A 的起始浓度为 2 $mol\cdot L^{-1}$，B 的起始浓度为 4 $mol\cdot L^{-1}$，1 s 后，A 的浓度下降到 1 $mol\cdot L^{-1}$，则该反应速率为(　　)。

A. 0.5 $mol\cdot L^{-1}\cdot s^{-1}$　　B. -0.5 $mol\cdot L^{-1}\cdot s^{-1}$

C. -1 $mol\cdot L^{-1}\cdot s^{-1}$　　D. 2 $mol\cdot L^{-1}\cdot s^{-1}$

18. 关于反应级数的叙述正确的是(　　)。

A. 反应级数必须是正整数　　B. 二级反应也就是双分子反应

C. 级数随温度上升而增加　　D. 反应的级数只能通过实验来测定

19. HI 的生成反应的焓变为负值，HI 的分解反应的焓变为正值，则 HI 分解反应的活化能 E_a(　　)。

A. $E_a<\Delta H_{分解}$　　B. $E_a>\Delta H_{分解}$　　C. $E_a=0$　　D. $E_a=\Delta H_{分解}$

20. 下列叙述中正确的是(　　)。

A. 吸热反应的活化能比放热反应的高

B. 一个反应的速率与方程式中出现的全部作用物的浓度都有关

C. 催化反应的速率与催化剂的浓度无关

D. 反应的速率常数与作用物的浓度无关

21. 下列对于催化剂的叙述中错误的是(　　)。

A. 由于催化剂有选择性，因此可以改变某一反应的产物

B. 在几个反应中，可选择性地加快其中某一反应的反应速率

C. 可以改变某一反应的速率常数

D. 可以改变某一反应的正向反应速率和逆向反应速率之比

22. 下列论述中正确的是(　　)。

A. 活化能的大小不一定能表示一个反应的快慢，但可以表示一个反应受温度的影响是显著还是不显著

B. 任意两个反应相比，速率常数 k 较大的反应，其反应速率必较大

C. 任意一个反应的半衰期($t_{1/2}$)都与反应的浓度无关

D. 任意一个反应的速率都与反应物浓度的乘积成正比

23. 在反应 $N_2(g)+3H_2(g)=2NH_3(g)$ 中，经 2.0 min 后 $NH_3(g)$ 的浓度增大了 0.6 $mol \cdot L^{-1}$，若用 $H_2(g)$ 浓度变化表示此反应的平均速率，则可以表示为(　　) $mol \cdot L^{-1} \cdot min^{-1}$。

A. 0.30　　B. 0.15　　C. 0.60　　D. 0.90

24. 反应 $C(s)+O_2(g) \rightarrow CO_2(g)$，$\Delta_r H_m^\ominus<0$，欲增加正反应速率，下列措施中无用的是(　　)。

A. 增大氧的分压强　B. 升高温度　C. 使用催化剂　D. 减小 CO_2 的分压强

25. 基元反应 $2NO + O_2=2NO_2$，在一定温度下，$p(O_2)$不变，$p(NO)$ 增大到原来的 2 倍，则反应速率增大到原来的(　　)。

A. 2 倍　　B. 4 倍　　C. 9 倍　　D. 1/4 倍

26. 某反应的 $\Delta_r H_m^\ominus=100\ kJ \cdot mol^{-1}$，则此反应的活化能为(　　)。

A. $<100\ kJ \cdot mol^{-1}$　B. $>100\ kJ \cdot mol^{-1}$　C. $=100\ kJ \cdot mol^{-1}$　D. 不能判断

27. 反应 $N_2(g)+3H_2(g)=2NH_3(g)$，若用 $-\dfrac{\Delta c(N_2)}{\Delta t}$ 表示反应速率，则数值上与此相等的是(　　)。

A. $\dfrac{\Delta c(NH_3)}{\Delta t}$　B. $-\dfrac{\Delta c(NH_3)}{\Delta t}$　C. $\dfrac{2\Delta c(NH_3)}{\Delta t}$　D. $\dfrac{\Delta c(NH_3)}{2\Delta t}$

28. 300 K 时，温度升高 10 K，反应速率增大一倍，则此时该反应的活化能 E_a 约为(　　)。

A. 53 $kJ \cdot mol^{-1}$　B. 570 $kJ \cdot mol^{-1}$　C. 23 $kJ \cdot mol^{-1}$　D. 230 $kJ \cdot mol^{-1}$

29. 下列几种条件变化中，能引起反应速率常数 k 值改变的是(　　)。

A. 反应温度改变　　B. 反应容器体积改变

C. 反应压强改变　　D. 反应物浓度改变

30. 下列说法中正确的是(　　)。

A. 系统状态变化过程中步骤越多，ΔG 越大

B. 系统状态变化的速率越快，$K^\ominus$ 越大

C. 基元反应一定是反应速率最快的反应

D. 搅拌、振动和排出产物可加快多相反应的速率

31. 反应 $A+2B=2Y$ 的速率方程为 $v=k[A][B]$，则该反应是（　）。

A. 基元反应　　B. 三级反应　　C. 一级反应　　D. 级数为 2 的反应

32. 升高相同温度时，一般化学反应速率增大倍数较多的是（　）。

A. 吸热反应　　B. 放热反应　　C. E_a 较大的反应　　D. E_a 较小的反应

33. 某反应在温度为 372 ℃时，反应的速率常数 k_1 为 $3\times10^{-3}\ mol^{-1}\cdot L\cdot min^{-1}$，温度为 745 K 时，$k_2$ 为 $6\times10^{-2}\ mol^{-1}\cdot L\cdot min^{-1}$，则该反应的反应级数和活化能分别为（　）。

A. 1 和 $-119.7\ kJ\cdot mol^{-1}$　　B. 1 和 $119.7\ kJ\cdot mol^{-1}$

C. 2 和 $119.7\ kJ\cdot mol^{-1}$　　D. 2 和 $-119.7\ kJ\cdot mol^{-1}$

34. 某可逆反应的 $\Delta_r H_m^\ominus<0$，当温度升高时，下列叙述正确的是（　）。

A. 正反应速率常数增大，标准平衡常数也增大

B. 逆反应速率常数增大，标准平衡常数减小

C. 正反应速率常数增大的倍数比逆反应速率常数增大的倍数小

D. 平衡向正反应方向移动

35. 527 ℃时，反应 $CH_3CHO(g) \rightarrow CH_4(g) + CO(g)$ 的活化能为 $188\ kJ\cdot mol^{-1}$，如果以碘蒸气为催化剂，则活化能降为 $138\ kJ\cdot mol^{-1}$。加入催化剂后，反应速率增大的倍数是（　）。

A. 1.8×10^3　　B. 9.0×10^4　　C. 6.0×10^3　　D. 798

36. 反应 $HIO_3 + 3H_2SO_3 = HI + 3H_2SO_4$ 的速率方程式是（　）。

A. $v=k[HIO_3][H_2SO_3]^3$　　B. $v=k[HIO_3][H_2SO_3]^2$

C. $v=k[HIO_3][H_2SO_3]$　　D. 无法确定

37. H_2O_2 的分解反应为 $H_2O_2(aq)=H_2O(l) + 1/2O_2(g)$，下列表示的瞬时速度中，正确的是（　）。

A. $\frac{dc(H_2O_2)}{dt}$　　B. $-\frac{dc(H_2O)}{dt}$　　C. $-\frac{1}{2}\frac{dc(O_2)}{dt}$　　D. $\frac{1}{2}\frac{dc(O_2)}{dt}$

38. 反应 $X+Y\rightarrow Z$，其速度方程式为 $v=k[X]^2[Y]^{1/2}$，若 X 与 Y 的浓度都增大 4 倍，则反应速度将增大（　）倍。

A. 4　　B. 8　　C. 16　　D. 32

39. 有三个反应，其活化能分别为 a 反应 $320\ kJ\cdot mol^{-1}$，b 反应 $40\ kJ\cdot mol^{-1}$，c 反应 $80\ kJ\cdot mol^{-1}$。当温度升高时，以上反应速率增大倍数的大小顺序是（　）。

A. a>c>b　　B. a>b>c　　C. b>c>a　　D. c>b>a

40. 已知 $2NO(g) + Br_2(g)=2NOBr(g)$ 的反应为基元反应，若在某一温度下，将反应的总体积缩小到原来的一半，则该反应速率为原来的倍数是（　）。

A. 1/8　　B. 4　　C. 8　　D. 6

41. 在反应活化能测定实验中，对某一反应通过实验测得有关数据，按 $\lg k$ 对 $1/T$ 作图，所得直线斜率为 -3655.9，该反应的活化能 E_a 为（　）。

A. $76\ kJ\cdot mol^{-1}$　　B. $70\ kJ\cdot mol^{-1}$　　C. $80\ kJ\cdot mol^{-1}$　　D. $86\ kJ\cdot mol^{-1}$

42. 对反应 $2NO(g) + Cl_2(g)=2NOCl(g)$ 进行实验，从实验结果中发现，两种反应物浓度同时加倍时，反应速率将增大 8 倍，若只有 Cl_2 的浓度加倍时，反应速率增大1 倍，

由此可知该反应的速率方程为(　　)。

A. $v=k[NO]^2[Cl_2]$　　B. $v=k[NO][Cl_2]$

C. $v=k[NO][Cl_2]^2$　　D. $v=k[NO]^2[Cl_2]^2$

43. 若有两个基元反应，均属于 $A+2B \rightarrow C$ 型，且第一个反应的速率常数 k_1 大于第二个反应的速率常数 k_2，则这两个反应的活化能 E_{a1} 与 E_{a2} 的关系是（　　）。

A. $E_{a1}>E_{a2}$　　B. $E_{a1}<E_{a2}$　　C. $E_{a1}=E_{a2}$　　D. 无法确定

44. 已知反应 $2NO(g) + O_2(g) \rightarrow 2NO_2(g)$ 是一个基元反应，则 $v(NO)=$(　　)。

A. $v(O_2)$　　B. $1/2v(O_2)$　　C. $2v(O_2)$　　D. 无法判断

45. 对于基元反应 $A + 2B \rightarrow C$，其速率常数为 k，若某一个时刻(时间以 s 计)A 的浓度为 2 $mol \cdot L^{-1}$，B 的浓度为 3 $mol \cdot L^{-1}$，则反应速率 $v=$(　　)。

A. $6k\ mol \cdot L^{-1} \cdot s^{-1}$　　B. $12k\ mol \cdot L^{-1} \cdot s^{-1}$

C. $18k\ mol \cdot L^{-1} \cdot s^{-1}$　　D. $36k\ mol \cdot L^{-1} \cdot s^{-1}$

46. 反应 $2SO_2(g) + O_2(g) \rightarrow 2SO_3(g)$ 的反应速率可表示为 $v=-dc(O_2)/dt$，也可以表示为(　　)。

A. $2dc(SO_3)/dt$　　B. $-dc(SO_2)/2dt$　　C. $-2dc(SO_2)/dt$　　D. $dc(SO_2)/dt$

47. 在一定温度下，一个基元反应的速率常数是(　　)。

A. 反应物或产物的浓度为单位浓度时的反应速率

B. 所有反应物的浓度都是单位浓度时的反应速率

C. 反应进度为 1 mol 时的反应速率

D. 反应速率随反应物浓度增大而线性增大的比例常数

48. 下列叙述中正确的是（　　）。

A. 化学反应动力学是研究反应进行的快慢、机理及限度的

B. 反应速率常数的大小即反应速率的大小

C. 反应级数愈高，反应速率愈大

D. 要测定反应 $H_2O_2(aq) \rightarrow H_2O(l) + 1/2O_2(g)$ 的速率，可以选择的实验方法是测定 $O_2(g)$ 体积随时间的变化

49. 已知反应 $H_2(g) + Cl_2(g)=2\ HCl(g)$ 的反应机理：

① $Cl_2=2Cl$ (快)；② $Cl + H_2=HCl + H$ (慢)

则该反应的速率方程是（　　）。

A. $v=k[H_2][Cl_2]$　　B. $v=k[H_2][Cl_2]^{1/2}$

C. $v=k[H_2][Cl]$　　D. $v=k[H_2][Cl]^2$

50. 某反应 $A + B \rightarrow C$，在下列叙述中错误的是(　　)。

A. 如果测得反应速率方程为 $v=k[A]$，则此反应必定不是基元反应

B. 如果是复杂反应，也可能有 $v=k[A][B]$

C. 如果是简单反应，一定可以写成 $v=k[A][B]$

D. 如果反应速率方程 $v=k[A][B]$，则此反应必定是基元反应

51. 基元反应 $2A(g) + B(g) \rightarrow C(g)$，将 2 mol A 与 1 mol B 于 1 L 密闭容器中混合，A 与 B 开始反应的速度是它们消耗一半时的速度的（　　)倍。

A. 1/4　　B. 4　　C. 8　　D. 12

52. 反应 $3/2H_2(g) + 1/2N_2(g) \rightarrow NH_3(g)$，当 $\xi=1/2$ mol 时，下列叙述中正确的是（　　）。

A. 消耗掉 1/2 mol N_2　　B. 消耗掉 3/2 mol H_2

C. 生成 1/4 mol NH_3　　D. 消耗掉 N_2和 H_2共 1 mol

53. 对于反应 $2A + 2B \rightarrow C$，下列所示速率表达式正确的是（　　）。

A. $\frac{\Delta[A]}{\Delta t}=\frac{2}{3}\frac{\Delta[B]}{\Delta t}$　　B. $\frac{\Delta[C]}{\Delta t}=\frac{1}{3}\frac{\Delta[A]}{\Delta t}$

C. $\frac{\Delta[C]}{\Delta t}=\frac{1}{2}\frac{\Delta[B]}{\Delta t}$　　D. $\frac{\Delta[B]}{\Delta t}=\frac{\Delta[A]}{\Delta t}$

54. 阿伦尼乌斯公式适用于（　　）。

A. 一切复杂反应

B. 发生在气相中的复杂反应

C. 计算化学反应的 ΔH

D. 具有明确反应级数和速率常数的所有反应

55. 对于两个平行反应 $A+D \rightarrow B$ 和 $A+E \rightarrow C$，如果要提高 B 的产率，降低 C 的产率，可以采取的方法是（　　）。

A. 增大 A 的浓度　B. 增大 D 的浓度　C. 增大 E 的浓度　D. 控制反应温度

二、填空题

1. 若反应 $2ICl + H_2(g) \rightarrow 2HCl(g) + I_2(g)$ 的速率方程为 $v=k[ICl][H_2]$，其反应历程为 ① $ICl + H_2 \rightarrow HI + HCl$，② $ICl + HI \rightarrow HCl + I_2$，则此历程中的慢反应为____________。

2. 时间用 s 作单位，浓度用 $mol \cdot L^{-1}$ 作单位，则二级反应的速率常数 k 的单位为____________。

3. 化学反应 $CO(g) + Cl_2(g) \rightarrow COCl_2(g)$，实验测得速率方程为 $v=k[Cl_2]^n[CO]$，当维持温度和 CO 的浓度不变时，Cl_2的浓度增大到原来 3 倍，反应速率增大到原来的 5.2 倍，则该反应对 Cl_2的级数 n 为____________级。

4. 反应 $2O_3(g)=3O_2(g)$的活化能为 117 $kJ \cdot mol^{-1}$，O_3的 $\Delta_f H_m^\ominus$为 142 $kJ \cdot mol^{-1}$，则该反应的反应热为____________；逆反应的活化能为____________。

5. 反应速度理论认为：当反应物浓度增大时，增加了____________，当升高温度时，增加了____________，加入催化剂时____________，这些因素都能使反应速度增大。

6. 若浓度的单位是 $mol \cdot L^{-1}$，时间的单位是 s，一个服从速率定律、速率为 $v=k[A][B]^{1/2}$的反应，其速率的单位是____________，其速率常数 k 的单位是____________。

7. 反应 $A + B \rightarrow C$ 的反应速率方程式为 $v=k[A]^{1/2}[B]$，当 A 的浓度增大时，反应速率____________，反应速率常数 k ____________。升高温度时，反应速率常数____________，反应速率____________。

8. 某反应对反应物 A 是二级反应，当 A 的浓度增大一倍，反应速率__________，反应速率常数__________。

9. 某气体反应 $2A(g) + B(g) \rightarrow C(g)$为基元反应，实验测得，A 的起始浓度为$1.0\times10^{-2}\ mol\cdot L^{-1}$，B 的起始浓度为 $1.0\times10^{-3}\ mol\cdot L^{-1}$，反应开始生成 C 的速率为 $5.0\times10^{-9}\ mol\cdot L^{-1}\cdot s^{-1}$，则该反应的速率方程式为__________，速率常数为__________。

10. 反应 $A \rightarrow B$ 在 27 ℃、127 ℃时反应的速率常数分别为 $1.0\times10^{-2}\ mol^{-1}\cdot L\cdot s^{-1}$和 $1.0\times10^{-1}\ mol^{-1}\cdot L\cdot s^{-1}$，则该反应的活化能为__________。

11. 反应速率常数 k 表示一定温度下，反应物均为单位物质的量浓度时的反应速率，k 只与__________有关，与__________无关。

12. 在化学反应中，加入催化剂可以加快反应速率，主要原因是__________了反应的活化能，活化分子__________增加，速率常数 k __________。

13. 温度对反应速率的影响主要影响速率常数k，当 $T_2>T_1$，则 k 值关系为__________，反应速率相应地__________，其定量关系式由__________表示。

14. 某一基元反应的活化能为 E_a，提高反应温度后 E_a__________；加入催化剂后，E_a__________，若加入不同的催化剂，则对 E_a的影响__________。

15. 在水溶液中进行的某一基元反应 $2A(aq) \rightarrow 2C(aq)$，该反应的速率方程式为__________，总反应级数为__________级。

16. 某反应的活化能为 105 $kJ\cdot mol^{-1}$，则该反应在 400 ℃ 时的反应速率是 80 ℃ 时反应速率的__________倍。

17. 某温度下 $2NO(g) + O_2(g) = 2NO_2(g)$ 的速率常数 $k = 8.8\times10^{-2}\ mol^{-2}\cdot L^2\cdot s^{-1}$，已知反应对 O_2 来说是一级反应，则对 NO 为__________级反应，反应的速率方程为__________；当反应物浓度均为 0.05 $mol\cdot L^{-1}$时，反应的速率是__________。

18. 在常温常压下，HCl(g)的生成热为 $-92.3\ kJ\cdot mol^{-1}$，生成反应的活化能为 113 $kJ\cdot mol^{-1}$，则其逆反应的活化能为__________$kJ\cdot mol^{-1}$。

19. 某反应在温度由 20 ℃升高至 30 ℃时，反应速率恰好增大 1 倍，则该反应的活化能为__________$kJ\cdot mol^{-1}$。

20. 现有化学反应 A、B，A 反应的活化能大于 B 反应的活化能。若在相同的温度区间内各自升高相同温度，则反应速率所增加的倍数较大的是__________反应。

21. 反应的级数和反应的分子数从概念上说不是一回事，反应的级数属于__________，反应的分子数属于__________。

22. 通过实验测定 NO_2 的热分解速率，初浓度为 0.0455 $mol\cdot L^{-1}$，初速率为 0.0132 $mol\cdot L^{-1}\cdot s^{-1}$，当初浓度为 0.0324 $mol\cdot L^{-1}$时，初速率为 0.0065 $mol\cdot L^{-1}\cdot s^{-1}$，则该反应开始时的反应级数为__________。

23. 根据病毒浓度的变化确定病毒失去活性的过程为一级反应，若已求得该过程的速率常数 k 为 $3.3\times10^{-4}\ s^{-1}$，则 75%病毒失去活性的时间为__________。

24. 某二级反应在 800 ℃下的速率常数 $k_1 = 5.0\times10^{-3}\ L\cdot mol^{-1}\cdot s^{-1}$，活化能 E_a = 45 $kJ\cdot mol^{-1}$，则 875 ℃下的速率常数 k_2 = __________ $L\cdot mol^{-1}\cdot s^{-1}$。

25. 已知二级反应 $2A(g) + B(g) \rightarrow 3C(g)$，A、B 的浓度和反应的初速度 v 有关数据如下：

反应	$[A]/(mol \cdot L^{-1})$	$[B]/(mol \cdot L^{-1})$	$v/(mol \cdot L^{-1} \cdot s^{-1})$
①	0.20	0.30	2.0×10^{-4}
②	0.20	0.60	8.0×10^{-4}
③	0.30	0.60	8.0×10^{-4}

该反应对于 A 和 B 的反应级数分别是__________和__________；写出该反应的速率方程____________________；假如此反应是一个基元反应，试以生成物 C 来表示此反应的速率方程____________________。

26. 某温度下对合成氨反应速率测得 $\Delta c(NH_3)/\Delta t = 2.0\times10^{-4}\ mol \cdot L^{-1} \cdot s^{-1}$，如果以 $-\Delta c(N_2)/\Delta t$ 表示反应速率，其值为__________ $mol \cdot L^{-1} \cdot s^{-1}$；若以 $-\Delta c(H_2)/\Delta t$ 表示反应速率，则为__________ $mol \cdot L^{-1} \cdot s^{-1}$。

27. 如果某反应的速率方程式为 $v=k[A][B]^{3/2}$，则该反应一定__________基元反应。在复合反应中，中间产物的能量比相关基元反应中活化络合物的能量__________。

28. 当温度从 18 ℃升到 28 ℃时，某化学反应的速率增大了一倍，则可推算出该反应的活化能为__________。

29. N_2O_3 的分解反应 $N_2O_3(g) \rightarrow NO_2(g) + NO(g)$ 是一级反应，反应速率常数 $k = 3.2\times10^{-4}\ s^{-1}$。若初始浓度 $[N_2O_3] = 1.00\ mol \cdot L^{-1}$，则 N_2O_3 浓度减至 $0.125\ mol \cdot L^{-1}$ 需__________ h。

30. 三硝基苯甲酸分解反应的活化能为 $158\ kJ \cdot mol^{-1}$，在 70 ℃时 $k_1 = 6.7\times10^{-4}\ min^{-1}$，则在 100 ℃ 时 $k_2 =$__________ min^{-1}。

三、判断题

1.(　　) 若某反应由几个基元反应所组成，则总反应的速率由基元反应中最慢的一步控制，该基元反应的级数也就是总反应的级数。

2.(　　) 某反应的速率常数的单位是 $mol^{-1} \cdot L \cdot s^{-1}$，该反应是一级反应。

3.(　　) 化学动力学研究反应的快慢和限度。

4.(　　) 反应历程中的速控步骤决定了反应速率，因此在速控步骤前发生的反应和在速控步骤后发生的反应对反应速率都毫无影响。

5.(　　) 反应速率常数是温度的函数，也是浓度的函数。

6.(　　) 反应级数与反应分子数是同义词。

7.(　　) 在反应历程中，定速步骤是反应最慢的一步。

8.(　　) 反应速率常数的大小就是反应速率的大小。

9.(　　) 从反应速率常数的单位可以判断反应级数。

10.(　　) 对绝大多数化学反应而言，升高温度，吸热反应速率增大，而放热反应的反应速率却下降。

11.(　　) 已知反应 $aA + bB \rightarrow cC + dD$，其速率方程式为 $v=k[A]^a[B]^b$，则该反应必定是一步完成的基元反应。

12.(　　)升高温度，反应速率加快是由于增大了反应物中活化分子的百分数。

13.(　　)已知反应 2A(g) + B(g) → C(g) 为基元反应，若将 2 mol A(g) 物质和 1 mol B(g) 物质放在 1 L 容器中反应，则开始反应的速率将是 A 和 B 都消耗一半时速率的 4 倍。

14.(　　)为了测定某反应的活化能，理论上只要测定出该反应在两个温度时反应速率常数即可，但这样得到的活化能数据往往不准确。

15.(　　)使用合适的催化剂能加快反应的速率，反应结果催化剂本身组成不发生改变，质量也不变。催化剂并不参与反应，仅起促进反应进行的作用。

16.(　　)速率方程式式中各物质浓度(或分压强)的指数等于反应物分子式前的系数时，则该反应一定为基元反应。

17.(　　)复合反应中，反应速率由最慢的一步基元反应所决定。

18.(　　)某反应，若反应物浓度的减小与时间成正比，则反应级数为零级。

19.(　　)正、逆反应的活化能，数值相等，符号相反。

20.(　　)过渡状态理论中的活化配合物就是活化分子。

21.(　　)凡是活化能大的反应，只能在高温下进行。

22.(　　)活化能只能为正值而不能为负值。

23.(　　)某可逆反应的 $\Delta_r H_m^{\ominus}<0$，当温度升高时，正反应速率常数增大，标准平衡常数也增大。

24.(　　)正催化剂只能缩短反应达到平衡的时间而不能改变平衡状态。

25.(　　)催化剂在反应前后其化学性质和物理性质皆不变。

26.(　　)加入催化剂不能实现热力学上不可能进行的反应。

27.(　　)反应速率常数的大小即反应速率的大小。

28.(　　)一个化学反应的反应级数越大，反应速率越大。

29.(　　)吸热反应的活化能比放热反应的高。

30.(　　)一个反应的速率与方程式中出现的全部作用物的浓度都有关。

31.(　　)反应的速率常数与作用物的浓度无关。

32.(　　)活化能的大小不一定能表示一个反应的快慢，但可以表示一个反应受温度的影响是显著还是不显著。

33.(　　)任意两个反应相比，速率常数 k 较大的反应，其反应速率必较大。

34.(　　)催化剂能使正反应活化能和逆反应活化能减小相同倍数。

35.(　　)若各反应物均为标准浓度时，反应的速率常数在数值上等于反应速率。

36.(　　)在反应系统中加入催化剂，不能改变反应的 ΔG、ΔH、ΔU，但能改变 ΔS。

37.(　　)对所有化学反应，如反应物浓度增大，反应速率也将增大。

38.(　　)温度升高使反应加速的主要原因是在较高的温度下，速率常数变大。

39.(　　)反应的平衡常数越大，反应的速率就越大。

40.(　　)反应的级数取决于反应方程式中反应物的计量系数。

四、简答题

1. 催化剂能改变反应速率，但不能影响化学平衡，为什么？

2. 3 价钒离子被催化氧化为 4 价态的反应机理如下：

$$V^{3+} + Cu^{2+} \rightarrow V^{4+} + Cu^{+} \text{（慢）}$$

$$Cu^{+} + Fe^{3+} \rightarrow Cu^{2+} + Fe^{2+} \text{（快）}$$

（1）总的反应式是什么？

（2）哪种离子为催化剂？

（3）总反应的速率方程式如何表示？

3. 若基元反应 A → 2B 的活化能为 E_a，而 2B → A 的活化能为 E_a'。

（1）加入催化剂后，E_a和 E_a'各有何变化？

（2）加入不同的催化剂对 E_a的影响是否相同？

（3）提高反应温度，E_a和 E_a'各有何变化？

（4）改变起始温度，E_a有何变化？

4. 写出由以下反应机理所代表的总反应式，写出该反应的速率方程表达式。

$$N_2O_5(g) = NO_2(g) + NO_3(g) \qquad \text{（快）}$$

$$NO_2(g) + NO_3(g) \rightarrow NO(g) + O_2(g) + NO_2(g) \qquad \text{（慢）}$$

$$NO(g) + NO_3(g) \rightarrow 2NO_2(g) \qquad \text{（快）}$$

5. 化学反应的级数和反应分子数的区别是什么？

6. 根据实验，在一定温度范围内，反应 $2NO(g) + Cl_2(g) = 2NOCl(g)$ 符合质量作用定律，试求：

（1）该反应的反应速率方程式；

（2）该反应的总级数；

（3）其他条件不变，如果将容器的体积增大到原来的 2 倍，其反应速率如何变化？

（4）如果容器体积不变，而将 NO 的浓度增大到原来的 3 倍，反应速率又将如何变化？

7. 从活化分子和活化能的观点，分析浓度、温度和催化剂对化学反应速率的影响。

8. 简要解释：

（1）反应物分子间的所有碰撞大多数是无效的；

（2）A(g) + B(g) → 产物，总反应不一定都是二级反应；

（3）在反应机理中，最慢的一步反应决定总反应的速率。

五、计算题

1. 某一级反应，消耗 7/8 反应物所需时间是消耗 3/4 所需时间的几倍？

2. 某反应当温度由 20 ℃升高至 30 ℃ 时，反应速率增大了 1 倍，试计算该反应的活化能。

3. 在 300 K 时，鲜牛奶大约 5 h 变酸，但在 275 K 的冰箱中可保持 50 h 不变酸，计算牛奶变酸反应的活化能。

4. 乙醛分解为甲烷及一氧化碳的反应：$CH_3CHO \rightarrow CH_4 + CO$，500 ℃时活化能为 190 kJ·mol^{-1}，如果用碘蒸气作催化剂，则活化能降为 136 kJ·mol^{-1}，计算反应速率增大了多少倍。

5. 在 3000 m 的高山上测得大气压强为 69.9 kPa，纯水在 90 ℃ 沸腾，而且人们发现在正常情况下 3 min 可煮熟的鸡蛋，在这样的高山上需 300 min，试计算鸡蛋煮熟反应(即蛋白质变性)的活化能是多少。

6. 某反应的活化能为 117.15 kJ·mol^{-1}，试计算在什么温度下反应速率是 400 K 时反应速率的 2 倍。

7. 合成氨反应 $1/2N_2(g) + 3/2H_2(g) \rightarrow NH_3(g)$，若不使用催化剂，活化能约为 254 kJ·mol^{-1}，使用催化剂后，活化能为 146 kJ·mol^{-1}，则在 773 K 使用催化剂和不使用催化剂速率的比值为多少？

8. 反应 $CO(g) + NO_2(g) = CO_2(g) + NO(g)$ 在 650 K 时的动力学数据如下：

实验编号	[CO]/(mol·L^{-1})	[NO_2]/(mol·L^{-1})	$\frac{d[NO]}{dt}$/(mol·L^{-1}·s^{-1})
1	0.025	0.040	2.2×10^{-4}
2	0.050	0.040	4.4×10^{-4}
3	0.025	0.120	6.6×10^{-4}

(1) 写出反应的速率方程；

(2) 求 650 K 时的速率常数；

(3) 当[CO]=0.10 mol·L^{-1}，[NO_2]=0.16 mol·L^{-1}时，求 650 K 时的反应速率；

(4) 若 800 K 时速率常数为 23.0 L·mol^{-1}·s^{-1}，求反应的活化能。

9. 反应 $C_2H_5I + OH^- = C_2H_5OH + I^-$ 在 289 K 时 $k_1 = 5.03\times10^{-2}$ L·mol^{-1}·s^{-1}，在 333 K 时 $k_2 = 6.71$ L·mol^{-1}·s^{-1}。该反应的活化能是多少？在 305 K 时的速率常数 k_3 是多少？

10. 已知反应 $N_2O_5 \rightarrow 2NO_2 + 1/2O_2$ 在 298 K 和 338 K 时的速率常数如下：

T/K	338	298
k/s^{-1}	4.87×10^{-3}	3.46×10^{-5}

计算 328 K 时的反应速率常数。

11. 反应 $A(g) + B(g) \rightarrow$ 产物，速率数据如下：

实验编号	[A]/ mol·L^{-1}	[B]/ mol·L^{-1}	起始速率/(mol·L^{-1}·s^{-1})
1	0.500	0.400	6.00×10^{-3}
2	0.250	0.400	1.50×10^{-3}
3	0.250	0.800	3.00×10^{-3}

(1) 该反应对 A 与 B 的级数各是多少？写出速率方程式。

(2) 计算该反应的速率常数。

12. 乙醛的分解反应为 $CH_3CHO(g) \rightarrow CH_4(g) + CO(g)$，测得不同浓度时的初速率数据如下：

$[CH_3CHO]/(mol \cdot L^{-1})$	0.10	0.20	0.30	0.40
$v/(mol \cdot L^{-1} \cdot s^{-1})$	0.020	0.081	0.182	0.318

(1) 求该反应的级数；

(2) 求乙醛浓度为 0.15 $mol \cdot L^{-1}$时的反应速率。

13. 测定反应 $2NO_2(g) \rightarrow 2NO(g) + O_2(g)$ 在 600 K 时 $k_1 = 0.75\ L \cdot mol^{-1} \cdot s^{-1}$，700 K 时 $k_2 = 19.7\ L \cdot mol^{-1} \cdot s^{-1}$，求该反应的活化能 E_a和 A 值。

14. 某反应在无催化剂时的活化能为 75.24 $kJ \cdot mol^{-1}$，当有催化剂时，其活化能为 50.14 $kJ \cdot mol^{-1}$，如果反应在 25 ℃ 进行，当有催化剂存在时，反应速率将增大多少倍?

15. 某反应在 650 K 时速率常数是 $2.0 \times 10^{-6}\ s^{-1}$，在 670 K 时速率常数是 $7.0 \times 10^{-6}\ s^{-1}$，求该反应的活化能。

16. 关于反应 $H_2O_2 + 2H^+ + 2I^- = 2H_2O + I_2$的实验数据如下：

实验编号	初始浓度/$(mol \cdot L^{-1})$			I_2的生成速率/$(mol \cdot L^{-1} \cdot s^{-1})$
	$[H_2O_2]$	$[I^-]$	$[H^+]$	
1	0.010	0.010	0.10	1.75×10^{-6}
2	0.030	0.010	0.10	5.25×10^{-6}
3	0.030	0.020	0.10	1.05×10^{-5}
4	0.030	0.020	0.20	1.05×10^{-5}

(1) 写出反应的速率方程式，并指出反应的级数；

(2) 计算速率常数并注明其单位。

17. 某反应在 300 ℃时，速率常数为 $2.41 \times 10^{-10}\ s^{-1}$，活化能为 272 $kJ \cdot mol^{-1}$，求 400 ℃时的速率常数，并计算此时的反应速率为原来的多少倍。

18. 某反应的活化能为 50.0 $kJ \cdot mol^{-1}$：

(1) 若在 30 ℃时的速率是 1.2 $mol \cdot L^{-1} \cdot s^{-1}$，其他条件不变，在 60 ℃时的速率是多少?

(2) 若加入某种催化剂后，使活化能降为原来的一半，在 30 ℃ 时的反应速率为多少?

19. 在某温度下对反应 $2NO + Cl_2 = 2\ NOCl$ 测定了如下实验数据：

实验编号	$[NO]/(mol \cdot L^{-1})$	$[Cl_2]/(mol \cdot L^{-1})$	$v/(mol \cdot L^{-1} \cdot h^{-1})$
1	0.50	0.50	1.14
2	1.00	0.50	4.56
3	1.00	1.00	9.12

(1) 写出反应的速率方程式并指出反应级数；

(2) 计算该温度下的反应速率常数并注明其单位。

20. 反应 $2NO_2(g)=2NO(g)+O_2(g)$ 是一个基元反应，$\Delta_r H_m^\ominus$ 为 113 kJ・mol^{-1}，正反应的活化能为 114 kJ・mol^{-1}：

(1) 写出正反应的速率方程，并计算逆反应的活化能；

(2)在 600 K 时反应达到平衡，在平衡后将温度升高至 700 K，分别计算正反应速率和逆反应速率变为原来的多少倍，并指出升高温度平衡将向何方向移动。

21. 分解反应 $N_2O_5 \rightarrow 2NO_2+1/2O_2$，已知 338 K 时，$k_1=4.87\times10^{-3}$ s^{-1}；318 K 时，$k_2=4.98\times10^{-4}$ s^{-1}。求该反应的活化能和 298 K 时的反应速率常数 k。

22. 反应 $C_2H_6 \rightarrow C_2H_4+H_2$，开始阶段反应级数近似为 3/2 级，910 K 时速率常数为 1.13 L$^{1/2}$・mol$^{-1/2}$・s^{-1}。试计算 $C_2H_6(g)$ 的压强为 13.3 kPa 时的起始分解速率。

23. 已知反应 $CO(g)+NO_2(g) \rightarrow CO_2(g)+NO(g)$在 650 K 和 800 K 时的速率常数分别为 0.220 L・mol^{-1}・s^{-1}和 23.0 L・mol^{-1}・s^{-1}，计算该反应的活化能是多少。

24. 酶催化反应的活化能是 50.0 kJ・mol^{-1}。正常人的体温为 37 ℃，当病人发烧至 40 ℃时，酶催化反应速率增大了百分之多少?

25. 700 K 时，CH_3CHO 分解反应的速率常数是 0.0105 L・mol^{-1}・s^{-1}。若活化能为 188 kJ・mol^{-1}，求 800 K 时的反应速率常数。

26. $CO(CH_2COOH)_2$ 在水溶液中分解成丙酮和二氧化碳，分解反应的速率常数在 283 K时为 1.08×10^{-4}mol・L^{-1}・s^{-1}，333 K 时为 5.48×10^{-2}mol・L^{-1}・s^{-1}，试计算在 303 K 时，分解反应的速率常数。

27. 反应 $2A+B \rightarrow A_2B$ 是基元反应，某温度时若反应物的浓度都为 0.01 mol・L^{-1}，则初始反应速率为 2.5×10^{-3} mol・L^{-1}・s^{-1}。若 A 的浓度为 0.015 mol・L^{-1}，B 的浓度为 0.030 mol・L^{-1}，那么初始反应速率为多少?

28. 反应 $2NOCl(g) \rightarrow 2NO(g)+Cl_2(g)$ 的活化能为 101 kJ・mol^{-1}，已知 300 K 时的速率常数 k 为 2.80×10^{-5} mol^{-1}・L・s^{-1}，求 400 K 时的速率常数。

29. 某化学反应，当温度由 300 K 升高至 310 K 时，其反应速率增大 1 倍，求该反应的活化能。

30. 已知某二级反应的 $\Delta_r H_m^\ominus(298\ K)=0.08$ kJ・mol^{-1}，$E_{a正}=180$ J・mol^{-1}，设 $A=1$；试计算该逆反应在 300 K 时的反应速率常数。

31. 反应 $N_2O_5(g) \rightarrow N_2O_4(g)+1/2O_2(g)$ 在 298 K 时速率常数 $k_1=3.4\times10^{-5}$ s^{-1}，在 328 K 时速率常数 $k_2=1.5\times10^{-3}$ s^{-1}，试计算：

(1) 反应的活化能和频率因子 A；

(2) 该反应是几级反应?

32. 反应 $H_2(g)+Cl_2(g) \rightarrow 2HCl(g)$ 的 E_a为 155 kJ・mol^{-1}，HCl(g)的标准摩尔生成热为-92.31 kJ・mol^{-1}，试计算逆反应的活化能。

33. 在炼铁高炉的高温下，焦炭与二氧化碳的反应为 $C+CO_2 \rightarrow 2CO$，其活化能为 160.2 kJ・mol^{-1}。计算：从 900 K 升高至 1000 K 时该反应速率将变化多少倍?

34. 某二级反应在不同温度下的反应速率常数如下：

T / K	k /($mol^{-1}\cdot L\cdot min^{-1}$)	T / K	k /($mol^{-1}\cdot L\cdot min^{-1}$)
645	6.17×10^{-3}	714	77.6×10^{-3}
676	21.9×10^{-3}	752	251×10^{-3}

(1) 分别以 645 K、676 K 和 714 K、752 K 两组数据计算计算反应活化能 E_a 的平均值；

(2) 计算 700 K 时的反应速率常数 k。

35. 气体反应 A + B → C，对反应物 A、B 来说都是一级反应，反应的活化能 E_a＝163 kJ · mol^{-1}，温度为 380 K 时的反应速率常数 $k=6.30\times10^{-3}\ mol^{-1}\cdot L\cdot s^{-1}$，反应开始时由等量 A 和 B（$n_A=n_B$）组成的气体混合物总压力为 101.325 kPa，求温度在 400 K 时的反应速率。

【单元测试】

一、选择题(共 40 分)

1. 零级反应的速率(　　)。

A. 为零　　B. 与反应物浓度成正比

C. 与反应物浓度无关　　D. 与反应物浓度成反比

2. 反应 $N_2(g)+3H_2(g)=2NH_3(g)$，$\Delta_r H_m^\ominus<0$，升高温度时，正反应速率 v 和逆反应速率 v' 的变化为(　　)。

A. v 增大，v'减小　　B. v 减小，v'增大

C. v 增大，v'增大　　D. v 减小，v'减小

3. 已知反应 A + B=3C 正逆反应的活化能分别为 m kJ · mol^{-1}和 n kJ · mol^{-1}，则反应热 $\Delta_r H_m^\ominus$ 为（　　）kJ · mol^{-1}。

A. $m-n$　　B. $m-3n$　　C. $n-m$　　D. $3n-m$

4. 某反应在一定条件下的平衡转化率为 35%，当加入催化剂后，若其他反应条件不变，则反应的平衡转化率是(　　)。

A. 大于 35%　　B. 等于 35%　　C. 小于 35%　　D. 无法判断

5. 反应 $C(s)+O_2(g)=CO_2(g)$，$\Delta_r H_m^\ominus<0$，欲增大正反应速率，下列措施中无用的是(　　)。

A. 增大氧的分压强　　B. 升高温度

C. 使用催化剂　　D. 减小 CO_2 的分压强

6. 反应 $H_2(g)+Cl_2(g)\rightarrow2HCl(g)$，在 $p(H_2)$一定时，当 $p(Cl_2)$ 增大 3 倍，反应速率增大 3 倍，则 $Cl_2(g)$ 的反应级数为(　　)。

A. 零级　　B. 一级　　C. 二级　　D. 无法判断

7. 若浓度的单位为 $mol \cdot L^{-1}$，时间的单位为 min，则三级反应的速率常数 k 的单位为(　　)。

A. $mol \cdot L^{-1} \cdot min^{-1}$　　B. $mol^{-2} \cdot L^{2} \cdot min^{-1}$

C. $mol^{-1} \cdot L \cdot min^{-1}$　　D. min^{-1}

8. 某反应的活化能为 65 $kJ \cdot mol^{-1}$，则其逆反应的活化能为(　　)。

A. 65 $kJ \cdot mol^{-1}$　　B. −65 $kJ \cdot mol^{-1}$　　C. 32.5 $kJ \cdot mol^{-1}$　　D. 无法确定

9. 反应 A(g) + B(g) → C(g) 的速率方程为 $v=k[A]^2[B]$，若使密闭的反应容器体积增大一倍，则反应速率变为原来的(　　)。

A. 1/4　　B. 1/8　　C. 1/6　　D. 1/2

10. 化学反应 $CO(g) + Cl_2(g) = COCl_2(g)$，实验测得速率方程为 $v=k[Cl_2]^n[CO]$，当维持温度和 CO 的浓度不变时，$Cl_2(g)$ 的浓度增大到原来的 3 倍，v 增大到原来的 5.2 倍，则反应对 $Cl_2(g)$ 的级数 n 为(　　)。

A. 1　　B. 2　　C. 3　　D. 1.5

11. 某反应的速率方程为 $v=k[A]^X[B]^Y$，当[A]减小 50% 时，v 降低至原来的 1/4，当[B]增大到原来 2 倍时，v 增大到原来的 1.41 倍，则 X、Y 分别为(　　)。

A. $X=0.5$，$Y=1$　　B. $X=2$，$Y=0.7$

C. $X=2$，$Y=0.5$　　D. $X=2$，$Y=2$

12. 增大反应物浓度，反应速率加快的主要原因是(　　)。

A. 反应物的活化能下降　　B. 单位时间内分子间碰撞数增加

C. 反应物的活化分子百分数增加　　D. 反应物的活化分子数增加

13. 某反应在 370 K 时反应速率是 300 K 时的 4 倍，则该反应的活化能近似值是(　　)$kJ \cdot mol^{-1}$。

A. 16.3　　B. 17.3　　C. 18.3　　D. 19.3

14. 在 503 K 时某反应的活化能为 184.1 $kJ \cdot mol^{-1}$，当加入催化剂后活化能降为 104.6 $kJ \cdot mol^{-1}$，则加入催化剂后反应速率增大的倍数约为(　　)。

A. 1.76　　B. 1.2×10^2　　C. 1.5×10^5　　D. 1.8×10^8

15. 下列说法中正确的是(　　)。

A. 某种催化剂能加快所有反应的速率

B. 能提高正向反应速率的催化剂是正催化剂

C. 催化剂可以提高化学反应的平衡产率

D. 催化反应的热效应升高

16. 反应 $H_2(g) + I_2(g) = 2\,HI(g)$，$k=0.16\ L \cdot mol^{-1} \cdot s^{-1}$，在 781 K 时反应物的起始浓度为$[H_2]=0.040\ mol \cdot L^{-1}$，$[I_2]=0.050\ mol \cdot L^{-1}$，当$[H_2]$减小一半时，反应速率是起始反应速率的(　　)。

A. 0.30　　B. 0.50　　C. 0.60　　D. 0.40

17. 反应 $2NO(g) + 2H_2(g) = N_2(g) + 2H_2O(g)$ 的速率常数 k 的单位是 $L^2 \cdot mol^{-2} \cdot s^{-1}$，则此反应级数是(　　)。

A. 0　　B. 1　　C. 2　　D. 3

18. 设有两个化学反应 A 和 B，其反应的活化能分别为 E_A和 E_B，而且 $E_A>E_B$，若反应温度变化情况相同(由 $T_1 \to T_2$)，则反应的速率常数 k_A和 k_B的变化情况为(　　)。

A. k_A改变的倍数大　　B. k_B改变的倍数大

C. k_A和 k_B改变的倍数相同　　D. k_A和 k_B均不改变

19. 在 27 ℃左右，温度升高 10 K，反应速率约增大一倍，则此时反应的活化能 E_a约为(　　)。

A. 53 $kJ \cdot mol^{-1}$　　B. 570 $kJ \cdot mol^{-1}$　　C. 23 $kJ \cdot mol^{-1}$　　D. 230 $kJ \cdot mol^{-1}$

20. 对一定温度下的某反应，下列叙述中正确的是(　　)。

A. $K^{\ominus}$越大，反应速率越快

B. $\Delta_r H_m^{\ominus}$越负，反应速率越快

C. E_a越大，反应速率越快

D. 一般反应物浓度越大，反应速率越快

二、填空题(共 20 分)

1. 基元反应 $2NO(g) + Cl_2(g) \to 2NOCl(g)$是________级反应，其速率方程是 ____。

2. 一氧化碳被二氧化氮氧化反应的推荐机理是：

$NO_2(g) + NO_2(g) \to NO_3(g) + NO(g)$　　慢反应

$NO_3(g) + CO(g) \to NO_2(g) + CO_2(g)$　　快反应

(1) 此反应的总的方程式为________________________________。

(2) 反应的速率方程式为________________________________。

3. 已知：

基元反应	正反应的活化能/($kJ \cdot mol^{-1}$)	逆反应的活化能/($kJ \cdot mol^{-1}$)
A	70	20
B	16	35
C	40	45
D	20	80
E	20	30

在相同温度时：

① 正反应是吸热反应的是________；

② 放热最多的反应是________；

③ 正反应速率常数最大的反应是________；

④ 反应可逆性最大的反应是________；

⑤ 正反应的速率常数 k 随温度变化最大的是________。

4. 25 ℃时，101.3 kPa 下，$O_3(g) + NO(g) \to O_2(g) + NO_2(g)$反应的活化能是 10.7 $kJ \cdot mol^{-1}$，$\Delta_r H_m^{\ominus}$是−193.8 $kJ \cdot mol^{-1}$，则逆反应的活化能是__________$kJ \cdot mol^{-1}$。

5. 已知某基元反应 2A + B=2C，开始时，A 的浓度为 2 mol·L^{-1}，B 的浓度为 4 mol·L^{-1}，1 s后，A 的浓度下降为 1 mol·L^{-1}，则该反应速度为__________。反应的速度常数 k 为____________________。

6. 反应 A(g)+2B(g)=C(g) 的速率方程为 $v=k[A][B]^2$。该反应为__________级反应，其速率常数 k 的单位为_______________。当B的浓度增大2倍时，反应速率将增大至原来________倍；当反应容器的体积增大至原来体积3倍时，反应速率将变为原来的__________倍。

7. 某反应活化能为 83.14 kJ·mol^{-1}，当反应温度由 100 ℃升高到 120 ℃时，其反应速率常数之比 k_2/k_1=_______________。

8. 在 660 K 时，测定 $2NO(g) + O_2(g) = 2NO_2(g)$的反应速率，所得数据如下：

起始浓度		反应速率
[NO] /(mol·L^{-1})	[O_2] /(mol·L^{-1})	v /(mol·L^{-1}·s^{-1})
0.010	0.010	2.5×10^{-3}
0.010	0.020	5.0×10^{-3}
0.030	0.020	4.5×10^{-2}

反应速率方程式为_________________________，反应级数为__________，速率常数 k=_______________。

三、判断题(共 10 分)

1.(　　)非基元反应中，反应速率由最慢的反应步骤决定。

2.(　　)反应的活化能越大，在一定的温度下，反应速率也越快。

3.(　　)凡是活化能大的反应，只能在高温下进行。

4.(　　)测定反应速率的主要问题是确定一定数量反应物消耗或产物生成所需时间。

5.(　　)一般情况下，不管是放热反应还是吸热反应，温度升高，反应速率总是相应增加。

6.(　　)温度升高，分子间的碰撞频率也增加，这是温度对反应速率影响的主要原因。

7.(　　)某反应系统的温度一定时，当反应物的一部分活化分子全部反应后，反应就停止。

8.(　　)有极少数反应，如碳在某一温度范围内的氧化，当温度升高，反应速率降低，表示在该条件下反应的活化能为零。

9.(　　)活化能大的反应受温度的影响大。

10.(　　)反应的速率常数只与温度有关，因此，温度相同时，各反应的速率常数相等。

四、计算题（共 30 分）

1. 对于某反应 $2A + B \rightarrow 2C$，测得下列实验数据：

最初[A]/($mol \cdot L^{-1}$)	最初[B]/($mol \cdot L^{-1}$)	初速率 $\frac{-d[A]}{dt}$/($mol \cdot L^{-1} \cdot s^{-1}$)
0.10	0.20	300
0.30	0.40	3 600
0.30	0.80	14 400

（1）求此反应的速率方程；

（2）求此反应的速率常数。

2. 反应 $2NO(g) + O_2(g) = 2NO_2(g)$ 的 k 为 $8.8 \times 10^{-2}\ L^2 \cdot mol^{-2} \cdot s^{-1}$，已知此反应对 O_2 来说是一级的，当反应物浓度都是 $0.050\ mol \cdot L^{-1}$ 时，此反应的反应速率是多少？

3. 已知在 967 K 时，反应 $N_2O \rightarrow N_2 + 1/2O_2$ 的速率常数 $k = 0.135\ s^{-1}$，在 1085 K 时 $k = 3.70\ s^{-1}$，求此反应的活化能 E_a。

4. 在 800 K 时，某反应的活化能为 $182\ kJ \cdot mol^{-1}$，加入某催化剂后，活化能降为 $151\ kJ \cdot mol^{-1}$，计算加入催化剂后，该反应的速率增大了多少倍。（假定加入催化剂后频率因子不变）

5. 已知反应 $C_2H_5Br(g) \rightarrow C_2H_4(g) + HBr(g)$，其活化能是 $226\ kJ \cdot mol^{-1}$，650 K 时，速率常数为 $2.0 \times 10^{-5}\ s^{-1}$，试计算在哪个温度时速率常数是 $6.0 \times 10^{-5}\ s^{-1}$。

第 8 章 水溶液

【知识点梳理】

用水作溶剂的溶液，即称为水溶液，用“aq”作为记号，如“HCl(aq)”。对于大部分物质，它们能在水中溶解的质量是有限度的，这种限度以溶解度的大小标定。物质的溶解是一个物理化学过程，溶解的结果，溶质和溶剂的某些性质发生了变化。本章主要讨论物质溶解过程的变化及水溶液的性质。

8.1 溶液的浓度和溶解度

溶液：凡两种以上的物质混合形成的均匀稳定的分散系统，叫作溶液。

1)溶液浓度

物质的量浓度：$c_B = n_B/V$ =溶质 B 的物质的量/混合物体积；

质量摩尔浓度：m_B =溶质 B 的物质的量/溶剂的质量；

质量分数：$w = m_{溶质}/m_{溶液}$；

体积分数：$\varphi_B = V_B/V_{总}$；

摩尔分数：$x_B = n_B/n_{总}$。

2)溶解度

一定温度和压力下，溶质在一定量溶剂中形成饱和溶液时，被溶解的溶质的量称为该溶质的溶解度。习惯上，最常用的溶解度表示法是 100 g 溶剂中所能溶解的物质的最大克数。

温度对固体溶质的溶解度有明显的影响，压力则几乎没有影响。因此，讨论固体溶解度时需要注明温度。绝大多数固体的溶解度随温度升高而增大，但也有极少数是减小的。

气体的溶解度一般用单位体积的溶液中气体溶解的质量或者物质的量表示。气体的溶解度与气体的分压强明显有关，随气体分压强增大，溶解度增大。因此，讨论气体溶解度时必须注明溶液的温度和气体的压强。

亨利定律：在中等压强时，气体的溶解度与溶液上面气相中该气体的分压强成正比。

3)相似相溶原理

溶质分子与溶剂分子的结构越相似，相互溶解越容易。

溶质分子的分子间力与溶剂分子的分子间力越相似，越易互溶。

4)分配定律和萃取

一定温度下，一种溶质分配在互不相溶的两种溶剂中的浓度比值为一常数。

$K=c_B^\alpha/c_B^\beta$，K 为分配系数，c_B^α和 c_B^β分别为溶质 B 在溶剂 α 和 β 中的浓度。

用两种互不相溶的溶剂将在不同溶剂中有分配差异的一种物质和杂质进行分离的操作过程叫作萃取。

8.2　非电解质稀溶液依数性

物质的溶解是一个物理化学过程，溶解的结果，溶质和溶剂的某些性质发生了变化。这些性质变化分为两类：第一类性质变化决定于溶质的本性，如溶液的颜色、密度、导电性等；第二类性质变化仅与溶质的量(浓度)有关，而与溶质的本性无关，如非电解质溶液的蒸气压下降、凝固点下降、沸点上升和渗透压等。例如，不同种类难挥发的非电解质葡萄糖、甘油、苯等配成相同浓度的水溶液，其熔点上升、凝固点下降、渗透压几乎相同。这些性质变化仅适用于难挥发的非电解质稀溶液，所以又称稀溶液依数性，或稀溶液通性。

1)蒸气压下降

稀溶液蒸气压下降的实验说明溶液的蒸气压小于纯溶剂的蒸气压。

实验测定 25 ℃ 时，水的饱和蒸气压：$p(H_2O)=3167.7$ Pa；

0.5 mol · kg^{-1}糖水的蒸气压：$p(H_2O)=3135.7$ Pa；

1.0 mol · kg^{-1}糖水的蒸气压：$p(H_2O)=3107.7$ Pa。

结论：溶液的蒸气压比纯溶剂低，溶液浓度越大，蒸气压下降越多。

拉乌尔定律(1887 年)：在一定温度下，难挥发非电解质稀溶液的蒸气压等于纯溶剂的蒸气压乘以溶剂的摩尔分数。

$$p= p_B^* \cdot x_B$$

式中，p 为溶液的蒸气压，p_B^* 为纯溶剂的蒸气压，x_B为溶剂的摩尔分数。

设溶质的摩尔分数为 x_A，则 $x_A=1-x_B$。

$$\Delta p \text{ 为} = p_B^* - p = p_B^* - p_B^* \cdot x_B = p_B^* \cdot (1-x_B) = p_B^* \cdot x_A$$

式中，Δp 为纯溶剂蒸气压与稀溶液蒸气压之差。

因此，拉乌尔定律的另一种表述为在一定温度下，难挥发非电解质稀溶液的蒸气压下降 Δp 和溶质的摩尔分数 x_A成正比。

若溶质和溶剂的物质的量分别为 n_A和 n_B，因为 $n_B \gg n_A$，所以

$$\Delta p= p_B^* \cdot x_A= p_B^* \frac{n_A}{n_A+n_B} = p_B^* \frac{n_A}{n_B}$$

设溶液的质量摩尔浓度为 m mol · kg^{-1}，以 M 表示溶剂 B 即水的摩尔质量，则水的摩尔质量浓度为 $1000/M$，则近似地有

$$x_A= \frac{n_A}{n_B} =mM/1000$$

对于稀溶液：

$$\Delta p = p_B^* \cdot x_A = p_B^* \, mM/1000 = K \cdot m$$

式中，$K = p_B^* M/1000$ 为比例常数，称为蒸气压下降常数。因此，拉乌尔定律又可表述为在一定温度下，难挥发非电解质稀溶液的蒸气压下降近似地与溶液的质量摩尔浓度成正比。

若溶质和溶剂均有挥发性，拉乌尔定律仍然适用，只要溶质和溶剂不相互作用，溶液仍为理想溶液，可分别考虑它们对蒸气压的影响而将它们的影响相加。

$$p = p_A + p_B = p_A^* \cdot x_A - p_B^* \cdot x_B$$

结论：难挥发性的非电解质稀溶液，蒸气压下降数值只取决于溶剂的本性(K)及溶液的质量摩尔浓度 m。

2)凝固点下降

物质的凝固点是指在一定外界压力下，物质的液相蒸气压和固相蒸气压相等时的温度，即固液共存的温度。当水中溶有少量溶质后，溶液蒸气压下降，但不会改变溶剂的固态物质即冰的蒸气压，因此，当溶液处于纯水凝固点的温度时，冰将融化为水，溶液的凝固点比纯溶剂低。

T_f^* 为纯溶剂的凝固点，T_f 为溶液的凝固点，$\Delta T_f = T_f^* - T_f$，称为溶液的凝固点下降。

拉乌尔用实验证明，难挥发非电解质稀溶液的凝固点下降与溶液的质量摩尔浓度成正比，即 $\Delta T_f = K_f \cdot m$。

K_f 为溶剂的凝固点下降常数，决定于溶剂的本性。用凝固点下降实验测量溶质的摩尔质量，是测定相对分子质量的经典实验之一。

$$\Delta T_f = T_f^* - T_f = K_f \cdot m = K_f \cdot 1000 m_A/(M_A \cdot m_B)$$

$$M_A = 1000 \, K_f \cdot m_A/(\Delta T_f \cdot m_B)$$

式中，m 为溶液的质量摩尔浓度($mol \cdot kg^{-1}$)，m_A 为溶质质量(g)和 m_B 为溶剂质量(g)，M_A 为溶质的摩尔质量($g \cdot mol^{-1}$)。

3)沸点上升

沸点：液体的沸点是指其蒸气压等于外界大气压力时的温度。溶液的蒸气压总是低于纯溶剂的蒸气压；溶液的沸点仍然是溶液的蒸气压等于外界大气压力时的温度，因而，溶液的沸点比纯溶剂的沸点高。

T_b^* 为纯溶剂的沸点；T_b 为溶液的沸点，$\Delta T_b = T_b^* - T_b$，称为溶液的沸点上升。

难挥发非电解质稀溶液的蒸气压下降与溶液的质量摩尔浓度成正比，因而，溶液的沸点上升也与溶液的质量摩尔浓度成正比，即 $\Delta T_b = K_b \cdot m$。

K_b 为溶剂的沸点上升常数，决定于溶剂的本性。

沸点上升实验也是测定溶质的摩尔质量(相对分子质量)的经典方法之一，但同一溶剂的凝固点下降常数比沸点上升常数大，沸点上升实验测得的数据不如凝固点下降测得的数据准确。

4)渗透压

半透膜：可以允许溶剂分子自由通过而不允许溶质分子通过。溶剂透过半透膜进入溶液的趋向取决于溶液浓度的大小，溶液浓度大，渗透趋向大。

溶液的渗透压：半透膜两边的溶液单位体积内水分子数目不同而引起稀溶液溶剂分子

渗透到浓溶液中的倾向。为了阻止发生渗透所需施加的压力，叫溶液的渗透压。渗透压是任何一种溶液中的溶质分子产生的一种吸水力，浓度越高，吸水力越大，也就是说渗透压越大。纯水的渗透压为零。

范特霍夫(van't Hoff)提出，渗透压与难挥发非电解质稀溶液的浓度[c /(mol · L^{-1})]及温度(T / K)的关系与理想气体方程相似。

$$\Pi = cRT$$

式中，Π 为渗透压；R 为气体常数；c 为体积摩尔浓度；T 为温度。

结论：蒸气压下降、沸点上升、凝固点下降、渗透压都是难挥发非电解质稀溶液的通性，它们只与溶剂的本性和溶液的浓度有关，而与溶质的本性无关。

8.3 电解质溶液

强电解质：理论上 100%电离，但实际上，强电解质在溶液中的电离度都小于 100%，被称为表观电离度。

1923 年，Debye 及 Hückel 提出"离子氛"(ionic atmosphere)概念。观点：强电解质在溶液中是完全电离的，但是由于离子间的相互作用，每一个离子都受到相反电荷离子的束缚，被相反电荷离子包围，形成"离子氛"，这种离子间的相互作用使溶液中的离子并不完全自由，其表现是溶液导电能力下降，电离度下降，依数性异常。为定量描述强电解质溶液中离子间的牵制作用，引入了活度概念。

活度是指有效浓度，即单位体积电解质溶液中表现出来的表观离子有效浓度，即扣除了离子间相互作用的浓度。以 a(activity)表示。

$$a = fc$$

式中，f 为活度系数，稀溶液中，$f<1$，极稀溶液中，f 接近 1。

某离子的活度系数不仅受它本身的浓度和电荷的影响，也受溶液中其他离子的浓度及电荷的影响，为了描述这些影响，引入了离子强度的概念。

$$I = \frac{1}{2}\sum (c_i z_i^2)$$

式中，c_i 为溶液中第 i 种离子的浓度，z_i 为第 i 种离子的电荷。

离子强度 I 表示离子在溶液中产生的电场强度的大小。离子强度与活度系数的关系：

① 离子强度 I 越大，离子间相互作用越显著，活度系数 f 越小；

② 离子强度 I 很小时，活度系数 f 约为 1。稀溶液接近理想溶液，活度近似等于浓度。

③ 离子电荷越大，相互作用越强，活度系数 f 越小。

【例　题】

例 1. 将 100 g 质量分数为 95.0%的浓硫酸缓缓加入 400 g 水中，配制成溶液，测得此溶液的密度为 1.13 g·cm^{-3}，已知 H_2SO_4相对分子质量为 98，H_2O 相对分子质量为 18，试计算：

(1) 溶液的质量分数；(2) 溶液的物质的量浓度；(3) 溶液的质量摩尔浓度；(4) 硫酸的摩尔分数。

解：根据题意该 100 g 浓硫酸中含水 5.0 g，含硫酸 95.0 g。

(1)加入 400 g 水稀释后的质量分数为

$$\frac{95.0}{100+400}\times 100\%=19.0\%$$

(2)该稀硫酸每升质量为 1000×1.13=1130(g)，物质的量浓度为

$$\frac{1130\times 0.190}{98.0}=2.19\ (\text{mol}\cdot\text{L}^{-1})$$

(3)因为该稀硫酸中含 405 g 水和 95.0 g 硫酸，所以质量摩尔浓度为

$$\frac{95.0\times 1000}{98.0\times 405}\approx 2.39\ (\text{mol}\cdot\text{kg}^{-1})$$

(4)硫酸的摩尔分数为

$$\frac{\frac{95.0}{98.0}}{\frac{95.0}{98.0}+\frac{405}{18.0}}\approx 0.0413$$

例 2. 10.00 mL NaCl 饱和溶液的质量为 12.003 g，将其蒸干，得 NaCl 3.173 g，已知 NaCl 的相对分子质量为 58.44，H_2O 的相对分子质量为 18，试计算：

(1) 该饱和溶液在该温度下的溶解度(g/100 g H_2O)；(2) 该饱和溶液的物质的量浓度；(3) 该饱和溶液的质量摩尔浓度；(4) NaCl 的摩尔分数。

解：(1)该饱和溶液中含水 12.003−3.173=8.830(g)，在该温度下的溶解度为

$$\frac{3.173\times 100}{8.830}\approx 35.93\ (\text{g}/100\ \text{g}\ H_2O)$$

(2)物质的量浓度为

$$\frac{3.173/58.44}{10.00}\times 1000\approx 5.430\ (\text{mol}\cdot\text{L}^{-1})$$

(3)质量摩尔浓度为

$$\frac{3.173/58.44}{8.830}\times 1000\approx 6.149\ (\text{mol}\cdot\text{kg}^{-1})$$

(4)NaCl 的摩尔分数为

$$\frac{3.173/58.44}{\frac{3.173}{58.44}+\frac{8.830}{18.0}}=0.09965$$

例 3. 已知水的 $K_f=1.86\ K\cdot kg\cdot mol^{-1}$，求质量分数为 5.01% 的葡萄糖（$C_6H_{12}O_6$ 相对分子质量为 180）溶液开始结冰的温度是多少。

解：该葡萄糖溶液的质量摩尔浓度为

$$m=\frac{5.01/180}{94.99}\times 1000\approx 0.293\ (mol\cdot kg^{-1})$$

则

$$\Delta T_f=K_f\cdot m=1.86\times 0.293\approx 0.545\ (K 或 ℃)$$

即凝固点下降值为 0.545，因此该溶液的凝固点应为 −0.545 ℃。

例 4. 已知水的 $K_f=1.86\ K\cdot kg\cdot mol^{-1}$，人体血浆的凝固点为 −0.501 ℃，在正常体温 37 ℃ 时，人体血液的渗透压是多少？

解：由 $\Delta T_f=K_f\cdot m$，得

$$m=0.501/1.86\approx 0.269\ (mol\cdot kg^{-1})\approx 0.269\ mol\cdot L^{-1}$$

因为溶液很稀，所以 $c\approx m$，得

$$\Pi=cRT=0.269\times 8.314\times(273+37)\approx 693.3\ (kPa)$$

例 5. 已知水的 $K_f=1.86\ K\cdot kg\cdot mol^{-1}$，$K_b=0.512\ K\cdot kg\cdot mol^{-1}$，为了使溶液的凝固点为 −2.0 ℃，须向 1.00 kg 水中加入多少克尿素[$CO(NH_2)_2$]？该溶液在标准压力下的沸点是多少？（尿素相对分子质量为 60.0）

解：由 $\Delta T_f=K_f\cdot m$，得

$$m=\frac{2.0}{1.86}\approx 1.08\ (mol\cdot kg^{-1})$$

则 1.00 kg 水中应加入尿素 1.08×60.0=64.8(g)。

由 $\Delta T_b=K_b\cdot m$，得

$$\Delta T_b=0.512\times 1.08\approx 0.55\ (K 或 ℃)$$

由于水的正常沸点为 100 ℃，所以该溶液的沸点应是 100.55 ℃。

例 6. 已知水的 $K_f=1.86\ K\cdot kg\cdot mol^{-1}$，$K_b=0.512\ K\cdot kg\cdot mol^{-1}$，25 ℃时水的蒸气压为 3.168 kPa。某一水溶液的凝固点是 −1.000 ℃，试求：

(1)该溶液的沸点；(2) 该溶液 25 ℃时的蒸气压；(3) 该溶液 0 ℃时的渗透压。

解：(1)由 $\Delta T_f=K_f\cdot m$，得

$$m=\frac{\Delta T_f}{K_f}=\frac{1.000}{1.86}\approx 0.538\ (mol\cdot kg^{-1})$$

而 $\Delta T_b=K_b\cdot m=0.512\times 0.538=0.275$ (℃)。

所以该溶液的沸点为 100 + 0.275=100.275 ℃。

(2)

$$p_A=p_A^*x_A=3168\times\frac{1000/18}{\frac{1000}{18}+0.538}\approx 3138\ (Pa)$$

(3)因为溶液很稀，所以 $c\approx m$，得

$$\Pi=cRT=0.538\times 8.314\times 273=1221\ (Pa)$$

例 7. 将相对分子质量为 120 的弱酸 HA 3.00 g 溶于 100 g 水中，在 101.3 kPa 下测得其沸点为 100.180 ℃。计算该弱酸的电离度。（水的 $K_b=0.512\ K\cdot kg\cdot mol^{-1}$）

解：该弱酸理论计算的质量摩尔浓度为

$$m_{理}=\frac{3.00\times1000}{120\times100}=0.25\ (mol\cdot kg^{-1})$$

根据 $\Delta T_b=K_b\cdot m$ 可得实验测定的质量摩尔浓度为

$$m_{实}=\frac{0.180}{0.512}=0.352\ (mol\cdot kg^{-1})$$

设平衡时有 x mol HA 发生电离：

	HA	$\rightleftharpoons$	H^+	+	A^-
平衡时浓度/($mol\cdot kg^{-1}$)	$0.250-x$		x		x

则 $0.250-x+x+x=0.352$，解得

$$x=0.102$$

该弱酸的电离度为

$$\alpha=\frac{0.102}{0.250}\times100\%=40.8\%$$

例 8. 取 0.167 g $CaCl_2$溶于 150 g 水中，测得溶液的凝固点为−0.0558 ℃；取 0.320 g $BeCl_2$溶于 100 g 水中，测得该溶液的凝固点为−0.0744 ℃。通过计算判断这两种盐在水中的电离情况。(水的 $K_f=1.86\ K\cdot kg\cdot mol^{-1}$，相对原子质量 Be 9，Ca 40，Cl 35.5)

解：由 $\Delta T_f=K_f\cdot m$，得 $m=\frac{\Delta T_f}{K_f}$。

对于 $CaCl_2$溶液：

理论计算的质量摩尔浓度为 $m_{理}=\frac{0.167\times1000}{111\times150}\approx0.010\ (mol\cdot kg^{-1})$；

实验测定的质量摩尔浓度为 $m_{实}=\frac{\Delta T_f}{K_f}=\frac{0.0558}{1.86}\approx0.030\ (mol\cdot kg^{-1})$。

实验测定的质量摩尔浓度为理论计算浓度的 3 倍，所以 $CaCl_2$完全电离。

对于 $BeCl_2$溶液：

理论计算的质量摩尔浓度为 $m_{理}=\frac{0.320\times1000}{80.0\times100}=0.04\ (mol\cdot kg^{-1})$；

实验测定的质量摩尔浓度为 $m_{实}=\frac{\Delta T_f}{K_f}=\frac{0.0744}{1.86}=0.04\ (mol\cdot kg^{-1})$。

实验值与理论值相同，所以 $BeCl_2$基本上不电离。

例 9. 某有机化合物中各元素的质量分数分别为碳 40%、氢 6.6%、氧 53.4%。若将 9.0 g 该有机化合物溶于 500 g 水中，则水的沸点升高 0.0512 ℃。已知水的 $K_b=0.512\ K\cdot kg\cdot mol^{-1}$，计算：

(1) 该物质的实验式；(2) 该物质的摩尔质量；(3) 该物质的化学式。

解：(1) 该物质的实验式中 C、H、O 的原子个数比为

$$\frac{40}{12}:\frac{6.6}{1}:\frac{53.4}{16}=1:2:1$$

所以该物质的实验式为 CH_2O。

(2) 设该物质的摩尔质量为 $M\ g\cdot mol^{-1}$，则

$$0.0512=0.512\times\frac{9.0\times1000}{M\times500}$$

解得 $M=180\ g \cdot mol^{-1}$。

(3) 由 $M=180\ g \cdot mol^{-1}$，可知包含 6 个 CH_2O，所以该物质的分子式为 $C_6H_{12}O_6$。

【知识点练习】

一、选择题

1. 稀溶液依数性中起决定性的性质是(　　)。

A. 溶液的蒸气压下降　　B. 溶液的沸点升高

C. 溶液的凝固点降低　　D. 溶液具有渗透压

2. 下列说法中正确的是(　　)。

A. 当液体与其蒸气处于平衡时，蒸气的压力称为液体的饱和蒸气压

B. 液体混合物的蒸气压等于各纯组分液体的蒸气压之和

C. 非电解质稀溶液中某一液体组分的蒸气分压强等于它在相同温度下的饱和蒸气压与其在溶液中的摩尔分数之积

D. 蒸气压的大小与容器体积的大小成反比

3. 影响气体在水中溶解度的因素有(　　)。

A. 溶质的性质　　B. 温度　　C. 压力强　　D. 以上三种都是

4. 难挥发溶质溶于溶剂后，将会引起的变化是(　　)。

A. 溶液的沸点升高　　B. 溶液的凝固点升高

C. 溶液的蒸气压升高　　D. 以上三点都有

5. 下列溶液中，凝固点最低的是(　　)。

A. $0.01\ mol \cdot kg^{-1}\ Na_2SO_4$

B. $0.02\ mol \cdot kg^{-1}\ NaCl$

C. $0.02\ mol \cdot kg^{-1}\ HAc$

D. $0.03\ mol \cdot kg^{-1}$ 尿素溶液

6. 温度相同时，下列溶液中渗透压最高的是(　　)。

A. $0.10\ mol \cdot L^{-1}$ 的 $CO(NH_2)_2$　　B. $0.10\ mol \cdot L^{-1}$ 的 NH_3

C. $0.10\ mol \cdot L^{-1}$ 的 NH_4Ac　　D. $0.10\ mol \cdot L^{-1}$ 的 $(NH_4)_2SO_4$

7. 在 20 ℃ 时，液体 A 的蒸气压为 200 Pa，液体 B 的蒸气压为 300 Pa，等物质的量的液体 A 和液体 B 相混合组成一理想溶液，其总蒸气压为(　　)。

A. 200 Pa　　B. 300 Pa　　C. 500 Pa　　D. 250 Pa

8. 每升中含甘油(相对分子质量 92.0) 46.0 g 的水溶液，在 27 ℃ 时的渗透压(kPa)为(　　)。

A. 112　　B. 1.13×10^3　　C. 1.25×10^3　　D. 2.49×10^3

9. 某温度下纯 A 的蒸气压为 50.0 Pa，纯 B 的蒸气压为 200 Pa，现有 A 和 B 形成的理想溶液，其中 A 的摩尔分数为 0.0200，在该温度下溶液的蒸气压(Pa)为(　　)。

A. 97.0　　B. 250　　C. 197　　D. 150

10. 已知水的 K_b=0.512 K·kg·mol^{-1}，K_f=1.86 K·kg·mol^{-1}，某难挥发非电解质稀溶液的沸点为 100.400 ℃，则其凝固点为(　　)。

A. −0.110 ℃　　B. −0.400 ℃　　C. −0.746 ℃　　D. −1.45 ℃

11. 已知水的 K_f=1.86 K·kg·mol^{-1}，尿素[$CO(NH_2)_2$]的相对分子质量 60。将 60.0 g 尿素溶于 500 g 水中，此溶液的凝固点是(　　)。

A. −0.26 ℃　　B. −0.97 ℃　　C. −1.04 ℃　　D. −3.72 ℃

12. 已知水的 K_f=1.86 K·kg·mol^{-1}，要使溶液的凝固点降低 1.0 ℃，需向 100 g 水中加入 KCl 的物质的量是(　　)。

A. 0.027 mol　　B. 0.054 mol　　C. 0.27 mol　　D. 0.54 mol

13. 将 10.4 g 某难挥发非电解质溶于 250 g 水中，该溶液的沸点为 100.78 ℃，已知水的 K_b=0.512 K·kg·mol^{-1}，则该溶质的相对分子质量约为(　　)。

A. 27　　B. 35　　C. 41　　D. 55

14. 5.0 g 某聚合物溶于 400 mL 水中，20 ℃时的渗透压为 100 Pa，则该聚合物的相对分子质量是(　　)。

A. 4.0×10^6　　B. 3.0×10^5　　C. 2.1×10^4　　D. 6.0×10^2

15. 下列几种溶液中，蒸气压最低的是(　　)。

A. 1 mol·kg^{-1} NaCl　　B. 1 mol·kg^{-1} HAc

C. 1 mol·kg^{-1} H_2SO_4　　D. 1 mol·kg^{-1} $CO(NH_2)_2$

16. 将 7.8 g 非电解质固体溶于 100 g 水中，溶液的凝固点为−2.5 ℃，已知水的 K_f=1.86 K· kg·mol^{-1}，则该固体的摩尔质量应为(　　)。

A. $\frac{7.8\times1.86}{2.5\times0.100}$ g·mol^{-1}　　B. $\frac{2.5\times0.100}{7.8\times1.86}$ g·mol^{-1}

D. $\frac{7.8\times1.86}{2.5\times10.0}$ g·mol^{-1}　　D. $\frac{7.8\times1.86\times0.100}{2.5}$ g·mol^{-1}

17. 20 ℃时水的蒸气压为 2.34 kPa，若将 62.0 g 乙二醇[$C_2H_4(OH)_2$]溶于 72.0 g 水中，该溶液的蒸气压为(　　)。

A. 1.87 kPa　　B. 2.34 kPa　　C. 2.93 kPa　　D. 9.36 kPa

18. 理想溶液是指(　　)。

A. 溶质对溶剂分子间作用力没有明显影响

B. 溶解过程几乎没有热效应

C. 溶解前后溶质和溶剂的体积没有变化

D. 以上三点都是

19. 已知水的 K_f=1.86 K·kg·mol^{-1}，某 NaCl 水溶液的凝固点是−0.0372 ℃，则溶液的浓度近似为(　　) mol·kg^{-1}。

A. 0.0100　　B. 0.0200　　C. 0.0346　　D. 0.0372

20. 1.17% 的 NaCl(相对分子质量为 58.5) 溶液产生的渗透压接近于(　　)。

A. 1.17%葡萄糖溶液　　B. 1.17%蔗糖溶液

C. 0.20 mol·L^{-1}葡萄糖溶液　　D. 0.40 mol·L^{-1}蔗糖溶液

21. 将 0.45 g 非电解质溶于 30 g 水中，使水的凝固点降低 0.15 ℃，已知水的 K_f＝1.86 K·kg·mol^{-1}，则该非电解质的摩尔质量为(　　)。

A. 100 g·mol^{-1}　　B. 83.2 g·mol^{-1}　　C. 186 g·mol^{-1}　　D. 204 g·mol^{-1}

22. 下列溶液中，凝固点最高的是(　　)。

A. 0.02 mol·L^{-1} KCl　　B. 0.10 mol·L^{-1} K_2SO_4

C. 0.02 mol·L^{-1} $BaCl_2$　　D. 0.02 mol·L^{-1} HAc

23. 下列水溶液中渗透压最高的是(　　)。

A. 0.1 mol·L^{-1}的 $C_{11}H_{22}O_{11}$　　B. 0.1 mol·L^{-1}的 C_2H_5OH

C. 0.1 mol·L^{-1}的 KNO_3　　D. 0.1 mol·L^{-1}的 Na_2SO_4

24. 苯的凝固点为 5.50 ℃，苯的凝固点下降常数为 K_f＝5.10 K·kg·mol^{-1}。某非电解质试样 1.10 g 溶于 20.0 g 苯中，所得溶液的凝固点为 4.38 ℃，则该试样的相对分子质量为(　　)。

A. 214　　B. 226　　C. 250　　D. 279

25. 在 298 g 水中溶解 25.00 g 某未知物，该溶液在－3 ℃ 结冰，已知水的 K_f＝1.86 K·kg·mol^{-1}，则该未知物的摩尔质量为(　　)g·mol^{-1}。

A. 104　　B. 208　　C. 312　　D. 52

26. 250 g 乙醚中溶解了 10.6 g 某难挥发性物质，若它的沸点升高了 0.844 ℃，已知乙醚的 K_b＝2.11 K·kg·mol^{-1}，则该溶质的摩尔质量为(　　)g·mol^{-1}。

A. 106　　B. 10.6　　C. 26.5　　D. 53

27. 凝固点下降常数 K_f的数值主要决定于(　　)。

A. 溶剂　　B. 溶质　　C. 溶液的浓度　　D. 溶液的体积

28. 主要决定于溶解在溶液中的粒子的数目，而不决定于这些粒子的性质的特性叫(　　)。

A. 等电子性　　B. 各向同性　　C. 依数性　　D. 相似相溶性

29. 将 7.8 g 某非电解质固体溶于 100 g 水中，溶液的凝固点为－2.5 ℃，已知水的 K_f＝1.86 K·kg·mol^{-1}，则该固体的摩尔质量为 (　　)。

A. 58.0 g·mol^{-1}　　B. 0.0172 g·mol^{-1}

C. 0.580 g·mol^{-1}　　D. 5.80 g·mol^{-1}

30. 已知水的 K_f＝1.86 K·kg·mol^{-1}。要使溶液的凝固点降低 1.0 ℃，需向 100 g 水中加入非电解质的物质的量是(　　)。

A. 0.027 mol　　B. 0.054 mol　　C. 0.27 mol　　D. 0.54 mol

31. 某物质 B 的质量摩尔浓度是指(　　)。

A. 每升溶液中溶质 B 的物质的量(mol)

B. 每升溶剂中溶质 B 的质量(kg)

C. 每千克溶剂中溶质的物质的量(mol)

D. 每千克溶剂中溶质的质量(kg)

32. 将一块冰放在 273 K 的食盐水中，则 (　　)。

A. 冰的质量增加　　B. 无变化　　C. 冰逐渐融化　　D. 溶液温度升高

33. 若溶液的浓度都为 0.1 $mol \cdot L^{-1}$，则下列水溶液的沸点排序正确的是(　　)。

A. $Na_2SO_4>NaCl>HAc$　　B. $Al_2(SO_4)_3>NaCl>Na_2SO_4$

C. $NaAc>K_2CrO_4>NaCl$　　D. $NaCl>K_2Cr_2O_7>CaCl_2$

34. 现有下列四种溶液：① 0.1 $mol \cdot L^{-1}$ $Al_2(SO_4)_3$；② 0.2 $mol \cdot L^{-1}$ $CuSO_4$；③ 0.3 $mol \cdot L^{-1}$ NaCl；④ 0.3 $mol \cdot L^{-1}$尿素。按溶液的凝固点由高到低排列，顺序正确的是(　　)。

A. ①②③④　　B. ①③②④　　C. ④②①③　　D. ④②③①

35. 在 100 g 水中含有 4.5 g 某非电解质的溶液，在−0.465 ℃时结冰，则该非电解质的相对分子质量约为(　　)。(已知水的 $K_f=1.86\ K \cdot kg \cdot mol^{-1}$)

A. 90　　B. 135　　C. 172　　D. 180

36. 在相同温度下，和 1% 尿素[$CO(NH_2)_2$]水溶液具有相同渗透压的葡萄糖($C_6H_{12}O_6$)溶液的浓度约为(　　)。

A. 2%　　B. 3%　　C. 4%　　D. 5%

37. 将 3.24 g 硫溶解于 40 g 苯中，苯的沸点升高 0.81 ℃。若苯的 $K_b=2.53\ K \cdot kg \cdot mol^{-1}$，则溶液中硫分子的组成是(　　)。

A. S_2　　B. S_4　　C. S_6　　D. S_8

38. 测得人体血液的冰点降低值 $\Delta T_f=0.56$ K。已知 $K_f=1.86\ K \cdot kg \cdot mol^{-1}$，则在人的体温 37 ℃时，血液的渗透压为(　　)。

A. 1776 kPa　　B. 388 kPa　　C. 776 kPa　　D. 194 kPa

39. 取下列物质各 10 g，分别溶于 1000 g 苯中，溶液开始凝固时温度最低的是(　　)。

A. CH_3Cl　　B. CCl_4　　C. $CHCl_3$　　D. CH_2Cl_2

40. 某温度和压强下，1 L 某溶剂中可溶解某气体 0.50 L。若温度不变，压强增大一倍时，能溶解该气体的体积为(　　)。

A. 2.0 L　　B. 1.0 L　　C. 0.5 L　　D. 0.25 L

二、填空题

1. 稀溶液的依数性定律只适用于____________________。

2. 海水结冰的温度比纯水结冰的温度________。

3. 一瓶 HNO_3溶液的质量分数为 70.0%，已知 HNO_3相对分子质量为 63.0，密度为 1.42 $g \cdot cm^{-1}$，则其物质的量浓度为________ $mol \cdot L^{-1}$。

4. HNO_3的相对分子质量为 63，若 1.50 $mol \cdot L^{-1}$硝酸溶液的密度为 1.049 $g \cdot mL^{-1}$，则该溶液的质量摩尔浓度为______________。

5. 将 0.845 g NaCl(摩尔质量为 58.5 $g \cdot mol^{-1}$)溶于 435 g 水中，溶液的质量摩尔浓度是____________。

6. 已知水的 $K_f=1.86\ K \cdot kg \cdot mol^{-1}$，要使溶液的凝固点降低 1.0 ℃，须向 100 mL 水中加入葡萄糖的物质的量为__________。

7. 已知水的 $K_f=1.86\ K \cdot kg \cdot mol^{-1}$，若尿素水溶液的凝固点是 −0.372 ℃，则此溶液的质量摩尔浓度是________ $mol \cdot kg^{-1}$。

8. 某难挥发非电解质水溶液的沸点为 100.276 ℃，则该溶液的凝固点是__________。（水的 K_b=0.512 K·kg· mol^{-1}，K_f=1.86 K·kg· mol^{-1}）

9. 已知水的 K_f=1.86 K·kg·mol^{-1}，在 100 g 水中溶有 4.50 g 某难挥发非电解质，于 −0.465 ℃ 时结冰，则该溶质的摩尔质量为__________。

10. 体温为 37 ℃ 时，血液的渗透压为 775 kPa，此时与血液具有相同渗透压的葡萄糖(相对分子质量为 180)静脉注射液的浓度应为__________g·L^{-1}。

11. 20 ℃时纯水的蒸气压为 2338 Pa。含有 1000 g 水和 6.00 mol 葡萄糖的溶液，在 20 ℃ 时的蒸气压为__________ Pa。

12. 6.89 g 某难挥发非电解质溶于 100 g 水中，测得该溶液的沸点为 100.275 ℃，则溶质的相对分子质量为__________。(水的 K_b=0.512 K·kg·mol^{-1})

13. 当 26.9 g 未知难挥发非电解质溶于 500 g 硝基苯中，溶液的凝固点降低了 2.30 K。已知硝基苯的 K_f=7.00 K·kg·mol^{-1}，则该未知溶质的相对分子质量为__________。

14. 当 13.1 g 某难挥发非电解质溶于 500 g 苯中，溶液的凝固点降低了 2.30 K。已知苯的 K_f=4.90 K·kg·mol^{-1}，则该未知溶质的相对分子质量为__________。

15. 25 ℃、101 kPa 下，CO_2(g) 在海水中的溶解度为 3.0×10^{-2} mol·L^{-1}，则 25 ℃、空气中 CO_2的分压为 0.133 kPa 时，CO_2在海水中的浓度为__________mol·L^{-1}。

16. 正常人的血液的渗透压在 37 ℃是 759.938 kPa，同温下要配制和血液相同渗透压的 1 L 葡萄糖水溶液，需要葡萄糖__________g，而要配制与这个葡萄糖水溶液等压的 1 L食盐水，需要食盐__________g。(食盐水溶液电离度为 1)

17. 水的沸点升高常数为 K_b=0.512 K·kg·mol^{-1}，凝固点下降常数为 K_f=1.86 K·kg·mol^{-1}。则在 101.325 kPa 下，将 3.73 g KCl 溶于 100 g 水中，KCl 是完全电离的，这个溶液的沸点变为__________℃，凝固点变为__________℃。

18. 下列溶液：① 1 mol·L^{-1} H_2SO_4；② 1 mol·L^{-1} NaCl；③ 1 mol·L^{-1} $C_6H_{12}O_6$；④ 0.1 mol·L^{-1} HAc；⑤ 0.1 mol·L^{-1} NaCl；⑥ 0.1 mol·L^{-1} $C_6H_{12}O_6$；⑦ 0.1 mol·L^{-1} $CaCl_2$。其中凝固点最低的是__________，沸点最低的是__________。(填写序号)

19. 对下列几种水溶液，按其凝固点由低到高的顺序排列是__________。(以序号排)

① 0.1 mol·kg^{-1} $C_6H_{12}O_6$ ② 0.1 mol·kg^{-1} $CaCl_2$ ③ 0.1 mol·kg^{-1} NaCl

④ 1 mol·kg^{-1} NaCl ⑤ 0.1 mol·kg^{-1} HAc

20. 30 ℃ 时苯的蒸气压为 16.24 kPa，相对分子质量为 78.1。若将 15.0 g 某难挥发非电解质溶于 250 g 苯中，测得该溶液的蒸气压为 16.03 kPa，则该难挥发非电解质的近似摩尔质量为__________g·mol^{-1}。

21. 已知樟脑的凝固点为 178.4 ℃，摩尔凝固点降低常数 K_f=40.0 ℃·kg·mol^{-1}。若 1.50 g 相对分子质量为 125 的化合物溶于 35.0 g 樟脑中，则该溶液的凝固点为__________℃。

22. 已知某非电解质的摩尔质量为 58.0 g·mol^{-1}，在实验条件下纯水的沸点为 99.725 ℃。若 24.0 g 该非电解质和 600 g 水配制成溶液，则该溶液的沸点为__________℃。(已知水的摩尔沸点升高常数为 K_b=0.512 ℃·kg·mol^{-1})

23. 把 3.75 g 某难挥发非电解质溶于 95 g 丙酮中，所得溶液的沸点为 56.50 ℃。已知丙酮的沸点为 55.95 ℃，摩尔沸点升高常数为 K_b=1.71 ℃·kg·mol^{-1}，则该难挥发非电解质的摩尔质量近似为__________ $g \cdot mol^{-1}$。

三、判断题

1.(　　)溶解度表明了溶液中溶质和溶剂的相对含量。

2(　　)任何物质在水中的溶解度都随着温度的升高而升高。

3.(　　)压力的改变对物质的溶解度影响不大。

4.(　　)温度对固体溶质的溶解度有明显的影响，压力则几乎没有影响。

5.(　　)溶质分子的分子间力与溶剂分子的分子间力越相似，越易互溶。

6.(　　)一定温度下，一种溶质分配在互不相溶的两种溶剂中的浓度比值为一常数。

7.(　　)因为溶液中含溶质不易挥发，所以溶液的蒸气压都比纯溶剂高。

8.(　　)稀溶液的依数性是由溶液中溶质的粒子数决定的，而与溶质的性质无关。

9.(　　)在一定温度下，难挥发非电解质稀溶液的蒸气压等于纯溶剂的蒸气压乘以溶剂的摩尔分数。

10.(　　)非电解质稀溶液中某一液体组分的蒸气分压等于它在相同温度下的饱和蒸气压与其在溶液中的摩尔分数之积。

11.(　　)在密闭条件中，在一定温度下，与液体处于相平衡的蒸气所具有的压强称为饱和蒸气压。

12.(　　)液体混合物的蒸气压等于各纯组分液体的蒸气压之和。

13.(　　)在两杯同体积的水中分别加入相同物质的量的 NaCl 和蔗糖后，这两杯溶液的蒸气压下降值相同。

14.(　　)溶液的沸点比纯溶剂的沸点高。

15.(　　)稀氯化钠溶液的凝固点比纯水高。

16.(　　)蔗糖的水溶液蒸气压比水低，但凝固点和沸点都比水高。

17.(　　)渗透压是溶液才具有的性质，所以纯水的渗透压为零。

18.(　　)在敞口的烧杯中放一块无水氯化钙，过若干时间后，将会自动变成水溶液。

19.(　　)难挥发非电解质稀溶液的蒸气压下降与溶液的物质的量浓度成正比。

20.(　　)在相同质量的两份水中，分别加入相同质量的甘油和蔗糖后，这两份溶液的沸点相同。

四、计算题

1. 已知 NH_3 的相对分子质量为 17。某氨水中 NH_3 的质量分数为 30%，该氨水密度为 $0.890\ g \cdot cm^{-3}$，试计算溶液的质量摩尔浓度。

2. 已知 HNO_3 相对分子质量 63，水的密度为 $1.0\ g \cdot cm^{-3}$。在 500 mL 水中，加入 100 mL 32%、密度为 $1.20\ g \cdot cm^{-3}$ 的 HNO_3，所得 HNO_3 溶液的密度为 $1.03\ g \cdot cm^{-3}$，求此溶液物质的量浓度和质量分数。

3. 已知某乙醇水溶液中乙醇的摩尔分数是 0.050，溶液密度为 $0.979\ g \cdot cm^{-3}$，乙醇的相对分子质量 46，水的相对分子质量 18。求此溶液的浓度，分别用 $mol \cdot kg^{-1}$ 和 $mol \cdot L^{-1}$ 表示。

4. 氯化汞($HgCl_2$)的凝固点下降常数为 34.4 K·kg·mol^{-1}。将 0.849 g 氯化亚汞(最简式为 HgCl)溶于 50.0 g $HgCl_2$中，所得混合物的凝固点下降了 1.24 ℃，求氯化亚汞在该溶液中的分子式及摩尔质量。(相对原子质量：Hg 200，Cl 35.5)

5. 在 50 g CCl_4中溶入 0.5126 g 萘，测得溶液的沸点比纯溶剂升高 0.402 ℃。若在等量的溶剂 CCl_4中溶入 0.6216 g 未知物，测得溶液沸点升高约 0.647 ℃。求该未知物的相对分子质量。(萘的相对分子质量为 128.16)

6. 在 303 K 时，丙酮(C_3H_6O的相对分子质量为 58)的蒸气压为 37330 Pa，当 6 g 某非挥发性有机物溶于 120 g 丙酮时，其蒸气压下降至 35570 Pa。试计算该有机物的相对分子质量。

7. 37 ℃ 时血液的渗透压为 775 kPa，计算供静脉注射的葡萄糖($C_6H_{12}O_6$，相对分子质量为 180)溶液的浓度应是多少？(以 g·L^{-1}表示)

8. 某糖水溶液的沸点为 100.138 ℃，求其凝固点及 27℃时的蒸气压。(已知：27 ℃时水的蒸气压为 3.57 kPa，水的 K_f=1.86 K·kg·mol^{-1}，K_b=0.512 K·kg·mol^{-1})

9. 已知苯的 K_b=2.53 K·kg·mol^{-1}，S 的相对原子质量为 32.0。将 S_8溶于 40.0 g 苯中，使溶液的沸点升高了 0.810 ℃。计算所加入的 S_8的质量。

10. 0.400 g 萘($C_{10}H_8$，摩尔质量为 128 g·mol^{-1})溶于一定量的 CCl_4中，溶液的沸点升高了 0.458 ℃；现将一摩尔质量未知的物质 0.538 g 溶于等量 CCl_4中，沸点升高了 0.430 ℃，求该未知物的摩尔质量。

11. 某化合物的最简式是 $C_4H_8O_2$，将 2.56 g 该化合物溶解于 100 g 苯中，测得凝固点比纯苯低 0.738 K。已知苯的 K_f=5.12 K·kg·mol^{-1}，计算并推断该化合物的分子式。

12. 已知水的 K_f=1.853 K·kg·mol^{-1}。将 2.76 g 甘油溶于 200 g 水中，测得其凝固点为−0.279 ℃。试求甘油的摩尔质量。

13. 已知水的 K_f=1.86 K·kg·mol^{-1}，设血浆密度为 1.0 g·cm^{-3}。人类血浆的凝固点为 272.65 K(−0.5 ℃)，试计算 310.15 K(37 ℃)时血浆的渗透压。

14. 在 300 K 时，4.0 g·L^{-1}聚氯乙烯溶液的渗透压为 6.5×10^{-2} kPa，试计算聚氯乙烯的摩尔质量。

15. 在 28.0 ℃ 时，13.0%(质量分数)某物质的水溶液的蒸气压为 3648 Pa，已知该温度下水的蒸气压为 3779 Pa，试计算该物质的摩尔质量。

16. 纯水在 25 ℃ 时的蒸气压为 3130 Pa，水的凝固点下降常数为 1.86 K·kg·mol^{-1}。某浓度的蔗糖溶液在−0.250 ℃时结冰，此溶液在 25.0 ℃时的蒸气压为多少？渗透压为多少？

17. 已知 10.0 g 葡萄糖(相对分子质量 180)溶于 400 g 乙醇(相对分子质量 60)，乙醇沸点升高了 0.143 ℃，而某有机物 2.00 g 溶于 100 g 乙醇时，其沸点升高了 0.125 ℃，在 20 ℃ 时乙醇的蒸气压为 5851 Pa。该有机物的摩尔质量是多少？在 20 ℃该有机物乙醇溶液的蒸气压是多少？

18. 将 26.3 g $CdSO_4$固体溶解在 1000 g 水中，其凝固点比纯水降低了 0.285 K，计算 $CdSO_4$在溶液中的电离百分数。(已知：相对原子质量 Cd 为 112.4，S 为 32.06；水的 K_f=1.86 K·kg·mol^{-1})

19. 已知25 ℃时水的蒸气压为3.17 kPa，水的K_f＝1.86 K·kg·mol^{-1}，K_b＝0.512 K·kg·mol^{-1}。某糖水溶液的凝固点为－0.500 ℃，求此溶液的沸点以及25 ℃时蒸气压。

20. 1946年，科学家用溶液的渗透压测定了牛血清蛋白的相对分子质量，操作方法是将9.63 g蛋白质配成1.00 L水溶液，测得该溶液在25 ℃时的渗透压为0.353 kPa，计算牛血清蛋白的相对分子质量。

21. 取2.50 g葡萄糖(相对分子质量180)溶解在100 g乙醇中，乙醇的沸点升高了0.143 ℃，而某有机物2.00 g溶于100 g乙醇时，沸点升高了0.125 ℃，已知乙醇的K_f＝1.86 K·kg·mol^{-1}，求：

(1) 该有机物的乙醇溶液的ΔT_f是多少？

(2) 在20 ℃时，该有机物的乙醇溶液的渗透压约是多少？

22. 已知水的凝固点下降常数K_f＝1.86 K·kg·mol^{-1}。为防止汽车水箱在寒冬季节冻裂，需使水的冰点下降到253 K，即ΔT_f＝20.0 K，则应在每1000 g水中加入多少甘油($C_3H_8O_3$，相对分子质量92)？

23. 称取某碳氢化合物3.20 g，溶于50.0 g苯(K_f＝5.12 K·kg·mol^{-1})中，测得溶液的凝固点比纯苯下降了0.256 ℃。

(1) 计算该碳氢化合物的摩尔质量；

(2) 若上述溶液在25 ℃时的密度为0.920 g·cm^{-3}，计算溶液的渗透压。

24. 将某高分子化合物0.4 g制成1 L水溶液，在27 ℃时测得其渗透压为0.499 kPa。计算该化合物的近似相对分子质量。

25. 现有两种溶液，其一为1.50 g尿素溶于200 g水中，另一为42.8 g未知物溶于1000 g水中，这两种溶液在同一温度结冰，试求该未知物的相对分子质量。(尿素相对分子质量为60.0)

26. 为了防止水在仪器内冻结，可在水中加入甘油。如需使水的冰点下降至－2.00 ℃，则应在每100 g水中加入多少甘油？(水的K_f＝1.86 K·kg·mol^{-1}，甘油相对分子质量92)

27. 将血红素1.0 g溶于适量水中，配成100 mL溶液，在20 ℃时测得此溶液的渗透压为0.366 kPa。试求：

(1) 溶液的物质的量浓度；

(2) 血红素的相对分子质量。

28. 已知水的K_f＝1.86 K·kg·mol^{-1}，K_b＝0.512 K·kg·mol^{-1}。在20 ℃时将15.0 g葡萄糖(相对分子质量180)溶于200 g水中。试计算：

(1) 该溶液的凝固点；

(2) 该溶液在101.325 kPa下的沸点；

(3) 该溶液的渗透压(假设物质的量浓度与质量摩尔浓度近似相等)。

29. 已知水的K_b＝0.512 K·kg·mol^{-1}。尼古丁的实验式是C_5H_7N，若将496 mg尼古丁溶于10.0 g水中，所得溶液在101 kPa下的沸点是100.17 ℃。试求尼古丁的分子式。

30. 某有机物水溶液的凝固点为－0.300 ℃，计算其沸点和在凝固点时的渗透压。(水的K_f＝1.86 K·kg·mol^{-1}，K_b＝0.512 K·kg·mol^{-1})。

31. 将磷溶于苯配制成饱和溶液，取此饱和溶液 3.747 g 加入 15.401 g 苯中，混合溶液的凝固点是 5.155 ℃，而纯苯的凝固点是 5.400 ℃。已知磷在苯中以 P_4 分子存在，求磷在苯中的溶解度(g / 100 g 苯)。(苯的 $K_f=5.12\ K\cdot kg\cdot mol^{-1}$，P 的相对原子质量为 31.0)

32. 已知萘的 $K_f=6.8\ K\cdot kg\cdot mol^{-1}$。把 1.00 g 硫溶于 20.0 g 萘中，溶液的凝固点比纯萘低 1.28 ℃。试计算硫在萘中的相对分子质量实验值。

【单元测试】

一、选择题(共 40 分)

1. 下列论述中正确的是(　　)。

A. 溶解度表明了溶液中溶质和溶剂的相对含量

B. 溶解度是指饱和溶液中溶质和溶剂的相对含量

C. 任何物质在水中的溶解度都随着温度的升高而升高

D. 压力的改变对任何物质的溶解度都影响不大

2. 难挥发的非电解质溶于溶剂中形成溶液后(　　)。

A. 凝固点升高　　B. 沸点降低　　C. 蒸气压下降　　D. 总是放出热量

3. 同温度下，渗透压最大的水溶液是(　　)。

A. 0.01 $mol\cdot kg^{-1}$ $Ba(NO_3)_2$　　B. 0.01 $mol\cdot kg^{-1}$ KNO_3

C. 0.01 $mol\cdot kg^{-1}$ HCOOH　　D. 0.01 $mol\cdot kg^{-1}$ 蔗糖溶液

4. 已知水的 $K_f=1.86\ K\cdot kg\cdot mol^{-1}$，某尿素水溶液的凝固点是 −0.372 ℃，则该溶液的质量摩尔浓度为（　　)。

A. 0.100 $mol\cdot kg^{-1}$　　B. 0.150 $mol\cdot kg^{-1}$

C. 0.200 $mol\cdot kg^{-1}$　　D. 0.250 $mol\cdot kg^{-1}$

5. 当 1 mol 难挥发非电解质溶于 4 mol 溶剂中，则溶液的蒸气压与纯溶剂的蒸气压之比为(　　)。

A. 1∶5　　B. 1∶4　　C. 4∶5　　D. 5∶4

6. 60 ℃时，180 g 水中溶有 180 g 葡萄糖，已知 60 ℃时水的蒸气压为 19.9 kPa，葡萄糖的相对分子质量为 180，水的相对分子质量为 18，则该溶液蒸气压为(　　)kPa。

A. 1.81　　B. 9.95　　C. 15.9　　D. 18.1

7. 2.5 g 某聚合物溶于 100 mL 水中，20 ℃时的渗透压为 100 Pa，则该聚合物的相对分子质量是(　　)。

A. 2.1×10^2　　B. 4.1×10^4　　C. 6.1×10^5　　D. 2.2×10^6

8. 取下列物质各 10 g，分别溶于 1000 g 苯中，溶液开始凝固时温度最低的是(　　)。

A. CH_2Cl_2　　B. CCl_4　　C. $CHCl_3$　　D. 都在同一温度

9. 同温同浓度的下列水溶液中，使溶液沸点升高最多的溶质是(　　)。

A. $CuSO_4$　　B. K_2SO_4　　C. $Al_2(SO_4)_3$　　D. $KAl(SO_4)_2$

10. 溶液：① 0.10 $mol \cdot L^{-1}$ HAc；② 0.10 $mol \cdot L^{-1}$ C_2H_5OH；③ 0.10 $mol \cdot L^{-1}$ NaCl。它们的凝固点由高到低的顺序是(　　)。

A. ①>②>③　　B. ②>③>①　　C. ③>①>②　　D. ②>①>③

11. 下列系统中，较易互溶的系统是(　　)。

A. C_5H_{12}-C_6H_{14}　　B. C_5H_{12}-H_2O

C. C_6H_{14}-H_2O　　D. $C_6H_{13}OH$-H_2O

12. 为防止水在仪器内结冰，可在水中加入甘油($C_3H_8O_3$)。若使其冰点下降至 −2.0 ℃，已知水的 K_f=1.86 $K \cdot kg \cdot mol^{-1}$，甘油相对分子质量 92，则应在 100 g 水中加入甘油(　　)。

A. 9.89 g　　B. 3.30 g　　C. 1.10 g　　D. 19.78 g

13. 下列四种同浓度稀溶液的渗透压由大到小的顺序正确的是(　　)。

A. HAc>NaCl>$C_6H_{12}O_6$>$CaCl_2$　　B. $C_6H_{12}O_6$>HAc>NaCl>$CaCl_2$

C. $CaCl_2$>HAc>$C_6H_{12}O_6$>NaCl　　D. $CaCl_2$>NaCl>HAc>$C_6H_{12}O_6$

14. 有一稀溶液浓度为 m，沸点升高值为 Δt_b，凝固点下降值为 Δt_f，则(　　)。

A. $\Delta t_f > \Delta t_b$　　B. $\Delta t_f = \Delta t_b$　　C. $\Delta t_f < \Delta t_b$　　D. 无确定关系

15. 已知水的凝固点下降常数 K_f=1.86 $K \cdot kg \cdot mol^{-1}$，若将 20.0 g 某二元电解质(相对分子质量为 100)溶于 500 g 水中，使冰点降低了 0.74 ℃，则该电解质的电离度为(　　)。

A. 90%　　B. 75%　　C. 50%　　D. 0%

16. 已知水的 K_f=1.86 $K \cdot kg \cdot mol^{-1}$，要使水溶液的凝固点降低 1.00 ℃，须向 200 g 水中加入 $CaCl_2$ 的物质的量是(　　)。

A. 1.08 mol　　B. 0.108 mol　　C. 0.0540 mol　　D. 0.0358 mol

17. 将 0.900 g 某物质溶于 60.0 g 水中，使溶液的凝固点降低了 0.150 ℃，该物质的相对分子质量是(　　)。(水的 K_f=1.86 $K \cdot kg \cdot mol^{-1}$)

A. 204　　B. 186　　C. 83.2　　D. 51.2

18. 浓度均为 0.1 $mol \cdot L^{-1}$ 的下列四种溶液中，沸点最高的是(　　)。

A. $Al_2(SO_4)_3$　　B. $CaCl_2$　　C. $MgSO_4$　　D. $C_6H_5SO_3H$

19. 已知水的凝固点下降常数 K_f=1.86 $K \cdot kg \cdot mol^{-1}$，若 0.100 $mol \cdot L^{-1}$ HAc 水溶液的凝固点为 −0.188 ℃，则该 HAc 的电离度是(　　)。

A. 2.5%　　B. 1%　　C. 3.4%　　D. 5.1%

20. 某温度下 1 $mol \cdot L^{-1}$ 糖水的饱和蒸气压为 p_1，1 $mol \cdot L^{-1}$ 盐水的饱和蒸气压为 p_2，则(　　)。

A. $p_2 > p_1$　　B. $p_2 < p_1$　　C. $p_2 = p$　　D. 无法判断

二、填空题(共 20 分)

1. 98%(质量分数)浓硫酸(相对分子质量为 98)的摩尔分数是＿＿＿＿＿＿。

2. 稀溶液的依数性有蒸气压＿＿＿＿＿，沸点＿＿＿＿＿，凝固点＿＿＿＿＿，具有渗透压。

3. 当半透膜内外溶液浓度不同时，溶剂分子会自动通过半透膜由＿＿＿＿＿＿＿＿溶液一方，向___________溶液一方扩散。

4. 等压下加热相同浓度的 $MgSO_4$、$Al_2(SO_4)_3$、CH_3COOH、K_2SO_4 稀溶液，最先沸腾的是__________。

5. 将下列物质各 10 g，分别溶于 1000 g 水中，形成溶液：①尿素；②葡萄糖；③氯化钾；④蔗糖；⑤氯化钡(有 2 个分子的结晶水)。(相对原子质量：H 1，C 12，N 14，O 16，Cl 35.5，K 39，Ba 137。假定电解质的电离度都为 1。下列各空填写序号即可)

(1)凝固点最高的溶液是__________；(2)沸点最高的溶液是__________。

6. 已知水的沸点升高常数为 $K_b = 0.512\ K \cdot kg \cdot mol^{-1}$，凝固点下降常数为 $K_f = 1.86\ K \cdot kg \cdot mol^{-1}$。若将相当于 3.73 g KCl 的等物质的量的葡萄糖___________ g 溶于水，该溶液的凝固点应该是__________℃。(相对原子质量：H 1，C 12，O 16，Cl 35.5，K 39.1)

7. 下列溶液：① 1 $mol \cdot L^{-1}$ H_2SO_4；② 1 $mol \cdot L^{-1}$ NaCl；③ 1 $mol \cdot L^{-1}$ $C_6H_{12}O_6$；④ 0.1 $mol \cdot L^{-1}$ HAc；⑤ 0.1 $mol \cdot L^{-1}$ NaCl；⑥ 0.1 $mol \cdot L^{-1}$ $C_6H_{12}O_6$；⑦ 0.1 $mol \cdot L^{-1}$ $CaCl_2$。其中凝固点最高的是__________，沸点最高的是__________。(填写序号)

8. 将 0.62 g 某试样溶于 100g 水中，溶液的凝固点为 −0.186 ℃，则该试样的相对分子质量为____________。(水的 $K_f = 1.86\ K \cdot kg \cdot mol^{-1}$)

9. 尿素水溶液的凝固点是−0.186 ℃，已知水的 $K_f = 1.86\ K \cdot kg \cdot mol^{-1}$，则该溶液的质量摩尔浓度是____________。

10. 某非电解质 4.50 g 与 125 g 水配制成溶液，该溶液的凝固点为−0.372 ℃，已知水的 $K_f = 1.86\ ℃ \cdot kg \cdot mol^{-1}$，则该非电解质的摩尔质量为________ $g \cdot mol^{-1}$。

11. 已知 28 ℃ 时水的蒸气压为 3.78 kPa。若在此温度下将 68 g 蔗糖和 1000 g 水配制成溶液的蒸气压为_____________kPa。(蔗糖相对分子质量 342，水的相对分子质量 18.02)

12. 已知樟脑的 $K_f = 40.0\ K \cdot kg \cdot mol^{-1}$，樟脑的熔点是 178.0 ℃，取某有机物晶体 0.0140 g，与 0.201 g 樟脑熔融混合，其熔点为 162.0 ℃，此物质的摩尔质量为__________。

13. 2.6 g 某难挥发非电解质溶于 62.5 g 水中，该溶液的沸点为 100.78 ℃，已知水的 $K_b = 0.512\ K \cdot kg\ mol^{-1}$，该溶质的摩尔质量为__________。

14. 30 ℃ 时纯水的蒸气压为 4243 Pa。含有 1000 g 水和 3.00 mol 葡萄糖的溶液，在 30 ℃ 时的蒸气压为______Pa。

三、判断题(共 10 分)

1.(　　)温度的改变对气体物质的溶解度影响较大，而对固体物质的溶解度影响不大。

2.(　　)压强对气体溶质的溶解度有明显的影响，对固体溶质则几乎没有影响。

3.(　　)稀溶液的依数性只与溶液的浓度有关，而与溶质的本性无关，如溶液的凝固点下降、颜色等。

4.(　　)溶液的蒸气压都比纯溶剂低。

5.(　　)在一定温度下，难挥发非电解质稀溶液的蒸气压等于纯溶剂的蒸气压乘以溶质的摩尔分数。

6.(　　)在两杯同体积的水中分别加入相同物质的量的甘油和蔗糖后，这两杯溶液的凝固点相同。

7.(　　)难挥发非电解质稀溶液的蒸气压下降与溶液的质量摩尔浓度成正比。

8.(　　)稀的氯化钠溶液的沸点比水的沸点低。

9.(　　)蔗糖的水溶液蒸气压比水低，凝固点和沸点比水高。

10.(　　)物质的凝固点是指在一定外界压力下，物质的液相蒸气压和固相蒸气压相等时的温度。

四、计算题(共 30 分)

1. 将 7.00 g 结晶草酸($H_2C_2O_4 \cdot 2H_2O$)溶于 93 g 水中，所得溶液的密度为 1.025 $g \cdot cm^{-3}$，试求该溶液的：

(1) 质量分数；

(2) 物质的量浓度；

(3) 质量摩尔浓度；

(4) 物质的量分数。

(已知 $H_2C_2O_4 \cdot 2H_2O$ 相对分子质量为 126，$H_2C_2O_4$ 相对分子质量为 90，水的相对分子质量为 18)

2. 有两种溶液，第一种是将 15.0 g 尿素［$CO(NH_2)_2$，摩尔质量为 60.0 $g \cdot mol^{-1}$］溶于 200 g 水中，第二种是将 22.5 g 某未知物溶于 100 g 水中，两者的凝固点相同，求此未知物的摩尔质量。

3. 3.24 g 硫溶于 40.0 g 苯中，苯的沸点升高了 0.810 ℃，求溶解在苯中的硫的分子式。(苯的 $K_b = 2.53\ K \cdot kg \cdot mol^{-1}$，硫的相对原子质量为 32)

4. 已知水的 $K_f = 1.86\ K \cdot kg \cdot mol^{-1}$，$K_b = 0.512\ K \cdot kg \cdot mol^{-1}$，27 ℃时水的蒸气压为 3.57 kPa。某糖水溶液的沸点为 100.138 ℃，求其凝固点及 27 ℃时的蒸气压。

5. 已知水的相对分子质量为 18，$K_f = 1.86\ K \cdot kg \cdot mol^{-1}$，$K_b = 0.512\ K \cdot kg \cdot mol^{-1}$。某水溶液含有非挥发性溶质，在 271.7 K 时凝固，试求：

(1) 该溶液的正常沸点；

(2) 在 298.15 K 时的蒸气压(该温度时水的蒸气压为 3.178 kPa)；

(3) 298.15 K 时的渗透压(假定溶液是理想的，质量摩尔浓度与物质的量浓度近似相等)。

第9章 酸碱平衡

【知识点梳理】

参与无机化学反应的物质主要是酸碱盐，它们在水溶液中会以各种带电的离子存在。不同的离子在水溶液中往往会由于电离、水解等作用呈现不同的酸碱性。酸碱度描述的是水溶液的酸碱性强弱程度，用pH来表示。本章主要是关于酸碱理论、电离平衡、缓冲溶液、水解平衡等的理论及相关计算。

9.1 酸碱理论

1)酸碱电离理论(阿仑尼乌斯电离理论，1887年)

凡是在水溶液中电离时产生的阳离子全部是H^+的化合物叫酸；在水溶液中电离时产生的阴离子全部是OH^-的化合物叫碱。酸碱中和反应就是H^+和OH^-结合生成中性水分子的过程。

注意这里的氢离子在水中的呈现形态是水合氢离子(H_3O^+)，但为书写方便，在不引起混淆的情况下可简写为H^+。这一理论从定量的角度来描写酸碱的性质和它们在化学反应中的行为，酸碱电离理论适用于pH计算、电离度计算、缓冲溶液计算、溶解度计算等，而且计算的精确度相对较高，所以至今仍然是一个非常实用的理论。该理论的局限性在于只限于水溶液，无法解释非水溶剂中物质的酸碱性及不含H^+和OH^-的物质的酸碱性。

2)酸碱质子理论(Bronsted-Lowry酸碱理论，1923年)

凡能给出质子(H^+)的物质都是酸，凡能接受质子的物质都是碱。酸是质子给予体，碱是质子接受体。为了与其他理论相区别，本理论中的酸碱常被称为质子酸碱或布朗斯特酸碱。如：HCl、HSO_4^-、NH_4^+、$H_2PO_4^-$是质子酸，Cl^-、CN^-、HSO_4^-、SO_4^{2-}、NH_3、NaOH是质子碱。

质子理论酸碱的范围更广，酸碱不局限于电中性的分子，还可以是带电的阴阳离子。某些物质既能给出质子，又能接受质子，可以称为酸碱两性物质，简称两性物，如HCO_3^-、HSO_4^-、NH_3、H_2O等。

酸碱共轭关系：质子酸碱不是孤立的，它们通过质子相互联系。质子酸失去一个质子后形成该酸的共轭碱，质子碱结合一个质子后形成该碱的共轭酸。这种关系称为酸碱共轭关系，酸⇌碱＋质子，此式中的酸碱互称为共轭酸碱对。如醋酸(HAc)和醋酸根(Ac^-)、氨(NH_3)和铵离子(NH_4^+)等均为共轭酸碱对。

酸碱质子理论扩大了酸碱的含义及酸碱反应的范围，摆脱了酸碱必须发生在水中的局限性，解决了非水溶液或气体间的酸碱反应，并把在水溶液中进行的解离、中和、水解等类反应概括为一类反应，即质子传递式的酸碱反应。但是，质子理论只限于质子的放出和接受，所以必须含有氢，不能解释不含氢的一类化合物的反应。它包含了所有碱性的物质，但是仍限制在含氢基础上。

3)酸碱电子理论(路易斯酸碱理论)

1923 年美国化学家路易斯(Lewis)提出酸碱电子理论：酸是电子的接受体，碱是电子的给予体，酸碱反应是酸从碱接受一对电子，形成配位键，得到一个酸碱加合物的过程。该理论系统下的酸碱反应称为酸碱加合反应。其通式为 A ＋ B：＝B→A。通常，酸碱电子理论中的“酸”称为 Lewis 酸，“碱”称为 Lewis 碱，以示区别。

该理论进一步扩大了酸与碱的范围，能说明不含质子的物质的酸碱性，包括金属阳离子、缺电子化合物、极性双键分子(例如羰基分子)、价层可扩展原子化合物(某些 P 区元素的配合物)、具有孤对电子的中性分子、含有 C═C 键分子(例如蔡斯盐)，应用最为广泛。同时也扩大了酸碱反应的范围，更深刻地指出了酸碱反应的实质。但该理论无法准确描述酸碱的强弱程度，难以判断酸碱反应的方向与限度。

4)拉平效应和区分效应

根据酸碱质子理论，一种物质在某种溶液中表现出的酸或碱的强度，不仅与酸碱的本质有关，也与溶剂的性质有关。溶剂(如水)将酸的强度拉平的效应简称为拉平效应，该溶剂也称为拉平溶剂。溶剂(如甲醇、醋酸)使酸的强度显示出差别的效应称为区分效应，该溶剂称为区分溶剂。

例如，盐酸、硝酸和高氯酸在冰醋酸中酸强度是不同的(即酸性不同)，但以水为溶剂时，则难以区分它们的酸强度(可认为它们都是强酸，酸性一样)。对这三种酸来说，冰醋酸是区分溶剂，水是拉平溶剂。又如在水溶液中，HCl 和 HAc 的酸强度不同，但在液氨中二者的强度差异消失，因此液氨是 HCl 和 HAc 的拉平溶剂，而水是区分溶剂。

溶剂的拉平效应和区分效应与溶质和溶剂的酸碱相对强度有关。

9.2 水的离子积和溶液 pH

1)水的离子积

水有微弱的导电性，其导电性是由于水能发生微弱的电离产生水合的氢离子和氢氧根离子。$H_2O + H_2O \rightleftharpoons H_3O^+ + OH^-$，称为水的自偶电离。简化为 $H_2O \rightleftharpoons H^+ + OH^-$，平衡常数 $K_w = [H^+][OH^-]$，K_w称为水的离子积。

水的离子积可以通过实验测定：实验测得 295 K 时 1 L 纯水中仅有 10^{-7} mol 水分子电离，则$[H^+]=[OH^-]=10^{-7}\ mol \cdot L^{-1}$，所以 $K_w=[H^+][OH^-]=10^{-14}$。

也可由热力学计算获得：

$$H_2O(l) \rightleftharpoons H^+(aq) + OH^-(aq)$$

$$\Delta_r G_m^\ominus = \Delta_f G_m^\ominus(H^+) + \Delta_f G_m^\ominus(OH^-) - \Delta_f G_m^\ominus(H_2O) = 79.9\ kJ \cdot mol^{-1}$$

$$K_w^\ominus = \exp[-\Delta_r G_m^\ominus/RT] = 1.00 \times 10^{-14}$$

水的离子积是温度的函数，温度一定时，水溶液中$[H^+]$和$[OH^-]$之积为一常数。由于水的解离是一个吸热过程，因此温度升高，水的离子积增大。

2)溶液 pH

1909 年，丹麦生理学家索仑生提出用 pH 表示水溶液的酸度：

$$pH = -\lg[H^+]$$

同样，$pOH = -\lg[OH^-]$，$pK_w = -\lg K_w$，可得

$$pH + pOH = pK_w$$

当温度为 25 ℃时：若水中$[H^+] > [OH^-]$，$pH < 7$，为酸性溶液；若水中$[H^+] < [OH^-]$，$pH > 7$，为碱性溶液；若水中$[H^+] = [OH^-]$，$pH = 7$，为中性溶液。

9.3　弱电解质的电离平衡

强电解质是指在水溶液中全部解离的化合物，而弱电解质是指在水溶液中部分解离的化合物。从结构上来看，强电解质包括离子型化合物（如 NaCl）和强极性分子的共价化合物（如 HCl），弱电解质是弱极性分子化合物，如醋酸（HAc）、氨水（$NH_3 \cdot H_2O$）等。

1)一元弱酸或弱碱的电离平衡

(1)一元弱酸（HA）。

一元弱酸 HA 在水溶液中存在电离平衡 $HA + H_2O \rightleftharpoons A^- + H_3O^+$，可简化为 $HA \rightleftharpoons A^- + H^+$，则有

	HA $\rightleftharpoons$	A^- +	H^+
起始浓度	c	0	0
平衡浓度	$c-[H^+]$	$[A^-]$	$[H^+]$

忽略水的电离，平衡时$[A^-] = [H^+]$，得 $K_a = [H^+]^2/(c-[H^+])$。

一元二次方程不好求解，因此，需要对本方程进行简化。

当弱酸的电离度很小时（<5%），电离的部分相对于初始浓度可以忽略不计。

因此有 $c-[H^+] \approx c$，上式可简化为 $K_a \approx [H^+]^2/c$，可得$[H^+] = (cK_a)^{1/2}$。

使用最简式的判据是 $c/K_a \geqslant 500$。

(2) 一元弱碱(B)。

一元弱碱 B 在水溶液中存在电离平衡，则有

	B + $H_2O \rightleftharpoons$	BH^+ +	OH^-
起始浓度	c	0	0
平衡浓度	$c-[OH^-]$	$[BH^+]$	$[OH^-]$

忽略水的电离，平衡时$[BH^+] = [OH^-]$，$K_b = [OH^-]^2/(c-[OH^-])$

同理，当弱碱的电离度很小时(<5%)，电离的部分相对于初始浓度可以忽略不计。因此有 $c-[OH^-]\approx c$，$K_b\approx[OH^-]^2/c$，$[OH^-]=(cK_b)^{1/2}$。

使用最简式的判据是 $c/K_b\geqslant500$。

(3)电离常数——酸常数 K_a 和碱常数 K_b。

酸常数是对质子酸释放质子的能力的衡量，碱常数是对碱得质子的能力的衡量，所以可以用电离常数半定量地描述酸碱的强度。K_a 越大，酸越强；K_a 越小，酸越弱。同理，K_b 越大，碱越强；K_b 越小，碱越弱。

一对共轭酸碱对的 K_a 与 K_b 关系：

$$K_aK_b=\frac{[H^+][A^-]}{[HA]}\cdot\frac{[OH^-][HA]}{[A^-]}=[H^+][OH^-]=K_w$$

电离常数的大小与电解质本性有关，与起始浓度无关，它随温度的变化而变。

(4) 解离度(电离度)。

电离度是指电解质已经电离分子数与总分子数之比。

$$\alpha=(\text{已电离分子数}/\text{总分子数})\times100\%$$

电离度是弱电解质电离程度的标志，电离度越大，电解质电离的程度越高。强电解质 $\alpha=1$，弱电解质 $\alpha<1$。

	$HA(aq)=$	$A^-(aq)\ +$	$H^+(aq)$
起始浓度	c	0	0
平衡浓度	$c(1-\alpha)$	$c\alpha$	$c\alpha$

当 $\alpha<5\%$ 时，$1-\alpha\approx1$，$K_a=[H^+][A^-]/[HA]=(c\alpha)^2/c(1-\alpha)\approx c\alpha^2$。

$\alpha=\sqrt{\dfrac{K_a}{c}}$，所以 α 不仅与电离常数有关，还与初始浓度有关。K_a 为定值时，c 越大，α 越小，换言之，溶液浓度越稀，电离度越大，这就是稀释定律。

解离度的大小与电解质的本性(分子极性强弱)有关，同时也与温度和浓度有关。在一定温度下，同一弱电解质的电离度与其浓度的平方根成反比，溶液越稀，电离度越大；相同浓度的不同弱电解质的电离度与其电离常数的平方根成正比，电离常数越大，电离度也越大。

2)同离子效应和盐效应

(1) 同离子效应。

指在弱电解质溶液中加入与其含有相同离子的另一强电解质而使弱电解质电离度减小的现象。例如弱酸 HAc 在水溶液中存在平衡 $HAc\rightleftharpoons H^++Ac^-$，若在平衡系统中加入 NaAc，由于 NaAc 是强电解质，在水溶液中完全电离，溶液中 Ac^- 的浓度会显著增大，根据平衡移动原理，HAc 的电离平衡会向左移动，导致 HAc 电离度减小。类似地，加入盐酸，产生的 H^+ 也会使 HAc 的电离度减小。

有同离子效应存在时，一元弱酸、弱碱溶液中 $[H^+]$ 和 $[OH^-]$ 的计算：

以 HA 代表一元弱酸，其起始浓度为 $c_{酸}$，具有共同离子盐的起始浓度为 $c_{盐}$，则有

	HA	⇌	H^+	+	A^-
起始浓度	$c_{酸}$		0		$c_{盐}$
平衡浓度	$c_{酸}-[H^+]$		$[H^+]$		$c_{盐}+[H^+]$

平衡常数 $K_a=\dfrac{[H^+](c_{盐}+[H^+])}{c_{酸}-[H^+]}$。

由于 HA 为弱酸，且存在同离子效应，其电离度会更小，所以产生的氢离子浓度相对于初始浓度可以忽略不计，因此有 $c_{酸}-[H^+]\approx c_{酸}$，$c_{盐}+[H^+]\approx c_{盐}$。

所以 $K_a=[H^+]c_{盐}/c_{酸}$，则 $[H^+]=K_a c_{酸}/c_{盐}$。

同理可以导出一元弱碱及其盐共存时 $[OH^-]=K_b c_{碱}/c_{盐}$。

(2)盐效应。

在弱电解质的溶液中加入不含相同离子的其他强电解质时，该弱电解质的电离度将会增大，这种影响称为盐效应。强电解质的加入，使溶液中离子总浓度增大，离子间相互牵制作用增强，使得弱电解质解离的阴、阳离子结合形成分子的机会减小，从而使弱电解质分子浓度减小，离子浓度相应增大，解离度增大。例如，在 0.1 $mol\cdot L^{-1}$ HAc 溶液中加入 0.1 $mol\cdot L^{-1}$ NaCl 溶液，HAc 的电离度可从 1.34%增大到 1.68%。

3)多元酸的电离平衡

多元酸含有一个以上可以电离的 H^+，如 H_2SO_4、H_3PO_4、H_2S、H_2CO_3、H_2SO_3 等，其电离是分步进行的。

例如：

$H_2S \rightleftharpoons H^+ + HS^-$	$K_{a1}=[HS^-][H^+]/[H_2S]$	一级电离
$HS^- \rightleftharpoons H^+ + S^{2-}$	$K_{a2}=[S^{2-}][H^+]/[HS^-]$	二级电离
$H_2S \rightleftharpoons 2H^+ + HS^-$	$K=K_{a1}K_{a2}$	总电离

(1) 多元弱酸的电离是分步进行的，一般 $K_{a1}\gg K_{a2}$ 时(相差 10^3 以上)，可以认为溶液中的 H^+ 主要来自于弱酸的第一步电离，计算 $[H^+]$ 或 pH 时，可以只考虑第一步电离。比较二元弱酸的强弱，只须比较 K_{a1} 即可。

(2) 对于二元弱酸 H_2A，当 $K_{a1}\gg K_{a2}$ 时，$[A^{2-}]\approx K_{a2}$，而与二元弱酸的初始浓度无关。以 H_2S 为例，由于第二级电离相对第一级可以忽略不计，因此，$[HS^-]\approx[H^+]$，$K_{a2}=[S^{2-}][H^+]/[HS^-]\approx[S^{2-}]$，即 $[S^{2-}]\approx K_{a2}$。

涉及多种平衡的离子，其浓度必须同时满足该溶液中的所有平衡。

9.4　缓冲溶液

1)定义

能够抵抗外来少量酸、碱和水的稀释而保持系统的 pH 基本不变的作用，称为缓冲作用。具有缓冲作用的溶液叫作缓冲溶液。缓冲溶液中的弱酸和弱酸盐(或弱碱和弱碱盐)称为缓冲对。

2)组成

缓冲溶液可以由弱酸+该弱酸的盐组成，如 HAc - NaAc 的混合溶液，或弱碱+该弱碱的盐组成，如 $NH_3 \cdot H_2O - NH_4Cl$ 的混合溶液，或者多元弱酸的酸式盐＋其次级酸盐组成，如 $NaHCO_3 - Na_2CO_3$、$NaH_2PO_4 - Na_2HPO_4$、$Na_2HPO_4 - Na_3PO_4$ 的混合溶液等。

一般缓冲溶液是由两部分组成的，一部分是抗酸成分，另一部分是抗碱成分。例如 HAc - NaAc 缓冲系统，HAc 是抗碱成分，Ac^- 是抗酸成分。

3)缓冲作用原理

以 HAc - NaAc 缓冲系统为例，强电解质 NaAc 完全电离，产生大量的 Ac^-，由于同离子效应，抑制了溶液中 HAc 的电离平衡 $HAc \rightleftharpoons H^+ + Ac^-$，因此溶液中 HAc 和 Ac^- 均大量存在。

加入少量强酸时，溶液中大量的 Ac^- 与外加的少量的 H^+ 结合成 HAc 分子，使 HAc 的电离平衡左移。重新达到平衡时，溶液中的 H^+ 浓度不会因加入了强酸而显著增大，pH 基本保持不变。

加入少量强碱时，外加的少量的 OH^- 与溶液中 H^+ 生成 H_2O。HAc 的电离平衡右移，HAc 不断电离出 H^+ 以弥补溶液中 H^+ 浓度的减小，使得溶液的 H^+ 浓度或 pH 基本不变。

加水稀释时，浓度同时减小，使得[HAc]/[Ac^-]比值不变，溶液的 H^+ 浓度或 pH 基本不变。

缓冲作用是有限的，如果加入大量的强酸或强碱，溶液中的抗酸成分或抗碱成分消耗尽时，溶液会失去缓冲能力。

4)缓冲溶液的 pH 计算

可以根据同离子效应的公式进行计算。对于弱酸及其盐组成的缓冲溶液：$[H^+] = K_a c_{酸}/c_{盐}$(推导见前文同离子效应部分)。

两边取负对数，得 $pH = pK_a - \lg(c_{酸}/c_{盐})$。

同理对于弱碱及其盐组成的缓冲溶液，有 $[OH^-] = K_b c_{碱}/c_{盐}$，则

$$pOH = pK_b - \lg(c_{碱}/c_{盐}),\ pH = 14 - pK_b + \lg(c_{碱}/c_{盐})$$

5)缓冲溶液的选择和配制原则

(1) 缓冲对的浓度越大，当加入强酸或强碱时其浓度值及其比值改变越小，抵制酸碱影响的作用越强，则缓冲能力越大。共轭酸碱的总浓度一般以 0.01～0.1 $mol \cdot L^{-1}$ 为宜。

(2) 缓冲溶液的组成最好为 $c_{酸} = c_{盐}$，浓度比值越接近于 1 时，其缓冲能力越大。为调节 pH 可以增减酸(碱)或盐的浓度，但它们的浓度比 $c_{酸}/c_{盐} = 0.1 \sim 10$ 为宜，这时溶液的 $pH = pK_a \pm 1$。这个 pH 范围就是缓冲溶液的有效缓冲范围，或称为缓冲范围。例如，HAc - NaAc 缓冲溶液，$pK_a = 4.75$，其有效缓冲范围为 3.75～5.75。

(3) 选用缓冲系统的 pK_a 值应尽可能接近所需 pH。

(4) 所选择的缓冲溶液，除了参与和 H^+ 或 OH^- 有关的反应外，不能与反应系统中的其他物质发生反应。

9.5 盐的水解

1)定义

组成盐的离子与水作用使水的解离平衡发生移动从而可能改变溶液的酸度，这种作用叫作盐的水解。如 NaAc、NH_4Cl 等，它们在水中既不能电离出 H^+，也不能电离出 OH^-，但它们的水溶液是有酸碱性的，这说明盐类在水中溶解产生的离子能够与水电离出来的 H^+ 或 OH^- 作用，生成弱酸或弱碱，促进水的电离平衡发生移动。

2)各种类型盐的水解

(1) 弱酸强碱盐，如 NaAc：

$$Ac^- + H_2O \rightleftharpoons HAc + OH^-$$

$$K_h = \frac{[HAc][OH^-]}{[Ac^-]} = \frac{[HAc][OH^-][H^+]}{[Ac^-][H^+]} = K_w/K_a$$

式中的 K_h 为水解反应的平衡常数，称为水解常数。

因 $c/K_h \geqslant 500$，可近似计算，$[OH^-] = \sqrt{K_h c}$。此公式可推广到一般一元弱酸强碱盐的水解反应。水解度 $\alpha = \sqrt{\frac{K_h}{c}}$。

再如 Na_2CO_3：

$CO_3^{2-} + H_2O \rightleftharpoons HCO_3^- + OH^-$

$$K_{h1} = \frac{[HCO_3^-][OH^-]}{[CO_3^{2-}]} = \frac{[HCO_3^-][OH^-][H^+]}{[CO_3^{2-}][H^+]} = K_w/K_{a2}$$

$HCO_3^- + H_2O \rightleftharpoons H_2CO_3 + OH^-$

$$K_{h2} = \frac{[H_2CO_3][OH^-]}{[HCO_3^-]} = \frac{[H_2CO_3][OH^-][H^+]}{[HCO_3^-][H^+]} = K_w/K_{a1}$$

因 $K_{h1} \gg K_{h2}$，所以具体计算时可忽略第二步水解，只考虑第一步水解，即$[OH^-] = \sqrt{K_{h1} c}$，水解度 $\alpha = \sqrt{\frac{K_{h1}}{c}}$。

(2) 弱碱强酸盐，如 NH_4Cl：

$$NH_4^+ + H_2O \rightleftharpoons NH_3 \cdot H_2O + H^+$$

采用与弱酸强碱盐同样的方法，可推导出：$K_h = K_w/K_b$。

若符合近似计算的条件，可得$[H^+] = \sqrt{K_h c}$。

(3) 弱酸弱碱盐，如 NH_4Ac：

这类盐的特点是组成盐的阳离子和阴离子都会与水发生作用，使水解更加强烈，也称双水解。

$$NH_4^+ + Ac^- + H_2O \rightleftharpoons NH_3 \cdot H_2O + HAc$$

$$K_h = \frac{[NH_3 \cdot H_2O][HAc][H^+][OH^-]}{[NH_4^+][Ac^-][H^+][OH^-]} = \frac{K_w}{K_a K_b}$$

弱酸弱碱盐的水解常数同时受到酸常数和碱常数的影响，由于分母中的两个常数都是小数，其乘积更小，所以弱酸弱碱盐的水解常数一般比较大，水解程度也比较大。

弱酸弱碱盐溶液的酸碱性主要与酸常数和碱常数的相对大小有关，具体显什么性质的基本规律是“谁强显谁性”。

(4) 酸碱两性物质。

两性物质溶液指既可以作酸又可以作碱的溶液。作酸作碱的可以是同一组分，如$NaHCO_3$、NaH_2PO_4等，也可以是不同组分，如NH_4Ac、$(NH_4)_2S$、HAc +NaF 等。如$NaHCO_3$在水溶液中既可以电离，又可以水解。

作为酸电离：$HCO_3^- \rightleftharpoons CO_3^{2-} + H^+$，$K_{a2} = [CO_3^{2-}][H^+]/[HCO_3^-] = 5.61\times10^{-11}$。

作为碱水解：$HCO_3^- + H_2O \rightleftharpoons H_2CO_3 + OH^-$，$K_{h2} = [H_2CO_3][OH^-]/[HCO_3^-] = K_w/K_{a1} = 2.3\times10^{-8}$。

对比其电离常数和水解常数的数值的相对大小来判断溶液的酸碱性。若电离常数>水解常数，则溶液显酸性，反之显碱性。

两性物质溶液 pH 计算比较复杂，一般不做要求，其中，当 $c/K_{a1}\geqslant 20$，$cK_{a2}\geqslant 20K_w$ 时，可用最简式 $[H^+]=\sqrt{K_{a1}K_{a_2}}$ 进行计算。

3)影响盐类水解的因素

盐类水解程度的大小，首先决定于离子的本性，形成盐的酸或碱越弱，则盐的水解作用就越强。此外，盐的水解程度还与浓度、温度、酸度等因素有关。

浓度：一般来说，盐的浓度越小，水解度就越大，因此，稀释可促进水解。

温度：盐的水解反应是吸热反应，因此，升高温度，可以促进盐的水解。

酸度：由于盐的水解平衡中有酸碱的参与，因此控制溶液的酸度可以促进或抑制水解反应的进行。例如，在保存$FeCl_3$的时候加入少量的稀盐酸，可以抑制Fe^{3+}的水解。

【例　题】

例 1. 试计算：

(1) pH=1.00 与 pH=4.00 的 HCl 溶液等体积混合后溶液的 pH；

(2) pH=1.00 的 HCl 溶液与 pH=12.00 的 NaOH 溶液等体积混合后溶液的 pH。

解：(1) 先算出混合前溶液中的 H^+ 离子浓度，两份盐酸的 H^+ 离子浓度分别为

$$pH=1.00,\ [H^+]_1=0.1\ mol\cdot L^{-1}$$

$$pH=4.00,\ [H^+]_2=0.0001\ mol\cdot L^{-1}$$

溶液等体积混合后，体积增大一倍，浓度减小一半

$$[H^+]_1'=0.05\ mol\cdot L^{-1},\ [H^+]_2'=0.00005\ mol\cdot L^{-1}$$

混合溶液的 H^+ 浓度和 pH 为

$$[H^+]_{混}=0.05+0.00005=0.05005\ (mol\cdot L^{-1})$$

$$pH_{混}\approx 1.30$$

(2) 先算出混合前 HCl 的 H^+ 浓度和 NaOH 的 OH^- 浓度：

盐酸的 H^+ 离子浓度：pH=1.00，$[H^+]_1=0.1\ mol\cdot L^{-1}$；

NaOH 的 OH^- 离子浓度：pH=12.00，$[OH^-]_1=0.01\ mol\cdot L^{-1}$。

溶液等体积混合后，体积增大一倍，浓度减小一半

$$[H^+]_1'=0.05\ mol\cdot L^{-1}，[OH^-]_1'=0.005\ mol\cdot L^{-1}$$

中和后：$[H^+]_{混}=0.05-0.005=0.045\ (mol\cdot L^{-1})$，则

$$pH_{混}\approx 1.35$$

例 2. 计算浓度为 0.10 mol・L^{-1}和 0.01 mol・L^{-1}的 HAc 溶液的$[H^+]$和α，已知$K_a=1.75\times 10^{-5}$。

解：(1) $c/K_a\geqslant 500$，使用近似式计算：

$$[H^+]=(K_a c)^{1/2}=1.33\times 10^{-3}\ mol\cdot L^{-1}$$

$\alpha=(K_a/c)^{1/2}=[H^+]/c=1.33\ \%$

(2) $c/K_a\geqslant 500$，使用近似式计算：

$$[H^+]=(K_a c)^{1/2}=4.20\times 10^{-4}\ mol\cdot L^{-1}$$

$\alpha=[H^+]/c=4.20\ \%$

通过对比可知，浓度越小，电离度越大。

例 3. 向 1 L 0.10 mol・L^{-1}的 HAc 溶液中加入 0.1 mol NaAc 固体后(忽略体积变化)，求溶液的$[H^+]$和α。已知$K_a=1.75\times 10^{-5}$。

解：向溶液中加入 NaAc 固体后，因为同离子效应，抑制了 HAc 的电离。因此，$[HAc]\approx 0.1\ mol\cdot L^{-1}$，$[Ac^-]\approx 0.1\ mol\cdot L^{-1}$。

$$HAc \rightleftharpoons H^+ + Ac^-$$

$$K_a(HAc)=\frac{[Ac^-][H^+]}{[HAc]}=[H^+]=1.76\times 10^{-5}$$

$$[H^+]=1.75\times 10^{-5}\ mol\cdot L^{-1}$$

$\alpha=\frac{1.75\times 10^{-5}}{0.1}\times 100\%=0.0175\%$

与例 2 对比可知，同离子效应使电离度明显降低。

例 4. 某浓度为 0.10 mol・L^{-1}的一元弱酸溶液，其 pH 为 2.88，求这一弱酸的电离常数及该浓度下的电离度。

解：pH 为 2.88，那么 H^+ 浓度为$[H^+]=0.0013mol\cdot L^{-1}$，又$[A^-]=[H^+]$，则

$$[HA]=0.10-[H^+]=0.10-0.0013=0.0987\ (mol\cdot L^{-1})$$

$$\alpha=\frac{0.0013}{0.10}\times 100\%=1.3\%$$

$$K_a=\frac{[H^+][A^-]}{[HA]}=\frac{0.0013\times 0.0013}{0.0987}=1.7\times 10^{-5}$$

例 5. 已知$K_b^{\ominus}(NH_3)=1.76\times 10^{-5}$。精确制备 pH=11.11 的氨水溶液，计算制备此溶液时 NH_3溶液的浓度为多少。

解：氨水中的电离平衡：$\frac{[NH_4^+][OH^-]}{[NH_3]}=1.76\times 10^{-5}$，其中$[NH_4^+]=[OH^-]$。

要求精确制备 pH=11.11 的氨水溶液，即 pOH=14.00 − 11.11=2.89，即$[OH^-]=1.29\times 10^{-3}\ mol\cdot L^{-1}$，设氨水的平衡浓度为 x，则

$$\frac{(1.29\times 10^{-3})^2}{x}=1.76\times 10^{-5}$$

解得 $x=0.0946\ mol \cdot L^{-1}$。

所需氨水的浓度为平衡浓度与已电离浓度之和，即 $[NH_3]=0.0946+1.29\times10^{-3}=0.0959\ (mol \cdot L^{-1})$。

例 6. $0.1\ mol \cdot L^{-1}$的 H_2S 溶液和 $0.20\ mol \cdot L^{-1}$的 HCl 溶液等体积混合，混合后溶液的 S^{2-}浓度为多少？已知 $K_{a1}(H_2S)=1.1\times10^{-7}$，$K_{a2}(H_2S)=1.3\times10^{-13}$。

解：HCl 的加入，抑制了 H_2S 的电离，因此，水溶液中的 H^+ 主要来自 HCl，而 H_2S 电离的量可以忽略不计，因此，等体积混合后，可知$[H_2S]=0.05\ mol \cdot L^{-1}$，$[H^+]=0.1\ mol \cdot L^{-1}$。

H_2S 电离的总反应式为 $H_2S \rightleftharpoons 2H^+ + S^{2-}$，因此

$$K_a(H_2S)=\frac{[H^+]^2[S^{2-}]}{[H_2S]}=K_{a1}K_{a2}=1.1\times10^{-7}\times1.3\times10^{-13}=1.43\times10^{-20}$$

将数据代入，可得$[S^{2-}]=7.15\times10^{-20}\ mol \cdot L^{-1}$。

例 7. 若要控制 $0.10\ mol \cdot L^{-1}\ NH_3 \cdot H_2O$ 中的 OH^- 浓度为 $1.76\times10^{-5}\ mol \cdot L^{-1}$，需向 1 L 此溶液中加入多少 NH_4Cl 固体？已知 $K_b=1.76\times10^{-5}$。

解：设需加入的 NH_4Cl 固体的物质的量为 x，则$[NH_4{}^+]=x\ mol \cdot L^{-1}$。

因为同离子效应，$[NH_3 \cdot H_2O]=0.10\ mol \cdot L^{-1}$。

根据缓冲溶液 pH 计算公式：

$$pOH=pK_b-\lg\{[NH_3 \cdot H_2O]/[NH_4^+]\}$$

将数值代入，可解得 $x=0.1$ mol。

所以加入的 NH_4Cl 固体质量$=0.1\times53.5=5.35$(g)。

例 8. 今有含 $0.10\ mol \cdot L^{-1}$ HAc 和 $0.10\ mol \cdot L^{-1}$ NaAc 的缓冲溶液，已知 $K_a(HAc)=1.75\times10^{-5}$，计算：

(1) 该溶液的 pH；

(2) 100 mL 缓冲溶液中加入 1.0 mL $1.0\ mol \cdot L^{-1}$ HCl 溶液后溶液的 pH。

解：(1)根据缓冲溶液 pH 计算公式：

$$pH=pK_a-\lg(c_{酸}/c_{盐})=4.75-\lg(0.10/0.10)=4.75$$

(2) 加入 HCl 后，溶液总体积为 101 mL，则

$$[HAc]=[NaAc]=0.10\times100/101=0.099(mol \cdot L^{-1})$$

$$[HCl]=1.0\times1/101=0.0099(mol \cdot L^{-1})$$

由于 HCl 电离出的 H^+ 将与 Ac^- 作用生成 HAc，所以

$$[HAc]=0.099+0.0099=0.1089\ mol \cdot L^{-1}$$

$$[Ac^-]=0.099-0.0099=0.0891\ mol \cdot L^{-1}$$

$$pH=pK_a-\lg(c_{酸}/c_{盐})=4.75-\lg(0.1089/0.0891)=4.66$$

可见，缓冲溶液中加入少量强酸(或强碱)，pH 变化很小。

例 9. 现有 2.00 L $0.500\ mol \cdot L^{-1}\ NH_3(aq)$ 和 2.00 L $0.500\ mol \cdot L^{-1}$ HCl 溶液。若配制 pH=9.60 的缓冲溶液，不允许再加水，最多可配制多少缓冲溶液？其中$[NH_3]$、$[NH_4^+]$各为多少？已知 $K_b^{\ominus}(NH_3)=1.76\times10^{-5}$。

解：根据题意，用氨水和盐酸只能配制 NH_3-NH_4Cl 类型的缓冲溶液，配制过程氨水必须过量，然后与生成的氯化铵组成缓冲溶液。由于氨水和盐酸的浓度和体积相同，所以

氨水可以全部用上，而盐酸只能取用一部分。

由 $pH=14-pK_b^\ominus+\lg\frac{c_{碱}}{c_{盐}}$，得 $9.60=14-[-\lg(1.76\times10^{-5})]+\lg\frac{c_{碱}}{c_{盐}}$。

则 $\lg\frac{c_{碱}}{c_{盐}}=0.354$，$\frac{c_{碱}}{c_{盐}}=2.26$。

设取体积为 x 的 $0.500\ mol\cdot L^{-1}$ 盐酸与 $2.00\ L\ 0.500\ mol\cdot L^{-1}$ 氨水混合，则

$$\frac{c_{碱}}{c_{盐}}=\frac{0.500\times\frac{2.00-x}{2.00+x}}{0.500\times\frac{x}{2.00+x}}=\frac{2.00-x}{x}=2.26$$

解得 $x=0.613\ L$。

所以最多可配制缓冲溶液体积为 $2.00+0.613=2.613(L)$，其中

$$[NH_3]=0.500\times\frac{2.00-0.613}{2.00+0.613}=0.265(mol\cdot L^{-1})$$

$$[NH_4^+]=0.500\times\frac{0.613}{2.00+0.613}=0.117(mol\cdot L^{-1})$$

例 10. 计算 $0.20\ mol\cdot L^{-1}\ NH_4Cl$ 溶液的 pH。已知 $K_b^\ominus=1.76\times10^{-5}$。

解：水解反应式为 $NH_4{}^+ + H_2O \rightleftharpoons NH_3\cdot H_2O + H^+$。

$c/K_h^\ominus\geqslant500$，$[NH_4^+]\approx0.20$，则

$$K_h=\frac{K_w}{K_b}=\frac{10^{-14}}{1.76\times10^{-5}}=5.68\times10^{-10}=\frac{[NH_3\cdot H_2O][H^+]}{[NH_4^+]}=\frac{[H^+]^2}{0.2}$$

解得 $[H^+]=1.066\times10^{-5}$，则 $pH=4.97$。

例 11. 已知碳酸的电离常数 $K_{a1}^\ominus=4.45\times10^{-7}$，$K_{a2}^\ominus=4.69\times10^{-11}$，分别计算浓度均为 $0.10\ mol\cdot L^{-1}$ 的 $NaHCO_3$、Na_2CO_3 溶液的 pH。

解：$NaHCO_3$ 作为一个酸式盐，属于酸碱两性物质，$[H^+]$ 可作如下近似计算：

$$[H^+]=\sqrt{K_{a1}\times K_{a2}}=\sqrt{4.45\times10^{-7}\times4.69\times10^{-11}}=4.57\times10^{-9}$$

$$pH=8.34$$

Na_2CO_3 是一个强碱弱酸盐，有两级水解，但第一级的水解远大于第二级的水解，所以可以忽略第二级水解，若只考虑第一级水解，其水解反应式为 $CO_3^{2-}+H_2O\rightleftharpoons HCO_3^-+OH^-$。

$$K_{h1}=\frac{K_w}{K_{b2}}=\frac{10^{-14}}{4.69\times10^{-11}}=2.13\times10^{-4}$$

$c/K_h\geqslant500$，$[CO_3{}^{2-}]\approx0.10\ mol\cdot L^{-1}$，则

$$K_{h1}=\frac{[HCO_3^-][OH^-]}{[CO_3^{2-}]}=\frac{[OH^-]^2}{0.1}=2.13\times10^{-4}$$

解得 $[OH^-]=4.62\times10^{-3}$，则

$$pOH=2.34$$

$$pH=11.66$$

【知识点练习】

一、选择题

1. 按酸碱质子理论考虑，在水溶液中既可作酸亦可作碱的物质是(　　)。

A. Cl^-　　B. NH_4^+　　C. HCO_3^-　　D. H_3O^+

2. 不是共轭酸碱对的一组物质是(　　)。

A. NH_3，NH_2^-　　B. NaOH，Na^+　　C. OH^-，O^{2-}　　D. H_3O^+，H_2O

3. 已知 NH_3 的 $K_b^\ominus=1.8\times10^{-5}$，则其共轭酸的 $K_a^\ominus$ 值为(　　)。

A. 1.8×10^{-9}　　B. 1.8×10^{-10}　　C. 5.6×10^{-10}　　D. 5.6×10^{-5}

4. 根据酸碱质子理论，$HNO_3 + H_2SO_4 = H_2NO_3^+ + HSO_4^-$ 正反应中的酸是(　　)。

A. HSO_4^-　　B. HNO_3　　C. H_2SO_4　　D. $H_2NO_3^+$

5. pH 为 9.40 的溶液中 OH^- 离子浓度为(　　)$mol\cdot L^{-1}$。

A. 4.0×10^{-10}　　B. 2.5×10^{-9}　　C. 4.0×10^{-6}　　D. 2.5×10^{-5}

6. pH＝1.0 和 pH＝3.0 的两种强酸溶液等体积混合后溶液的 pH 为(　　)。

A. 0.3　　B. 1.0　　C. 1.3　　D. 1.5

7. 等体积混合 pH＝2.00 和 pH＝11.00 的强酸和强碱溶液，所得溶液的 pH 为(　　)。

A. 6.50　　B. 4.82　　C. 3.46　　D. 2.35

8. pH 为 3 的 H_2SO_4 溶液与 pH 为 9 的 NaOH 溶液混合后 pH 为 7，两溶液混合时酸与碱的体积比为(　　)。

A. 100∶1　　B. 1000∶1　　C. 1∶100　　D. 1∶1000

9. 弱酸的强度主要与它在水溶液中的(　　)有关。

A. 浓度　　B. 离解度　　C. 离解常数　　D. 溶解度

10. 在水溶液中的电离平衡计算中，通常用浓度而不用活度，理由是(　　)。

A. 活度无法测定　　B. 活动与浓度是相同的

C. 活动与浓度成正比　　D. 稀溶液中两者相差不大

11. 在 0.10 $mol\cdot L^{-1}$ 的 H_2S 溶液中，各物质浓度大小次序为(　　)(已知 H_2S 的 $K_{a1}^\ominus=1.1\times10^{-7}$，$K_{a2}^\ominus=1.3\times10^{-13}$)。

A. $H_2S>H^+>S^{2-}>OH^-$　　B. $H_2S>H^+>S^{2-}>HS^-$

C. $H^+>H_2S>HS^->S^{2-}$　　D. $H_2S>H^+>OH^->S^{2-}$

12. 加 $NH_4Cl(s)$ 到 $NH_3\cdot H_2O$ 溶液中，将使(　　)。

A. $K_b^\ominus$ 变大　　B. $K_b^\ominus$ 变小　　C. pH 变大　　D. pH 变小

13. 在 H_2S 水溶液中，加入一些 Na_2S 固体，将使(　　)。

A. H_2S 的离解度增大　　B. H_2S 的电离常数减小

C. 溶液的 pH 减小　　D. 溶液的 pH 增大

14. 在 100 mL 0.1 mol・L^{-1}的苯甲酸溶液中加入 10 mL 1.0 mol・L^{-1}的 HCl，溶液中保持不变的是(　　)。

A. 离解度 α　　B. pH　　C. 苯甲酸的浓度　　D. 苯甲酸的 $K_a^\ominus$

15. 在下列溶液中 HCN 离解度最大的是(　　)。

A. 0.10 mol・L^{-1} KCN

B. 0.20 mol・L^{-1} NaCl

C. 0.10 mol・L^{-1} KCN 和 0.10 mol・L^{-1} KCl 混合溶液

D. 0.10 mol・L^{-1} KCl 和 0.20 mol・L^{-1} NaCl 混合溶液

16. 某酸 HA 的 $K_a^\ominus=8.4\times10^{-4}$，0.10 mol・$L^{-1}$此酸的 H^+浓度为(　　)mol・L^{-1}。

A. 9.2×10^{-3}　　B. 1.8×10^{-2}　　C. 2.9×10^{-3}　　D. 8.8×10^{-3}

17. 已知 $K_b^\ominus(NH_3)=1.8\times10^{-5}$，则在浓度为 1.5×10^{-2} mol・L^{-1}的氨水溶液中 NH_3的平衡浓度近似为(　　)mol・L^{-1}。

A. 1.45×10^{-2}　　B. 1.25×10^{-2}　　C. 4.25×10^{-3}　　D. 2.70×10^{-4}

18. 0.10 mol・L^{-1} HCN 溶液的电离度为 0.01%，则氢氰酸的电离常数是(　　)。

A. 10^{-2}　　B. 10^{-4}　　C. 10^{-7}　　D. 10^{-9}

19. 0.50 mol・L^{-1} HAc[$K_a^\ominus(HAc)=1.8\times10^{-5}$]的电离度是(　　)。

A. 0.30%　　B. 1.3%　　C. 0.60%　　D. 0.90%

20. 把 100 mL 0.10 mol・L^{-1}的 HCN 溶液($K_a^\ominus=6.2\times10^{-10}$)稀释至 400 mL，溶液中的[$H^+$] 约为原来的(　　)。

A. 1/2　　B. 1/4　　C. 2 倍　　D. 4 倍

21. 某一元弱酸的 0.20 mol・L^{-1}溶液，其 pH=3.0，它的电离常数为(　　)。

A. 0.60　　B. 10×10^{-3}　　C. 2.0×10^{-4}　　D. 5.0×10^{-6}

22. 已知 0.010 mol・L^{-1}某一元弱酸的 pH=4.55，则该酸的离解常数 $K_a^\ominus$为(　　)。

A. 5.7×10^{-6}　　B. 9.6×10^{-7}　　C. 7.8×10^{-8}　　D. 6.4×10^{-9}

23. 0.5 L 的 0.6 mol・L^{-1} HF 溶液，欲使电离度增加到原来的 4 倍，应将原溶液稀释到(　　)。

A. 4 L　　B. 5 L　　C. 6 L　　D. 8 L

24. 某一元弱酸的浓度为 c，离解度为 α，将其稀释 1 倍后，离解度 α' 将是(　　)。

A. $\alpha'=\alpha$　　B. $\alpha'=\sqrt{2}\alpha$　　C. $\alpha'=\frac{a}{\sqrt{2}}$　　D. $\alpha'=2\alpha$

25. 设氨水浓度为 c，加水稀释 1 倍，则溶液中[OH^-]为(　　)。

A. $c/2$　　B. $\frac{\sqrt{K_b c}}{2}$　　C. $\sqrt{\frac{K_b c}{2}}$　　D. $2c$

26. 已知 $K_b^\ominus(NH_3)=1.8\times10^{-5}$，在含有 0.020 mol・$L^{-1}$的 $NH_3\cdot H_2O$ 和 0.010 mol・L^{-1}的 KOH 混合溶液中，[NH_4^+]等于(　　)mol・L^{-1}。

A. 9.0×10^{-4}　　B. 3.6×10^{-5}　　C. 0.02　　D. 6.0×10^{-4}

27. 在 0.1 mol・L^{-1}的 H_2S 溶液中，S^{2-}离子的浓度为(　　)。

A. 0.1 mol・L^{-1}　　B. $\sqrt{0.1K_{a1}}$　　C. $K_{a1}^\ominus(H_2S)$　　D. $K_{a2}^\ominus(H_2S)$

28. 氢硫酸的电离常数 $K_{a1}^{\ominus}=1.1\times10^{-7}$，$K_{a2}^{\ominus}=1.3\times10^{-13}$，在 0.1 $mol\cdot L^{-1}$ H_2S 水溶液中溶液的 pH 是(　　)。

A. 1　　B. 2　　C. 3　　D. 4

29. 已知 H_2S 的 $K_{a1}^{\ominus}=1.1\times10^{-7}$，$K_{a2}^{\ominus}=1.3\times10^{-13}$。向 0.10 $mol\cdot L^{-1}$ HCl 溶液中通入 H_2S 气体至饱和(0.10 $mol\cdot L^{-1}$ H_2S)，溶液中 S^{2-} 浓度为(　　)$mol\cdot L^{-1}$。

A. 1.4×10^{-19}　　B. 1.1×10^{-12}　　C. 1.0×10^{-19}　　D. 9.5×10^{-5}

30. 某二元弱酸 H_2A 的 $K_{a1}^{\ominus}=6\times10^{-8}$，$K_{a2}^{\ominus}=8\times10^{-14}$，若其浓度为 0.05 $mol\cdot L^{-1}$，则溶液中 A^{2-} 浓度约为(　　)$mol\cdot L^{-1}$。

A. 6×10^{-8}　　B. 8×10^{-14}　　C. 3×10^{-8}　　D. 4×10^{-14}

31. 已知下列四种酸及其离解常数：$K_a^{\ominus}(HAc)=1.8\times10^{-5}$、$K_a^{\ominus}(HCOOH)=1.8\times10^{-4}$、$K_{a1}^{\ominus}(H_3PO_4)=7.11\times10^{-3}$、$K_{a1}^{\ominus}(H_2SO_3)=1.3\times10^{-2}$。若将它们分别配制成 0.01 $mol\cdot L^{-1}$的水溶液，则 pH 最小的是(　　)。

A. H_3PO_4　　B. H_2SO_3　　C. HAc　　D. HCOOH

32. 在 HAc - NaAc 组成的缓冲溶液中，若[HAc]>[Ac^-]，则该缓冲溶液抵抗外加酸或碱的能力为(　　)。

A. 抗酸能力>抗碱能力　　B. 抗酸能力<抗碱能力

C. 抗酸碱能力相同　　D. 无法比较

33. 在 HNO_2 - $NaNO_2$ 缓冲溶液中，起抗酸作用的是(　　)。

A. HNO_2　　B. NO_2^-　　C. H^+　　D. Na^+

34. 缓冲溶液的 pH 主要是由(　　)决定的。

A. 共轭对的平衡常数　　B. 共轭对双方的浓度比

C. 溶液的温度　　D. 共轭对双方的总浓度

35. 在 100 mL 纯水、0.1 $mol\cdot L^{-1}$的 HAc 溶液、0.1 $mol\cdot L^{-1}$的 HAc-NaAc 混合溶液中分别加入 10 mL 0.1 $mol\cdot L^{-1}$的 NaOH 溶液，pH 变化最大的是(　　)。

A. 纯水　　B. HAc 溶液

C. HAc - NaAc 混合溶液　　D. 无法确定

36. 下列各混合溶液中，具有缓冲作用的是(　　)。

A. HCl (1 $mol\cdot L^{-1}$) + NaAc (2 $mol\cdot L^{-1}$)

B. NaOH (1 $mol\cdot L^{-1}$) + $NH_3\cdot H_2O$ (1 $mol\cdot L^{-1}$)

C. HCl (1 $mol\cdot L^{-1}$) + NaCl (2 $mol\cdot L^{-1}$)

D. NaOH (1 $mol\cdot L^{-1}$) + NaCl (1 $mol\cdot L^{-1}$)

37. 已知 H_2CO_3 的 $K_{a1}^{\ominus}=4.45\times10^{-7}$，$K_{a2}^{\ominus}=4.69\times10^{-11}$；$K_b^{\ominus}(NH_3)=1.8\times10^{-5}$；$K_a^{\ominus}(HAc)=1.8\times10^{-5}$。现需配制 pH=9 的缓冲溶液，选用的缓冲对最好是(　　)。

A. H_2CO_3 - $NaHCO_3$　　B. $NaHCO_3$ - Na_2CO_3

C. NH_3 - NH_4Cl　　D. HAc - NaAc

38. 配制 pH=9.2 的缓冲溶液时，应选用的缓冲对是(　　)。

A. HAc - NaAc ($K_a^{\ominus}=1.8\times10^{-5}$)　　B. NaH_2PO_4 - Na_2HPO_4 ($K_{a2}^{\ominus}=6.2\times10^{-8}$)

C. NH_3 - NH_4Cl ($K_b^{\ominus}=1.8\times10^{-5}$)　　D. $NaHCO_3$ - Na_2CO_3 ($K_{a2}^{\ominus}=4.7\times10^{-11}$)

39. 欲配制 pH=7 的缓冲溶液，下列物质的共轭酸碱对中最好的是(　　)。

A. 羟胺　$K_b^\ominus=1.0\times10^{-9}$　　B. $NH_3\cdot H_2O$　$K_b^\ominus=1.8\times10^{-5}$

C. NaH_2PO_4　$K_{a2}^\ominus=6.3\times10^{-8}$　　D. 甲酸　$K_a^\ominus=1.8\times10^{-4}$

40. 已知 H_3PO_4 的 $K_{a1}^\ominus=7.1\times10^{-3}$，$K_{a2}^\ominus=6.3\times10^{-8}$，$K_{a3}^\ominus=4.8\times10^{-13}$。把 Na_2HPO_4 和 Na_3PO_4 溶解在水中，其物质的量浓度相同，则该溶液的 $[H^+]$ 应是(　　) mol/L。

A. 7.1×10^{-3}　　B. 6.0×10^{-8}　　C. 4.3×10^{-10}　　D. 4.8×10^{-13}

41. 将 0.40 $mol\cdot L^{-1}$ HAc 和 0.20 $mol\cdot L^{-1}$ NaOH 溶液等体积混合，已知 $K_a^\ominus(HAc)=1.8\times10^{-5}$，所得溶液的 pH 为(　　)。

A. 2.95　　B. 4.74　　C. 4.67　　D. 9.43

42. HX 的电离常数 $K_a^\ominus=1\times10^{-4}$，在 0.05 $mol\cdot L^{-1}$ HX 和 0.50 $mol\cdot L^{-1}$ KX 溶液中，其$[H^+]$近似是(　　)。

A. $10^{-3}mol\cdot L^{-1}$　　B. $2\times10^{-5}mol\cdot L^{-1}$

C. $10^{-5}mol\cdot L^{-1}$　　D. $10^{-8}mol\cdot L^{-1}$

43. 向 0.030 $mol\cdot L^{-1}$的醋酸溶液中加入足量的固体醋酸钠，使溶液中醋酸钠的浓度为 0.10 $mol\cdot L^{-1}$(忽略固体加入后的体积变化)。已知醋酸的电离常数为 1.8×10^{-5}，则溶液的 pOH 接近于(　　)。

A. 8.7　　B. 7.0　　C. 7.8　　D. 9.0

44. 用 0.20 $mol\cdot L^{-1}$ HAc 和 0.20 $mol\cdot L^{-1}$ NaAc 溶液直接混合(不加水)，配制 1.0 L pH=5.00 的缓冲溶液，已知 $K_a^\ominus(HAc)=1.8\times10^{-5}$，约需取 0.20 $mol\cdot L^{-1}$ HAc 溶液(　　)。

A. 640 mL　　B. 650 mL　　C. 350 mL　　D. 360 mL

45. 取 50 mL 0.10 $mol\cdot L^{-1}$某一元弱酸与 20 mL 0.10 $mol\cdot L^{-1}$ KOH 溶液混合，将混合液稀释至 100 mL，测得该溶液 pH=5.25，该酸的 $K_a^\ominus$ 为(　　)。

A. 3.7×10^{-6}　　B. 5.6×10^{-6}　　C. 8.4×10^{-6}　　D. 9.4×10^{-6}

46. 已知 H_3PO_4 的 $K_{a1}^\ominus=7.11\times10^{-3}$，$K_{a2}^\ominus=6.34\times10^{-8}$，$K_{a3}^\ominus=4.8\times10^{-13}$，则浓度均为 0.10 $mol\cdot L^{-1}$ 的 NaH_2PO_4 与 Na_2HPO_4 等体积混合后，溶液的 pH 为(　　)。

A. 5.38　　B. 7.20　　C. 8.36　　D. 10.34

47. 欲配制 pH=10.0 的缓冲溶液，下列几种物质的共轭酸碱对中最合适的是(　　)。

A. 羟胺 ($K_b^\ominus=1.0\times10^{-9}$)　　B. NaH_2PO_4 ($K_a^\ominus=6.3\times10^{-8}$)

C. $NH_3\cdot H_2O$ ($K_b^\ominus=1.8\times10^{-5}$)　　D. 甲酸 ($K_a^\ominus=1.8\times10^{-4}$)

48. 已知：

$$K_a^\ominus(HAc)=1.8\times10^{-5},\ K_b^\ominus(NH_3)=1.8\times10^{-5}$$

$$H_2CO_3\text{的 } K_{a1}^\ominus=4.5\times10^{-7},\ K_{a2}^\ominus=4.7\times10^{-11}$$

$$H_3PO_4\text{的 } K_{a1}^\ominus=7.1\times10^{-3},\ K_{a2}^\ominus=6.3\times10^{-8},\ K_{a3}^\ominus=4.8\times10^{-13}$$

配制 pH=7.0 的缓冲溶液时，最合适的缓冲对是(　　)。

A. HAc-NaAc　　B. NH_3-NH_4Cl

C. NaH_2PO_4-Na_2HPO_4　　D. $NaHCO_3$-Na_2CO_3

49. 在 0.06 mol·L^{-1} 的 HAc 溶液中，加入足够量的 NaAc 晶体使其浓度达到 0.2 mol·L^{-1}，已知 $K_a^\ominus$(HAc)=1.8×10^{-5}，则溶液中的[H^+]近似为(　　)。

A. 5.4×10^{-6}　　B. 3.6×10^{-6}　　C. 1.1×10^{-6}　　D. 5.4×10^{-8}

50. 已知氨水的 $K_b^\ominus$ 为 1.8×10^{-5}，将 1 L 4 mol·L^{-1} 氨水与 1 L 2 mol·L^{-1} 盐酸溶液混合，混合后溶液中[OH^-]为(　　)。

A. 1 mol·L^{-1}　　B. 2 mol·L^{-1}

C. 1.8×10^{-3} mol·L^{-1}　　D. 1.8×10^{-5} mol·L^{-1}

51. 某缓冲溶液由弱酸 HIn 及其盐组成，$K_a^\ominus$(HIn)=8×10^{-7}，若该缓冲溶液的[H^+]为 1×10^{-6} mol·L^{-1}，则[HIn]/[In^-]为(　　)。

A. 1/0.6　　B. 0.6　　C. 0.8　　D. 1/0.8

52. 某弱酸 HA 的 $K_a=2.0\times10^{-5}$，若配制 pH=5.00 的缓冲溶液用 1.0 mol·L^{-1} 的该弱酸与 0.10 L 1.0 mol·L^{-1} 的 NaA 混合，则弱酸的体积为(　　)。

A. 0.20 L　　B. 0.050 L　　C. 0.10 L　　D. 0.15 L

53. 下列反应中属于水解反应的是(　　)。

A. $HS^- + H_2O = H_3O^+ + S^{2-}$

B. $HCO_3^- + H_2O = CO_3^{2-} + H_3O^+$

C. $NH_4^+ + 2H_2O = NH_3\cdot H_2O + H_3O^+$

D. $NH_3 + H_2O = NH_4^+ + OH^-$

54. 0.10 mol·L^{-1} 的 Na_2CO_3 水溶液中，[OH^-]主要取决于(　　)。

A. $K_{a1}^\ominus$　　B. $K_{a2}^\ominus$　　C. $K_w^\ominus$　　D. $K_{a1}^\ominus\times K_{a2}^\ominus$

55. 向 Na_2CO_3 溶液中滴入两滴酚酞溶液，溶液呈粉红色，微热后，溶液颜色(　　)。

A. 加深　　B. 变浅　　C. 不变　　D. 消失

56. 室温下，同浓度的 Na_3PO_4、Na_2HPO_4、NaH_2PO_4 溶液的水解度是(　　)。

A. Na_3PO_4 最大　　B. Na_2HPO_4 最大　　C. NaH_2PO_4 最大　　D. 三者相等

57. 已知 $K_a^\ominus$(HAc)=1.75×10^{-5}，0.36 mol·L^{-1} NaAc 溶液的 pH 为(　　)。

A. 4.85　　B. 5.15　　C. 9.15　　D. 8.85

58. 0.045 mol·L^{-1} KNO_2 溶液的 pH=8.0，则 HNO_2 的 $K_a^\ominus$ 是(　　)。

A. 4.5×10^{-2}　　B. 4.5×10^{-10}　　C. 4.5×10^{-8}　　D. 4.5×10^{-4}

59. 已知 $K_a^\ominus$(HAc)=1.8×10^{-5}，$K_a^\ominus$(HCN)=6.2×10^{-10}，$K_b^\ominus$(NH_3)=1.8×10^{-5}，浓度均为 0.10 mol·L^{-1} 的 NaCl、NH_4Cl、NaAc、NaCN 水溶液中，[OH^-]由大到小排列的顺序是(　　)。

A. NaCN>NaAc>NaCl>NH_4Cl　　B. NaCl>NH_4Cl>NaAc>NaCN

C. NaCl>NaAc>NH_4Cl>NaCN　　D. NaAc>NaCN>NH_4Cl>NaCl

60. 计算一元弱酸和一元弱碱所生成盐的水解常数 K_h 的式子是(　　)。

A. $K_h=\dfrac{K_w}{K_a}$　　B. $K_h=\dfrac{K_w}{K_b}$　　C. $K_h=\dfrac{K_w}{K_aK_b}$　　D. $K_h=c\alpha^2$

61. 已知相同浓度的盐 NaA、NaB、NaC、NaD 的水溶液 pH 依次增大，则相同浓度的下列稀酸中离解度最大的是(　　)。

A. HD　　B. HC　　C. HB　　D. HA

62. 水解反应 $Zn^{2+} + H_2O = ZnOH^+ + H^+$ 的平衡常数 $K^\ominus = 2.5 \times 10^{-10}$，则 0.10 mol · L^{-1} 的 $ZnCl_2$ 溶液的 pH 为（　　）。

A. 3.25　　B. 4.34　　C. 5.30　　D. 6.78

63. 20 mL 0.10 mol · L^{-1} HCl 溶液和 20 mL 0.10 mol · L^{-1} NaAc 溶液混合，已知 $K_{a1}^\ominus(HAc) = 1.75 \times 10^{-5}$，其 pH 为（　　）。

A. 2.97　　B. 3.03　　C. 3.42　　D. 3.78

64. 下列各盐的 0.10 mol · L^{-1} 水溶液中，pH 最大的是（　　）。

A. NH_4Cl [$K_b^\ominus(NH_3) = 1.8 \times 10^{-5}$]

B. NaAc [$K_a^\ominus(HAc) = 1.8 \times 10^{-5}$]

C. Na_2CO_3（H_2CO_3：$K_{a1}^\ominus = 4.5 \times 10^{-7}$，$K_{a2}^\ominus = 4.7 \times 10^{-11}$）

D. Na_3PO_4（H_3PO_4：$K_{a1}^\ominus = 7.1 \times 10^{-3}$，$K_{a2}^\ominus = 6.3 \times 10^{-8}$，$K_{a3}^\ominus = 4.8 \times 10^{-13}$）

65. 已知 H_3PO_4 的 $K_{a1}^\ominus = 7.1 \times 10^{-3}$，$K_{a2}^\ominus = 6.3 \times 10^{-8}$，$K_{a3}^\ominus = 4.8 \times 10^{-13}$，则在 0.10 mol · L^{-1} NaH_2PO_4 溶液中离子浓度由大至小的顺序正确的是（　　）。

A. Na^+，$H_2PO_4^-$，HPO_4^{2-}，H_3PO_4，PO_4^{3-}

B. Na^+，$H_2PO_4^-$，HPO_4^{2-}，PO_4^{3-}，H_3PO_4

C. Na^+，HPO_4^{2-}，$H_2PO_4^-$，H_3PO_4，PO_4^{3-}

D. Na^+，HPO_4^{2-}，$H_2PO_4^-$，PO_4^{3-}，H_3PO_4

二、填空题

1. 酸碱质子理论认为，酸碱反应的方向是__________与__________反应生成__________和__________。

2. 氨在水中的电离方程式为____________________，根据酸碱质子理论，该反应式中__________是酸，__________是碱。

3. 根据酸碱质子理论，CO_3^{2-} 是________，其共轭______是________。

4. 根据酸碱质子理论，NH_4^+ 是________，其共轭______是________；CO_3^{2-} 是________，其共轭______是________。酸碱反应的实质是____________________。

5. 酸碱质子理论认为，$H_2PO_4^-$ 的共轭酸为__________，共轭碱为__________，所以它是__________物质。

6. 现有强酸、强碱的稀溶液，若以 pH=9.0 和 pH=11.0 的溶液等体积混合，溶液的 pH=__________；若以 pH=5.0 和 pH=9.0 的溶液等体积混合，溶液的 pH=__________。

7. 已知 18 ℃ 时水的离子积为 $K_w^\ominus = 6.4 \times 10^{-15}$，此时中性溶液中[$H^+$]=________ mol · L^{-1}，pH=________。

8. 对于一元弱酸或弱碱的稀溶液来说，K_a 和 K_b 分别称为__________和__________。

9. 0.40 mol · L^{-1} HAc 溶液的氢离子浓度是 0.10 mol · L^{-1} HAc 溶液的氢离子浓度的________倍。（已知 HAc 的 $K_a^\ominus = 1.8 \times 10^{-5}$）

10. 在 500 mL 0.2 mol · L^{-1} 氨水中加入 500 mL 水，氨水的电离度将变为原来的________倍。

11. $K_a^{\ominus}(HAc)=1.8\times10^{-5}$，则 0.50 $mol\cdot L^{-1}$ HAc 的电离度 α 为________。

12. 已知 0.10 $mol\cdot L^{-1}$ HCN 的电离度 α 为 0.010%，则 HCN 的电离常数 $K^{\ominus}$ 为________。

13. 苯酚俗名石炭酸，是一种一元弱酸，它的 $K_a^{\ominus}=1.28\times10^{-10}$。若某苯酚的水溶液中苯酚的电离度为 0.1%，则该苯酚溶液的浓度为________ $mol\cdot L^{-1}$，该溶液的 pH 为________。

14. 某一元弱碱的 $K_b^{\ominus}=1.0\times10^{-8}$，则其 0.010 $mol\cdot L^{-1}$溶液的 pH 为________，该溶液与水等体积混合后，pH 为________。

15. pH=3 的 HAc ($K_a^{\ominus}=1.8\times10^{-5}$)溶液的浓度为________$mol\cdot L^{-1}$。

16. 已知 298 K 时浓度为 0.01 $mol\cdot L^{-1}$的某一元弱酸的 pH 为 4.00，则该酸的电离常数 K_a为________。当把该酸溶液稀释后，其 pH 将变________，电离度 α 将变________，电离常数的值将________。

17. 在 0.10 $mol\cdot L^{-1}$ HAc 溶液中加入 NaAc 固体后，HAc 浓度________，电离度________，pH ________，电离常数________(填“增大”“减小”或“不变”)。这种现象叫作________。

18. 在 0.10 $mol\cdot L^{-1}$ 的 HAc 溶液中加入少量固体 KNO_3 后，HAc 的电离度将________，这种现象叫作________。

19. 已知某二元弱酸 H_2A 的 $K_{a1}^{\ominus}=1\times10^{-7}$，$K_{a2}^{\ominus}=1\times10^{-14}$，则 0.10 $mol\cdot L^{-1}$ H_2A 溶液中 $[A^{2-}]$为________$mol\cdot L^{-1}$；在 0.10 $mol\cdot L^{-1}$ H_2A 和 0.10 $mol\cdot L^{-1}$盐酸混合溶液中 $[A^{2-}]$为________$mol\cdot L^{-1}$。

20. 已知：H_3PO_4的 $K_{a1}^{\ominus}=7.1\times10^{-3}$，$K_{a2}^{\ominus}=6.3\times10^{-8}$，$K_{a3}^{\ominus}=4.8\times10^{-13}$；$H_2S$ 的 $K_{a1}^{\ominus}=1.1\times10^{-7}$，$K_{a2}^{\ominus}=1.3\times10^{-13}$。写出下列反应的平衡常数值：

(1) $H_3PO_4 + PO_4^{3-} \rightleftharpoons H_2PO_4^- + HPO_4^{2-}$；$K^{\ominus}=$________；

(2) $S^{2-} + H_2O \rightleftharpoons HS^- + OH^-$；$K^{\ominus}=$________。

21. 在醋酸溶剂中，高氯酸的酸性强于盐酸，但在水中，高氯酸和盐酸的酸性相近，这是________引起的。

22. 在水中，盐酸、氢溴酸、氢碘酸、高氯酸都是强酸，很难区别它们的强弱，这是________引起的。如果把它们溶于纯的醋酸中，它们的强弱就可以区别开来，这种作用叫作________。

23. 对于 HAc-NaAc 缓冲系统，选择以下正确答案的序号，填入相应的空格内。

① 弱酸及其盐的浓度；② 弱酸盐的浓度；③ 弱酸及其盐的浓度比；④ 弱酸的 $K_a^{\ominus}$值。

决定系统 pH 的主要因素是________；

影响系统 pH 变动 0.1～0.2 个单位的因素是________；

影响缓冲容量的因素是________；

影响对外加酸缓冲能力大小的因素是________。

24. 若将 HAc 溶液与等体积的 NaAc 溶液相混合，欲使混合溶液的 pH 为 4.05，则混合溶液中酸和盐的浓度比近似为________。当将该溶液稀释两倍后，其 pH ________(“增大”“减小”或“基本不变”)。将该混合溶液中 HAc 和 NaAc 的浓度同时增大相同倍数时，其缓冲能力__________（“增强”“减弱”或“不变”）。（HAc 的 $K_a^\ominus=1.8\times10^{-5}$）

25. 已知 $K_b^\ominus(NH_3\cdot H_2O)=1.8\times10^{-5}$，$K_a^\ominus(HAc)=1.8\times10^{-5}$，按 pH 由大至小排列以下溶液(用序号排列)________________________。

① 0.05 mol·L^{-1} NH_4Cl 和 0.05 mol·L^{-1} $NH_3\cdot H_2O$ 混合液；② 0.05 mol·L^{-1} NaAc 和 0.05 mol·L^{-1} HAc 混合液；③ 0.05 mol·L^{-1} HAc；④ 0.05 mol·L^{-1} $NH_3\cdot H_2O$。

26. 将 Na_2HPO_4 和 Na_3PO_4 溶解在水中，使其初始浓度相等，并且其总浓度为 0.10 mol·L^{-1}（已知 H_3PO_4 的 $K_{a1}^\ominus=7.1\times10^{-3}$，$K_{a2}^\ominus=6.3\times10^{-8}$，$K_{a3}^\ominus=4.8\times10^{-13}$），则溶液的氢离子浓度为____________mol·L^{-1}。

27. 已知 $K_a^\ominus(HAc)=1.8\times10^{-5}$，20 mL 0.20 mol·L^{-1} HAc 和 20 mL 0.20 mol·L^{-1} NaOH 溶液混合后，溶液的 pH 为__________。

28. Zn^{2+}离子的第一级水解常数是 1.0×10^{-9}，则 0.001 mol·L^{-1} $ZnCl_2$溶液的 pH 是________。

29. 现有 2 mol·L^{-1} $NH_3\cdot H_2O$ 溶液($K_b^\ominus=1.76\times10^{-5}$)，其 pH 为________；将它与2 mol·L^{-1} HCl 溶液等体积混合后，溶液的 pH 为________。

30. 已知 HCN 的 $K_a^\ominus=6.2\times10^{-10}$，则 0.10 mol·L^{-1} NaCN 溶液的 pH 为________。

31. 已知 H_2CO_3的 $K_{a1}^\ominus=4.5\times10^{-7}$，$K_{a2}^\ominus=4.7\times10^{-11}$，0.10 mol·L^{-1} Na_2CO_3溶液的 pH 为________，$[CO_3^{2-}]$ 约为________mol·L^{-1}。

32. 0.10 mol·L^{-1}的 Na_3PO_4溶液的 pH 约为________，与同浓度的 Na_2HPO_4溶液等体积混合后，所得溶液的 pH 约为________。（H_3PO_4 的 $K_{a1}^\ominus=7.1\times10^{-3}$，$K_{a2}^\ominus=6.3\times10^{-8}$，$K_{a3}^\ominus=4.8\times10^{-13}$）

33. 已知 NH_3 的 $K_b^\ominus=1.8\times10^{-5}$，则 10 mL 0.10 mol·L^{-1} $NH_3\cdot H_2O$ 与 10 mL 0.10 mol·L^{-1} NH_4Cl 溶液的 pH 分别为________和________，而它们的混合溶液的 pH 为________。

34. 已知 $K_b^\ominus(NH_3)=1.8\times10^{-5}$，$K_a^\ominus(HAc)=1.75\times10^{-5}$。若把 10 mL 0.40 mol·L^{-1}的 HAc 和 10 mL 0.40 mol·L^{-1}的 NaOH 溶液混合，所得溶液的 pH 为__________；若把 10 mL 0.20 mol·L^{-1}氨水与 10 mL 0.10 mol·L^{-1}的盐酸混合，所得溶液的 pH 为________。

35. 已知 H_2CO_3的 $K_{a1}^\ominus=4.5\times10^{-7}$，$K_{a2}^\ominus=4.7\times10^{-11}$，则 0.10 mol·L^{-1} $NaHCO_3$ 溶液的 pH 为________。

36. 0.10 mol·L^{-1}的 Na_2HPO_4溶液的 pH 约为__________。（H_3PO_4 的 $K_{a1}^\ominus=7.1\times10^{-3}$，$K_{a2}^\ominus=6.3\times10^{-8}$，$K_{a3}^\ominus=4.8\times10^{-13}$）

37. 已知 HCN 的 $K_a^\ominus=6.2\times10^{-10}$，$NH_3$的 $K_b^\ominus=1.8\times10^{-5}$，则 0.10 mol·L^{-1} NH_4CN 溶液的 pH 为________。

三、判断题

1.(　　)某弱酸 HM 和 M^- 是共轭酸碱对时，因为 HM 是弱酸，所以 M^- 是强碱。

2.(　　)无论是多元酸还是多元碱，它们的逐级解离常数总符合下列规律：$K_1^\ominus>K_2^\ominus>K_3^\ominus$。

3.(　　)若将 HCl 溶液和 HAc 溶液混合，溶液中 H^+ 总是由 HCl 提供，与 HAc 的浓度、$K^\ominus$ 无关。

4.(　　)根据稀释定律，弱电解质的浓度越小，则电离度越大，因此对某一弱酸来说，其溶液越稀，$[H^+]$ 越大，pH 越小。

5.(　　)在饱和 H_2S 水溶液中存在着平衡 $H_2S \rightleftharpoons 2H^+ + S^{2-}$，已知平衡时 $[H_2S]=0.1\ mol \cdot L^{-1}$，$[H^+]=1.03\times10^{-3}\ mol \cdot L^{-1}$，$[S^{2-}]=1.26\times10^{-13}\ mol \cdot L^{-1}$，则平衡常数为 $K_1^\ominus=\frac{[H^+]^2[S^{2-}]}{[H_2S]}=\frac{(2\times1.03\times10^{-3})^2(1.26\times10^{-13})}{0.1}$。

6.(　　)在 100 mL 2.0 $mol \cdot L^{-1}$ 醋酸钠和 100 mL 1.0 $mol \cdot L^{-1}$ 盐酸混合后的溶液中再加入 1 mL 1.0 $mol \cdot L^{-1}$ 的氢氧化钠溶液后，pH 不会产生明显的变化。

7.(　　)酸碱反应到达终点后溶液的 pH 呈中性。

8.(　　)在 0.10 L 0.10 $mol \cdot L^{-1}$ HAc 溶液中，加入 0.10 mol NaCl 晶体，溶液的 pH 将会降低。

9.(　　)在多元酸溶液中，由于有同离子效应，其第二、第三步的解离度降低。

10.(　　)能发生水解的盐类，其组成中必定含有弱酸根离子。

11.(　　)某些盐类的水溶液常呈现酸碱性，因此在有些时候可以用它们代替酸碱来使用。

12.(　　)pH=2 和 pH=6 的溶液 $[H^+]$ 相差 4000 倍。

13.(　　)0.50 $mol \cdot L^{-1}$ HAc 溶液($K_a=1.8\times10^{-5}$)的电离度是 0.60%。

14.(　　)把 100 mL 0.10 $mol \cdot L^{-1}$ 的 HCN 溶液($K_a=6.2\times10^{-10}$)稀释至 400 mL，溶液中的 $[H^+]$ 约为原来的 1/4。

15.(　　)将 0.10 $mol \cdot L^{-1}$ HAc 溶液加水稀释至原体积的二倍时，其 $[H^+]$ 和 pH 的变化趋势分别是减小和增大。

16.(　　)K_w 的值分别是 0.64×10^{-14}(18 ℃)和 1.00×10^{-14}(25 ℃)。根据这点可判断仅在 25 ℃时，水才是中性的。

17.(　　)在 HAc-NaAc 组成的缓冲溶液中，若 $[HAc]>[Ac^-]$，则该缓冲溶液抵抗外加酸或碱的能力情况是抗酸能力<抗碱能力。

18.(　　)根据稀释定律，醋酸溶液被水稀释后，其离解度 α 增大，酸度也增大。

19.(　　)分别中和 pH=2 的盐酸和醋酸溶液，所需要 NaOH 的量是相同的。

20.(　　)在 0.10 $mol \cdot L^{-1}$ 的 HCl 溶液中，加入 0.10 mol 的 NaCl，溶液中的 $[H^+]$ 将会下降。

21.(　　)若两种酸 HX 和 HY 的水溶液具有相同的 pH，则这两种酸的浓度相等。

22.(　　)当有同离子效应时，盐效应一般可以忽略。

23.(　　)根据酸碱质子理论，强酸反应后变成弱酸。

24.(　　)按酸碱质子理论，H_2CO_3 的共轭碱是 CO_3^{2-}。

25.(　　)按酸碱质子理论，$H_2PO_4^-$ 和 HPO_4^{2-} 的共轭酸都是 H_3PO_4。

26.(　　)缓冲溶液能够抵御外加酸碱，所以在缓冲溶液中加入大量的强酸或者强碱，其 pH 基本不变。

27.(　　)适当稀释时，缓冲溶液 pH 基本不变。

28.( ) H_2CO_3和CO_3^{2-}可以构成缓冲溶液。

29.( ) 甲酸的K_a比醋酸的K_a大，所以甲酸的酸性比醋酸强。

30.( ) 当共轭酸和共轭碱的总浓度一定时，缓冲比越接近 1，缓冲溶液缓冲能力越大。

四、计算题

1. 298 K 时，某一元弱酸 HA 的 0.01 mol·L^{-1}水溶液的 pH＝4.0，求：

(1) 该弱酸的电离常数$K_a^\ominus$及电离度α。

(2) 将该溶液稀释一倍后，计算电离常数$K_a^\ominus$及电离度α。

2. 已知$K_b^\ominus(NH_3)=1.8\times10^{-5}$，有 1.0 L 0.10 mol·$L^{-1}$氨水，计算：

(1) 该氨水的[H^+]。

(2) 加入 5.35 g $NH_4Cl(s)$后的[H^+]。(忽略体积变化)

(3) 加入$NH_4Cl(s)$前后，氨水的电离度。

3. 某一元弱酸 HA 在 0.10 mol·L^{-1}溶液中有 2.0%电离。试计算：

(1) 电离常数$K_a^\ominus$。

(2) 在 0.05 mol·L^{-1}溶液中的电离度。

(3) 在多大浓度时电离度为 1.0%？

4. 某一元弱酸 HA 在浓度为 0.015 mol·L^{-1}时电离度为 0.80%，计算当该弱酸浓度为 0.10 mol·L^{-1}时的电离度。

5. 某一元弱酸 HA 的浓度为 0.010 mol·L^{-1}，在常温下测得其 pH 为 6.0。试计算该一元弱酸的电离常数和电离度。

6. 已知H_2S的$K_{a1}^\ominus=1.1\times10^{-7}$，$K_{a2}^\ominus=1.3\times10^{-13}$，试计算 0.10 mol·$L^{-1}$ H_2S水溶液的 [H^+] 和 [S^{2-}]。

7. 已知$K_a^\ominus(HAc)=1.75\times10^{-5}$，试计算：

(1) 0.10 mol·L^{-1} HAc 溶液中 [H^+] 和醋酸的电离度。

(2) 在含有 0.10 mol·L^{-1} HCl 的 0.10 mol·L^{-1} HAc 溶液中[H^+]和醋酸的电离度。

(3) 在含有 0.010 mol·L^{-1} NaAc 的 0.10 mol·L^{-1} HAc 溶液中[H^+]和醋酸的电离度。

8. 在 10 mL 0.30 mol·L^{-1} $NaHCO_3$溶液中加入多少体积 0.20 mol·L^{-1} Na_2CO_3溶液才能使溶液的 pH＝10.00？(H_2CO_3的$K_{a1}^\ominus=4.5\times10^{-7}$，$K_{a2}^\ominus=4.7\times10^{-11}$)

9. 已知$K_a^\ominus(HAc)=1.8\times10^{-5}$，欲配制 pH 为 5.00 的缓冲溶液，需称取多少克 $NaAc\cdot3H_2O$ 固体溶解于 300 mL 0.500 mol·L^{-1}的 HAc 中？

10. 已知$K_a^\ominus(HAc)=1.8\times10^{-5}$，欲配制 pH＝5.0，含 HAc 0.20 mol·L^{-1}的缓冲溶液 1.0 L，需要取用 1.0 mol·L^{-1}的 HAc 和 1.0 mol·L^{-1} NaAc 溶液各多少毫升？

11. 某三元酸的$K_{a1}^\ominus=1\times10^{-5}$，$K_{a2}^\ominus=1\times10^{-7}$，$K_{a3}^\ominus=1\times10^{-11}$，若将等物质的量的$K_2HA$和$KH_2A$配成总浓度为 0.200 mol·$L^{-1}$的混合溶液，计算此溶液的 pH。

12. 已知$K_a^\ominus(HAc)=1.8\times10^{-5}$，需要加多少 NaAc 到 1 L 0.20 mol·L^{-1}的 HAc 溶液中，才能保持 [H^+]$=6.5\times10^{-5}$ mol·L^{-1}？(NaAc 相对分子质量为 82)

13. 已知 $K_b^{\ominus}(NH_3)=1.8\times10^{-5}$，将 7.50×10^{-3} mol NH_3加入 10.0 mL 0.250 mol・L^{-1} HCl 溶液中，所得溶液的 pH 是多少？(忽略体积变化)

14. 已知 $K_a^{\ominus}(HAc)=1.75\times10^{-5}$，计算下列溶液中的 $[H^+]$和 $[Ac^-]$：

(1) HAc (0.050 mol・L^{-1})；

(2) HAc (0.10 mol・L^{-1}) 加等体积的 KAc (0.050 mol・L^{-1})；

(3) HAc (0.10 mol・L^{-1}) 加等体积的 HCl (0.050 mol・L^{-1})；

(4) HAc (0.10 mol・L^{-1}) 加等体积的 NaOH (0.050 mol・L^{-1})。

15. 已知 H_3PO_4的 $K_{a1}^{\ominus}=7.1\times10^{-3}$，$K_{a2}^{\ominus}=6.3\times10^{-8}$，$K_{a3}^{\ominus}=4.8\times10^{-13}$。现有 1.0 L 缓冲溶液，内含 0.010 mol $H_2PO_4^-$ 和 0.030 mol HPO_4^{2-}。

(1) 计算该缓冲溶液的 pH；

(2) 在该缓冲溶液中加入 0.0050 mol HCl 后，pH 为多少？

16. 已知 $K_a^{\ominus}(HAc)=1.8\times10^{-5}$，欲配制 450 mL pH=4.70 的缓冲溶液，试计算需要 0.10 mol・L^{-1} HAc 和 0.10 mol・L^{-1}NaOH 溶液的体积。

17. 20.0 mL 0.10 mol・L^{-1} Na_3PO_4溶液与 20.0 mL 0.10 mol・L^{-1} H_3PO_4溶液相混合，溶液的 pH 是多少？(H_3PO_4的 $K_{a1}^{\ominus}=7.1\times10^{-3}$，$K_{a2}^{\ominus}=6.3\times10^{-8}$，$K_{a3}^{\ominus}=4.8\times10^{-13}$)

18. 已知某一元弱酸的钠盐 NaX 0.20 mol・L^{-1}溶液 pH=9.0，试计算该弱酸 HX 的电离常数 $K_a^{\ominus}$。

19. 已知 0.0100 mol・L^{-1} $NaNO_2$溶液的 $[H^+]=2.1\times10^{-8}$ mol・L^{-1}。计算：

(1) $NaNO_2$的水解常数 K_h；

(2) HNO_2的电离常数 $K_a^{\ominus}$。

20. 已知 $K_a^{\ominus}(HAc)=1.8\times10^{-5}$，进行下列计算：

(1) 0.10 mol・L^{-1} HAc 和 0.10 mol・L^{-1} NaAc 的 pH 各为多少？

(2)将 100 mL 0.10 mol・L^{-1} HAc 与 50 mL 0.10 mol・L^{-1} NaAc 溶液相混合后，所得溶液的 pH 是多少？

21. 已知 0.100 mol・L^{-1} NaAc 溶液的 pH=8.88，试求 HAc 的电离常数 $K_a^{\ominus}$。

22. 已知 N_2H_4的 $K_b^{\ominus}(N_2H_4)=8.7\times10^{-7}$，计算在 0.100 mol・$L^{-1}$的 N_2H_5Cl 溶液中 N_2H_5Cl 的水解度。

23. 已知 $K_b^{\ominus}(NH_3)=1.8\times10^{-5}$，$K_a^{\ominus}(HAc)=1.8\times10^{-5}$。现有下列四种溶液：① 0.20 mol・$L^{-1}$ HCl；② 0.20 mol・L^{-1} $NH_3\cdot H_2O$；③ 0.20 mol・L^{-1} HAc；④ 0.20 mol・L^{-1} NH_4Ac。

(1) 分别计算 ①②③④ 溶液的 pH；

(2) 计算把 ① 和 ② 等体积混合后的 pH；

(3) 计算把 ③ 和 ④ 等体积混合后的 pH。

24. 已知 $K_a^{\ominus}=6.2\times10^{-10}$，计算下列溶液的 pH：

(1) 0.01 mol・L^{-1} HCN 溶液；

(2) 0.01 mol・L^{-1} NaCN 溶液。

【单元测试】

一、选择题(共40分)

1. 不是共轭酸碱对的一组物质是(　　)。

A. NH_3，NH_2^-　　B. NaOH，Na^+　　C. HS^-，S^{2-}　　D. H_2O，OH^-

2. 为了制取 pH＝10.0 的溶液，需将 pH＝3.0 的强酸溶液与 pH＝12.0 的强碱溶液混合，其酸与碱的体积比为(　　)。

A. 1∶7　　B. 7∶1　　C. 1∶9　　D. 9∶1

3. 在 100 mL 0.10 mol·L^{-1} HAc 溶液中，加入少量 NaAc 固体，溶液的 pH 将(　　)。

A. 变小　　B. 变大　　C. 不变　　D. 无法判断

4. 在 0.10 L 0.10 mol·L^{-1} HAc 溶液中，加入 0.10 mol NaCl 晶体，溶液的 pH 将会(　　)。

A. 升高　　B. 降低　　C. 不变　　D. 无法判断

5. 将 0.1 mol·L^{-1}的下列溶液加水稀释一倍后，pH 变化最小的是(　　)。

A. HCl　　B. H_2SO_4　　C. HNO_3　　D. HAc

6. 0.20 mol·L^{-1}甲酸溶液中有 3.2%的甲酸电离，则其 $K_a^\ominus$为(　　)。

A. 9.6×10^{-3}　　B. 4.8×10^{-5}　　C. 6.5×10^{-6}　　D. 2.1×10^{-4}

7. 0.40 mol·L^{-1}丙酸溶液($K_a^\ominus=1.3\times10^{-5}$)的 pH 是(　　)。

A. 0.40　　B. 2.64　　C. 5.28　　D. 4.88

8. 0.4 mol·L^{-1} HAc 溶液中[H^+]是 0.1 mol·L^{-1} HAc 溶液中[H^+]的(　　)。

A. 1 倍　　B. 2 倍　　C. 3 倍　　D. 4 倍

9. 将 0.10 mol·L^{-1} HAc 溶液加水稀释至原体积的二倍时，其[H^+]和 pH 的变化趋势是(　　)。

A. 为原来的一半和增大　　B. 为原来的一倍和减小

C. 增大和减小　　D. 减小和增大

10. 已知 H_2CO_3 的 $K_{a1}^\ominus=4.5\times10^{-7}$，$K_{a2}^\ominus=4.7\times10^{-11}$，1.0 L 0.10 mol·$L^{-1}$的 H_2CO_3溶液用等体积水稀释后，溶液中的 CO_3^{2-}浓度为(　　)mol·L^{-1}。

A. 2.8×10^{-2}　　B. 4.7×10^{-11}　　C. 4.5×10^{-7}　　D. 7.6×10^{-6}

11. 已知 H_3PO_4 的 $K_{a1}^\ominus=7.1\times10^{-3}$，$K_{a2}^\ominus=6.3\times10^{-8}$，$K_{a3}^\ominus=4.8\times10^{-13}$，则 0.10 mol·$L^{-1}$ H_3PO_4溶液的氢离子浓度为(　　)mol·L^{-1}。

A. 0.1　　B. 2.7×10^{-2}　　C. 2.3×10^{-2}　　D. 7.1×10^{-3}

12. 下列溶液中不能组成缓冲溶液的是(　　)。

A. NH_3和 NH_4Cl　　B. NaH_2PO_4和 Na_2HPO_4

C. HCl 和过量的氨水　　D. 氨水和过量的 HCl

13. 欲配制 pH=3.5 的缓冲溶液，应选择的电解质及其盐为(　　)。

A. $NaHSO_4$ ($K_{a2}^{\ominus}=1.0\times10^{-2}$)　　B. HCOOH ($K_a^{\ominus}=1.77\times10^{-4}$)

C. HAc ($K_a^{\ominus}=1.75\times10^{-5}$)　　D. $NH_3\cdot H_2O$ ($K_b^{\ominus}=1.76\times10^{-5}$)

14. 已知 $K_b^{\ominus}(NH_3)=1.8\times10^{-5}$，20 mL 0.10 mol·$L^{-1}$ HCl 和 20 mL 0.20 mol·L^{-1} $NH_3\cdot H_2O$ 混合，其 pH 为(　　)。

A. 11.25　　B. 4.75　　C. 9.25　　D. 4.25

15. 已知 H_2CO_3 的 $K_{a1}^{\ominus}=4.5\times10^{-7}$，$K_{a2}^{\ominus}=4.7\times10^{-11}$，若制备 pH=9.95 的缓冲溶液，其中 $NaHCO_3$ 和 Na_2CO_3 的物质的量的比值应为(　　)。

A. 2.4　　B. 1　　C. 1/2　　D. 1/3

16. 已知 $pK_a^{\ominus}(HAc)=4.76$，将 0.025 mol·L^{-1}的 HAc 溶液与等体积 NaAc 溶液混合，要使混合溶液 pH 维持在 4.05，混合后酸和盐的浓度比应为(　　)。

A. 9∶1　　B. 7∶1　　C. 5∶1　　D. 4∶1

17. 已知：$K_a^{\ominus}(HAc)=1.75\times10^{-5}$，制备 2.00 L pH=9.4 的 NaAc 溶液，需 NaAc 的物质的量为(　　)。

A. 2.2 mol　　B. 1.1 mol　　C. 5.7×10^{-10} mol　　D. 1.9×10^{-10} mol

18. 已知 $K_a^{\ominus}(HAc)=1.75\times10^{-5}$，将 0.10 mol·$L^{-1}$ HAc 与 0.10 mol·L^{-1} NaOH 等体积混合后，其 pH 为(　　)。

A. 5.27　　B. 8.73　　C. 6.73　　D. 10.49

19. PO_4^{3-} 在水溶液中的水解常数 $K_{h1}^{\ominus}(PO_4^{3-})$ 等于(　　)。

A. $1/K_{a1}^{\ominus}(H_3PO_4)$　　B. $K_w^{\ominus}/K_{a3}^{\ominus}(H_3PO_4)$

C. $1/K_{a3}^{\ominus}(H_3PO_4)$　　D. $K_w^{\ominus}/K_{a2}^{\ominus}(H_3PO_4)$

20. 实验测得 100 mL 0.01 mol·L^{-1}的 $NaNO_2$ 水溶液 pH=8.0，则 HNO_2 的 $K_a^{\ominus}$ 最接近的数据是(　　)。

A. 10^{-12}　　B. 10^{-8}　　C. 10^{-6}　　D. 10^{-4}

二、填空题(共 20 分)

1. 在 NH_3、Cu^{2+}、HCO_3^-、Cl^- 四种分子和离子中：________既是质子酸又是质子碱，它的共轭酸是________，它的共轭碱是________。

2. 现有某强酸溶液，将其 pH=1.0 和 pH=5.0 的溶液等体积混合后，所得溶液的 pH=________。

3. 在 300 mL 0.20 mol·L^{-1}氨水中加入________mL 水，才能使氨水的电离度增大一倍。

4. 已知 0.10 mol·L^{-1}的甲酸(HCOOH)溶液的电离度为 4.2%，则甲酸的电离平衡常数 $K_a^{\ominus}$ 为________。

5. 在 0.10 mol·L^{-1} $NH_3\cdot H_2O$ 溶液中加入 NH_4Cl 固体，则 $NH_3\cdot H_2O$ 的浓度________，电离度 α________，pH 将______，解离常数________。(填“增大”“减小”或“不变”)这种现象叫作________。

6. 已知 H_2S 的 $K_{a1}^{\ominus}=1.1\times10^{-7}$，$K_{a2}^{\ominus}=1.3\times10^{-13}$。在含有 0.1 mol·$L^{-1}$ H_2S 和 0.1 mol·L^{-1} HCl 的溶液中，$[H^+]$=________ mol·L^{-1}，$[S^{2-}]$=________ mol·L^{-1}。

7. 在水中盐酸的酸性强于醋酸，但在液氨中，盐酸和醋酸的酸性相近，这是由________________________引起的。

8. 已知 $NH_3 \cdot H_2O$ 的 $pK_b=4.74$，pH=9.56 的 NH_4Cl 和 $NH_3 \cdot H_2O$ 的混合溶液中 NH_4Cl 和 $NH_3 \cdot H_2O$ 的物质的量浓度比是__________。

9. 在 0.10 $mol \cdot L^{-1}$ NaAc 溶液中加入 1 滴酚酞溶液，溶液呈________色；当把溶液加热至沸腾，溶液的颜色将________，这是因为________________________。

10. 已知 NH_3 的 $K_b^{\ominus}=1.8\times10^{-5}$，0.1 $mol \cdot L^{-1}$ 氨水与 0.1 $mol \cdot L^{-1}$ 盐酸等体积混合后所得溶液的 pH 是________。

11. 已知 HF 的 $K_a^{\ominus}=6.3\times10^{-4}$，则 0.040 $mol \cdot L^{-1}$ NaF 溶液的 pH=________。

三、判断题(共 10 分)

1. (　　) pH=2 和 pH=6 的溶液 H^+ 的浓度相差 10000 倍。

2. (　　) 稀释可以使醋酸的电离度增大，因而可使其酸度增强。

3. (　　) 在 0.10 L 0.10 $mol \cdot L^{-1}$ HAc 溶液中，加入 0.10 mol NaCl 晶体，溶液的 pH 将会升高。

4. (　　) 0.50 $mol \cdot L^{-1}$ HAc 溶液($K_a=1.8\times10^{-5}$)的电离度是 1.3%。

5. (　　) 把 100 mL 0.10 $mol \cdot L^{-1}$ 的 HCN 溶液($K_a=6.2\times10^{-10}$) 稀释至 400 mL，溶液中的 $[H^+]$ 约为原来的 1/2。

6. (　　) 将 0.10 $mol \cdot L^{-1}$ HAc 溶液加水稀释至原体积的二倍时，其$[H^+]$和 pH 的变化趋势分别是降到原来的一半和增大。

7. (　　) 影响缓冲溶液的缓冲能力的因素是弱酸(或弱碱) 的 K_i 值。

8. (　　) 在 HAc - NaAc 组成的缓冲溶液中，若$[HAc]>[Ac^-]$，则该缓冲溶液抵抗外加酸或碱的能力情况是抗酸能力>抗碱能力。

9. (　　) 在一定温度下，某醋酸溶液中加入一定量的醋酸钠，由于同离子效应，醋酸的离解常数将下降。

10. (　　) 醋酸的 pK_a 比甲酸的 pK_a 大，所以醋酸的酸性比甲酸强。

四、计算题(共 30 分)

1. 已知 25 ℃时，$K_a^{\ominus}(HAc)=1.8\times10^{-5}$，计算：

(1) 0.10 $mol \cdot L^{-1}$ HAc 溶液的$[H^+]$、pH、电离度 α。

(2) 在 1.00 L 上述溶液中加入 0.20 mol 固体 NaAc 后(忽略体积变化)，溶液的$[H^+]$、pH、电离度 α。

2. 已知 H_2S 的 $K_{a1}^{\ominus}=1.1\times10^{-7}$，$K_{a2}^{\ominus}=1.3\times10^{-13}$，欲使饱和 H_2S 溶液中的$[S^{2-}]=1.0\times10^{-18}\ mol \cdot L^{-1}$，则该溶液的 pH 为多少？(饱和 H_2S 溶液浓度为 0.1 $mol \cdot L^{-1}$)

3. 已知 $K_a^{\ominus}(HAc)=1.8\times10^{-5}$，在 50 mL 0.10 $mol \cdot L^{-1}$ HAc 溶液中加入 1.36 g $NaAc \cdot 3H_2O$ 晶体(假设溶液体积不变，$NaAc \cdot 3H_2O$ 相对分子质量为 136)，试计算：

(1) 此溶液的 pH 。

(2) 在此溶液中加入 1 mL 0.20 $mol \cdot L^{-1}$ HCl 后，溶液的 pH。

4. 已知 $K_b^\ominus(NH_3)=1.8\times10^{-5}$，$K_a^\ominus(HCN)=6.2\times10^{-10}$，$H_2S$ 的 $K_{a1}^\ominus=1.1\times10^{-7}$，$K_{a2}^\ominus=1.3\times10^{-13}$，计算下列盐溶液的 pH：

(1) $0.40\ mol\cdot L^{-1}$ NH_4NO_3溶液；

(2) $0.10\ mol\cdot L^{-1}$ NaCN 溶液；

(3) $0.01\ mol\cdot L^{-1}$ Na_2S 溶液；

(4) $0.20\ mol\cdot L^{-1}$ $(NH_4)_2SO_4$溶液(忽略 SO_4^{2-} 的水解)。

第 10 章 沉淀平衡

【知识点梳理】

一定温度下，难溶电解质 A_nB_m(s)难溶于水，但在水溶液中仍有部分 A^{m+} 和 B^{n-} 离开固体表面溶解进入溶液，同时，进入溶液中的 A^{m+} 和 B^{n-} 又会在固体表面沉淀下来，当这两个过程速率相等时，A^{m+} 和 B^{n-} 生成的沉淀与 A_nB_m 固体的溶解达到平衡状态，称之为达到沉淀-溶解平衡。

A_nB_m 固体在水中的沉淀-溶解平衡可表示为

$$A_nB_m(s) \rightleftharpoons nA^{m+}(aq) + mB^{n-}(aq)$$

难溶电解质在水中建立起来的沉淀-溶解平衡和化学平衡、电离平衡等一样，符合平衡的基本特征，满足平衡的基本规律。

10.1 溶度积原理

1)溶度积常数

在一定温度下，系统达到溶解平衡时，一定量溶剂中含有溶质的质量，叫作溶解度，通常以符号 S 表示。

对水溶液来说，通常以饱和溶液中每 100 g 水所含溶质的质量来表示，即以 g/100 g 水表示。也可用饱和溶液中溶质的摩尔浓度表示，单位为 $mol \cdot L^{-1}$。一般来说：溶解度 <0.01 g/100 g 水时，我们称其为难溶电解质；溶解度为(0.01～0.1)g/100 g 水时，为微溶电解质；溶解度 >0.1 g/100 g 水时，则为易溶电解质。

注意：绝对不溶物几乎是没有的，并且上述界限也并非绝对的。

难溶强电解质如 AgCl 在水中虽然难溶，但 AgCl 表面还会有一定数量的 Ag^+ 和 Cl^- 在水分子的吸引下以水合离子的形式进入水中，同时，水合离子 Ag^+(aq)和 Cl^-(aq)会重新沉积到 AgCl 固体表面上，当溶解和沉淀速率相等时，达到沉淀-溶解平衡，这是一种动态的平衡。此时的溶液是饱和溶液，它是多相平衡。平衡表达式为 $AgCl(s) \rightleftharpoons Ag^+(aq) + Cl^-(aq)$。

对于一般的难溶电解质，都存在着这样的沉淀-溶解平衡：

$$A_nB_m(s) \rightleftharpoons nA^{m+}(aq) + mB^{n-}(aq)$$

一定温度下，难溶强电解质饱和溶液中离子浓度以其计量数为指数的幂的乘积为一常数，称为溶度积常数，简称溶度积，用 $K_{sp}^{\ominus}$表示。即 $K_{sp}^{\ominus}=[A^{m+}]^n[B^{n-}]^m$。

例如：对于 AgCl 来说，$K_{sp}^{\ominus}(AgCl)=[Ag^+][Cl^-]$；对于 Ag_2S 来说，$Ag_2S(s) \rightleftharpoons 2Ag^+(aq) + S^{2-}(aq)$，$K_{sp}^{\ominus}(Ag_2S)=[Ag^+]^2[S^{2-}]$。

$K_{sp}^{\ominus}$只与温度有关，但温度的影响不很大。因此，当温度变化不大时，可采用 298 K 时测定的值。$K_{sp}^{\ominus}$的大小主要与沉淀的本性有关，即与沉淀的溶解度大小有关。$K_{sp}^{\ominus}$的大小反映了难溶电解质的溶解能力的大小。对于同类型的难溶电解质来说，$K_{sp}^{\ominus}$越大，溶解度就越大。

2)溶度积原理

难溶电解质的溶解平衡是化学平衡的一种，因此，它的平衡移动一定也符合平衡移动原理。

当难溶强电解质 A_nB_m达到沉淀-溶解平衡时，$K_{sp}^{\ominus}=[A^{m+}]^n[B^{n-}]^m$；在任一时刻其离子积(或反应熵)$Q_c=[A^{m+}]^n[B^{n-}]^m$。

$Q_c>K_{sp}^{\ominus}$，过饱和溶液，沉淀从溶液中析出，生成沉淀。

$Q_c=K_{sp}^{\ominus}$，饱和溶液，处于沉淀-溶解平衡状态。

$Q_c<K_{sp}^{\ominus}$，不饱和溶液，若系统中有沉淀物，则沉淀将溶解，直至饱和为止。

沉淀的溶解和生成两过程相互转化是以离子浓度为条件的，利用溶度积原理，可以判断沉淀的产生或溶解。

3)溶度积与溶解度的关系

(1) $K_{sp}^{\ominus}$与 S 可相互换算。

溶解度 S 是指在一定温度下饱和溶液的浓度，单位是 $mol \cdot L^{-1}$。

$$A_nB_m(s) \rightleftharpoons nA^{m+}(aq)+mB^{n-}(aq)$$

$$\qquad\qquad nS \qquad\qquad mS$$

$$K_{sp}^{\ominus}=[A^{m+}]^n[B^{n-}]^m=[nS]^n[mS]^m=n^n m^m S^{n+m}$$

1∶1 型难溶电解质：$K_{sp}^{\ominus}=S^2$，如 AgCl、$CaCO_3$等。

1∶2 或 2∶1 型难溶电解质：$K_{sp}^{\ominus}=(2S)^2\times S=4S^3$，如 $Mg(OH)_2$、Ag_2CrO_4等。

1∶3 或 3∶1 型难溶电解质：$K_{sp}^{\ominus}=(3S)^3\times S=27S^4$，如 $Fe(OH)_3$、Ag_3PO_4等。

2∶3 或 3∶2 型难溶电解质：$K_{sp}^{\ominus}=(3S)^3\times(2S)^2=108S^5$，如 Bi_2S_3、$Ca_3(PO_4)_2$等。

(2) 区别与联系。

① 溶度积常数是难溶电解质的特征常数，可以用溶度积常数值来估计和比较难溶电解质的溶解度的大小。相同类型的难溶电解质之间，溶度积越小，溶解度也越小。在一定温度下，不同类型的难溶电解质在溶度积数值相差不大的情况下，则不宜进行溶度积的直接比较。

例如：在 298 K 时，Ag_2CrO_4溶度积常数为 1.1×10^{-12}，其溶解度为 $6.5\times10^{-5}\ mol \cdot L^{-1}$；AgCl 溶度积常数为 1.8×10^{-10}，其溶解度 $1.34\times10^{-5}\ mol \cdot L^{-1}$。

K_{sp}(氯化银)$>K_{sp}$(铬酸银)，但 S(氯化银)$<S$(铬酸银)，所以用溶度积来说明难溶电解质的溶解度的相对大小时，仅限于在相同类型的难溶电解质之间或溶度积相差很大的难溶电解质之间进行直接比较。

② 溶解度与溶液中存在的离子有关，K_{sp}与溶液中存在的离子无关，只跟温度有关。

4)同离子效应和盐效应

(1) 同离子效应：在难溶电解质溶液中加入与其含有相同离子的易溶强电解质，使难溶电解质的溶解度降低的作用。例如，在饱和 AgCl 溶液中加入 NaCl，由于含有相同的 Cl^-，AgCl 的沉淀溶解平衡向左移动。溶液中的 Ag^+ 浓度会明显地降低，即 AgCl 的溶解度由于 NaCl 的存在而降低。

(2) 盐效应：在难溶电解质溶液中，加入不含相同离子的易溶强电解质而使难溶电解质的溶解度增大的作用。例如，AgCl 在含有一定浓度的 KNO_3 的溶液中，溶解度略有增大。

这是因为离子强度增大导致活度降低，外加强电解质的浓度和离子电荷越大，盐效应越显著。一般同离子效应也伴有盐效应，通常忽略盐效应，但如果加入的同离子过多，盐效应对沉淀溶解平衡的影响大于同离子效应，则溶解度反而增大。

10.2 沉淀-溶解平衡的移动

1)沉淀的生成

根据平衡移动原理，欲使某物质析出沉淀，必须使 $Q_c > K_{sp}$，所以增大离子浓度可使反应向着生成沉淀的方向转化。通常，可利用沉淀的生成达到分离和提纯的目的。显然，沉淀生成得越彻底越好。一般来说，溶液中离子浓度在 10^{-5} mol · L^{-1} 以下，即可认为沉淀完全了，分离和提纯的目的达到了。

一般可通过以下渠道生成沉淀：

① 加入沉淀剂；

② 应用同离子效应；

③ 控制溶液的 pH。

应用同离子效应，加入过量沉淀剂可使被沉淀离子沉淀完全。一般沉淀剂过量 20%～50%为宜，过大会引起副反应(如酸效应和配位效应)和盐效应，反而使 S 加大。

酸效应：$BaSO_4 + H_2SO_4 = Ba(HSO_4)_2$。

配位效应：$AgCl + Cl^- = AgCl_2^-$。

溶液的酸度对某些难溶弱酸盐及难溶氢氧化物的溶解度影响比较显著，因此控制溶液的 pH 可使沉淀生成。

对于难溶电解质 $M(OH)_n$，$[OH] = \left(\frac{K_{sp}}{[M^{n+}]}\right)^{\frac{1}{n}}$。

所以 $pH_{(开始沉淀)} = 14 - pOH = 14 + \frac{1}{n}\lg\frac{K_{sp}}{[M^{n+}]}$，$pH_{(沉淀完全)} = 14 + \frac{1}{n}\lg\frac{K_{sp}}{[M^{n+}]}$。

2)沉淀的溶解

欲使某难溶盐溶解，必须减小该难溶盐饱和溶液中某一离子的浓度，以使 $Q_c < K_{sp}$。最常采用的溶解沉淀的方式有以下三种：

(1)酸溶解。

所有难溶于水的氢氧化物都溶于酸，一些难溶于水的弱酸盐能溶于较强的酸中。这是因为上述难溶强电解质电离出来的有关离子能与酸提供的 H^+ 离子结合成弱电解质或水，从而降低了溶液中难溶电解质电离出来的有关离子的浓度，使 $Q_c < K_{sp}^{\ominus}$，于是平衡向沉淀溶解的方向移动。

沉淀是否溶解取决于沉淀本身 $K_{sp}^{\ominus}$ 的大小和生成弱电解质解离度的大小。沉淀物的溶解度越大，生成的电解质越弱，越易造成 $Q_c < K_{sp}^{\ominus}$。

例如，在 $Mg(OH)_2$ 和 $Fe(OH)_3$ 沉淀中加入 NH_4Cl 溶液，由于生成的 $NH_3 \cdot H_2O$ 不太弱，因此只能使溶解度相对较大的 $Mg(OH)_2$ 溶解。利用这一点，可用 NH_4Cl 溶液将 $Mg(OH)_2$ 和 $Fe(OH)_3$ 沉淀分开。

(2)氧化还原溶解。

在难溶电解质中加入氧化剂或还原剂，氧化还原反应的发生，降低了难溶电解质某种离子的浓度，使 $Q_c < K_{sp}^{\ominus}$，于是平衡向沉淀溶解的方向移动。

例如，Ag_2S 溶于 HNO_3：

$$Ag_2S \rightleftharpoons 2Ag^+ + S^{2-}$$

$$3S^{2-} + 2NO_3^- + 8H^+ \rightleftharpoons 3S(s) + 2NO(g) + 4H_2O$$

总反应：$3Ag_2S(s) + 8HNO_3 \rightleftharpoons 6AgNO_3 + 3S(s) + 2NO(g) + 4H_2O$。

(3) 配合溶解。

在难溶电解质中加入配合剂，生成配离子，降低了难溶电解质某种离子的浓度，使 $Q_c < K_{sp}^{\ominus}$，沉淀溶解。

例如，AgCl 溶于氨水中：

$$AgCl(s) \rightleftharpoons Ag^+ + Cl^-$$

$$Ag^+ + 2NH_3 \rightleftharpoons [Ag(NH_3)_2]^+$$

总反应：$AgCl(s) + 2NH_3 \rightleftharpoons [Ag(NH_3)_2]^+ + Cl^-$。

沉淀是否溶解，决定于其 $K_{sp}^{\ominus}$ 和形成的配合物的稳定程度。沉淀的 $K_{sp}^{\ominus}$ 越大，生成的配合物越稳定，则越易溶解。根据 $K_{sp}^{\ominus}$ 的不同，选用不同的配合剂，能达到分离沉淀的目的。

3)分步沉淀

(1) 分步沉淀的应用。

在含有多种离子的溶液中，当加入某种沉淀剂时，离子先后被沉淀出来。

同一组成类型的化合物：$K_{sp}^{\ominus}$ 小的先沉淀，$K_{sp}^{\ominus}$ 大的后沉淀。

不同类型的化合物：通过计算分别求出产生沉淀时所需沉淀剂的最低浓度，其值低者先沉淀。

分步沉淀在实际工作中具有重要的用途，如在分析化学中常利用分步沉淀的原理分离溶液中的离子。对于能够生成相同类型沉淀的两种离子，其沉淀的溶度积相差越大，分离越完全。

例如，在含有相同浓度的 I^- 和 Cl^- 的混合溶液中，逐滴加入 $AgNO_3$ 溶液，刚开始只生成浅黄色的 AgI 沉淀，$AgNO_3$ 溶液加到一定量后，系统中开始出现白色的 AgCl 沉淀，就是分步沉淀的过程。

$$I^- + Ag^+ = AgI \downarrow$$
$$Cl^- + Ag^+ = AgCl \downarrow$$

系统中发生沉淀先后析出的现象的根本原因是 $K_{sp}^{\ominus}(AgCl) > K_{sp}^{\ominus}(AgI)$。随着 $AgNO_3$ 溶液的加入，系统中的 Ag^+ 离子浓度逐渐增大，首先满足 I^- 的沉淀的要求，然后满足 AgCl 沉淀的要求。当系统中开始出现白色的 AgCl 沉淀时，系统中的 Ag^+ 浓度同时满足两个沉淀平衡的要求(即系统中 Ag^+ 离子浓度只有一个数值)。

分步沉淀可以解决沉淀的顺序问题，被沉淀离子分离是否完全的问题。只要掌握系统中离子的性质、有效地控制沉淀反应条件，就可以利用分步沉淀的方法达到混合离子的有效分离。

(2) 酸度对难溶氢氧化物和硫化物分步沉淀的影响。

氢氧化物：可计算出常见金属离子在不同浓度下开始沉淀和完全沉淀所需的 pH。氢氧化物开始沉淀和沉淀完全不一定在碱性环境，不同的难溶氢氧化物 $K_{sp}^{\ominus}$ 不同，因此它们沉淀所需的 pH 也不同。可通过控制 pH 达到分离金属离子的目的。

硫化物：通过控制 pH 可使某些金属硫化物沉淀或溶解，达到分离的目的。

根据 $[H^+] = \sqrt{\dfrac{K_1 K_2 [H_2S]}{[S^{2-}]}}$ 可求出使硫化物沉淀或溶解时的 $[H^+]$。

4)沉淀转化

在含有沉淀的溶液中，加入适当的试剂，使一种沉淀转化为另一种沉淀的过程叫作沉淀的转化。

大多数情况下，由溶解度大的沉淀向溶解度小的沉淀转化。例如，在含有 $BaCO_3$ 沉淀的溶液中加入 K_2CrO_4 溶液后，生成 $BaCrO_4$ 黄色沉淀。

$$BaCO_3 + CrO_4^{2-} \rightleftharpoons BaCrO_4 + CO_3^{2-}$$

上述转化过程可由溶度积规则解释：由于 $K_{sp}^{\ominus}(BaCrO_4) < K_{sp}^{\ominus}(BaCO_3)$，即 $BaCrO_4$ 比 $BaCO_3$ 更难溶，所以会发生沉淀转化。

达到转化平衡时，平衡常数 $K = [CO_3^{2-}]/[CrO_4^{2-}] = K_{sp}^{\ominus}(BaCO_3)/K_{sp}^{\ominus}(BaCrO_4) = 42.5$，所以，只要保持 $[CrO_4^{2-}] > 0.02[CO_3^{2-}]$，就可以实现沉淀完全转化。

在一定条件下使溶解度小的沉淀向溶解度大的沉淀转化也是可行的，但两个沉淀的 $K_{sp}^{\ominus}$ 应相差不大。

例如，将 $BaSO_4$ 转化为 $BaCO_3$：

$$BaSO_4 + CO_3^{2-} \rightleftharpoons BaCO_3 + SO_4^{2-}$$

平衡常数 $K = [SO_4^{2-}]/[CO_3^{2-}] = K_{sp}^{\ominus}(BaSO_4)/K_{sp}^{\ominus}(BaCO_3) = 0.022$，只要使溶液中 $[CO_3^{2-}]$ 足够大，就可以实现转化。

【例　题】

例 1. Ag_2CrO_4 在 298 K 时溶度积常数为 1.1×10^{-12}，试计算其溶解度。

解：Ag_2CrO_4 在水溶液中的沉淀-溶解平衡方程为

$$Ag_2CrO_4(s) \rightleftharpoons 2Ag^+ + CrO_4^{2-}$$

设 Ag_2CrO_4 的溶解度为 S，则

$$K_{sp}^{\ominus}(Ag_2CrO_4)=[Ag^+]^2[CrO_4^{2-}]=(2S)^2\times S=4S^3$$

$$S=[K_{sp}^{\ominus}(Ag_2CrO_4)/4]^{1/3}=(1.1\times10^{-12}/4)^{1/3}=6.5\times10^{-5}(mol\cdot L^{-1})$$

例 2. 已知 $K_{sp}^{\ominus}(BaSO_4)=1.1\times10^{-10}$，计算说明 $BaSO_4$ 饱和溶液的溶解度以及其在 0.01 mol·L^{-1} Na_2SO_4溶液中的溶解度。

解：$BaSO_4$ 在水中的沉淀-溶解平衡方程式为 $BaSO_4(s)\rightleftharpoons Ba^{2+}+SO_4^{2-}$，难溶电解质在溶液中溶解后完全电离，其溶解度等于溶液中的钡离子浓度。

$$[Ba^{2+}]=[SO_4^{2-}]=[K_{sp}^{\ominus}(BaSO_4)]^{1/2}=(1.1\times10^{-10})^{1/2}=1.05\times10^{-5}(mol\cdot L^{-1})$$

$BaSO_4$ 在 0.01 mol·L^{-1} Na_2SO_4溶液中的溶解度等于溶液中的 Ba^{2+} 离子浓度，设 $BaSO_4$在给定 Na_2SO_4溶液中的溶解度为 x，则平衡时$[Ba^{2+}]=x$，$[SO_4^{2-}]=0.01+x\approx 0.01(mol\cdot L^{-1})$，则

$$[Ba^{2+}][SO_4{}^{2-}]=K_{sp}^{\ominus}(BaSO_4)=0.01x=1.1\times10^{-10}$$

$$x=1.1\times10^{-8}(mol\cdot L^{-1})$$

例 3. 已知 $K_{sp}^{\ominus}(CaC_2O_4)=2.3\times10^{-9}$，要使每升含有 0.02 mol 钙离子的溶液生成沉淀，所需草酸根离子的浓度是多少？

解：由 $Ca^{2+}+C_2O_4^{2-}\rightleftharpoons CaC_2O_4(s)$，得

$$K_{sp}^{\ominus}(CaC_2O_4)=[Ca^{2+}][C_2O_4^{2-}]=2.3\times10^{-9}$$

$$[C_2O_4^{2-}]=K_{sp}^{\ominus}(CaC_2O_4)/[Ca^{2+}]=2.3\times10^{-9}/0.02=1.15\times10^{-7}(mol\cdot L^{-1})$$

例 4. 已知 $K_{sp}^{\ominus}(Ag_2CrO_4)=1.1\times10^{-12}$，将 0.004 mol·L^{-1} $AgNO_3$ 和相同浓度的 K_2CrO_4溶液等体积混合时，是否有沉淀析出？

解：由 $2Ag^++CrO_4^{2-}=Ag_2CrO_4(s)$，得

计算混合后有关离子浓度：$[Ag^+]=[CrO_4^{2-}]=0.004/2=0.002\ (mol\cdot L^{-1})$。

给定条件下的浓度积求算：$Q_c=[Ag^+]^2[CrO_4^{2-}]=(0.002)^2\times0.002=8\times10^{-9}$。

比较浓度积和溶度积：$Q_c>K_{sp}^{\ominus}(Ag_2CrO_4)$，有沉淀生成。

例 5. 已知 $K_{sp}^{\ominus}[Mg(OH)_2]=5.61\times10^{-12}$，$K_b^{\ominus}(NH_3)=1.8\times10^{-5}$，0.100 mol·L^{-1} 的 $MgCl_2$溶液和等体积同浓度的 NH_3水混合，会不会生成 $Mg(OH)_2$沉淀？

解：等体积混合后 $[Mg^{2+}]=[NH_3]=0.100/2=0.05(mol\cdot L^{-1})$。

因为$[NH_3]/K_b^{\ominus}>500$，所以可进行近似计算。

$$[OH^-]=(K_b^{\ominus}(NH_3)\cdot[NH_3])^{1/2}=9.49\times10^{-4}\ mol\cdot L^{-1}$$

$$Q_c=[Mg^{2+}][OH^-]^2=0.05\times(9.49\times10^{-4})^2=4.5\times10^{-8}$$

$Q_c>K_{sp}^{\ominus}[Mg(OH)_2]$，会生成 $Mg(OH)_2$沉淀。

例 6. 已知 $K_{sp}^{\ominus}(CuS)=6.3\times10^{-36}$，$K_{a1}^{\ominus}(H_2S)=1.1\times10^{-7}$；$K_{a2}^{\ominus}(H_2S)=1.3\times10^{-13}$，计算 0.01 mol 的 CuS 溶于 1.0 L HCl 中，所需 HCl 的浓度。从计算结果说明 HCl 能否溶解 CuS。

解：如果 0.01 mol 的 CuS 全部溶于 1.0 L HCl 中，溶液中$[Cu^{2+}]=0.01\ mol\cdot L^{-1}$，$S^{2-}$将与 H^+结合生成 H_2S，$[H_2S]=0.01\ mol\cdot L^{-1}$。

$$K_{sp}^{\ominus}[CuS]=[Cu^{2+}][S^{2-}]=6.3\times10^{-36}$$

$$[S^{2-}]=6.3\times10^{-34}\ mol\cdot L^{-1}$$

根据平衡 $H_2S\rightleftharpoons 2H^++S^{2-}$，得

$K_a^{\ominus}=K_{a1}^{\ominus}(H_2S)\cdot K_{a2}^{\ominus}(H_2S)=[H^+]^2[S^{2-}]/[H_2S]=1.1\times10^{-7}\times1.3\times10^{-13}=1.43\times10^{-20}$

解得$[H^+]=4.76\times10^5\ mol\cdot L^{-1}$。

再加上过程中消耗的 H^+，所以所需盐酸浓度不能低于$(4.76\times10^5+0.02)mol\cdot L^{-1}$，现实中盐酸浓度根本不可能达到，因此由上述计算可以得到结论：HCl 不能溶解 CuS。

例 7. 已知 $K_{sp}^{\ominus}[Fe(OH)_2]=4.9\times10^{-17}$，$K_{sp}^{\ominus}[Fe(OH)_3]=2.8\times10^{-39}$，溶液中含有 Fe^{2+} 和 Fe^{3+}，其浓度均为 0.05 mol・L^{-1}，如果要求 $Fe(OH)_3$ 沉淀完全而又不生成 $Fe(OH)_2$沉淀，溶液的 pH 范围应控制在多少?

解：因为 $Fe(OH)_3$的溶度积常数明显小于 $Fe(OH)_2$，当升高系统 pH 时，可使 Fe^{3+} 首先满足沉淀条件而生成沉淀。当 Fe^{3+} 沉淀完全时，系统中剩余 Fe^{3+} 的浓度应小于 10^{-5} mol・L^{-1}。

$Fe(OH)_3$沉淀完全时，系统中

$$[OH^-]=(K_{sp}^{\ominus}[Fe(OH)_3]/[Fe^{3+}])^{1/3}=(2.8\times10^{-39}/10^{-5})^{1/3}=6.5\times10^{-12}(mol\cdot L^{-1})$$

$$pH=14-pOH=14-11.19=2.81$$

$Fe(OH)_2$刚好沉淀时，系统中

$$[OH^-]'=(K_{sp}^{\ominus}[Fe(OH)_2]/[Fe^{2+}])^{1/2}=(4.9\times10^{-17}/0.05)^{1/2}=3.13\times10^{-8}(mol\cdot L^{-1})$$

$$pH=14-pOH=14-7.5=6.5$$

例 8. 已知 $K_{sp}^{\ominus}(BaSO_4)=1.1\times10^{-10}$，$K_{sp}^{\ominus}(BaCO_3)=2.6\times10^{-9}$，如果 $BaCO_3$沉淀中尚有 0.01 mol $BaSO_4$，试计算在 1.0 L 此沉淀的饱和溶液中，使 $BaSO_4$完全转化为 $BaCO_3$ 应加入的 Na_2CO_3的物质的量。

解：当 $BaSO_4$完全转化，设平衡时溶液中的 CO_3^{2-} 浓度为 x，则

$$BaSO_4+CO_3^{2-}\rightleftharpoons BaCO_3+SO_4^{2-}$$

平衡时：　　　　x　　　　　0.010

$$K=[SO_4^{2-}]/[CO_3^{2-}]=0.010/x$$
$$=K_{sp}^{\ominus}(BaSO_4)/K_{sp}^{\ominus}(BaCO_3)=1.1\times10^{-10}/(2.6\times10^{-9})$$
$$=0.042$$

解得 $x=0.238$ mol・L^{-1}。

转化时还用去了 0.010 mol 的 Na_2CO_3，所以应该加入 0.248 mol 的 Na_2CO_3。

【知识点练习】

一、选择题

1. 已知 AgCl 的溶度积为 1.8×10^{-10}，Ag_2CrO_4的溶度积为 2.0×10^{-12}。则下列的叙述中正确的是（　　）。

A. AgCl 与 Ag_2CrO_4的溶解度相等

B. AgCl 的溶解度大于 Ag_2CrO_4的溶解度

C. 二者类型不同，不能由 $K_{sp}^{\ominus}$大小直接判断溶解度大小

D. 都是难溶盐，溶解度没有意义

2. 下列叙述中正确的是(　　)。

A. 难溶电解质离子浓度的乘积称为该物质的溶度积

B. 溶度积大者，其溶解度也大

C. 溶液中组成难溶电解质的离子积大于它的溶度积时，就会产生沉淀

D. 用水稀释含有 AgCl 固体的溶液时，AgCl 的溶度积不变，其溶解度增大

3. 下列叙述中正确的是(　　)。

A. 含有多种离子的溶液中，溶度积小的沉淀者一定先沉淀

B. 凡溶度积大的沉淀一定会转化为溶度积小的沉淀

C. 某离子沉淀完全是指其完全变成了沉淀

D. 当溶液中难溶电解质的离子积小于其溶度积时，该难溶电解质就会溶解

4. 难溶电解质 M_2X 的溶解度 S 与溶度积 $K_{sp}^{\ominus}$之间的定量关系式为(　　)。

A. $S=K_{sp}^{\ominus}$　　B. $S=(K_{sp}^{\ominus}/2)^{1/3}$　　C. $S=(K_{sp}^{\ominus})^{1/2}$　　D. $S=(K_{sp}^{\ominus}/4)^{1/3}$

5. 室温下 $Fe(OH)_3$的溶解度约为 1.1×10^{-15} mol·L^{-1}，则其溶度积 $K_{sp}^{\ominus}$约为(　　)。

A. 4.0×10^{-59}　　B. 4.7×10^{-48}　　C. 1.5×10^{-40}　　D. 1.1×10^{-36}

6. 25 ℃时，PbI_2的溶解度为 1.52×10^{-3} mol·L^{-1}，它的 $K_{sp}^{\ominus}$为(　　)。

A. 2.80×10^{-8}　　B. 1.4×10^{-8}　　C. 2.31×10^{-6}　　D. 4.71×10^{-6}

7. $La_2(C_2O_4)_3$的饱和溶液的浓度为 1.1×10^{-6} mol·L^{-1}，其溶度积为(　　)。

A. 1.2×10^{-12}　　B. 1.7×10^{-28}　　C. 1.6×10^{-30}　　D. 1.7×10^{-14}

8. 已知 $K_{sp}^{\ominus}(AgCl)=1.8\times10^{-10}$，$K_{sp}^{\ominus}(AgBr)=5.4\times10^{-13}$，$K_{sp}^{\ominus}(Ag_2CrO_4)=1.1\times10^{-12}$，则它们的溶解度大小次序是(　　)。

A. $AgCl>Ag_2CrO_4>AgBr$　　B. $AgCl>AgBr>Ag_2CrO_4$

C. $Ag_2CrO_4>AgCl>AgBr$　　D. $AgBr>AgCl>Ag_2CrO_4$

9. 已知下列四种难溶盐的溶度积：$K_{sp}^{\ominus}(CaCO_3)=2.8\times10^{-9}$，$K_{sp}^{\ominus}(PbSO_4)=2.5\times10^{-8}$，$K_{sp}^{\ominus}(PbI_2)=9.8\times10^{-9}$，$K_{sp}^{\ominus}(MgF_2)=5.16\times10^{-11}$。它们在水中溶解度由大到小的顺序可排列为(　　)。

A. $PbSO_4>CaCO_3>PbI_2>MgF_2$　　B. $PbI_2>MgF_2>PbSO_4>CaCO_3$

C. $PbI_2>PbSO_4>CaCO_3>MgF_2$　　D. $PbSO_4>PbI_2>CaCO_3>MgF_2$

10. 已知 $K_{sp}^{\ominus}(CaCO_3)=2.8\times10^{-9}$，$CaCO_3$的相对分子质量为 100，若将 20.0 g $CaCO_3$配制成饱和溶液需要的水量最接近的数据为(　　)。

A. 3781 L　　B. 1796 L　　C. 3165 L　　D. 4026 L

11. 在饱和 $PbCl_2$ 溶液中氯离子的浓度为 3.2×10^{-2} mol·L^{-1}，则 $K_{sp}^{\ominus}(PbCl_2)$为(　　)。

A. 3.3×10^{-5}　　B. 1.6×10^{-5}　　C. 5.1×10^{-4}　　B. 1.3×10^{-4}

12. 已知 $Mg(OH)_2$的溶度积 $K_{sp}^{\ominus}=5.61\times10^{-12}$，则其饱和溶液的 pH 为 (　　)。

A. 3.48　　B. 3.78　　C. 10.68　　D. 10.22

13. 已知 $Zn(OH)_2$的溶度积为 3×10^{-17}，则它在水中的溶解度为(　　)mol·L^{-1}。

A. 2.0×10^{-6}　　B. 2.3×10^{-6}　　C. 1.4×10^{-9}　　D. 2.3×10^{-9}

14. $BaSO_4$的相对分子质量为 233，$K_{sp}^{\ominus}=1.1\times10^{-10}$，把 1.0×10^{-3} mol 的 $BaSO_4$配成 10 L 溶液，$BaSO_4$未溶解的质量为(　　)。

A. 0.0021 g　　B. 0.021 g　　C. 0.21 g　　D. 2.1 g

15. CaF_2的饱和溶液浓度为 2.0×10^{-4} mol·L^{-1}，则其 $K_{sp}^{\ominus}$为(　　)。

A. 2.6×10^{-9}　　B. 3.2×10^{-11}　　C. 4.4×10^{-12}　　D. 8.5×10^{-10}

16. Ag_2CrO_4的 $K_{sp}^{\ominus}=1.1\times10^{-12}$，其饱和溶液中 $[Ag^+]$为(　　)mol·L^{-1}。

A. 1.3×10^{-4}　　B. 2.1×10^{-4}　　C. 2.6×10^{-4}　　D. 4.2×10^{-4}

17. 已知 $HgCl_2$的 $K_{sp}^{\ominus}=4\times10^{-15}$，则 $HgCl_2$的饱和溶液中$[Cl^-]$为(　　)mol·L^{-1}。

A. 8×10^{-15}　　B. 2×10^{-15}　　C. 8×10^{-5}　　D. 2×10^{-5}

18. 难溶强电解质 A_2B 在水溶液中达到溶解平衡时，$[A^+]=x$，$[B^{2+}]=y$，则下列等式中正确的是(　　)mol·L^{-1}。

A. $K_{sp}^{\ominus}=x^2y$　　B. $K_{sp}^{\ominus}=1/2\ x^2y$　　C. $K_{sp}^{\ominus}=4\ x^2y$　　D. $K_{sp}^{\ominus}=xy$

19. 在有足够量 AgCl 固体存在的饱和 AgCl 溶液中，欲使 AgCl 的溶解度加大，可加入等体积的(　　)。

A. 1 mol·L^{-1} NaCl 溶液　　B. 1 mol·L^{-1} $AgNO_3$溶液

C. H_2O　　D. 1 mol·L^{-1} $NaNO_3$溶液

20. CaF_2在 0.1 mol·L^{-1}的 KNO_3溶液中的溶解度(　　)。

A. 比在水中的大　　B. 比在水中的小　　C. 与在水中的相同　　D. 无法比较

21. $CaCO_3$在相同浓度的下列溶液中溶解度最大的是(　　)。

A. NH_4Ac　　B. $CaCl_2$　　C. NH_4Cl　　D. Na_2CO_3

22. AgCl 在①水，② 0.01 mol·L^{-1} KNO_3 溶液，③ 0.01 mol·L^{-1} NaCl 溶液，④ 0.03 mol·L^{-1} $AgNO_3$溶液中的溶解度从大到小的顺序是(　　)。

A. ①>②>③>④　　B. ②>①>③>④

C. ②>④>①>③　　D. ③>④>②>①

23. 已知 $Mg(OH)_2$的溶度积 $K_{sp}^{\ominus}=5.61\times10^{-12}$，若向 $Mg(OH)_2$的饱和溶液中加入 $MgCl_2$，并使 Mg^{2+}浓度为 0.010 mol·L^{-1}，则该溶液的 pH 为(　　)。

A. 5.26　　B. 4.37　　C. 8.75　　D. 9.37

24. 已知：$K_{sp}^{\ominus}(BaF_2)=1.84\times10^{-7}$，忽略 F^-水解，BaF_2在 0.40 mol·L^{-1} NaF 溶液中的溶解度为(　　)mol·L^{-1}。

A. 1.15×10^{-6}　　B. 6.0×10^{-5}　　C. 3.8×10^{-6}　　D. 9.6×10^{-6}

25. 已知 $K_{sp}^{\ominus}(AgCl)=1.77\times10^{-10}$，AgCl 在纯水中的溶解度比在 0.10 mol·L^{-1} NaCl 溶液中的溶解度(　　)。

A. 大约 7.5×10^3倍　　B. 大约 7.5×10^2倍

C. 大约 75 倍　　D. 两者一样大

26. 已知 Ag_3PO_4的 $K_{sp}^{\ominus}=8.9\times10^{-17}$，$Ag_3PO_4$在 0.1 mol·L^{-1}的 Na_3PO_4溶液中的溶解度为(　　)。

A. 7.16×10^{-5}　　B. 5.7×10^{-6}　　C. 3.2×10^{-6}　　D. 1.7×10^{-6}

27. $Fe(OH)_2$的 $K_{sp}^{\ominus}=4.87\times10^{-17}$，在 pH=7 的缓冲溶液中，它的溶解度为(　　)mol·L^{-1}。

A. 4.87×10^{-3}　　B. 1.3×10^{-3}　　C. 4.2×10^{-8}　　D. 1.2×10^{-5}

28. 含有大量固体 BaS 的饱和溶液中，加少量(　　)对其溶解度无影响。

A. Na_2S　　B. KCl　　C. H_2O　　D. $BaCl_2$

29. 已知 $K_{sp}^{\ominus}(Ag_2SO_4)=1.2\times10^{-5}$，$K_{sp}^{\ominus}(AgCl)=1.8\times10^{-10}$，$K_{sp}^{\ominus}(BaSO_4)=1.1\times10^{-10}$，将等体积的 0.0020 mol・$L^{-1}$的 Ag_2SO_4 与 2.0×10^{-6} mol・L^{-1} 的 $BaCl_2$ 溶液混合，将会出现(　　)。

A. $BaSO_4$ 沉淀　　B. AgCl 沉淀

C. AgCl 与 $BaSO_4$ 共沉淀　　D. 无沉淀

30. 已知 $K_{sp}^{\ominus}(AgCl)=1.8\times10^{-10}$，$K_{sp}^{\ominus}(AgBr)=5.4\times10^{-13}$，$K_{sp}^{\ominus}(Ag_2CrO_4)=1.1\times10^{-12}$，某溶液中含有 KCl、KBr 和 K_2CrO_4，它们的浓度均为 0.010 mol・L^{-1}，向该溶液中逐滴加入 0.010 mol・L^{-1}的 $AgNO_3$ 溶液时，最先沉淀和最后沉淀的是(　　)

A. AgBr 和 Ag_2CrO_4　　B. Ag_2CrO_4 和 AgCl

C. AgBr 和 AgCl　　D. 一齐沉淀

31. 往银盐溶液中添加 HCl 使之生成 AgCl 沉淀($K_{sp}^{\ominus}=1.8\times10^{-10}$)，直至溶液中[$Cl^-$]为 0.20 mol・$L^{-1}$为止。此时[$Ag^+$]为(　　)mol・$L^{-1}$。

A. $(1.8\times10^{-10})^{1/2}$　　B. $(9\times10^{-20})^{1/2}$　　C. 1.8×10^{-10}　　D. 9×10^{-10}

32. CaC_2O_4 的 $K_{sp}^{\ominus}$ 为 2.32×10^{-9}，要使 0.020 mol・L^{-1} $CaCl_2$ 溶液生成沉淀，需要的草酸根离子浓度至少应为(　　)mol・L^{-1}。

A. 1.16×10^{-7}　　B. 1.0×10^{-9}　　C. 5.2×10^{-10}　　D. 2.2×10^{-5}

33. 难溶盐 M_2B 的 $K_{sp}^{\ominus}=8.1\times10^{-12}$。在 B^{2-} 离子浓度为 6×10^{-3} mol・L^{-1}的溶液中，开始生成 M_2B 沉淀需 M^+ 离子最低浓度约为(　　)mol・L^{-1}。

A. 3.67×10^{-5}　　B. 1.35×10^{-9}　　C. 2.85×10^{-6}　　D. 1.20×10^{-2}

34. 已知 FeS 的 $K_{sp}^{\ominus}=6.3\times10^{-18}$，$H_2S$ 的 $K_{a1}^{\ominus}\cdot K_{a2}^{\ominus}=1.4\times10^{-20}$，在 0.10 mol・$L^{-1}$ Fe^{2+} 溶液中通入 H_2S 至饱和(0.10 mol・L^{-1})，欲使 Fe^{2+} 不生成 FeS 沉淀，溶液的 pH 应是(　　)。

A. pH≥2.33　　B. pH≥3.53　　C. pH≤3.53　　D. pH≤2.33

35. 已知：H_2S 的 $K_{a1}^{\ominus}=1.1\times10^{-7}$，$K_{a2}^{\ominus}=1.3\times10^{-13}$；CuS 的 $K_{sp}^{\ominus}=6.3\times10^{-36}$。在 100 mL 含有 0.010 mol Cu^{2+} 的溶液中通入 H_2S 至饱和(0.10 mol・L^{-1})，在 CuS 沉淀过程中保持[H^+]浓度为 1.0 mol・L^{-1}，则沉淀完全后生成 CuS 的质量为(　　)。

A. 0.096 g　　B. 0.96 g　　C. 9.6×10^{-4} g　　D. 0.48 g

36. 已知 $Mg(OH)_2$ 的 $K_{sp}^{\ominus}=5.61\times10^{-12}$，$NH_3$ 的 $K_b^{\ominus}=1.76\times10^{-5}$，要使 0.40 mol・$L^{-1}$ $MgCl_2$ 与 0.20 mol・L^{-1}氨水等体积混合后不产生沉淀，混合液中 NH_4Cl 的最小浓度应为(　　)mol・L^{-1}。

A. 4.4　　B. 0.44　　C. 2.3　　D. 0.33

37. 已知 Ag_2CrO_4 的 $K_{sp}^{\ominus}=1.12\times10^{-12}$，下列情况无沉淀生成的是(　　)。

A. 1 mL 0.0001 mol・L^{-1} $AgNO_3$ 溶液和 2 mL 0.0006 mol・L^{-1} K_2CrO_4 溶液混合

B. 1 mL 0.0002 mol・L^{-1} $AgNO_3$ 溶液和 2 mL 0.0006 mol・L^{-1} K_2CrO_4 溶液混合

C. 0.0002 mol・L^{-1} $AgNO_3$ 溶液和 0.0006 mol・L^{-1} K_2CrO_4 溶液等体积混合

D. 以上都有沉淀生成

38. 若要使沉淀溶解，下列说法不正确的是(　　)。

A. 生成弱电解质可使沉淀溶解　　B. 发生氧化还原反应可使沉淀溶解

C. 生成配合物可使沉淀溶解　　D. $Q_c > K_{sp}^{\ominus}$

39. 某氢氧化物 $M(OH)_2$ 溶于 NH_4Cl 溶液的反应式为 $M(OH)_2 + 2NH_4^+ = M^{2+} + 2NH_3 + 2H_2O$，若以 $K_{sp}^{\ominus}$ 表示 $M(OH)_2$ 的溶度积常数，$K_b^{\ominus}$ 表示 NH_3 的离解常数，则该溶解反应的平衡常数 $K^{\ominus}$ 为(　　)。

A. $K_{sp}^{\ominus} \times (K_w^{\ominus}/K_b^{\ominus})^2$　　B. $K_{sp}^{\ominus}/(K_b^{\ominus})^2$

C. $(K_b^{\ominus})^2/K_{sp}^{\ominus}$　　D. $K_w^{\ominus}/(K_{sp}^{\ominus} \times K_b^{\ominus})$

40. 下列有关分步沉淀的叙述中正确的是(　　)。

A. 溶度积小者一定先沉淀出来

B. 沉淀时所需沉淀试剂浓度小者先沉淀出来

C. 溶解度小的物质先沉淀出来

D. 被沉淀离子浓度大的先沉淀

41. 已知：CoS 和 MnS 的溶度积分别为 2.0×10^{-25} 和 2.5×10^{-13}；H_2S 的 $K_{a1}^{\ominus} = 1.1 \times 10^{-7}$，$K_{a2}^{\ominus} = 1.3 \times 10^{-13}$。若某溶液中含有 Co^{2+} 和 Mn^{2+} 各 0.10 mol·L^{-1}，欲通入 H_2S 使二者完全分离开，应控制的 pH 范围为(　　)。

A. 0.16～4.07　　B. 1.6～5.47　　C. 0.36～3.50　　D. 0.57～4.62

42. AgCl 对 AgI 的溶度积之比为 2×10^6。若将同一浓度的 Ag^+(10^{-5} mol·L^{-1})加入具有相同浓度的氯离子和碘离子(浓度为 10^{-5} mol·L^{-1})的溶液中，其现象是(　　)。

A. Cl^- 和 I^- 以相同量沉淀　　B. I^- 沉淀更多

C. Cl^- 沉淀更多　　D. I^- 比 Cl^- 沉淀略多一点

43. 已知溶度积：$K_{sp}^{\ominus}(Ag_2CrO_4) = 1.1 \times 10^{-12}$，$K_{sp}^{\ominus}(PbCrO_4) = 2.8 \times 10^{-13}$，$K_{sp}^{\ominus}(BaCrO_4) = 1.2 \times 10^{-10}$，$K_{sp}^{\ominus}(SrCrO_4) = 2.2 \times 10^{-5}$。现有某溶液中含有浓度均为 0.01 mol·$L^{-1}$ 的四种硝酸盐 $AgNO_3$、$Pb(NO_3)_2$、$Ba(NO_3)_2$、$Sr(NO_3)_2$，若向该溶液逐滴加入 K_2CrO_4 溶液，则沉淀的先后顺序是(　　)。

A. Ag_2CrO_4、$PbCrO_4$、$SrCrO_4$、$BaCrO_4$

B. $PbCrO_4$、Ag_2CrO_4、$SrCrO_4$、$BaCrO_4$

C. $SrCrO_4$、$PbCrO_4$、Ag_2CrO_4、$BaCrO_4$

D. $PbCrO_4$、Ag_2CrO_4、$BaCrO_4$、$SrCrO_4$

44. $BaSO_4$ 的分子量为 233，$K_{sp}^{\ominus} = 1 \times 10^{-10}$。若把 0.0233 g 的 $BaSO_4$ 溶于 1 L 水中，则尚未溶解的 $BaSO_4$ 为(　　)。

A. 0.0191 g　　B. 0.021 g　　C. 0.0021 g　　D. 0.000191 g

二、填空题

1. 同离子效应使难溶电解质的溶解度________，盐效应使难溶电解质的溶解度________。

2. 已知 $K_{sp}^{\ominus}(CaF_2) = 5.3 \times 10^{-9}$，则在含有 0.10 mol·$L^{-1}$ $CaCl_2$ 的 CaF_2 饱和溶液中，[F^-]是________________ mol·L^{-1}。

3. 已知 $K^\ominus_{sp}(PbCrO_4)=2.8\times10^{-13}$，$K^\ominus_{sp}(BaCrO_4)=1.17\times10^{-10}$，$K^\ominus_{sp}(Ag_2CrO_4)=1.12\times10^{-12}$。若在 Ag^+、Pb^{2+}、Ba^{2+} 混合溶液中，各离子浓度均为 0.1 mol·L^{-1}，往溶液中滴加 K_2CrO_4 溶液，最先开始沉淀的离子是__________。

4. 25 ℃ 时，$Mg(OH)_2$ 的 $K^\ominus_{sp}=5.61\times10^{-12}$，其饱和溶液的 pH=________。

5. 已知 NiS 的 $K^\ominus_{sp}=3.0\times10^{-21}$，CdS 的 $K^\ominus_{sp}=8.0\times10^{-27}$，现有 Ni^{2+}、Cd^{2+} 浓度相同的两溶液，分别通入 H_2S 至饱和，____________开始沉淀所允许酸度较大，而____________开始沉淀所允许酸度较小。

6. 在 $CaCO_3$($K^\ominus_{sp}=2.8\times10^{-9}$)、$CaF_2$($K^\ominus_{sp}=5.3\times10^{-9}$)、$Ca_3(PO_4)_2$($K^\ominus_{sp}=2.1\times10^{-29}$) 这些物质的饱和溶液中，$[Ca^{2+}]$由大至小的顺序为__________。

7. 已知 $K^\ominus_{sp}(PbCrO_4)=2.8\times10^{-13}$，$K^\ominus_{sp}(PbI_2)=9.8\times10^{-9}$，若将 PbI_2 沉淀转化为 $PbCrO_4$ 沉淀，该反应的平衡常数为____________。

8. 在溶液中，加入沉淀剂后，被沉淀的离子在溶液中的残留量小于________时，叫作“沉淀完全”。

9. PbF_2 的 $K^\ominus_{sp}=3.3\times10^{-8}$，则其溶解度 S=________ mol·L^{-1}。

10. 已知 CaC_2O_4 的 $K^\ominus_{sp}=2.32\times10^{-9}$，$CaC_2O_4$ 的相对分子质量为 128。假定在洗涤时，CaC_2O_4 溶解达饱和，不考虑 $(NH_4)_2C_2O_4$ 的水解。欲洗涤新沉淀的 CaC_2O_4，若用 100 mL 水洗，将会溶失__________g，若用 100 mL 0.01 mol·L^{-1} $(NH_4)_2C_2O_4$ 洗，将会溶失________g，因此应选择________洗涤 CaC_2O_4(填“前者”或“后者”)。

11. 温度一定时，在有 AgCl 沉淀的水溶液中，加入 0.10 mol·L^{-1} HCl 后将引起 AgCl(s)量__________(填“增加”“减小”或“不变”)，原因是____________。

12. 在有 PbI_2 固体共存的饱和水溶液中，加入 KNO_3 固体，PbI_2 的溶解度________，这种现象叫__________。

13. 已知：$K^\ominus_{sp}(Ag_2CrO_4)=1.1\times10^{-12}$，$K^\ominus_{sp}(AgCl)=1.8\times10^{-10}$。则反应 $Ag_2CrO_4(s)+2Cl^-=2AgCl(s)+2CrO_4^{2-}$ 的 $K^\ominus$=________。

14. 25 ℃时，$Ca(OH)_2$ 的 $K^\ominus_{sp}=5.5\times10^{-6}$，则 $Ca(OH)_2$ 的溶解度为__________，$Ca(OH)_2$ 的饱和溶液中 $[OH^-]$=________，pH=________。

15. $Mn(OH)_2$ 的 $K^\ominus_{sp}=1.9\times10^{-13}$，在纯水中其溶解度为__________ mol·L^{-1}。

16. $PbSO_4$ 的 $K^\ominus_{sp}=2.5\times10^{-8}$，在纯水中其溶解度为__________mol·L^{-1}，在浓度为 0.01 mol·L^{-1} 的 Na_2SO_4 溶液中其溶解度变为__________mol·L^{-1}。

17. 在 0.01 mol·L^{-1} $Pb(Ac)_2$ 溶液中加入等体积的 0.02 mol·L^{-1} KI 溶液，可观察到____________，反应式为__________________，若在此混合溶液中再加入少量固体 $NaNO_3$ 并振荡，又可观察到____________，这是__________的结果。

18. 在 298 K 时，PbI_2 的溶解度为 1.51×10^{-3} mol·L^{-1}，则在该温度下 PbI_2 的溶度积 $K^\ominus_{sp}$ 为____________。

19. 已知 Ag_2CrO_4 的溶度积 $K^\ominus_{sp}$ 为 1.1×10^{-12}，则可推知 Ag_2CrO_4 在纯水中的溶解度为________mol·L^{-1}，在 0.1 mol·L^{-1} 的 $AgNO_3$ 中的溶解度为________mol·L^{-1}，在 0.1 mol·L^{-1} 的 Na_2CrO_4 中的溶解度为________ mol·L^{-1}。

20. $Mn(OH)_2$ 的 $K_{sp}^{\ominus}=1.9\times10^{-13}$，则其饱和溶液的 pH 为________；若将 0.050 mol $Mn(OH)_2$固体恰好溶解在 0.50 L NH_4Cl 溶液中，已知 NH_3的 $K_b^{\ominus}=1.76\times10^{-5}$，则溶解平衡时$[NH_4^+]$为________mol·L^{-1}。

21. 在难溶物 $CaCO_3$、$Fe(OH)_3$、AgI、CaF_2中，其溶解度不随溶液 pH 变化而变化的有____________。

22. 已知 CaF_2的 $K_{sp}^{\ominus}=5.3\times10^{-9}$，则在 0.015 mol·L^{-1}的 NaF 溶液中，CaF_2的溶解度为______________mol·L^{-1}。

23. 已知 Ag_2CrO_4的溶度积 $K_{sp}^{\ominus}$为 1.1×10^{-12}，则将 30 mL 0.010 mol·L^{-1}的$AgNO_3$溶液与 20 mL 0.010 mol·L^{-1}的 K_2CrO_4溶液混合达到平衡后$[Ag^+]$为__________mol·L^{-1}。

24. 已知 $K_{sp}^{\ominus}(CaF_2)=5.3\times10^{-9}$，在 CaF_2的饱和溶液中$[F^-]$=________mol·L^{-1}。

25. 在纯水中 $Cr(OH)_3$饱和溶液的 $[Cr^{3+}]=1.236\times10^{-8}$ mol·L^{-1}，则其 pH 为________，$K_{sp}^{\ominus}(Cr(OH)_3)$=__________。若在 pH 为 7 的中性溶液中 $Cr(OH)_3$的溶解度为______________mol·L^{-1}。

26. 已知 $K_{sp}^{\ominus}$(Ag_2CrO_4，砖红色)$=1.1\times10^{-12}$，$K_{sp}^{\ominus}$(AgCl，白色)$=1.77\times10^{-10}$。在含有 Ag_2CrO_4沉淀的系统中加入 NaCl 溶液，可观察到______________的现象，其变化的反应式为____________________________________，该反应的平衡常数 K=______________。

27. $Mn(OH)_2$ 的 $K_{sp}^{\ominus}=1.9\times10^{-13}$，在纯水中其溶解度为________mol·L^{-1}；$Mn(OH)_2$饱和溶液的 pH 为________；已知 $K_b^{\ominus}(NH_3\cdot H_2O)=1.8\times10^{-5}$，将 0.050 mol $Mn(OH)_2$(s)刚好溶解在 0.50 L NH_4Cl 溶液中，则平衡时$[NH_4Cl]$为______mol·L^{-1}。

28. 已知 $K_{sp}^{\ominus}(Ag_2CrO_4)=1.1\times10^{-12}$，$K_{sp}^{\ominus}(PbCrO_4)=2.8\times10^{-13}$，$K_{sp}^{\ominus}(CaCrO_4)=7.1\times10^{-4}$。向浓度均为 0.10 mol·L^{-1}的 Ag^+、Pb^{2+}、Ca^{2+}的混合溶液中滴加 K_2CrO_4稀溶液，最先出现的沉淀是________。

29. 已知 $K_{sp}^{\ominus}(PbCrO_4)=2.8\times10^{-13}$，$K_{sp}^{\ominus}(PbI_2)=9.8\times10^{-9}$，若将 $PbCrO_4$沉淀转化为 PbI_2沉淀，转化反应的标准平衡常数 $K^{\ominus}$=________。

三、判断题

1.(　　)在 PbI_2饱和溶液中加入少量 $Pb(NO_3)_2$固体，将会发现有黄色 PbI_2沉淀生成，这是因为 $Pb(NO_3)_2$的存在使 PbI_2的溶解度降低而形成沉淀。

2.(　　)在混合离子溶液中，加入一种沉淀剂时，溶度积小的盐会先沉淀出来。

3.(　　)难溶电解质中，溶度积小的要比溶度积大的溶解度要小。

4.(　　)把溶解度大的难溶物转化为溶度积小的难溶物是较易实现的。

5.(　　)在一定温度下，向含有 AgCl(s) 的饱和 AgCl 溶液中加水，则 AgCl 的溶解度、$K_{sp}^{\ominus}$均不变。

6.(　　)当溶液中可能出现分步沉淀时，溶解度小的物质将先沉淀。

7.(　　)当溶液中可能出现分步沉淀时，浓度积先达到 $K_{sp}^{\ominus}$的先沉淀出来。

8.(　　)溶液中难溶电解质的离子积小于其溶度积时，该难溶电解质就会溶解。

9.(　　)向含有 AgCl 固体的溶液中加入适量的水使 AgCl 溶解又达平衡时，AgCl 溶度积不变，其溶解度也不变。

10.(　　) AgCl 水溶液的导电性很弱，所以 AgCl 为弱电解质。

11.(　　) 在过饱和的 $CaSO_4$ 的多相系统中，加水稀释后，$CaSO_4$ 的沉淀将减少，而 Ca^{2+} 离子的浓度将不变。

12.(　　) 难溶电解质的溶度积越小，其溶解度也越小。

13.(　　) 用水稀释难溶电解质溶液后，其溶度积不变而溶解度增大。

14.(　　) 在难溶电解质溶液中离子浓度系数次方的乘积就是溶度积。

15.(　　) 对于难溶强电解质，可根据 $K_{sp}^{\ominus}$ 的大小判断溶解度的大小。

16.(　　) 在 AgCl 溶液中加入 KNO_3，可以使 AgCl 溶解度增大。

17.(　　) 在难溶电解质溶液中加入与难溶电解质没有相同离子成分的电解质，使难溶电解质溶解度增大的现象称盐效应。

18.(　　) 若要使沉淀溶解，需要使 $Q_c < K_{sp}^{\ominus}$。

19.(　　) 加入一种沉淀剂能将两种或两种以上离子按先后顺序沉淀出来，称分步沉淀。

20.(　　) 因为 $BaSO_4$ 的 $K_{sp}^{\ominus}$ 比 $BaCO_3$ 的 $K_{sp}^{\ominus}$ 小，所以 $BaSO_4$ 不能转化为 $BaCO_3$。

21.(　　) 有同离子效应时盐效应也存在，但与同离子效应相比盐效应显得很小，所以有同离子效应时一般不必考虑盐效应。

22.(　　) 由于同离子效应使难溶电解质溶解度减小，因此利用沉淀反应除去某些离子时，往往加入过量的沉淀剂，使被除去的离子沉淀完全。

四、计算题

1. MgF_2 的溶度积 $K_{sp}^{\ominus}=5.16\times10^{-11}$，在 0.250 L 0.100 $mol\cdot L^{-1}$ 的 $Mg(NO_3)_2$ 溶液中能溶解 MgF_2(相对分子质量为 62.31)质量是多少？

2. 在含有浓度均为 1.0×10^{-4} $mol\cdot L^{-1}$ 的 CrO_4^{2-} 和 Cl^- 的混合溶液中逐滴加入 $AgNO_3$ 溶液，通过计算说明何种物质先沉淀，两者能否分离开。[$K_{sp}^{\ominus}(AgCl)=1.77\times10^{-10}$，$K_{sp}^{\ominus}(Ag_2CrO_4)=1.12\times10^{-12}$]

3. 计算 AgCN 在 pH＝3.00 缓冲溶液中的溶解度。[$K_a^{\ominus}(HCN)=6.2\times10^{-10}$，$K_{sp}^{\ominus}(AgCN)=5.97\times10^{-17}$]

4. $Mn(OH)_2$ 的饱和水溶液的 pH＝9.63，计算：

(1) $Mn(OH)_2$ 的溶解度和溶度积 $K_{sp}^{\ominus}[Mn(OH)_2]$；

(2) 溶液的 pH 为 9.00 时的溶解度。

5. 0.10 mol 金属硫化物 MS 可溶于 1.0 L 盐酸中，溶解生成 H_2S 和 M^{2+}，当反应达到平衡时，$[H^+]=0.24$ $mol\cdot L^{-1}$。计算 MS 的溶度积 $K_{sp}^{\ominus}$。(H_2S 的 $K_{a1}^{\ominus}=1.1\times10^{-7}$，$K_{a2}^{\ominus}=1.3\times10^{-13}$)

6. 已知 $K_{sp}^{\ominus}[Mg(OH)_2]=5.61\times10^{-12}$。

(1) 已知 25 ℃时，0.20 $mol\cdot L^{-1}$ 氨水的电离度是 0.95%，试求其电离常数和在 0.50 $mol\cdot L^{-1}$ 的电离度；

(2) 计算 0.50 $mol\cdot L^{-1}$ 氨水中 $Mg(OH)_2$ 的溶解度。

7. 若在 0.10 $mol\cdot L^{-1}$ 氨水中加入足量固体 NH_4Cl 使 $[NH_4^+]$ 保持为 0.8 $mol\cdot L^{-1}$。求溶液中的 $[OH^-]$。(忽略体积变化)

8. 室温下 $Mg(OH)_2$的溶度积为 5.61×10^{-12}。若 $Mg(OH)_2$在饱和溶液中完全电离，试求：

(1) $Mg(OH)_2$在水中的溶解度、$[Mg^{2+}]$和$[OH^-]$；

(2) 在 0.010 $mol\cdot L^{-1}$的 N^aOH 溶液中 $[Mg^{2+}]$；

(3) $Mg(OH)_2$在 0.010 $mol\cdot L^{-1}$的 $MgCl_2$溶液中的溶解度。

9. 已知 25 ℃ 时，PbI_2的溶度积为 9.8×10^{-9}，试求：

(1) PbI_2在水中的溶解度；

(2) 饱和溶液中 $[Pb^{2+}]$和$[I^-]$；

(3) 在 0.01 $mol\cdot L^{-1}$ KI 溶液中$[Pb^{2+}]$。

10. 计算 AgI 在纯水中的溶解度，以及它在 0.010 $mol\cdot L^{-1}$ KI 溶液中的溶解度。(AgI 的 $K_{sp}^{\ominus}=8.52\times10^{-17}$)

11. 已知 $K_{sp}^{\ominus}(Ag_2CrO_4)=1.1\times10^{-12}$。分别计算 Ag_2CrO_4在含有 0.10 $mol\cdot L^{-1}$ $AgNO_3$和 0.10 $mol\cdot L^{-1}$ Na_2CrO_4溶液中的溶解度。

12. 已知 ZnS 的 $K_{sp}^{\ominus}=1.6\times10^{-24}$，$H_2S$ 的 $K_{a1}^{\ominus}=1.1\times10^{-7}$，$K_{a2}^{\ominus}=1.3\times10^{-13}$，在 0.10 $mol\cdot L^{-1}$ $ZnSO_4$的酸性溶液中通入 H_2S 至饱和，欲使 ZnS 产生沉淀，$[H^+]$最高不能超过多少?

13. 向 0.010 $mol\cdot L^{-1}$ Fe^{2+}溶液中通入 H_2S 至饱和(浓度为 0.10 $mol\cdot L^{-1}$)，欲控制 FeS 不沉淀，溶液中$[H^+]$应控制在多少? $[K_{sp}^{\ominus}(FeS)=6.3\times10^{-18}$；$H_2S$ 的 $K_{a1}^{\ominus}=1.1\times10^{-7}$，$K_{a2}^{\ominus}=1.3\times10^{-13}]$

14. 溶液中通入 H_2S 至饱和(浓度为 0.10 $mol\cdot L^{-1}$)使 Cu^{2+}沉淀，若保持溶液 pH=2.0，当沉淀结束时，溶液中残存的$[Cu^{2+}]$是多少? $[K_{sp}^{\ominus}(CuS)=6.3\times10^{-36}$；$H_2S$ 的 $K_{a1}^{\ominus}=1.1\times10^{-7}$，$K_{a2}^{\ominus}=1.3\times10^{-13}]$

15. $Mg(OH)_2$的溶解度为 1.3×10^{-4} $mol\cdot L^{-1}$，如果在 10 mL 0.10 $mol\cdot L^{-1}$ $MgCl_2$溶液中加入 10 mL 0.10 $mol\cdot L^{-1}$ $NH_3\cdot H_2O$，若要不使 $Mg(OH)_2$沉淀析出，则需要加入固体$(NH_4)_2SO_4$的质量是多少? $[K_b^{\ominus}(NH_3)=1.8\times10^{-5}$，$(NH_4)_2SO_4$的相对分子质量为 132]

16. 若往含有 0.10 $mol\cdot L^{-1}$ $ZnCl_2$和 0.10 $mol\cdot L^{-1}$ $CuCl_2$的混合溶液中通入 H_2S 至饱和，计算溶液中$[Zn^{2+}]$。$[K_{sp}^{\ominus}(CuS)=6.3\times10^{-36}$；$K_{sp}^{\ominus}(ZnS)=1.6\times10^{-24}$；$H_2S$ 的 $K_{a1}^{\ominus}=1.1\times10^{-7}$，$K_{a2}^{\ominus}=1.3\times10^{-13}]$

17. 将 50.0 mL 含 0.9521 g $MgCl_2$的溶液与等体积的 1.80 $mol\cdot L^{-1}$氨水混合，在所得的溶液中应加入多少克固体 NH_4Cl 才可防止 $Mg(OH)_2$沉淀生成? $\{K_b^{\ominus}(NH_3)=1.76\times10^{-5}$，$K_{sp}^{\ominus}[Mg(OH)_2]=5.61\times10^{-12}$，$NH_4Cl$ 的相对分子质量为 53.49，$MgCl_2$的相对分子质量为 95.21$\}$

18. 将 40.0 mL 0.20 $mol\cdot L^{-1}$ $NH_3(aq)$ 与 20.0 mL 0.20 $mol\cdot L^{-1}$ HCl 溶液混合，求所得混合溶液的 pH。如往此溶液中加入 0.1344 g 固体 $CuCl_2$(忽略体积变化)，是否有 $Cu(OH)_2$沉淀生成? $\{K_b^{\ominus}(NH_3)=1.8\times10^{-5}$，$K_{sp}^{\ominus}[Cu(OH)_2]=2.2\times10^{-20}\}$

19. 在 10.0 mL 0.0015 $mol\cdot L^{-1}$ $MnSO_4$溶液中加入 5.0 mL 0.15 $mol\cdot L^{-1}$ $NH_3\cdot H_2O$ 溶液，通过计算说明是否有 $Mn(OH)_2$ 沉淀产生。$\{K_{sp}^{\ominus}[Mn(OH)_2]=1.9\times10^{-13}$，

$K_b^\ominus(NH_3)=1.8\times10^{-5}$}

20. 用计算说明，在 0.10 mol·L^{-1}的 HAc 溶液中通入 H_2S 达饱和(约 0.1 mol·L^{-1} H_2S)，能否使溶液中 0.10 mol·L^{-1}的 Mn^{2+} 以 MnS 形式沉淀出来？[$K_a^\ominus(HAc)=1.8\times10^{-5}$；$K_{sp}^\ominus(MnS)=2.5\times10^{-13}$；$H_2S$ 的 $K_{a1}^\ominus=1.1\times10^{-7}$，$K_{a2}^\ominus=1.3\times10^{-13}$]

21. 在 0.10 mol·L^{-1}的 $FeCl_2$溶液中通入 H_2S 至饱和，欲使 FeS 不沉淀，溶液的 pH 最高为多少？[$K_{sp}^\ominus(FeS)=6.3\times10^{-18}$；$H_2S$ 的 $K_{a1}^\ominus=1.1\times10^{-7}$，$K_{a2}^\ominus=1.3\times10^{-13}$]

22. 有一含有 $FeCl_2$ 和 $CuCl_2$ 的溶液，两者浓度均为 0.10 mol·L^{-1}，试计算说明通入 H_2S 至饱和，是否会生成 FeS 沉淀。[$K_{sp}^\ominus(FeS)=6.3\times10^{-18}$；$K_{sp}^\ominus(CuS)=6.3\times10^{-36}$；$H_2S$ 的 $K_{a1}^\ominus=1.1\times10^{-7}$，$K_{a2}^\ominus=1.3\times10^{-13}$]

23. 欲使 $Fe(OH)_3$溶成 1.0 L 含 Fe^{3+}达 0.10 mol·L^{-1}的溶液，溶液的 pH 至少要维持怎样的数值？{$K_{sp}^\ominus[Fe(OH)_3]=2.8\times10^{-39}$}

24. MnS 沉淀溶于 HAc 的反应式为 $MnS+2HAc=Mn^{2+}+H_2S+2Ac^-$，计算该反应的平衡常数 K。欲使 0.010 mol MnS 沉淀完全溶解于 1.0 L HAc 溶液中，HAc 溶液的最初浓度至少为多少？[$K_{sp}^\ominus(MnS)=2.5\times10^{-13}$；$K_a^\ominus(HAc)=1.8\times10^{-5}$；$H_2S$ 的 $K_{a1}^\ominus=1.1\times10^{-7}$，$K_{a2}^\ominus=1.3\times10^{-13}$]

25. 在 1.00 L HAc 溶液中，溶解 0.100 mol 的 MnS(完全生成 Mn^{2+} 和 H_2S)，问：HAc 溶液的最初浓度至少应是多少？[$K_{sp}^\ominus(MnS)=2.5\times10^{-13}$；$K_a^\ominus(HAc)=1.8\times10^{-5}$；$H_2S$ 的 $K_{a1}^\ominus=1.1\times10^{-7}$，$K_{a2}^\ominus=1.3\times10^{-13}$]

26. 已知 CdS 的 $K_{sp}^\ominus(CdS)=8.0\times10^{-27}$，$H_2S$ 的 $K_{a1}^\ominus\times K_{a2}^\ominus=1.43\times10^{-20}$。

(1) 求 CdS 酸溶反应的平衡常数 K；

(2) 若溶液中 H_2S 的起始浓度为 0.10 mol·L^{-1}，$[H^+]=0.30$ mol·L^{-1}，求 CdS 在该溶液中的溶解度。

27. 已知 $K_{sp}^\ominus[Cu(OH)_2]=2.2\times10^{-20}$。分别计算 0.10 mol $Cu(OH)_2$固体恰好完全溶于 1 L HCl 溶液和 1 L HAc 溶液时，HCl 溶液和 HAc 溶液的浓度各为多少。[$K_a^\ominus(HAc)=1.75\times10^{-5}$]

28. 用 Na_2CO_3 溶液处理 AgI 沉淀，使之转化为 Ag_2CO_3 沉淀。试计算在 1.0 L Na_2CO_3 溶液中要溶解 0.010 mol AgI 沉淀，Na_2CO_3溶液的初始浓度应为多少，转化的可能性如何。[$K_{sp}^\ominus(AgI)=8.5\times10^{-17}$，$K_{sp}^\ominus(Ag_2CO_3)=8.5\times10^{-12}$]

29. 在 1.0 L KI 溶液中，将 0.010 mol Ag_2S 转化为 AgI，通过计算说明其可行性如何。[$K_{sp}^\ominus(AgI)=8.5\times10^{-17}$，$K_{sp}^\ominus(Ag_2S)=6.3\times10^{-50}$]

30. 试计算 0.15 L 1.50 mol·L^{-1}的 Na_2CO_3溶液可以使多少克$BaSO_4$固体转化为 $BaCO_3$。[$K_{sp}^\ominus(BaCO_3)=2.68\times10^{-9}$，$K_{sp}^\ominus(BaSO_4)=1.08\times10^{-10}$，$BaSO_4$的相对分子质量为 233]

31. 如果 $BaCO_3$沉淀中尚有 0.010 mol $BaSO_4$，在 1.0 L 此沉淀的饱和溶液中需要加入多少物质的量的 Na_2CO_3才能使 0.010 mol $BaSO_4$完全转化为 $BaCO_3$？[$K_{sp}^\ominus(BaCO_3)=2.58\times10^{-9}$，$K_{sp}^\ominus(BaSO_4)=1.08\times10^{-10}$]

32. 现有浓度为 2.0 mol·L^{-1}的 $MnSO_4$溶液，欲通入 H_2S 达到饱和以除去其中的 Pb^{2+}杂质。若要使残留的 Pb^{2+}离子浓度不超过 1.1×10^{-7} mol·L^{-1}，而 Mn^{2+}又不沉淀，

试计算应控制溶液的 pH 范围。[$K_{sp}^{\ominus}(PbS)=8.0\times10^{-28}$，$K_{sp}^{\ominus}(MnS)=2.5\times10^{-13}$，$H_2S$ 的 $K_{a1}^{\ominus}\times K_{a2}^{\ominus}=1.43\times10^{-20}$]

33. 若在含有 2.0×10^{-3} mol·L^{-1} CrO_4^{2-} 和 1.0×10^{-5} mol·L^{-1} Cl^- 的混合溶液中逐滴加入 $AgNO_3$溶液并不断搅拌，谁先沉淀？当第二种离子开始沉淀时，第一种离子沉淀的百分比是多少？[忽略加入 $AgNO_3$ 溶液的体积变化，$K_{sp}^{\ominus}(Ag_2CrO_4)=1.1\times10^{-12}$，$K_{sp}^{\ominus}(AgCl)=1.8\times10^{-10}$]

34. 某溶液含 Mg^{2+} 和 Ca^{2+}，浓度均为 0.50 mol·L^{-1}，计算说明滴加$(NH_4)_2C_2O_4$溶液时，哪种离子先沉淀。当第一种离子沉淀完全时，第二种离子沉淀的百分比是多少？(CaC_2O_4的 $K_{sp}^{\ominus}=2.3\times10^{-9}$，$MgC_2O_4$的 $K_{sp}^{\ominus}=8.5\times10^{-5}$)

35. 向含有 Cd^{2+} 和 Fe^{2+} 的溶液(离子浓度均为 0.020 mol·L^{-1})中通入 H_2S 至饱和以分离 Cd^{2+} 和 Fe^{2+}，试计算应控制 pH 在什么范围。[$K_{sp}^{\ominus}(CdS)=8.0\times10^{-27}$，$K_{sp}^{\ominus}(FeS)=6.3\times10^{-18}$，$H_2S$ 的 $K_{a1}^{\ominus}\times K_{a2}^{\ominus}=1.43\times10^{-20}$]

36. 某混合溶液中含有 0.03 mol·L^{-1}的 Pb^{2+} 和 0.02 mol·L^{-1} 的 Cr^{3+}，若向其中逐滴加入浓 NaOH 溶液(忽略体积变化)，Pb^{2+} 和 Cr^{3+} 均有可能形成氢氧化物沉淀。{$K_{sp}^{\ominus}[Pb(OH)_2]=1.43\times10^{-15}$，$K_{sp}^{\ominus}[Cr(OH)_3]=6.3\times10^{-31}$}

(1) 哪种离子先被沉淀？

(2) 若用沉淀分离法分离这两种离子，溶液的 pH 应控制在什么范围？

37. 某溶液中含有 Pb^{2+} 和 Zn^{2+}，浓度均为 0.20 mol·L^{-1}，欲通入 H_2S 气体达饱和，并加 HCl 控制酸度，为使 Pb^{2+}沉淀完全，而 Zn^{2+} 留在溶液中，试计算说明溶液的[H^+]应控制在什么范围内。[$K_{sp}^{\ominus}(PbS)=8.0\times10^{-28}$；$K_{sp}^{\ominus}(ZnS)=1.6\times10^{-24}$；$H_2S$ 的 $K_{a1}^{\ominus}=1.1\times10^{-7}$，$K_{a2}^{\ominus}=1.3\times10^{-13}$]

38. 在 1.0 mol·L^{-1} $NiSO_4$溶液中，含有杂质 Fe^{3+} 的浓度为 0.10 mol·L^{-1}。通过计算说明应如何控制 pH 将 Fe^{3+} 离子除去。{$K_{sp}^{\ominus}[Fe(OH)_3]=2.8\times10^{-39}$，$K_{sp}^{\ominus}[Ni(OH)_2]=5.5\times10^{-16}$}

39. 在 1.0 mol·L^{-1}的 Co^{2+} 溶液中，含有少量 Fe^{3+} 杂质。应如何控制溶液的 pH，才能达到除去 Fe^{3+} 离子杂质的目的？{$K_{sp}^{\ominus}[Fe(OH)_3]=2.8\times10^{-39}$，$K_{sp}^{\ominus}[Co(OH)_2]=5.9\times10^{-15}$}

40. 已知 $K_{sp}^{\ominus}[Ni(OH)_2]=5.5\times10^{-16}$，$K_{sp}^{\ominus}[Fe(OH)_3]=2.8\times10^{-39}$。通过计算判断能否用 NaOH 溶液对 1.0 mol·L^{-1}的 Ni^{2+} 和 0.01 mol·L^{-1}的 Fe^{3+} 进行沉淀分离。如果能分离，pH 范围应是多少？

41. 已知 $K_{sp}^{\ominus}(MnS)=2.5\times10^{-13}$，$K_{sp}^{\ominus}(CoS)=4.0\times10^{-21}$，$H_2S$ 的 $K_{a1}^{\ominus}\times K_{a2}^{\ominus}=1.43\times10^{-20}$，通过计算说明在 pH=4.0 时，通入 H_2S 气体至饱和，能否使浓度均为 0.10 mol·L^{-1}的 Mn^{2+}、Co^{2+} 混合溶液进行沉淀分离。

【单元测试】

一、选择题(共 40 分)

1. 下面的叙述中，正确的是(　　)。

A. 溶度积大的化合物溶解度肯定大

B. 向含有 AgCl 固体的溶液中加入适量的水使 AgCl 溶解又达平衡时，AgCl 溶度积不变，其溶解度也不变

C. 将难溶电解质放入纯水中，溶解达到平衡时，电解质离子浓度的乘积就是该物质的溶度积

D. AgCl 水溶液的导电性很弱，所以 AgCl 为弱电解质

2. 已知 AgCl 的溶度积为 1.8×10^{-10}，Ag_2CrO_4的溶度积为 2.0×10^{-12}。则下面的叙述中正确的是（　　）。

A. AgCl 与 Ag_2CrO_4的溶解度相等

B. AgCl 的溶解度大于 Ag_2CrO_4的溶解度

C. 二者类型不同，不能由 $K_{sp}^{\ominus}$大小直接判断溶解度大小

D. 都是难溶盐，溶解度没有意义

3. 某难溶盐化学式为 MX_2，其溶解度 S 和 $K_{sp}^{\ominus}$的关系为(　　)。

A. $S=K_{sp}^{\ominus}$　　B. $S^2=K_{sp}^{\ominus}$　　C. $2S^3=K_{sp}^{\ominus}$　　D. $4S^3=K_{sp}^{\ominus}$

4. 已知室温下 AgCl 的 $K_{sp}^{\ominus}=1.8\times10^{-10}$，$Ag_2CrO_4$的 $K_{sp}^{\ominus}=1.1\times10^{-12}$，$Mg(OH)_2$的 $K_{sp}^{\ominus}=5.61\times10^{-12}$，$Al(OH)_3$的 $K_{sp}^{\ominus}=1.3\times10^{-33}$，其中溶解度最大的是(不考虑水解)(　　)。

A. AgCl　　B. Ag_2CrO_4　　C. $Mg(OH)_2$　　D. $Al(OH)_3$

5. 在一定温度下，向含有 AgCl(s)的饱和 AgCl 溶液中加水，下列叙述中正确的是(　　)。

A. AgCl 的溶解度增大，$K_{sp}^{\ominus}$不变　　B. AgCl 的溶解度，$K_{sp}^{\ominus}$均不变

C. AgCl 的溶解度不变，$K_{sp}^{\ominus}$增大　　D. AgCl 的溶解度，$K_{sp}^{\ominus}$均增大

6. 在 CaF_2（$K_{sp}^{\ominus}=5.3\times10^{-9}$）和 $CaSO_4$（$K_{sp}^{\ominus}=4.9\times10^{-5}$）混合物的饱和溶液中，$[F^-]=1.8\times10^{-3}\ mol\cdot L^{-1}$，则 $CaSO_4$的溶解度为(　　)$mol\cdot L^{-1}$。

A. 3.0×10^{-3}　　B. 5.6×10^{-2}　　C. 1.6×10^{-3}　　D. 9.0×10^{-4}

7. 已知 298 K 下 $K_{sp}^{\ominus}(PbCl_2)=1.7\times10^{-5}$，则此温度下，饱和 $PbCl_2$溶液中的$[Cl^-]$为(　　)$mol\cdot L^{-1}$。

A. 3.2×10^{-2}　　B. 2.5×10^{-2}　　C. 1.6×10^{-2}　　D. 4.1×10^{-2}

8. 下列试剂中能使 $PbSO_4$(s)溶解度增大的是(　　)。

A. $Pb(NO_3)_2$　　B. Na_2SO_4　　C. H_2O　　D. NaCl

9. 在洗涤 $BaSO_4$沉淀时，应用下列哪种溶液最好？(　　)

A. 纯水　　B. 稀 Na_2SO_4溶液　　C. 稀 H_2SO_4溶液　　D. 稀 HCl 溶液

10. 在 0.1 mol · L^{-1}的 NaOH 水溶液中，$Ca(OH)_2$的溶解度是 4.6×10^{-4} mol · L^{-1}，则 $Ca(OH)_2$的 $K_{sp}^{\ominus}$是(　　)。

A. 2.3×10^{-5}　　B. 4.6×10^{-5}　　C. 4.6×10^{-6}　　D. 2.3×10^{-6}

11. CaF_2的 $K_{sp}^{\ominus}=5.3\times10^{-9}$，在$[F^-]$ 为 3.0 mol · L^{-1}的溶液中，Ca^{2+}离子可能的最高浓度为(　　)mol · L^{-1}。

A. 5.9×10^{-10}　　B. 4.3×10^{-12}　　C. 2.0×10^{-6}　　D. 6.2×10^{-6}

12. 难溶盐 M_2B 的 $K_{sp}^{\ominus}=1.12\times10^{-12}$，在$[B^{2-}]$为 6×10^{-3} mol · L^{-1}的溶液中，开始生成 M_2B 沉淀需$[M^+]$最低浓度约为(　　)mol · L^{-1}。

A. 6.83×10^{-6}　　B. 1.4×10^{-5}　　C. 9.7×10^{-7}　　D. 6.83×10^{-5}

13. 已知 $K_{sp}^{\ominus}(ZnS)=1.6\times10^{-24}$，$H_2S$ 的 $K_{a1}^{\ominus}=1.1\times10^{-7}$，$K_{a2}^{\ominus}=1.3\times10^{-13}$。在 Zn^{2+}浓度为 0.001 mol · L^{-1}的溶液中通入 H_2S 至饱和(浓度为 0.10 mol · L^{-1})，则 ZnS 开始析出时，溶液的 pH 为(　　)。

A. 0.51　　B. 0.02　　C. 0.13　　D. 0.45

14. 已知 H_2S 的 $K_{a1}^{\ominus}=1.1\times10^{-7}$，$K_{a2}^{\ominus}=1.3\times10^{-13}$，$K_{sp}^{\ominus}(CuS)=6.3\times10^{-36}$，向含 0.10 mol · L^{-1}的 $CuSO_4$与 1.0 mol · L^{-1}的 HCl 的溶液中不断通入 $H_2S(g)$至饱和(浓度为 0.1 mol · L^{-1})，则溶液中残留的$[Cu^{2+}]$为(　　)mol · L^{-1}。

A. 3.5×10^{-26}　　B. 4.4×10^{-15}　　C. 8.4×10^{-25}　　D. 1.6×10^{-23}

15. 已知 $K_{sp}^{\ominus}(Ag_2CrO_4)=1.1\times10^{-12}$，当溶液中 $c(CrO_4^{2-})=6.0\times10^{-3}$ mol · L^{-1}时，开始生成 Ag_2CrO_4沉淀所需 Ag^+最低浓度为(　　)mol · L^{-1}。

A. 6.8×10^{-6}　　B. 1.4×10^{-5}　　C. 9.7×10^{-7}　　D. 6.8×10^{-5}

16. 25 ℃时，AgCl 的 $K_{sp}^{\ominus}=1.8\times10^{-10}$，如果向 AgCl 饱和溶液中滴加浓 HCl 溶液，当溶液中$[Ag^+]$降为 1.0×10^{-8}mol · L^{-1}时，溶液的 pH 为(　　)。

A. 1.0　　B. 1.7　　C. 2.3　　D. 7.0

17. 在 $Zn(OH)_2$饱和溶液中，已知$[Zn^{2+}]=2\times10^{-6}$，则 $K_{sp}^{\ominus}[Zn(OH)_2]$应为(　　)。

A. 3.2×10^{-17}　　B. 8.0×10^{-17}　　C. 8.0×10^{-18}　　D. 4×10^{-12}

18. 已知 $K_{sp}^{\ominus}(ZnS)=1.6\times10^{-24}$，欲使 0.10 mol 的 ZnS 在 1.0 L 的 HCl 中恰好全部溶解，则该 HCl 的浓度应为(　　)mol · L^{-1}。

A. 0.3　　B. 2.2　　C. 2.6　　D. 3.1

19. 已知 $K_{sp}^{\ominus}(AB_2)=4.2\times10^{-8}$，$K_{sp}^{\ominus}(AC)=3.0\times10^{-15}$。在 AB_2、AC 均为饱和的混合溶液中，测得$[B^-]=1.6\times10^{-3}$ mol · L^{-1}，则溶液中$[C^{2-}]$为(　　)mol · L^{-1}。

A. 1.8×10^{-13}　　B. 7.3×10^{-13}　　C. 2.3　　D. 3.7

20. 欲使 Ag_2CO_3($K_{sp}^{\ominus}=8.5\times10^{-12}$)转化为 $Ag_2C_2O_4$($K_{sp}^{\ominus}=5.4\times10^{-12}$)，则必须使(　　)。

A. $[C_2O_4^{2-}]<0.64[CO_3^{2-}]$　　B. $[C_2O_4^{2-}]>1.57[CO_3^{2-}]$

C. $[C_2O_4^{2-}]<1.57[CO_3^{2-}]$　　D. $[C_2O_4^{2-}]>0.64[CO_3^{2-}]$

二、填空题(共 20 分)

1. 同离子效应使难溶电解质的溶解度________________；盐效应使难溶电解质的溶解度________________；后一种效应较前一种效应________________得多。

2. 温度一定时，在有 AgCl 沉淀的水溶液中，加入 KNO_3(s) 后溶解将引起 AgCl(s) 量____________(填"增加""减小""不变")，原因是____________。

3. 在 AgCl、$CaCO_3$、$Fe(OH)_3$、MgF_2、ZnS 这些难溶物质中，溶解度不随溶液的 pH 变化的有____________。

4. 已知 $K_{sp}^{\ominus}(AgCl)=1.8\times10^{-10}$，则在 3.0 L 0.10 mol·$L^{-1}$ NaCl 溶液中，溶解 AgCl 的物质的量是____________mol。

5. 已知 $K_{sp}^{\ominus}(AgCl)=1.8\times10^{-10}$，$K_{sp}^{\ominus}(Ag_2CrO_4)=1.1\times10^{-12}$，$K_{sp}^{\ominus}(Ag_2C_2O_4)=5.4\times10^{-12}$，在含有浓度均为 0.01 mol·$L^{-1}$的 KCl、$K_2CrO_4$、$Na_2C_2O_4$ 的某溶液中逐滴加入 0.01 mol·L^{-1} $AgNO_3$溶液时，最先产生的沉淀是__________，最后产生的沉淀是____________。

6. 已知 $K_{sp}^{\ominus}(Ag_2CrO_4)=1.1\times10^{-12}$。若$[Ag^+]=2.0\times10^{-6}$，则与之达成平衡的$[CrO_4^{2-}]=$____________mol·$L^{-1}$；若$[CrO_4^{2-}]=2.0\times10^{-4}$ mol·L^{-1}，则与之达成平衡的$[Ag^+]=$____________ mol·L^{-1}。

7. 在 0.10 mol·L^{-1} HAc 溶液中，浓度最大的物质是__________，浓度最小的物质是____________。加入少量的 NH_4Ac (s) 后，HAc 的电离度将________。

8. 某难溶电解质 AB_2(相对分子质量为 80)，常温下在水中溶解度为每 100 mL 溶液含有 AB_2 2.4×10^{-4} g，则 AB_2的溶度积 $K_{sp}^{\ominus}=$____________。

9. 已知 $K_{sp}^{\ominus}(Ag_2CrO_4)=1.1\times10^{-12}$，$K_{sp}^{\ominus}(PbCrO_4)=2.8\times10^{-13}$，$K_{sp}^{\ominus}(PbI_2)=9.8\times10^{-9}$，$K_{sp}^{\ominus}(CaCrO_4)=7.1\times10^{-4}$，若向 Ag^+、Pb^{2+}、Ca^{2+} 的浓度均为 0.1 mol·L^{-1}的混合溶液中滴加 K_2CrO_4溶液，则出现最早的沉淀为____________；若将 $PbCrO_4$沉淀转化为 PbI_2沉淀，转化反应的平衡常数 $K^{\ominus}=$__________。

10. 已知 BaF_2的 $K_{sp}^{\ominus}=1.84\times10^{-7}$，$BaSO_4$的 $K_{sp}^{\ominus}=1.08\times10^{-10}$。若在 BaF_2和 $BaSO_4$共存的饱和溶液中，已知$[F^-]=7.5\times10^{-4}$mol·L^{-1}，则$[SO_4^{2-}]=$________ mol·L^{-1}。

11. 已知 NiS 的溶度积为 3.0×10^{-21}，H_2S 的电离常数分别为 1.1×10^{-7}和 1.3×10^{-13}，若在含 0.1 mol·L^{-1}的 $NiCl_2$和 2.0 mol·L^{-1} HCl 的溶液中通入 H_2S 至饱和，则溶液中 $[S^{2-}]=$________ mol·L^{-1}，________(填"能"或者"不能")产生 NiS 沉淀。

三、判断题 10 题(每题 10 分)

1.( ) 若要使沉淀生成，必须使 $Q_c<K_{sp}^{\ominus}$。

2.( ) 在 AgCl 溶液中加入 $AgNO_3$，可以使 AgCl 溶解度减小。

3.( ) 当溶液中可能出现分步沉淀时，被沉淀离子浓度大的先沉淀。

4.( ) 在一定温度下，向含有 AgCl(s) 的饱和 AgCl 溶液中加水，AgCl 的溶解度增大，$K_{sp}^{\ominus}$不变。

5.( ) 沉淀的转化只能是由溶解度大的沉淀转化为溶解度小的沉淀。

6.( ) 沉淀是否完全的标志是被沉淀离子是否符合规定的某种限度，不一定指被沉淀离子在溶液中不存在。

7.( ) 在 PbI_2饱和溶液中加入少量 $Pb(NO_3)_2$固体，将会发现有黄色 PbI_2沉淀生成，这是因为 $Pb(NO_3)_2$的存在使 PbI_2的溶度积降低而形成沉淀。

8.( ) AgCl 水溶液的导电性很弱，是因为 AgCl 为弱电解质，溶解度很小。

9.(　　)在难溶电解质溶液中加入与难溶电解质有相同离子成分的电解质，使难溶电解质溶解度减小的现象称同离子效应。

10.(　　)难溶强电解质 $K_{sp}^{\ominus}$的大小顺序不一定和溶解度的大小顺序一致。

四、计算题(共 30 分)

1. 已知 $K_{sp}^{\ominus}(CaF_2)=5.3\times10^{-9}$，计算在 0.250 L 0.10 mol·L^{-1} $Ca(NO_3)_2$溶液中能溶解 CaF_2的质量是多少。

2. 如果用$(NH_4)_2S$溶液来处理 AgI 沉淀使之转化为 Ag_2S 沉淀，该反应的平衡常数为多少？欲在 1.0 L $(NH_4)_2S$ 溶液中使 0.010 mol AgI 完全转化为 Ag_2S，则$(NH_4)_2S$ 溶液的最初浓度应为多少？[忽略$(NH_4)_2S$ 的水解，$K_{sp}^{\ominus}(AgI)=8.5\times10^{-17}$，$K_{sp}^{\ominus}(Ag_2S)=6.3\times10^{-50}$]

3. 要使 0.050 mol FeS(s)溶于 0.50 L HCl(aq) 中，估算所需盐酸的最低浓度。[$K_{sp}^{\ominus}(FeS)=6.3\times10^{-18}$；$H_2S$ 的 $K_{a1}^{\ominus}=1.1\times10^{-7}$，$K_{a2}^{\ominus}=1.3\times10^{-13}$]

4. 在$[Pb^{2+}]=0.010$ mol·L^{-1}和$[Mn^{2+}]=0.010$ mol·L^{-1}的溶液中，通入 H_2S 气体达到饱和，若要使 PbS 沉淀完全而 MnS 不沉淀，溶液的$[H^+]$应控制在什么范围？[$K_{sp}^{\ominus}(PbS)=8.0\times10^{-28}$；$K_{sp}^{\ominus}(MnS)=2.5\times10^{-13}$；$H_2S$ 的 $K_{a1}^{\ominus}=1.1\times10^{-7}$，$K_{a2}^{\ominus}=1.3\times10^{-13}$]

5. 在 100 mL 含有 0.01 mol·L^{-1} Cu^{2+}的溶液中，不断通入 H_2S 气体使 CuS 沉淀。若在沉淀过程中保持$[H^+]$为 1.0 mol·L^{-1}。在上述条件下，Cu^{2+}是否能沉淀完全？将有多少 CuS 沉淀生成？[$K_{sp}^{\ominus}(CuS)=6.3\times10^{-36}$；$H_2S$ 的 $K_{a1}^{\ominus}=1.1\times10^{-7}$，$K_{a2}^{\ominus}=1.3\times10^{-13}$]

第 11 章　电化学基础

【知识点梳理】

氧化还原反应是一类极其重要的化学反应。在氧化还原反应中涉及电子的转移，在某种条件下，这种电子的转移可以形成电流，以氧化还原反应为基础的电化学是化学学科的一个重要的分支。

11.1　氧化还原反应

1)化合价与氧化态

化合价：原子结合成分子时原子数的比例关系。只能为整数。

氧化态：得失电子或平均化合价。可以为整数或分数。

例如：Fe_3O_4 中 Fe 的氧化态可看作+8/3，但是从其化学式 $FeO \cdot Fe_2O_3$ 中，可以看出 Fe 的化合价为+2 和+3。可以近似地看作氧化亚铁和氧化铁的化合物。

从分子结构来看，化合价是离子化合物的电价数或者共价化合物的共价数，不会有分数。化合价虽比氧化态更能反映分子内部的基本属性，但在分子式的书写和氧化还原反应的配平中，氧化态的概念更实用。

2)氧化剂和还原剂

在氧化还原反应中，元素的氧化态升高的过程称为氧化，元素的氧化态降低的过程称为还原。氧化过程和还原过程总是同时发生的。

在氧化还原反应中，组成元素的氧化态升高的物质称为还原剂，它的反应产物称为氧化产物。组成元素的氧化态降低的物质称为氧化剂，它的反应产物称为还原产物。

$$\text{氧化剂} + \text{还原剂} \rightarrow \text{还原产物} + \text{氧化产物}$$

氧化性：氧化剂>氧化产物。还原性：还原剂>还原产物。

氧化还原反应总是由强氧化剂和强还原剂向生成弱还原剂和弱氧化剂的方向进行。

3)氧化还原电对

任何一个氧化还原反应都可以看成是两个“半反应”之和：一个是氧化半反应，另一个是还原半反应。例如：

$$\text{全(总)反应：} Fe + Cu^{2+} = Fe^{2+} + Cu$$

(氧化)半反应：$Fe - 2e^{-} \rightarrow Fe^{2+}$

(还原)半反应：$Cu^{2+} + 2e^{-} \rightarrow Cu$

半反应可以看作一对氧化型和还原型物质构成的共轭系统，称为氧化还原电对，可用“氧化型/还原型”表示。如：Fe^{2+}/Fe，Cu^{2+}/Cu。

半反应写法：氧化态 $+ne^{-}=$还原态。

4)氧化还原反应方程式的配平

(1) 氧化态法。

配平原则：

①元素原子氧化态升高的总数等于元素原子氧化态降低的总数。

②反应前后各元素的原子总数相等。

配平步骤：

①写出未配平的基本反应式，在涉及氧化还原过程的有关原子上方标出氧化态。

②计算相关原子氧化态上升和下降的数值。

③用下降值和上升值分别除以它们的最小公倍数，即得氧化剂和还原剂的化学计量数。

④平衡还原原子和氧化原子之外的其他原子(在多数情况下是H和O)。

例如：配平反应 $HClO_3 + P_4 \rightarrow HCl + H_3PO_4$。

$Cl^{5+} \rightarrow Cl^{-}$ 氧化数降低 6

$P_4 \rightarrow 4PO_4^{3-}$ 氧化数升高 20

则有 $10HClO_3 + 3P_4 \rightarrow 10HCl + 12H_3PO_4$。

方程式左边比右边少 36 个 H，少 18 个 O，应在左边加 18 个 H_2O。

可得 $10HClO_3 + 3P_4 + 18H_2O \rightarrow 10HCl + 12H_3PO_4$。

注：氧化态法适用于水溶液和非水系统中的氧化还原反应。

(2) 半反应法(离子-电子法)。

配平原则：

①反应过程中氧化剂得到的电子数等于还原剂失去的电子数。

②反应前后各元素的原子总数相等。

配平步骤：

①用离子式写出主要反应物和产物(气体、纯液体、固体和弱电解质则写分子式)。

②分别写出氧化剂被还原和还原剂被氧化的半反应。

③分别配平两个“半反应”方程式(等号两边的各种元素的原子总数各自相等且电荷数相等)。

④确定两个“半反应”方程式得、失电子数目的最小公倍数。将两个“半反应”方程式中各项分别乘以相应的系数，使得、失电子数目相同。然后，将两者合并，就得到了配平的氧化还原反应的离子方程式。

如果在半反应中反应物和产物中的氧原子数不同，可依照反应是在酸性或碱性介质中进行的情况，在半反应式中加 H^{+}(酸性)或 OH^{-}(碱性)和 H_2O，使两侧的氧原子数和电荷数均相等。可按照下面的方法配平半反应方程式：

在酸性介质中，多 n 个 O 则加 $2n$ 个 H^{+}，另一边加 n 个 H_2O；

在碱性介质中，多 n 个 O 加 n 个 H_2O，另一边加 $2n$ 个 OH^-；

在中性介质中，右边多 n 个 O 加 $2n$ 个 H^+，左边加 n 个 H_2O；左边多 n 个 O 加 n 个 H_2O，右边加 $2n$ 个 OH^-，H_2O 总是在左边。

例如：用离子-电子法配平 $MnO_4^- + SO_3^{2-} \rightarrow Mn^{2+} + SO_4{}^{2-}$（酸性介质）。

$MnO_4^- \rightarrow Mn^{2+}$（还原）酸性介质：$MnO_4^- + 8H^+ + 5e^- \rightarrow Mn^{2+} + 4H_2O$ ①

$SO_3^{2-} \rightarrow SO_4^{2-}$（氧化）$SO_3^{2-} + H_2O \rightarrow SO_4^{2-} + 2H^+ + 2e^-$ ②

①×2 ＋ ②×5 可得 $2MnO_4{}^- + 6H^+ + 5SO_3^{2-} \rightarrow 5SO_4^{2-} + 2Mn^{2+} + 3H_2O$。

注：该法只用于水溶液中的氧化还原反应，不能用于配平气相或固相反应方程式。

11.2 原电池

定义：通过氧化还原反应产生电流的装置叫原电池，它使化学能转变为电能。

组成：原电池由两个“半电池”组成，半电池的组成以及在产生电流时发生的变化可以用半反应式(电极反应)表达。

以 Cu - Zn 电池(Daniell Cell)为例：

负极：$Zn \rightarrow Zn^{2+} + 2e^-$（氧化反应）

正极：$Cu^{2+} + 2e^- \rightarrow Cu$（还原反应）

电池反应：$Zn + Cu^{2+} = Cu + Zn^{2+}$

电池符号：$(-)Zn \mid Zn^{2+}(c_1) \parallel Cu^{2+}(c_2) \mid Cu(+)$

规定：① 负极写在左边，正极写在右边；② 用“|”隔开电极和电解质溶液(相界面)；③ 用“‖”隔开两个“半电池”(通常为盐桥)；④ 若不存在相界面，用“,”分开，加上惰性电极(石墨或铂)；⑤ 溶液要标明浓度，在有气体参加的电池中还要标明气体的压力。

11.3 电极电势

1)电极电势

金属晶体里有金属阳离子和自由电子，当把金属放入含有该金属离子的溶液中时，一方面，金属表面构成晶格的金属离子和极性水分子相互吸引，使金属具有一种以水合离子的形式进入金属表面附近的溶液中的倾向：$M \leftrightarrow M^{n+}(aq) + ne^-$，金属越活泼，溶液越稀，这种倾向就越大。另一方面，盐溶液中的 $M^{n+}(aq)$ 又有一种从金属表面获得电子而沉积在金属表面的倾向：$M^{n+}(aq) + ne^- \leftrightarrow M$，金属越不活泼，溶液越浓，这种倾向就越大。这两种对立的倾向在一定条件下，建立暂时的平衡：$M \rightleftharpoons M^{n+}(aq) + ne^-$。金属越活泼，上述平衡向右进行的程度就越大，此时，在电极附近的溶液中有过剩的正电荷，而电极表面上有过剩的负电荷，即在电极表面上形成“双电层”。这样，在金属和盐溶液之间产生了电位差，这种产生在金属和它的盐溶液之间的电势叫作金属的电极电势。

通常用电极电势描述电极得失电子能力的相对强弱。电极电势以符号 $\varphi(M^{n+}/M)$ 表示，单位为 V。如锌的电极电势以 $\varphi(Zn^{2+}/Zn)$ 表示，铜的电极电势以 $\varphi(Cu^{2+}/Cu)$ 表示。电极电势的大小主要取决于电极的本性，并受温度、介质和离子浓度等因素的影响。

物理学规定，电池的电动势等于正负极电极电势之差：$E=\varphi^{+}-\varphi^{-}$

2)标准电极电势的概念

(1) 标准电极电势。

所谓标准状态是指组成电极的离子的浓度为 1 mol·L^{-1}，气体的分压为 100 kPa，固体及液体都是纯净物，指定温度 298 K。此状态下的电极电势叫标准电极电势，用 $\varphi^{\ominus}$ 来表示。电动势可以直接测定，而电极电势绝对值无法测量，电极电势的基准是标准氢电极。将镀有铂黑的铂片置于$[H^{+}]=1.0$ mol·L^{-1}的硫酸溶液中，然后不断通入压力为 100 kPa的纯氢气，使铂黑吸附氢气达到饱和，形成一个氢电极，在这个电极周围发生了如下平衡：$H_2=2H^{+}+2e^{-}$。规定标准氢电极的电极电势 $\varphi^{\ominus}(H^{+}/H_2)=0$。

用标准氢电极和待测电极在标准状态下组成电池，测得该电池的电动势值，并通过直流电压表确定电池的正负极，即可根据 $E_{池}=\varphi(+)-\varphi(-)$计算各种电极的标准电极电势的相对数值。

例如：(－) Pt，$H_2(10^5$ Pa) | H^{+}(1 mol·L^{-1}) ‖ Cu^{2+}(1 mol·L^{-1}) | Cu (＋)

测得 $E^{\ominus}=0.34$ V，则 $\varphi^{\ominus}(Cu^{2+}/Cu)=0.34$ V。

(－) Zn | Zn^{2+}(1 mol·L^{-1}) ‖ H^{+}(1 mol·L^{-1}) | $H_2(10^5$ Pa)，Pt (＋)

测得 $E^{\ominus}=0.76$ V，则 $\varphi^{\ominus}(Zn^{2+}/Zn)=-0.76$ V。

(2) 使用标准电极电势表注意事项。

①标准电极电势的数值是正或负，不因半反应(电极反应)的写法而改变。

②半反应的计量系数不会改变电极电势的数值。

③标准电极电势是热力学数据，与反应速率无关。

④表中数据对于非水溶液系统、高温反应、固相反应不适应。

⑤原则上只适用于热力学标态和常温 298 K 下的反应。

⑥氧化型物质获得电子的本领(氧化能力)自上而下依次增强；还原型物质失去电子的本领(还原能力)自下而上依次增强。其强弱程度可从 $\varphi^{\ominus}$ 值大小来判别。比较还原能力必须用还原型物质所对应的 $\varphi^{\ominus}$ 值，比较氧化能力必须用氧化型物质所对应的 $\varphi^{\ominus}$ 值。

(3) 标准电极电势的应用。

①判断氧化剂和还原剂的强弱。

$\varphi^{\ominus}$(氧化型/还原型) 值越大，表示氧化型物质氧化性越强；

$\varphi^{\ominus}$(氧化型/还原型) 值越小，表示还原型物质还原性越强。

②判断氧化还原反应自发进行的方向。

在化学热力学中讨论过，自发的判据是 $\Delta G<0$，而 $\Delta G=-nFE$，因此，只要两电对组成的原电池电动势 E 大于 0，它们的反应即自发的。

又因为 $E=\varphi^{+}-\varphi^{-}$，则若$\varphi^{+}>\varphi^{-}$，即 $\varphi_{氧}>\varphi_{还}$，反应是自发的。

③判断原电池的正负极，计算原电池的电动势。

两电对的电极电势不同，就可组成原电池，φ 大的电对做正极，φ 小的电对做负极，原电池的电动势 $E=\varphi^{+}-\varphi^{-}$。

④氧化剂的选择。

由于利用电极电势可判断氧化还原反应的方向，可利用它来选择合适的氧化剂。如在

Cl^-、Br^-、I^-混合液中，只想氧化I^-，而不能氧化Cl^-、Br^-，则所选择的氧化剂的电极电势只能大于$\varphi(I_2/I^-)$，而小于$\varphi(Cl_2/Cl^-)$和$\varphi(Br_2/Br^-)$。

⑤确定氧化还原的次序。

如果一种氧化剂同时遇到几种还原剂，或一种还原剂同时遇到几种氧化剂，则会出现分步氧化还原的现象。次序按φ值由大至小依次进行。即反应首先在电对电极电势差值大的两电对间进行。

如在Br^-、I^-混合液中通入Cl_2，Cl_2先氧化I^-，再氧化Br^-。随着氧化的进行I^-浓度降低，$\varphi(I_2/I^-)$升高，当$\varphi(I_2/I^-)=\varphi(Br_2/Br^-)$时，$Br^-$、$I^-$同时被氧化。$Cl_2$能否使$Br^-$、$I^-$分步氧化，应看$Br^-$开始被氧化时，$I^-$浓度是否$<10^{-5}\,mol\cdot L^{-1}$。

⑥判断氧化还原反应进行的程度。

由于随着氧化还原反应的进行，$\varphi_{氧}$减小，$\varphi_{还}$增大，最后$\varphi_{氧}=\varphi_{还}$，即$E=0$，有$\Delta G=-nFE=0$，反应达到平衡状态，此时反应进行到最大程度。由于反应程度的大小可由平衡常数$K^{\ominus}$的大小反映出来，因此只要利用电极电势计算出$K^{\ominus}$的大小，即可判断出氧化还原反应进行的程度。

平衡时$\Delta G=-RT\ln K^{\ominus}=-2.303RT\lg K^{\ominus}=-nFE^{\ominus}$，则有

$$\lg K^{\ominus}=nFE^{\ominus}/(2.303RT)$$

当$T=298.15$ K时，$\lg K^{\ominus}=nE^{\ominus}/0.0592$。

此式说明$K^{\ominus}$与$E^{\ominus}$、n、T有关，而与浓度无关。与$E^{\ominus}$有关，说明$K^{\ominus}$与反应物本性有关；与n有关，说明$K^{\ominus}$与反应式的书写形式有关。

⑦ 判断歧化反应能否发生。

歧化反应发生的一般规则：$A\xrightarrow{\varphi^{\ominus}(左)}B\xrightarrow{\varphi^{\ominus}(右)}C$，若$\varphi^{\ominus}(右)>\varphi^{\ominus}(左)$，则B能发生歧化反应。

3)能斯特(Nernst)方程

(1) Nernst方程可用于求非标准状况下的电极电势，表达了电极电势与浓度、温度之间的定量关系。

对于电对：氧化型 $+ne^-=$还原型，有

$$\varphi=\varphi^{\ominus}+\frac{RT}{nF}\ln([氧化型]/[还原型])$$

$T=298.15$ K时，$\varphi=\varphi^{\ominus}+\dfrac{0.0592}{n}\lg([氧化型]/[还原型])$。

书写Nernst方程的规则：

① [氧化型]、[还原型]为参与电极反应的所有物质的浓度(严格地说应该为活度)，且浓度方次为其在电极反应中的计量系数。气体用相对分压($p_i/p^{\ominus}$)表示。

② 电对中的固体、纯液体浓度为1，不写出。

(2)影响电极电势的因素。

① 沉淀生成对电极电势的影响。

若电对的氧化型物质生成沉淀，则离子浓度减小，φ减小，氧化型物质氧化能力减弱，稳定性增大；若电对的还原型物质生成沉淀，则φ增大。氧化型物质和还原型物质都形成沉淀，看二者的$K_{sp}^{\ominus}$的相对大小。若$K_{sp}^{\ominus}$(氧化型)$<K_{sp}^{\ominus}$(还原型)，则φ减小；反之，则φ

增大。例如，$\varphi^{\ominus}(Ag_2S/Ag)<\varphi^{\ominus}(Ag^+/Ag)$，$\varphi^{\ominus}(Cu^{2+}/CuI)>\varphi^{\ominus}(Cu^{2+}/Cu^+)$。

因为 $K_{sp}^{\ominus}(AgCl)>K_{sp}^{\ominus}(AgBr)>K_{sp}^{\ominus}(AgI)$，所以 $\varphi^{\ominus}(AgCl/Ag)>\varphi^{\ominus}(AgBr/Ag)>\varphi^{\ominus}(AgI/Ag)$。即若电对的氧化型物质生成沉淀，$K_{sp}^{\ominus}$越小，离子浓度降低得越多，$\varphi$越小。

② 配合物生成对电极电势的影响。

氧化型离子形成配合物，浓度减小，φ减小，氧化能力减弱，稳定性增大，生成配合物的 $K_{稳}$越大，φ越小。如 $\varphi^{\ominus}(Cu^{2+}/Cu)=0.34$ V，$\varphi^{\ominus}([Cu(NH_3)_4]^{2+}/Cu)=-0.065$ V。

③ 弱电解质生成对电极电势的影响。

若氧化型物质形成弱酸、弱碱，则 φ减小。如 $\varphi^{\ominus}(HAc/H_2)<\varphi^{\ominus}(H^+/H_2)$。

综上，一般来说，由于生成弱电解质、难溶物或配合物而使氧化型物质的离子浓度减小时，电势值变小，还原型物质的还原性增大，稳定性减小，氧化型物质的氧化性减小，稳定性增大。

④ pH 对电极电势的影响。

对 H^+ 或 OH^- 离子参与了电极反应的电对，不但氧化型物质和还原型物质的浓度对电极电势有影响，而且$[H^+]$也有影响，且 H^+ 浓度指数往往很大，所以其浓度改变时，会对 φ 有明显的改变。

(3)电极电势与氧化还原反应方向的逆转。

通常当 $\varphi^{\ominus}\geqslant 0.5$ V 时，离子浓度的改变一般不能引起反应方向发生逆转；当 $\varphi^{\ominus}<0.5$ V 时，则可能会使反应的方向逆转。

4)元素电势图

大多数非金属元素和过渡元素可以存在几种氧化态，各氧化态之间都有相应的标准电极电势，拉提末(Latimer)提出将它们的标准电极电势以图解方式表示，这种图称为元素电极电势图，或拉提末图。比较简单的元素电极电势图是把同一种元素的各种氧化态按照高低顺序排成横列，用短线连接，并在短线上标明相应的电极反应的 $\varphi^{\ominus}$ 值。$\varphi_A^{\ominus}$ 表示溶液的 pH=0，$\varphi_B^{\ominus}$ 表示溶液 pH=14。元素电势图简明、直观地表明了元素各电对的标准电极电势，对于讨论元素各氧化值物种的氧化还原性和稳定性非常重要和方便。

利用元素标准电势图，可以由已知电对的标准电极电势求算未知电对的标准电极电势。

根据 $\Delta_r G^{\ominus}=\sum \Delta_r G_i^{\ominus}$，可得 $-nF\varphi^{\ominus}=\sum -n_iF\varphi_i^{\ominus}$，即

$$-nF\varphi^{\ominus}=-n_1F\varphi_1^{\ominus}-n_2F\varphi_2^{\ominus}-n_3F\varphi_3^{\ominus}-\cdots\cdots$$

$$n\varphi^{\ominus}=n_1\varphi_1^{\ominus}+n_2\varphi_2^{\ominus}+n_3\varphi_3^{\ominus}+\cdots\cdots$$

利用元素标准电势图，可判断处于中间氧化态的物种能否发生歧化反应：$A\xrightarrow{\varphi^{\ominus}(左)}B\xrightarrow{\varphi^{\ominus}(右)}C$。

$\varphi^{\ominus}(右)>\varphi^{\ominus}(左)$时，则 B 发生歧化反应，B + B=A + C；

$\varphi^{\ominus}(右)<\varphi^{\ominus}(左)$时，则发生归中反应，A + C=B + B。

11.4 电解与电镀

1)电解

(1)电解及工作原理。

电解是将电流通过电解质溶液或熔融态电解质，在阴极和阳极上引起氧化还原反应的过程。电解过程是在电解池中进行的。电解将电能转化为化学能。

电解质中的离子本处于无秩序的运动中，通直流电后，离子作定向运动。阳离子向阴极移动，在阴极得到电子，被还原；阴离子向阳极移动，在阳极失去电子，被氧化。例如：在水电解过程中，OH^-在阳极失去电子被氧化成氧气放出；H^+在阴极得到电子被还原成氢气放出。再例如氯化铜($CuCl_2$)溶液的电解：通电前，Cu^{2+}和Cl^-在水里自由地移动着。通电后，这些自由移动着的离子，在电场作用下，改作定向移动。Cu^{2+}向阴极移动，在阴极获得电子而被还原成铜原子覆盖在阴极上；Cl^-向阳极移动，在阳极失去电子而被氧化成氯气。

阳离子得到电子或阴离子失去电子而使离子所带电荷数目降低的过程又叫作放电。用石墨、金、铂等还原性很弱的材料制成的电极叫作惰性电极，它们在一般的通电条件下不发生化学反应。用铁、锌、铜、银等还原性较强的材料制成的电极又叫作活性电极，它们做电解池的阳极时，可以发生氧化反应。电解质溶液中存在多种离子时，在电极上得失电子的次序可以用电极电势判断，一般阴极上是电极电势较大的氧化型物质被还原，阳极上则是电极电势较小的还原型物质被氧化。在一般的电解条件下，水溶液中含有多种阳离子时，它们在阴极上放电的先后顺序是$Ag^+ > Hg^{2+} > Fe^{3+} > Cu^{2+} > H^+ > Pb^{2+} > Sn^{2+} > Fe^{2+} > Zn^{2+} > Al^{3+} > Mg^{2+} > Na^+ > Ca^{2+} > K^+$；水溶液中含有多种阴离子时，它们在惰性阳极上放电的先后顺序是$S^{2-} > I^- > Br^- > Cl^- > OH^- >$含氧酸根$> F^-$。

分析惰性电极电解反应的一般方法步骤：

① 分析电解质水溶液的组成，找全离子并分为阴、阳两组；

② 分别对阴、阳离子排出放电顺序，写出两极上的电极反应式；

③ 合并两个电极反应式得出电解反应的总化学方程式或离子方程式。

(2)分解电压。

电解之所以能够持续不断地进行，是因为对电解池输入了一定的电压。电解产物、氯气和金属铜分别吸附和沉积在电极上，构成了一个原电池。此原电池的电动势和外加电压大小相等、方向相反，因而抵消了外加电压从而使电流变小，并使反应停止。为使电解持续进行，就必须在两个电极间提高电压。显然，所加的电压要大于电解产物构成原电池的电动势。这种为了使电解作用持续进行所加的最小电压叫作该电解质的分解电压。如果电解时没有其他的副反应发生，那么，分解电压要比电解产物所构成的原电池的电动势大一些。相应原电池的电动势在数值上等于电解质的理论电解电压。理论电解电压可由能斯特方程计算。

理论上讲，外施电压稍大于理论分解电压，电解过程便能顺利进行。但实际上，外加电压总要比理论分解电压大很多，这种现象称为极化作用。极化作用使阴极电位降低或阳极电位升高，其偏离平衡电位的绝对值，称为超电压或极电位。实际电解电压为理论电解电压与超电压之和。影响超电压的因素很多，如电极材料和电极间距，电解液温度、浓度、pH 等。

2)电镀

电镀就是利用电解原理在某些金属表面上镀上一薄层其他金属或合金的过程，是利用电解作用使金属或其他材料制件的表面附着一层金属膜的工艺，其目的是防止金属氧化(如锈蚀)，提高耐磨性、导电性、反光性、抗腐蚀性(硫酸铜等)等。

电镀时，镀层金属或其他不溶性材料做阳极与直流电源的正极相连接，待镀的工件做阴极与直流电源的负极相连接，镀层金属的阳离子在待镀工件表面被还原形成镀层。接通电源后，阳极上发生金属溶解的氧化反应，阴极上发生金属析出的还原反应。为排除其他阳离子的干扰，且使镀层均匀、牢固，需用含镀层金属阳离子的溶液做电镀液，以保持镀层金属阳离子的浓度不变。

【例 题】

例 1. 配平下列化学方程式。

(1) $MnO_4^- + SO_3^{2-} + OH^- \rightarrow MnO_4^{2-} + SO_4^{2-}$；

(2) $MnO_4^- + SO_3^{2-} + H^+ \rightarrow Mn^{2+} + SO_4^{2-}$；

(3) $S_2O_8^{2-} + Mn^{2+} \rightarrow SO_4^{2-} + MnO_4^- + H^+$；

(4) $KMnO_4 + H_2O_2 + H_2SO_4 \rightarrow MnSO_4 + K_2SO_4 + O_2$；

(5) $PbO_2 + MnBr_2 + HNO_3 \rightarrow Pb(NO_3)_2 + Br_2 + HMnO_4 + H_2O$；

(6) $As_2S_3 + HNO_3 \rightarrow H_3AsO_4 + H_2SO_4 + NO$。

解：

(1) $2MnO_4^- + SO_3^{2-} + 2OH^- \rightarrow 2MnO_4^{2-} + SO_4^{2-} + H_2O$；

(2) $2MnO_4^- + 5SO_3^{2-} + 6H^+ \rightarrow 2Mn^{2+} + 5SO_4^{2-} + 3H_2O$；

(3) $5S_2O_8^{2-} + 2Mn^{2+} + 8H_2O \rightarrow 10SO_4^{2-} + 2MnO_4^- + 16H^+$；

(4) $2KMnO_4 + 5H_2O_2 + 3H_2SO_4 \rightarrow 2MnSO_4 + K_2SO_4 + 5O_2 + 8H_2O$；

(5) $7PbO_2 + 2MnBr_2 + 14HNO_3 \rightarrow 7Pb(NO_3)_2 + 2Br_2 + 2HMnO_4 + 6H_2O$；

(6) $3As_2S_3 + 28HNO_3 + 4H_2O \rightarrow 6H_3AsO_4 + 9H_2SO_4 + 28NO$。

例 2. 将下列反应组成一个原电池，写出其电池组成及正负极的电极反应。

$$SnCl_2 + FeCl_3 = SnCl_4 + FeCl_2$$

解： 负极：$Sn^{2+} - 2e^- = Sn^{4+}$(氧化反应)

正极：$Fe^{3+} + e^- = Fe^{2+}$(还原反应)

电池符号：$(-)\ Pt \mid Sn^{4+}(c_1), Sn^{2+}(c_2) \parallel Fe^{3+}(c_3), Fe^{2+}(c_4) \mid Pt\ (+)$

例 3. 解释下列现象：

(1)镀锡的铁，铁先腐蚀，镀锌的铁，锌先腐蚀；

(2)将 $MnSO_4$ 溶液滴入 $KMnO_4$ 酸性溶液得到 MnO_2 沉淀；

(3)$Cu^+(aq)$在水溶液中会歧化为 $Cu^{2+}(aq)$和铜。

解：(1) 活泼性：$Fe>Sn$，$Zn>Fe$。两者构成原电池时，活泼金属作为负极被氧化。

(2)发生的反应为 $2MnO_4^- + 3Mn^{2+} + 2H_2O \rightarrow 5MnO_2 + 4H^+$。

通过查标准电极电势表可得 $\varphi^\ominus(MnO_4^-/MnO_2)=1.68\ V$，$\varphi^\ominus(MnO_2/Mn^{2+})=1.22\ V$，则

$$E^\ominus=\varphi^\ominus(+)-\varphi^\ominus(-)=1.68\ V-1.22\ V=0.46\ V(\text{反应正向进行})$$

(3)发生的反应为 $2Cu^+ \rightarrow Cu + Cu^{2+}$。

通过查标准电极电势表可得 $\varphi^\ominus(Cu^+/Cu)=+0.521\ V$，$\varphi^\ominus(Cu^{2+}/Cu^+)=0.153\ V$，则

$$E^\ominus=\varphi^\ominus(+)-\varphi^\ominus(-)=0.521\ V-0.153\ V=0.368\ V(\text{反应正向进行})$$

例 4. 在 298.15 K、标准状态下，从下列电对中选择出最强的氧化剂和最强的还原剂，并列出各种氧化型物质的氧化能力和还原型物质的还原能力的强弱顺序。Fe^{3+}/Fe^{2+}；Cu^{2+}/Cu；I_2/I^-；Sn^{4+}/Sn^{2+}；Cl_2/Cl^-。

解：通过查标准电极电势表可得

$\varphi^\ominus(Fe^{3+}/Fe^{2+})=0.771\ V$；$\varphi^\ominus(Cu^{2+}/Cu)=0.3419\ V$；$\varphi^\ominus(I_2/I^-)=0.5355\ V$；

$\varphi^\ominus(Sn^{4+}/Sn^{2+})=0.151\ V$；$\varphi^\ominus(Cl_2/Cl^-)=1.35827\ V$。

上述电对中，$\varphi^\ominus(Cl_2/Cl^-)$最大，$\varphi^\ominus(Sn^{4+}/Sn^{2+})$最小。因此，在标准状态下 Cl_2/Cl^- 电对中的氧化型物质 Cl_2 是最强的氧化剂，电对 Sn^{4+}/Sn^{2+} 中的还原型物质 Sn^{2+} 是最强的还原剂。

在标准状态下，上述电对中氧化型物质的氧化能力由强到弱的顺序为

$$Cl_2>Fe^{3+}>I_2>Cu^{2+}>Sn^{4+}$$

还原型物质的还原能力由强到弱的顺序为：

$$Sn^{2+}>Cu>I^->Fe^{2+}>Cl^-$$

例 5. 已知氧气的标准电极电势为 1.229 V，当氧气的压力分别降为 1 kPa 和 1 Pa 时的电极电势是多少？

解：半反应式为 $O_2+4H^++4e^-=2H_2O$。

$$\varphi=\varphi^\ominus+\frac{0.0592}{4}\lg p(O_2)[H^+]^4/p^\ominus$$

氢离子浓度为 $1\ mol\cdot L^{-1}$，标准气压近似看作 1.0×10^5 Pa。

当氧气的压力降为 1 kPa 时，$\varphi=1.229+\dfrac{0.0592}{4}\lg 0.01=1.1994\ (V)$。

当氧气的压力降为 1 Pa 时，$\varphi^\ominus=1.229+\dfrac{0.0592}{4}\lg(1.0\times10^{-5})=1.155\ (V)$。

例 6. 已知 $\varphi^\ominus(Ag^+/Ag)=0.7996\ V$，在此半电池中加入 KCl，若沉淀达到平衡后 $[Cl^-]=1.00\ mol\cdot L^{-1}$，求电极电势。$[K_{sp}^\ominus(AgCl)=1.8\times10^{-10}]$

解：$[Ag^+]=K_{sp}^\ominus(AgCl)/[Cl^-]=1.8\times10^{-10}\ mol\cdot L^{-1}$

$$\varphi(Ag^+/Ag)=0.7996+0.0592\lg(1.8\times10^{-10})\approx0.2223(V)$$

$$AgCl+e^-=Ag+Cl^- \qquad \varphi^\ominus=0.2223\ V$$

例 7. 对于由电对 MnO_4^-/Mn^{2+} 与 Zn^{2+}/Zn 组成的原电池：

(1) 计算 298 K 下，当 $c(MnO_4^-)=c(Mn^{2+})=c(Zn^{2+})=1\ mol\cdot L^{-1}$，$c(H^+)=0.1\ mol\cdot L^{-1}$时，该电池的电动势及该氧化还原反应的 $\Delta_r G_m$，并说明该氧化还原反应进行的方向。

(2) 求该氧化还原反应在 298 K 时的 $\lg K^\ominus$。

已知 $\varphi^\ominus(MnO_4^-/Mn^{2+})=1.507\ V$，$\varphi^\ominus(Zn^{2+}/Zn)=-0.7618\ V$。

解：(1) $2MnO_4^-(aq)+16H^+(aq)+5Zn(s)=5Zn^{2+}(aq)+2Mn^{2+}(aq)+8H_2O(l)$

$$E^\ominus=\varphi(MnO_4^-/Mn^{2+})-\varphi^\ominus(Zn^{2+}/Zn)$$

$$=\varphi^\ominus(MnO_4^-/Mn^{2+})+\frac{0.0592}{5}\lg\frac{c(MnO_4^-)\cdot c^8(H^+)}{c(Mn^{2+})}-\varphi^\ominus(Zn^{2+}/Zn)$$

$$=1.507+\frac{0.0592}{5}\lg(0.1)^8-(-0.7618)$$

$$\approx 2.174\ (V)$$

$\Delta_r G_m=-nFE=-10\times96485\times2.174\approx-2097.6\ (kJ\cdot mol^{-1})$，反应正向进行。

(2) $\lg K^\ominus=nE^\ominus/0.0592=10\times[1.507-(-0.7618)]/0.0592\approx383.2$

$$K^\ominus=10^{383.2}$$

例 8. 已知元素的电势图如下：

$$Fe^{3+}\xrightarrow{+0.77}Fe^{2+}\xrightarrow{-0.45}Fe$$

(1) 求 $\varphi^\ominus(Fe^{3+}/Fe)$；

(2) Fe^{2+}能否发生歧化反应？

解：(1) $n\varphi^\ominus=n_1\varphi_1^\ominus+n_2\varphi_2^\ominus$

$$\varphi^\ominus(Fe^{3+}/Fe)=\frac{1\times0.77+2\times(-0.45)}{1+2}\approx-0.043\ (V)$$

(2)判断歧化反应发生的条件：$\varphi^\ominus$(右)$>\varphi^\ominus$(左)时，则中间物质可以发生歧化反应，因为$-0.45\ V<+0.77\ V$，所以 Fe^{2+}不能发生歧化反应。

例 9. 假设 MnO_4^-被还原成 Mn^{2+}，且 $c(MnO_4^-)=c(Mn^{2+})=c(I^-)=c(Br^-)=1\ mol\cdot L^{-1}$。在 pH 分别为 3 和 6 时，$KMnO_4$能否氧化 I^- 和 Br^-？

已知 $\varphi^\ominus(MnO_4^-/Mn^{2+})=1.507\ V$，$\varphi^\ominus(Br_2/Br^-)=1.066\ V$，$\varphi^\ominus(I_2/I^-)=0.536\ V$。

解：① pH=3 时，酸性条件反应式为 $MnO_4^-(aq)+8H^+(aq)+5e^-=Mn^{2+}(aq)+8H_2O$。

$$\varphi(MnO_4^-/Mn^{2+})=1.507+\frac{0.0592}{5}\lg\frac{c(MnO_4^-)\cdot c^8(H^+)}{c(Mn^{2+})}$$

$$=1.507+\frac{0.0592}{5}\lg 10^{-24}$$

$$\approx1.223\ (V)$$

$1.223\ V>\varphi^\ominus(Br_2/Br^-)>\varphi^\ominus(I_2/I^-)$，可以氧化 Br^- 和 I^-。

②pH=6 时，按①中的关系式算出 $\varphi(MnO_4^-/Mn^{2+})=0.939\ V$。

$\varphi^\ominus(Br_2/Br^-)>0.939\ V>\varphi^\ominus(I_2/I^-)$，可氧化 I^-，不能氧化 Br^-。

例 10. 以锌为阴极电解锌盐溶液，要求溶液中析出锌，溶液中$[Zn^{2+}]$在 $10^{-4}\ mol\cdot L^{-1}$以下，在析出锌的过程中，无 H_2逸出，试计算电解液 pH 至少维持在多少。

已知氢在锌上的超电势 $\eta[H_2]$为 0.7 V，$\varphi^\ominus(Zn^{2+}/Zn)=-0.7618\ V$，$p^\ominus(H_2)=100\ kPa$。

解：以锌为阴极电解锌盐溶液，要求溶液中析出锌，无 H_2逸出，则需要控制 $\varphi(H^+/H_2)<\varphi(Zn^{2+}/Zn)$。

电极反应式为 $Zn^{2+} + 2e^- = Zn$，则

$$\varphi(Zn^{2+}/Zn) = \varphi^{\ominus}(Zn^{2+}/Zn) + \frac{0.0592}{2}\lg[Zn^{2+}]$$

$$= -0.7618 + \frac{0.0592}{2}\lg(1.0\times10^{-4})$$

$$= -0.8802\ (V)$$

电极反应式为 $2H^+ + 2e^- = H_2$，假设 $p_{H_2} = p^{\ominus}$，则

$$\varphi(H^+/H_2) = \varphi^{\ominus}(H^+/H_2) + \frac{0.0592}{2}\lg[H^+]^2 - \eta(H_2)$$

$$= 0.0592\lg[H^+] - \eta(H_2)$$

欲使 H_2 不逸出，则 $\varphi(Zn^{2+}/Zn) > \varphi(H^+/H_2)$，即

$$-0.8802 > 0.0592\lg[H^+] - 0.7$$

$$pH = -\lg[H^+] > 3.04$$

【知识点练习】

一、选择题

1. 下列有关氧化数的叙述中，不正确的是(　　)。

A. 单质的氧化数总是零

B. 氢的氧化数总是+1，氧的氧化数总是−2

C. 氧化数可以是整数，也可以是分数

D. 多原子分子中各原子氧化数之和为零

2. 下列化合物中，氧的氧化数为+2 的是(　　)。

A. Cl_2O_5　　B. BrO_2　　C. $HClO_2$　　D. OF_2

3. 对于反应 $I_2 + 2ClO_3^- = 2IO_3^- + Cl_2$，下列说法不正确的是(　　)。

A. 此反应为氧化还原反应

B. I_2 得到电子，ClO_3^- 失去电子

C. I_2 是还原剂，ClO_3^- 是氧化剂

D. 碘的氧化数由 0 升为+5，氯的氧化数由+5 降为 0

4. 下列说法正确的是(　　)。

A. 氧化数是发生氧化还原反应的电子得失数

B. 氧化数是化合价的另一种说法

C. 单质中元素的氧化数和化合价均为零

D. 配平时为了方便，多用化合价而不是氧化数

5. 将反应 $PbO_2 + C_2O_4^{2-} + H^+ \rightarrow Pb^{2+} + CO_2 + H_2O$ 配平后，方程式中 PbO_2 和 $C_2O_4^{2-}$ 系数的总和是(　　)。

A. 2　　B. 3　　C. 5　　D. 7

6. 将反应 $KMnO_4 + HCl \rightarrow KCl + MnCl_2 + Cl_2 + H_2O$ 完全配平后，方程式中 HCl 的系数是(　　)。

A. 8　　B. 16　　C. 18　　D. 32

7. 将反应 $K_2Cr_2O_7 + HCl \rightarrow KCl + CrCl_3 + Cl_2 + H_2O$ 完全配平后，方程式中 Cl_2 的系数是(　　)。

A. 1　　B. 2　　C. 3　　D. 4

8. 对于 $KClO_3 \rightarrow KClO_4 + KCl$ 的歧化反应，氧化剂占该物质的物质的量之比为(　　)。

A. $\frac{2}{3}$　　B. $\frac{1}{2}$　　C. $\frac{3}{4}$　　D. $\frac{1}{4}$

9. pH＝14 时，水作为氧化剂的半反应为(　　)。

A. $O_2 + 4H^+ + 4e^- = 2H_2O$　　B. $2H^+ + 2e^- = H_2$

C. $O_2 + 2H_2O + 4e^- = 4OH^-$　　D. $2H_2O + 2e^- = H_2 + 2OH$

10. 在酸性溶液中，下列金属与离子相遇，不能发生反应的是(　　)。

A. Zn 与 Mn^{2+}　　B. Cu 与 Ag^+　　C. Fe 与 Cu^{2+}　　D. Zn 与 Fe^{2+}

11. 与下列原电池电动势无关的因素有(　　)。

$$(-)\ Zn \mid ZnSO_4(aq) \parallel HCl(aq) \mid H_2(g),\ Pt\ (+)$$

A. 盐酸浓度　　B. $ZnSO_4$浓度　　C. 氢的体积　　D. 氢的分压

12. 有一原电池：$(-)Pt \mid Fe^{3+}(1\ mol \cdot L^{-1}),\ Fe^{2+}(1\ mol \cdot L^{-1}) \parallel Ce^{4+}(1\ mol \cdot L^{-1}),\ Ce^{3+}(1\ mol \cdot L^{-1}) \mid Pt(+)$，则该电池的电池反应是(　　)。

A. $Ce^{3+} + Fe^{3+} = Ce^{4+} + Fe^{2+}$　　B. $Ce^{4+} + Fe^{2+} = Ce^{3+} + Fe^{3+}$

C. $Ce^{3+} + Fe^{2+} = Ce^{4+} + Fe$　　D. $Ce^{4+} + Fe^{3+} = Ce^{3+} + Fe^{2+}$

13. 将反应式 $2MnO_4^- + 10Fe^{2+} + 16H^+ = 2Mn^{2+} + 10Fe^{3+} + 8H_2O$ 设计为电池，该电池的符号应是(　　)。

A. $(-)Pt \mid MnO_4^-(c_1),\ Mn^{2+}(c_2),\ H^+(c_3) \parallel Fe^{2+}(c_4),\ Fe^{3+}(c_5) \mid Pt(+)$

B. $(-)Pt \mid Fe^{2+}(c_1),\ Fe^{3+}(c_2) \parallel MnO_4^-(c_3),\ Mn^{2+}(c_4),\ H^+(c_5) \mid Pt(+)$

C. $(-)Fe \mid Fe^{2+}(c_1),\ Fe^{3+}(c_2) \parallel MnO_4^-(c_3),\ Mn^{2+}(c_4),\ H^+(c_5) \mid Mn(+)$

D. $(-)Mn \mid MnO_4^-(c_1),\ Mn^{2+}(c_2),\ H^+(c_3) \parallel Fe^{2+}(c_4),\ Fe^{3+}(c_5) \mid Fe(+)$

14. A、B、C、D 四种金属：将 A、B 用导线连接，浸在稀硫酸中，在 A 表面上有氢气放出，B 逐渐溶解；将含有 A、C 两种金属的阳离子溶液进行电解时，阴极上先析出 C；把 D 置于 B 的盐溶液中有 B 析出。则这四种金属还原性由强到弱的顺序是(　　)。

A. A＞B＞C＞D　　B. D＞B＞C＞A　　C. C＞D＞A＞B　　D. B＞C＞D＞A

15. 在原电池中，下列叙述不正确的是(　　)。

A. 电池反应可以拆分成两个电极反应

B. 发生氧化反应的为正极，发生还原反应的为负极

C. 能将化学能转化为电能的装置称为原电池

D. 电子从负极流出经导线至正极流入

16. 某一原电池的一个电极发生如下反应：$2H_2O = O_2 + 4H^+ + 4e^-$。此反应发生在(　　)。

A. 负极　　B. 正极　　C. 阴极　　D. 阴、阳两极

17. 根据下列反应设计电池，可不用盐桥的是(　　)。

A. $H^+ + OH^- = H_2O$

B. $PbO_2 + Pb + 2H_2SO_4 = 2PbSO_4 + 2H_2O$

C. $2MnO_4^- + 5H_2O_2 + 6H^+ = 2Mn^{2+} + 5O_2 + 8H_2O$

D. $Zn + Cu^{2+} = Zn^{2+} + Cu$

18. 对氧化还原反应 $MnO_2 + 4HCl = MnCl_2 + Cl_2 + 2H_2O$，下列原电池符号书写正确的是(　　)。

A. (－) Pt，$Cl_2(p)$ | $Cl^-(c_1)$ ‖ $H^+(c_2)$，$Mn^{2+}(c_3)$ | MnO_2，Mn (＋)

B. (－) MnO_2 | $Mn^{2+}(c_1)$，$H^+(c_2)$ ‖ $Cl^-(c_3)$ | $Cl_2(p)$，Pt (＋)

C. (－) Pt，MnO_2 | $Mn^{2+}(c_1)$，$H^+(c_2)$ ‖ $Cl^-(c_3)$ | $Cl_2(p)$，Pt (＋)

D. (－) Pt，$Cl_2(p)$ | $Cl^-(c_1)$ ‖ $H^+(c_2)$，$Mn^{2+}(c_3)$ | MnO_2，Pt (＋)

19. 在原电池中，正极上发生的反应是(　　)。

A. 氧化　　B. 还原　　C. 置换　　D. 分解

20. 当下列反应用于组成原电池时，其电动势最大的是(　　)。

A. $2H_2 + O_2 = 2H_2O$　　B. $2K + Cl_2 = 2KCl$

C. $Cu^{2+} + Fe = Cu + Fe^{2+}$　　D. $2Na + I_2 = 2NaI$

21. 已知：$Fe^{2+} + 2e^- = Fe$，$\varphi_1^\ominus$；$Fe^{3+} + e^- = Fe^{2+}$，$\varphi_2^\ominus$。则 $Fe^{3+} + 3e^- = Fe$ 的 $\varphi_3^\ominus$ 为(　　)。

A. $\varphi_3^\ominus = \varphi_1^\ominus + \varphi_2^\ominus$　　B. $\varphi_3^\ominus = (\varphi_1^\ominus - \varphi_2^\ominus)/3$

C. $\varphi_3^\ominus = 2\varphi_1^\ominus + \varphi_2^\ominus$　　D. $\varphi_3^\ominus = (2\varphi_1^\ominus + \varphi_2^\ominus)/3$

22. 已知下列两反应的 $E^\ominus$ 都大于 0：$Zn + Cu^{2+} \rightarrow Zn^{2+} + Cu$，$Zn + Ni^{2+} \rightarrow Zn^{2+} + Ni$。则在标准状态下，Cu 与 Ni^{2+} 之间的反应(　　)。

A. 是自发的　　B. 处于平衡状态　　C. 是非自发的　　D. 无法判断

23. 用反应 $Zn + 2Ag^+ = Zn^{2+} + 2Ag$ 组成原电池，当 $[Zn^{2+}]$ 和 $[Ag^+]$ 均为标准浓度时，在 298 K 下，该电池的标准电动势为(　　)。

A. $E^\ominus = 2\varphi^\ominus(Ag^+/Ag) - \varphi^\ominus(Zn^{2+}/Zn)$

B. $E^\ominus = [\varphi^\ominus(Ag^+/Ag)]^2 - \varphi^\ominus(Zn^{2+}/Zn)$

C. $E^\ominus = \varphi^\ominus(Ag^+/Ag) - \varphi^\ominus(Zn^{2+}/Zn)$

D. $E^\ominus = \varphi^\ominus(Zn^{2+}/Zn) - \varphi^\ominus(Ag^+/Ag)$

24. 在酸性条件下，还原电势 $\varphi^\ominus(IO_3^-/I^-) = 1.085$ V，$\varphi^\ominus(IO_3^-/IO^-) = 1.14$ V，$\varphi^\ominus(IO_3^-/I_2) = 1.195$ V，$\varphi^\ominus(I_2/I^-) = 0.536$ V，$\varphi^\ominus(SO_4^{2-}/SO_3^{2-}) = 0.17$ V，用亚硫酸盐还原 IO_3^- 的还原产物最可能是(　　)。

A. IO^-　　B. IO_3^-　　C. I_2　　D. I^-

25. 已知下列三个反应方程式：

① $4Fe^{3+} + Sn = Sn^{4+} + 4Fe^{2+}$　　$E_1^\ominus$

② $4Ag^+ + Sn = Sn^{4+} + 4Ag$　　$E_2^\ominus$

③ $Ag^+ + Fe^{2+} = Ag + Fe^{3+}$　　$E_3^\ominus$

则 $E_1^\ominus =$ (　　)。

A. $E_2^\ominus + E_3^\ominus$　　B. $E_2^\ominus - E_3^\ominus$　　C. $4E_3^\ominus - E_2^\ominus$　　D. $E_2^\ominus - 4E_3^\ominus$

26. 利用标准电极电势判断氧化还原反应进行的方向，正确的是(　　)。

A. 氧化型物质与还原型物质起反应

B. 相应电极电势较高的氧化型物质与相应电极电势较低的还原型物质起反应

C. 氧化性强的物质与氧化性弱的物质起反应

D. 还原性强的物质与还原性弱的物质起反应

27. 已知 $\varphi^{\ominus}(Sn^{4+}/Sn^{2+})=0.15$ V，$\varphi^{\ominus}(Pb^{2+}/Pb)=-0.126$ V，$\varphi^{\ominus}(Ag^{+}/Ag)=0.7996$ V。则下列各电对氧化型物质的氧化性由强到弱的顺序正确的是(　　)。

A. Sn^{4+}、Pb^{2+}、Ag^{+}　　B. Ag^{+}、Sn^{4+}、Pb^{2+}

C. Ag^{+}、Pb^{2+}、Sn^{4+}　　D. Pb^{2+}、Sn^{4+}、Ag^{+}

28. 如果规定标准氢电极的电极电势为 1 V，则可逆电极的电极电势 $\varphi^{\ominus}$ 值和电池的标准电动势 $E^{\ominus}$ 将有何变化(　　)。

A. $E^{\ominus}$、$\varphi^{\ominus}$ 各增大 1 V　　B. $E^{\ominus}$、$\varphi^{\ominus}$ 各减小 1 V

C. $E^{\ominus}$ 不变，$\varphi^{\ominus}$ 增大 1 V　　D. $E^{\ominus}$ 不变，$\varphi^{\ominus}$ 减小 1 V

29. 下列两电池反应的标准电动势分别为 $E_1^{\ominus}$ 和 $E_2^{\ominus}$：

$$① \frac{1}{2}H_2 + \frac{1}{2}Cl_2 = HCl \qquad ② \ 2HCl = H_2 + Cl_2$$

则 $E_1^{\ominus}$ 和 $E_2^{\ominus}$ 的关系为(　　)。

A. $E_2^{\ominus}=2E_1^{\ominus}$　　B. $E_2^{\ominus}=-E_1^{\ominus}$　　C. $E_2^{\ominus}=-2E_1^{\ominus}$　　D. $E_2^{\ominus}=E_1^{\ominus}$

30. 已知电极反应 $Cu^{2+}+2e^{-}=Cu$ 的 $\varphi^{\ominus}$ 为 0.34 V，则电极反应 $2Cu-4e^{-}=2Cu^{2+}$ 的 $\varphi^{\ominus}$ 值为(　　)。

A. −0.68 V　　B. 0.68 V　　C. −0.34 V　　D. 0.34 V

31. 下列式子不正确的是(　　)。

A. $\lg K^{\ominus}=n(\varphi_{+}^{\ominus}-\varphi_{-}^{\ominus})/0.0592$　　B. $\lg K^{\ominus}=-\Delta G^{\ominus}/2.303RT$

C. $\lg K^{\ominus}=-nFE^{\ominus}/2.303RT$　　D. $\lg K^{\ominus}=nF(\varphi_{+}^{\ominus}-\varphi_{-}^{\ominus})/2.303RT$

32. 下列关于标准电极电势的叙述中不正确的是(　　)。

A. 标准电极电势是在标准状态下与标准氢电极组成原电池测定的

B. 标准电极电势用符号 $\varphi^{\ominus}$ 表示

C. 标准电极电势的正负与电极反应的方向无关

D. 标准电极电势属于强度性质且与电极反应方程式的书写有关

33. 某氧化还原反应组成原电池，测得电动势大于零，这意味着(　　)。

A. $\Delta_r G_m^{\ominus}>0$，$K^{\ominus}>1$　　B. $\Delta_r G_m^{\ominus}>0$，$K^{\ominus}<1$

C. $\Delta_r G_m^{\ominus}<0$，$K^{\ominus}>1$　　D. $\Delta_r G_m^{\ominus}<0$，$K^{\ominus}<1$

34. 比较两个反应式：$2Fe^{3+}+Cu=2Fe^{2+}+Cu^{2+}$；$Fe^{3+}+\frac{1}{2}Cu=Fe^{2+}+\frac{1}{2}Cu^{2+}$。在标准态下，下列叙述中不正确的是(　　)。

A. 得失电子数不同　　B. $\Delta_r G_m^{\ominus}$ 和 $K^{\ominus}$ 都不同

C. 组成原电池时 $E^{\ominus}$ 相同　　D. 组成原电池时铜为正极

35. 已知：

电对	Fe^{3+}/Fe^{2+}	Fe^{2+}/Fe	Cu^{2+}/Cu	I_2/I^-
$\varphi^\ominus/V$	0.771	−0.447	0.34	0.536

则下列各组离子不能共存的是(　　)。

A. Cu^{2+}和Fe^{2+}　　B. I_2和Fe^{2+}　　C. Fe^{2+}和I^-　　D. Fe^{3+}和I^-

36. 电池(−)Cu | $Cu^+(c_1)$ ‖ $Cu^+(c_2)$，$Cu^{2+}(c_3)$ | Pt(+)和电池(−)Cu | $Cu^{2+}(c_1)$ ‖ $Cu^{2+}(c_2)$，$Cu^+(c_3)$ | Pt(+)的反应均写成 $Cu + Cu^{2+} = 2Cu^+$，此两电池的(　　)。

A. $\Delta_r G_m^\ominus$、$E^\ominus$均相同　　B. $\Delta_r G_m^\ominus$相同，$E^\ominus$不同

C. $\Delta_r G_m^\ominus$不同，$E^\ominus$相同　　D. $\Delta_r G_m^\ominus$、$E^\ominus$均不同

37. 下列电对中 $\varphi^\ominus$ 值最大的是(　　)。

A. $\varphi^\ominus(Ag^+/Ag)$　　B. $\varphi^\ominus\{[Ag(NH_3)_2]^+/Ag\}$

C. $\varphi^\ominus\{[Ag(CN)_2]^-/Ag\}$　　D. $\varphi^\ominus(AgI/Ag)$

38. 已知 $\varphi^\ominus(Fe^{3+}/Fe^{2+})=0.771$ V，$\varphi^\ominus(Br_2/Br^-)=1.066$ V，$\varphi^\ominus(Cu^{2+}/Cu)=0.34$ V，$\varphi^\ominus(I_2/I^-)=0.536$ V，则下列各反应中能够自发进行的是(　　)。

A. $2Fe^{3+} + 2Br^- = 2Fe^{2+} + Br_2$　　B. $Cu + 2Fe^{3+} = Cu^{2+} + 2Fe^{2+}$

C. $2Fe^{2+} + I_2 = 2Fe^{3+} + 2I^-$　　D. $I_2 + 2Br^- = 2I^- + Br_2$

39. 已知 $\varphi^\ominus(Cu^{2+}/Cu)=0.34$ V，$\varphi^\ominus(Cu^+/Cu)=0.521$ V，则可以计算出 $\varphi^\ominus(Cu^{2+}/Cu^+)$ 为(　　)。

A. 0.181 V　　B. 0.159 V　　C. 0.364 V　　D. 0.861 V

40. 已知 $\varphi^\ominus(Sn^{4+}/Sn^{2+})=0.15$ V，$\varphi^\ominus(Cl_2/Cl^-)=1.36$ V，则 298 K 时，反应 $Sn^{2+} + Cl_2 = Sn^{4+} + 2Cl^-$ 的 $\Delta_r G_m^\ominus$ 为(　　)$kJ \cdot mol^{-1}$。

A. −233　　B. −189　　C. 233　　D. 189

41. 已知：$Cu^+ + e^- = Cu$，$\varphi^\ominus=0.52$ V；$Cu^{2+} + e^- = Cu^+$，$\varphi^\ominus=+0.15$ V。则可确定反应 $2Cu^+ = Cu^{2+} + Cu$ 的平衡常数 $K^\ominus$ 为(　　)。

A. 2.7×10^8　　B. 1.8×10^6　　C. 4.3×10^5　　D. 3.9×10^4

42. 已知 $\varphi^\ominus(Sn^{4+}/Sn^{2+})=0.15$ V，$\varphi^\ominus(Fe^{3+}/Fe^{2+})=0.77$ V，则不能共存于同一溶液中的一对离子是(　　)。

A. Sn^{4+}，Fe^{2+}　　B. Fe^{3+}，Sn^{2+}　　C. Fe^{3+}，Fe^{2+}　　D. Sn^{4+}，Sn^{2+}

43. 对于一个氧化还原反应，下列各组中所表示的 $\Delta_r G_m^\ominus$、$E^\ominus$、$K^\ominus$的关系正确的应是(　　)。

A. $\Delta_r G_m^\ominus>0$，$E^\ominus<0$，$K^\ominus<1$　　B. $\Delta_r G_m^\ominus>0$，$E^\ominus>0$，$K^\ominus>1$

C. $\Delta_r G_m^\ominus<0$，$E^\ominus<0$，$K^\ominus>1$　　D. $\Delta_r G_m^\ominus<0$，$E^\ominus>0$，$K^\ominus<1$

44. 已知：$\varphi^\ominus(MnO_4^-/Mn^{2+})=1.51$ V，$\varphi^\ominus(MnO_4^-/MnO_2)=1.68$ V，$\varphi^\ominus(MnO_4^-/MnO_4^{2-})=0.56$ V，则它们的还原型物质的还原性由强到弱排列正确的是(　　)。

A. $MnO_4^{2-}>MnO_2>Mn^{2+}$　　B. $Mn^{2+}>MnO_4^{2-}>MnO_2$

C. $MnO_4^{2-}>Mn^{2+}>MnO_2$　　D. $MnO_2>MnO_4^{2-}>Mn^{2+}$

45. 已知 $\varphi^{\ominus}(Fe^{3+}/Fe^{2+})=0.77\ V$，$\varphi^{\ominus}(Br_2/Br^-)=1.07\ V$，$\varphi^{\ominus}(H_2O_2/H_2O)=1.78\ V$，$\varphi^{\ominus}(Cu^{2+}/Cu)=0.34\ V$，$\varphi^{\ominus}(Sn^{4+}/Sn^{2+})=+0.15\ V$，则下列各组物质在标准态下能共存的是(　　)。

A. Fe^{3+}，Cu　　B. Fe^{3+}，Br_2　　C. Sn^{2+}，Fe^{3+}　　D. H_2O_2，Fe^{2+}

46. 已知 $\varphi^{\ominus}(Fe^{3+}/Fe^{2+})=0.77\ V$，$\varphi^{\ominus}(Fe^{2+}/Fe)=-0.45\ V$，则 $\varphi^{\ominus}(Fe^{3+}/Fe)$的值为(　　)。

A. −0.043 V　　B. 0.55 V　　C. 0.40 V　　D. 1.65 V

47. 已知 $\varphi^{\ominus}(Ti^+/Ti)=-0.34\ V$，$\varphi^{\ominus}(Ti^{3+}/Ti)=0.72\ V$，则 $\varphi^{\ominus}(Ti^{3+}/Ti^+)$为(　　)。

A. (0.72 + 0.34)/2 V　　B. (0.72−0.34)/2 V

C. (0.72×3 + 0.34)/2 V　　D. (0.72×3+ 0.34)V

48. 现有三个原电池：

(−) Fe | $Fe^{2+}(c_1)$ ‖ $Fe^{3+}(c_2)$，$Fe^{2+}(c_3)$ | Pt (+)

(−) Fe | $Fe^{3+}(c_1)$ ‖ $Fe^{3+}(c_2)$，$Fe^{2+}(c_3)$ | Pt (+)

(−) Fe | $Fe^{2+}(c_1)$ ‖ $Fe^{3+}(c_2)$ | Fe (+)

设离子浓度都是 1 mol·L^{-1}，下列几种说法中正确的是(　　)。

A. 电池反应式不同，$E^{\ominus}$ 不同　　B. 电池反应式不同，$E^{\ominus}$ 相同

C. 电池反应式相同，$E^{\ominus}$ 相同　　D. 电池反应式相同，$E^{\ominus}$ 不同

49. 在标准铜锌原电池中，若向铜半电池内加入一定量的氢氧化钠，则原电池的电动势将(　　)。

A. 变大　　B. 变小　　C. 不变　　D. 无法判断

50. 对于电对 MnO_4^-/Mn^{2+} 的电极电势，下列叙述正确的是(　　)。

A. Mn^{2+}的浓度增大则 φ 值增大

B. H^+ 浓度变化对 φ 的影响比 Mn^{2+}的浓度变化的影响大

C. 溶液稀释，$[MnO_4^-]/[Mn^{2+}]$的值不变，φ 值也不改变

D. MnO_4^- 浓度减小，φ 值增大

51. 标准 Cu−Zn 原电池的电动势 $E^{\ominus}=1.10\ V$，如在铜半电池中加入少量固体 Na_2S，该原电池的电动势将(　　)。

A. 大于 1.10 V　　B. 小于 1.10 V　　C. 等于 0 V　　D. 并不改变

52. 浓度不大时，对于半反应 $M^{n+}+ne^-=M(s)$ 的电极电势，下列说法中错误的是(　　)。

A. φ 值随 $[M^{n+}]$ 增大而增大　　B. φ 值随温度升高而增大

C. φ 值与 n 的多少无关　　D. φ 值与 M(s) 的多少无关

53. 下列化合物中氧化能力最弱的是(　　)。

A. AgF　　B. AgCl　　C. AgBr　　D. AgI

54. 下列叙述中正确的是(　　)。

A. 电对 $Ni^{2+}+2e^-=Ni$ 的 $\varphi^{\ominus}=-0.26\ V$，所以电对 $2Ni^{2+}+4e^-=2Ni$ 的 $\varphi^{\ominus}=-0.52\ V$

B. 含氧酸根的氧化能力通常随溶液的 pH 减小而增强

C. 因为 $\varphi^{\ominus}(Cl_2/Cl^-)>\varphi^{\ominus}(MnO_2/Mn^{2+})$，所以不能用 MnO_2与盐酸作用制取氯气

D. 已知 $\varphi^{\ominus}(Zn^{2+}/Zn)=-0.76\ V$，$\varphi^{\ominus}(Cu^{2+}/Cu)=0.34\ V$，所以当铜锌原电池的电动势大于 0 时，$Cu^{2+}$的浓度必定大于 Zn^{2+}的浓度

55. 所谓歧化反应，就是(　　)。

A. 某一元素自身发生的反应

B. 某一化合物内元素发生的氧化还原反应

C. 某一元素的自氧化还原反应

D. 同一元素的同一氧化态氧化还原成不同氧化态的反应

56. 以电对 Fe^{3+}/Fe^{2+} 为正极，Cu^{2+}/Cu 为负极组成原电池，电动势为 E_1。将氨水加入 Cu^{2+}/Cu 电极后，测定电动势 E_2，可推断(　　)。

A. $E_1<E_2$　　B. $E_1=E_2$　　C. $E_1>E_2$　　D. A、B、C 都不成立

57. pH 改变，电极电势发生变化的电对是(　　)。

A. Fe^{3+}/Fe^{2+}　　B. I_2/I^-　　C. MnO_4^-/MnO_2　　D. Hg^{2+}/Hg

58. 已知 H_2O_2 的电势图：

$$\varphi_A^\ominus\ O_2 \xrightarrow{0.695\ V} H_2O_2 \xrightarrow{1.776\ V} H_2O$$

$$\varphi_B^\ominus\ O_2 \xrightarrow{-0.08\ V} H_2O_2 \xrightarrow{0.87\ V} H_2O$$

说明过氧化氢的歧化反应(　　)。

A. 只在酸性介质中发生　　B. 只在碱性介质中发生

C. 无论在酸碱性介质中都发生　　D. 无论在酸碱性介质中都不发生

59. 将有关离子浓度增大 5 倍，φ 值保持不变的电极反应是(　　)。

A. $Zn^{2+}+2e^-=Zn$　　B. $MnO_4^-+8H^++5e^-=Mn^{2+}+4H_2O$

C. $Cl_2+2e^-=2Cl^-$　　D. $Cr^{3+}+e^-=Cr^{2+}$

60. 已知 $\varphi^\ominus(Zn^{2+}/Zn)=-0.76\ V$，下列原电池反应的电动势为 0.46 V，则氢电极溶液中的 pH 为(　　)。

$$Zn + 2H^+(x\ mol\cdot L^{-1})=Zn^{2+}(1\ mol\cdot L^{-1}) + H_2(101.325\ kPa)$$

A. 10.2　　B. 2.5　　C. 3.0　　D. 5.1

61. 已知 $\varphi^\ominus(Fe^{3+}/Fe^{2+})>\varphi^\ominus[Fe(OH)_3/Fe(OH)_2]$，则溶度积 $K_{sp}[Fe(OH)_3]$与$K_{sp}[Fe(OH)_2]$之间的相对关系是(　　)。

A. $K_{sp}[Fe(OH)_3]>K_{sp}[Fe(OH)_2]$　　B. $K_{sp}[Fe(OH)_3]<K_{sp}[Fe(OH)_2]$

C. $K_{sp}[Fe(OH)_3]=K_{sp}[Fe(OH)_2]$　　D. 无法判断

62. 将一铂丝两端分别浸入含 0.01 $mol\cdot L^{-1}$的 Sn^{2+} 和 0.001 $mol\cdot L^{-1}$的 Sn^{4+} 的溶液中，其电极电势为(　　)。

A. $\varphi^\ominus(Sn^{4+}/Sn^{2+}) + \frac{0.0592}{2}$　　B. $\varphi^\ominus(Sn^{4+}/Sn^{2+})-\frac{0.0592}{2}$

C. $\varphi^\ominus(Sn^{4+}/Sn^{2+}) + 0.0592$　　D. $\varphi^\ominus(Sn^{4+}/Sn^{2+})-0.0592$

63. 下列电极反应中，若将离子浓度减半而其他条件不变，φ 值增大的是(　　)。

A. $ClO_4^- + 2H^+ + 2e^-=ClO_3^- + H_2O$

B. $Co^{3+} + e^-=Co^{2+}$

C. $S_2O_8^{2-} + 2e^-=2SO_4^{2-}$

D. $2Hg^{2+} + 2e^-=Hg_2^{2+}$

64. Fe 和 1 mol・L^{-1} $FeCl_2$ 溶液组成的电对，若分别加入少量下列物质：① Na_2S，② NaCN，③ $FeCl_3$。则下列对 φ 值依次变化的几种描述中，全部正确的是(　　)。

A. 降低、升高、不变　　B. 降低、降低、不变

C. 升高、降低、升高　　D. 降低、降低、升高

65. 用能斯特公式计算电对 MnO_4^-/Mn^{2+} 的非标准电极电势 φ 时，下列叙述中不正确的是(　　)。

A. 温度应为 298 K　　B. Mn^{2+} 浓度增大则 φ 值减小

C. H^+ 浓度变化对 φ 值无影响　　D. MnO_4^- 浓度增大则 φ 值增大

66. 常用的甘汞电极有三种：① 饱和甘汞电极，②摩尔甘汞电极，③0.1 mol・L^{-1} 甘汞电极。它们的电极反应式为 $Hg_2Cl_2(s) + 2e^- = 2Hg(l) + 2\ Cl^-(aq)$。在 25 ℃时，这三种甘汞电极的 φ 值大小次序为(　　)。

A. $\varphi_1 > \varphi_2 > \varphi_3$　　B. $\varphi_2 > \varphi_1 > \varphi_3$

C. $\varphi_3 > \varphi_2 > \varphi_1$　　D. $\varphi_2 > \varphi_3 > \varphi_1$

67. 正极为饱和甘汞电极，负极为玻璃电极，分别插入以下四种溶液中组成四个电池，其中使电池电动势最小的溶液是(　　)。

A. 0.10 mol・L^{-1} HF　　B. 0.10 mol・L^{-1} CH_3COOH

C. 0.10 mol・L^{-1} $NH_3 \cdot H_2O$　　D. 0.10 mol・L^{-1} HI

68. 对于一个确定的原电池，保持各物质的浓度不变，将各物质的量都增大一倍，将随之发生变化的量是(　　)。

A. 电池的电动势 E　　B. 吉布斯自由能变 $\Delta_r G_m$

C. 标准平衡常数 $K^\ominus$　　D. 标准电动势 $E^\ominus$

69. 已知溴的元素电势图：

$$BrO_3^- \xrightarrow{0.54\ V} BrO^- \xrightarrow{0.45\ V} Br_2 \xrightarrow{1.07\ V} Br^-$$

则可求得 $\varphi^\ominus(BrO^-/Br^-)$ 为(　　)。

A. 1.52 V　　B. 0.62 V　　C. 0.76 V　　D. 0.35 V

70. 已知 $\varphi^\ominus(Fe^{3+}/Fe^{2+}) = 0.771$ V，$\varphi^\ominus(I_2/I^-) = 0.536$ V，对于反应 $2Fe^{3+} + 2I^- = 2Fe^{2+} + I_2$，若$[Fe^{3+}] = [I^-] = 0.001$ mol・L^{-1}，$[Fe^{2+}] = 1.0$ mol・L^{-1}，下列说法中正确的是(　　)。

A. $\varphi(Fe^{3+}/Fe^{2+})$增大　　B. $\varphi(I_2/I^-)$减小

C. 反应正向进行　　D. 反应逆向进行

二、填空题

1. 分别填写下列化合物中氮的氧化数：

N_2H_4________，NH_2OH________，NCl_3________，N_2O_4________。

2. 在 $Re_2Cl_9^{2-}$ 中 Re 的氧化数为________；在 $HS_3O_{10}^-$ 中 S 的氧化数为________。

3. 在标准状态下，下列反应均向正方向进行：

$$Cr_2O_7^{2-} + 6Fe^{2+} + 14H^+ = 2Cr^{3+} + 6Fe^{3+} + 7H_2O$$

$$2Fe^{3+} + Sn^{2+} = 2Fe^{2+} + Sn^{4+}$$

则它们中最强氧化剂是__________，最强还原剂是__________。

4. 已知 $\varphi^{\ominus}(O_2/H_2O_2)=0.695$ V，$\varphi^{\ominus}(H_2O_2/H_2O)=1.78$ V，$\varphi^{\ominus}(O_2/H_2O)=1.23$ V，它们中最强的氧化剂是__________，最强的还原剂是__________。

5. 在氧化剂 $Cl_2(g)$、$Cr_2O_7^{2-}$、Fe^{3+}、Ag^+、MnO_4^- 中，随着溶液中 H^+ 浓度的增加，氧化性增强的有__________。

6. 根据下列电极电势，欲把水溶液中的 Fe^{2+} 氧化为 Fe^{3+}，而又不引入其他金属离子，真正切实可行的氧化剂有____________________。

$\varphi^{\ominus}(Cl_2/Cl^-)=1.36$ V；$\varphi^{\ominus}(Br_2/Br^-)=1.07$ V；$\varphi^{\ominus}(H_2O_2/H_2O)=1.78$ V；$\varphi^{\ominus}(F_2/F^-)=2.87$ V；$\varphi^{\ominus}(Cr_2O_7^{2-}/Cr^{3+})=1.36$ V；$\varphi^{\ominus}(MnO_4^-/Mn^{2+})=1.51$ V；$\varphi^{\ominus}(Fe^{3+}/Fe^{2+})=0.77$ V。

7. 在 $M^{n+}+ne^-=M$ 电极反应中，加入 M^{n+} 的沉淀剂，可使电极电势的数值变________，同类型难溶盐的 K_{sp} 值越小，其 φ 值愈__________。

8. 如果用反应 $Cr_2O_7^{2-}+6Fe^{2+}+14H^+=2Cr^{3+}+6Fe^{3+}+7H_2O$ 设计一个电池，在该电池正极进行的反应为______________________________，负极进行的反应为______________________________。

9. 已知电池(－)Ag，AgBr | Br^-(1 mol·L^{-1}) ‖ Ag^+(1 mol·L^{-1}) | Ag(＋)，则电池正极进行的反应为____________________________，电池负极进行的反应为____________________________，电池反应为__________________________________。

10. 已知原电池(－) Pt | $Cu^{2+}(c_1)$，$Cu^+(c_2)$ ‖ $Fe^{3+}(c_3)$，$Fe^{2+}(c_4)$ | Pt (＋)，则负极反应式为__________________，正极反应式为_____________________，电池反应式为__________________________________。

11. 对于电池反应 $Cu(s)+2H^+(0.01\ mol\cdot L^{-1})=Cu^{2+}(0.1\ mol\cdot L^{-1})+H_2(g,\ 91\ kPa)$，电池符号为____。

12. 反应 $2MnO_4^-(aq)+10Br^-(aq)+16H^+(aq)=2Mn^{2+}(aq)+5Br_2(l)+8H_2O(l)$ 的电池符号为____。

13. 原电池(－) Pt | $Fe^{2+}(c_1)$，$Fe^{3+}(c_2)$ ‖ $Fe^{3+}(c_3)$，$Fe^{2+}(c_4)$ | Pt (＋)，其负极反应为________________________，正极反应为__________________________。该电池属于______________电池。

14. 水在溶液中，作为氧化剂时其电对半反应式为__________________，作为还原剂时其电对半反应式为______________________。

15. 把电极 Cu | $CuSO_4$(aq) 和 Zn | $ZnSO_4$(aq) 用盐桥连接构成原电池。电池的正极是______________，负极是______________。在 $CuSO_4$ 溶液中加入过量氨水，溶液颜色变为______________，这时电动势_______________；在 $ZnSO_4$ 溶液中加入过量氨水，这时电动势______________。

16. 电池(－)Pt，$H_2(p^{\ominus})$ | H^+(0.001 mol·L^{-1}) ‖ H^+(1 mol·L^{-1}) | $H_2(p^{\ominus})$，Pt (＋)属于______电池，该电池的电动势为__________V，该电池的电池反应式为__________________________________。

17. 用电解法提纯铜时，应将粗铜作为__________极，纯铜作为__________极。

18. 用惰性电极电解 $MgCl_2$ 水溶液，阳极反应为____________________，阴极反应为____________________。

19. 在 $Fe^{3+}+e^-=Fe^{2+}$ 电极反应中，加入 Fe^{3+} 的络合剂 F^-，将使电极电势________；在 $Cu^{2+}+e^-=Cu^+$ 电极反应中，加入 Cu^+ 的沉淀剂 I^-，将使电极电势__________。

20. 在原电池中，φ 值大的电对为________极，φ 值小的电对为________极；φ 值越大，电对中的________型物质________越强；φ 值越小，电对中的________型物质________越强。

21. 下列电极电势从大到小的顺序是(以序号排列)____________________。

① $\varphi^{\ominus}(Ag^+/Ag)$　② $\varphi^{\ominus}(AgBr/Ag)$　③ $\varphi^{\ominus}(AgI/Ag)$　④ $\varphi^{\ominus}(AgCl/Ag)$

22. 下列电对① $\varphi^{\ominus}(Ag^+/Ag)$，② $\varphi^{\ominus}(I_2/I^-)$，③ $\varphi^{\ominus}(BrO_3^-/Br^-)$，④ $\varphi^{\ominus}(O_2/H_2O)$，⑤ $\varphi^{\ominus}(Fe(OH)_3/Fe(OH)_2)$ 的 φ 值随溶液 pH 变化而改变的是________________。(以序号表示即可)

23. 已知 $\varphi^{\ominus}(Cu^{2+}/Cu)=0.34$ V，$\varphi^{\ominus}(Cu^{2+}/Cu^+)=0.153$ V，则 $\varphi^{\ominus}(Cu^+/Cu)=$________V，$Cu^+$ 在水溶液中歧化反应的 $K^{\ominus}=$________________。

24. $K_2Cr_2O_7$ 在________介质中表现出强的________性，这是因为________________________。

25. 常用的甘汞电极分别是①________________，②________________。其电极反应都是____________________，常温下两种甘汞电极的电极电势大小次序为 ①________② (用“>”或“<”表示)。

26. 已知：

$$ClO_3^- + 6H^+ + 6e^- = Cl^- + 3H_2O \qquad \varphi_1^{\ominus}=1.45\ V$$

$$\frac{1}{2}Cl_2 + e^- = Cl^- \qquad \varphi_2^{\ominus}=1.36\ V$$

则 $ClO_3^- + 6H^+ + 5e^- = \frac{1}{2}Cl_2 + 3H_2O$ 的 $\varphi_3^{\ominus}=$________V。

27. 电池反应 $S_2O_3^{2-}(aq) + 2OH^-(aq) + O_2(g) = 2SO_3^{2-}(aq) + H_2O(l)$ 的 $E^{\ominus}$ 为 0.98 V，则正极反应为________________，负极反应为________________。若 $\varphi^{\ominus}(O_2/OH^-)=0.401$ V，则 $\varphi^{\ominus}(SO_3^{2-}/S_2O_3^{2-})=$________________。

28. 已知 25 ℃时，$\varphi^{\ominus}(Cu^{2+}/Cu)=0.34$ V，$\varphi^{\ominus}(Ag^+/Ag)=0.80$ V，则电池反应 $Cu + 2Ag^+ = Cu^{2+} + 2Ag$ 的 $K^{\ominus}=$____________________。

29. 已知：

$$BrO_3^- + 2H_2O + 4e^- = BrO^- + 4OH^- \qquad \varphi_1^{\ominus}$$

$$BrO^- + H_2O + 2e^- = Br^- + 2OH^- \qquad \varphi_2^{\ominus}$$

若 $\varphi_2^{\ominus} > \varphi_1^{\ominus}$，则可能发生的反应的化学方程式为________________。

30. 已知 $\varphi^{\ominus}(Cu^{2+}/Cu)=0.34$ V，要使反应 $Cu + 2H^+ = Cu^{2+} + H_2$ 能够实现，$[H^+]$ 最小为________$mol \cdot L^{-1}$。

31. 已知 $\varphi^{\ominus}(Ag^+/Ag)=0.7996$ V，$\varphi^{\ominus}(Ni^{2+}/Ni)=-0.257$ V，则标准银-镍原电池的符号为____________________________，该原电池的电池反

应为________________，标准电动势 $E^{\ominus}$ 为____________ V，电池反应的 $\Delta_r G_m^{\ominus}$ 为____________ $kJ \cdot mol^{-1}$，标准平衡常数 $K^{\ominus}$ 为____________。

32. 已知：

$$Zn(OH)_4^{2-} + 2e^- = Zn + 4OH^- \qquad \varphi^{\ominus} = -1.2199\ V$$

$$Zn^{2+} + 2e^- = Zn \qquad \varphi^{\ominus} = -0.76\ V$$

则 $Zn(OH)_4^{2-}$ 的 $K_{稳}$ 为________________。

33. 电解时，电解池中和电源正极相连的是______极，并发生________反应，电解池中和电源负极相连的是______极，并发生__________反应。

34. 已知：

$$① Cl_2(g) + 2I^-(aq) = I_2(s) + 2Cl^-(aq)$$

$$② \frac{1}{2}Cl_2(g) + I^-(aq) = \frac{1}{2}I_2(s) + Cl^-(aq)$$

则 $n_1/n_2=$________；$\varphi_1^{\ominus}/\varphi_2^{\ominus}=$________；$\Delta_r G_{m1}^{\ominus}/\Delta_r G_{m2}^{\ominus}=$________；$\lg K_1^{\ominus}/\lg K_2^{\ominus}=$_______。

35. 已知 $\varphi^{\ominus}(Br_2/Br^-)=1.07\ V$，$\varphi^{\ominus}(Fe^{3+}/Fe^{2+})=0.77\ V$，将它们组成原电池，原电池符号为____________________________，电池的电动势 $E^{\ominus}=$__________。可判断反应 $2Br^- + 2Fe^{3+} = Br_2 + 2Fe^{2+}$ 进行的方向是______，$\Delta_r G_m^{\ominus}=$______ $kJ \cdot mol^{-1}$，25 ℃时的平衡常数 $K^{\ominus}=$____________。

36. 已知氯元素在碱性溶液中的电势图如下：

$$ClO_4^- \xrightarrow{0.36\ V} ClO_3^- \xrightarrow{0.495\ V} ClO^- \xrightarrow{0.40\ V} Cl_2 \xrightarrow{1.36\ V} Cl^-$$

则 $\varphi^{\ominus}(ClO_4^-/ClO^-)=$_______ V；$\varphi^{\ominus}(ClO_3^-/Cl_2)=$_______ V；$\varphi^{\ominus}(ClO^-/Cl^-)=$_______ V；电势图中的物种，能自发进行歧化反应的物种________。

37. 已知碱性介质中锰的元素电势图：

$$MnO_4^- \xrightarrow{0.56\ V} MnO_4^{2-} \xrightarrow{0.60\ V} MnO_2 \xrightarrow{-0.05\ V} Mn(OH)_3 \xrightarrow{?} Mn(OH)_2 \xrightarrow{-1.46\ V} Mn$$

MnO_4^- 至 MnO_2：?；MnO_2 至 $Mn(OH)_2$：$-0.225\ V$

则 $\varphi^{\ominus}(MnO_4^-/MnO_2)=$______ V，$\varphi^{\ominus}[Mn(OH)_3/Mn(OH)_2]=$______ V。能发生歧化的物质是________，氧化性最强的物质是________，还原性最强的物质是__________。

三、判断题

1.(　　)元素在化合物中的氧化态代表了它在氧化还原反应中所处的状态，氧化态越高，氧化能力越强。

2.(　　)电极电势的绝对值无法精确测定。

3.(　　)含氧酸根的氧化能力随[H^+]增大而增强，所以强氧化剂的含氧酸根通常是在碱性条件下制备，酸性条件下使用。

4.(　　)锰在 $K_4Mn(CN)_6$、$Mn_2(CO)_{10}$、$Mn(CO)_5I$ 分子中的氧化数分别为+2、0、+1。

5.（ ）标准电极电势的值与反应的平衡常数的值一样因反应式的写法不同而不同。

6.（ ）标准电极电势的数值越小，其氧化型的氧化性越弱，其还原型的还原性越强。

7.（ ）标准电极电势（$\varphi^{\ominus}$）值愈大，其氧化态的氧化能力愈强。

8.（ ）一个歧化反应，如 $3Fe^{2+} \rightleftharpoons 2Fe^{3+} + Fe$，如果根据所指的浓度和温度条件排成电池，它的电动势可以不止一种数值，电动势的大小还要看电极反应是什么。

9.（ ）在氧化还原反应中，氧化值升高的反应物称为氧化剂。

10.（ ）在氧化还原反应中，氧化值升高的过程称为氧化。

11.（ ）利用氧化还原反应将电能转变为化学能的装置叫原电池。

12.（ ）IUPAC 规定氢电极的电极电位为 0 V。

13.（ ）原电池的负极发生氧化反应而电解池的正极发生氧化反应。

14.（ ）不管电极反应是按 $Fe^{3+} + e^- \rightleftharpoons Fe^{2+}$ 还是按 $Fe^{2+} \rightleftharpoons Fe^{3+} + e^-$ 进行，该电对的标准电极电位都是 0.771 V。

15.（ ）电极的电极电位与浓度、压力和温度之间的定量关系可由 Nernst 方程式表示。

16.（ ）饱和甘汞电极的“饱和”是指氯化钾溶液为饱和溶液。

17.（ ）电极电位只取决于电极本身的性质，而与其他因素无关。

18.（ ）两电对组成原电池，标准电极电位大的电对中的氧化态物质在电池反应中一定是氧化剂。

19.（ ）$\frac{1}{2}Cl_2(g) + e^- = Cl^-(aq)$ 与 $Cl_2(g) + 2e^- = 2Cl^-(aq)$ 及 $2Cl^- - 2e^- = Cl_2(g)$ 的标准电极电势都相同。

20.（ ）在氧化还原反应中，如果两个电对的电极电势相差越大，反应就进行得越快。

21.（ ）由于 $E^{\ominus}(Cu^+/Cu) = 0.52$ V，$E^{\ominus}(I_2/I^-) = 0.536$ V，故 Cu^+ 和 I_2 不能发生氧化还原反应。

22.（ ）计算在非标准状态下进行氧化还原反应的平衡常数，必须先算出非标准电动势。

23.（ ）$FeCl_3$、$KMnO_4$ 和 H_2O_2 是常见的氧化剂，当溶液中 $[H^+]$ 增大时，它们的氧化能力都增强。

24.（ ）原电池 $(-)Zn \mid Zn^{2+}(1\ mol \cdot L^{-1}) \parallel Cu^{2+}(1\ mol \cdot L^{-1}) \mid Cu\ (+)$ 中，单质 Cu 既是电子的导体，又作为原电池的电极和还原剂。

25.（ ）查得 $\varphi^{\ominus}(Ag^+/Ag) = 0.80$ V，$\varphi^{\ominus}(Sn^{4+}/Sn^{2+}) = 0.15$ V，因此在标准状态下银可作为还原剂，与 Sn^{4+} 反应生成 Ag^+ 和 Sn^{2+}。

26.（ ）在一个能实际产生电流的原电池中，作为正极的电极反应的电势总是高于作为负极的电极反应的电势值。

27.（ ）查得 $\varphi^{\ominus}(MnO_4^-/Mn^{2+}) = 1.51$ V，$\varphi_A^{\ominus}(O_2/H_2O_2) = 0.70$ V，$\varphi_A^{\ominus}(H_2O_2/H_2O) = 1.78$ V，据此可判断反应 $MnO_4^- + H_2O_2 + H^+ \rightarrow Mn^{2+} + O_2 + H_2O$ 在标准状态下将不能正向进行。

28.(　　)在电极反应 $Ag^+ + e^- \rightleftharpoons Ag$ 中加入少量 NaI 固体，则 Ag 的还原性将增强。

29.(　　)已知电极反应 $ClO^- + H_2O + e^- \rightleftharpoons \frac{1}{2}Cl_2 + 2OH^-$，$\varphi_B^\ominus = 0.52$ V，当增大 OH^- 浓度，而其他条件不变时，该电极反应的电势值将增大。

30.(　　)氧化数和化合价含义虽然不同，但可以混用。

31.(　　)硫酸的浓度越大，氧化性越强，则还原产物中硫的氧化数也越低。

32.(　　)硝酸越稀，其还原产物中氮的氧化数越低，可见稀硝酸的氧化性比浓硝酸强。

33.(　　)金属越活泼，其还原性越强，电极电势的数值越负。

34.(　　)银的标准电极电势数值比锌的值大，所以银的氧化能力比锌强。

35.(　　)含氧酸的氧化能力强于其含氧酸盐，是由于 H^+ 比金属离子的氧化能力强。

36.(　　)氧化数就是某元素的一个原子在化合态时的电荷数。

37.(　　)所有参比电极的电极电势皆为零。

38.(　　)因为 $\Delta_r G_m$ 的值与化学反应计量方程式的写法(即参与反应物质的化学计量数)有关，所以 $\varphi^\ominus$ 也是如此。

39.(　　)插入水中的铁棒，易被腐蚀的部位是水面以下较深部位。

40.(　　)若将氢电极置于 pH=7 的溶液中(p_{H_2}=100 kPa)，此时氢电极的电势值为−0.414 V。

四、问答题和计算题

1. 为什么重铬酸钾能氧化浓盐酸中的氯离子，而不能氧化浓氯化钠溶液中的氯离子？

2. 为什么硝酸能将铜氧化，而盐酸却不能？

3. 为什么 Sn^{2+} 与 Fe^{3+} 不能在同一溶液中共存？

4. 利用电极电势的概念解释为什么配好的 Fe^{2+} 溶液要加入一些铁钉。

5. 利用电极电势的概念解释为什么 H_2SO_3 溶液只能在使用时临时配制。

6. 为什么海上船舰常镶嵌镁块、锌块或铝合金块，防止船壳体的腐蚀？

7. 今有一种含有 Cl^-、Br^-、I^- 三种离子的混合溶液，欲使 I^- 氧化成 I_2，又不使 Br^-、Cl^- 氧化，在常用氧化剂 $Fe_2(SO_4)_3$ 和 $KMnO_4$ 中应选哪一种？

8. 根据电极电势，通过计算说明 MnO_2 为什么不能与稀盐酸(1.0 mol·L^{-1})反应以制备 $Cl_2(g)$。若使反应进行，盐酸的最低浓度应是多少？

[已知：$\varphi^\ominus(MnO_2/Mn^{2+}) = 1.22$ V；$\varphi^\ominus(Cl_2/Cl^-) = 1.36$ V]

9. 已知：

$$Ag^+ + e^- = Ag \qquad \varphi^\ominus = 0.7996 \text{ V}$$

$$AgI(s) + e^- = Ag(s) + I^- \qquad \varphi^\ominus = -0.15224 \text{ V}$$

求 AgI 在 25 ℃ 时的 $K_{sp}^\ominus$。

10. 有一原电池(−)A | $A^{2+}(c_1)$ ‖ $B^{2+}(c_2)$ | B(+)，当$[A^{2+}]=[B^{2+}]$时，电池的电动势为 0.360 V，现若使 $[A^{2+}]=0.100$ mol·L^{-1}，$[B^{2+}]=1.00\times10^{-4}$ mol·L^{-1}，该电池的电动势是多少？

11. 已知 $\varphi^{\ominus}(Zn^{2+}/Zn)=-0.762\ V$，$\varphi^{\ominus}(Ag^{+}/Ag)=0.799\ V$，298 K 时，在锌-银原电池中 Zn^{2+} 和 Ag^{+} 的浓度均为 0.1 mol·L^{-1}，试计算此锌-银原电池的电动势。

12. 已知 $\varphi^{\ominus}(Co^{3+}/Co^{2+})=1.92\ V$，$\varphi^{\ominus}(O_2/H_2O)=1.23\ V$，25 ℃时某水溶液中，$[Co^{3+}]=0.20\ mol\cdot L^{-1}$，$[Co^{2+}]=1.0\times10^{-4}\ mol\cdot L^{-1}$，$[H^{+}]=0.30\ mol\cdot L^{-1}$，该溶液暴露于空气中，且 $p(O_2)=20\ kPa$，计算该条件下 Co^{3+} 能否氧化水。

13. 已知 $\varphi^{\ominus}(Cu^{2+}/Cu^{+})=0.15\ V$，$\varphi^{\ominus}(Cu^{+}/Cu)=0.52\ V$，$K_{sp}^{\ominus}(CuCl)=1.72\times10^{-7}$，将 Cu 片插入$[Cu^{2+}]$和$[Cl^{-}]$均为 1.0 mol·L^{-1}的溶液中，试计算 $\varphi^{\ominus}(Cu^{2+}/CuCl)$ 和 $\varphi^{\ominus}(CuCl/Cu)$，判断系统中可能发生什么反应并写出有关反应方程式。

14. 已知：

$$PbSO_4 + 2e^- = Pb + SO_4^{2-} \qquad \varphi^{\ominus} = -0.359\ V$$

$$Pb^{2+} + 2e^- = Pb \qquad \varphi^{\ominus} = -0.126\ V$$

当$[Pb^{2+}]=0.100\ mol\cdot L^{-1}$，$[SO_4^{2-}]=1.00\ mol\cdot L^{-1}$时，由 $PbSO_4/Pb$ 和 Pb^{2+}/Pb 两个“半电池”组成原电池。

(1) 写出该原电池的符号及电池反应方程式；

(2) 计算该原电池的电动势 E；

(3) 计算 $PbSO_4$的溶度积 $K_{sp}^{\ominus}$。

15. 根据反应 $Zn + Hg_2Cl_2 = 2Hg + ZnCl_2$组成原电池。

(1) 写出电池符号；

(2) 如果该电池的标准电动势为 1.03 V，试计算 $ZnCl_2(aq)$ 浓度为 0.040 mol·L^{-1}时电池的电动势。

16. 在氯水中发生反应 $Cl_2 + H_2O = H^+ + Cl^- + HClO$。已知 $\varphi^{\ominus}(Cl_2/Cl^-)=1.36\ V$，$\varphi^{\ominus}(HClO/Cl_2)=1.63\ V$，求当 Cl_2的分压为 $p^{\ominus}$ 时，氯水的 pH。

17. 已知 $[H^+]=1.0\ mol\cdot L^{-1}$时，锰的元素电势图($\varphi^{\ominus}$/V)：

$$MnO_4^- \xrightarrow{0.564} MnO_4^{2-} \xrightarrow{2.26} MnO_2 \xrightarrow{0.95} Mn^{3+} \xrightarrow{1.54} Mn^{2+} \xrightarrow{-1.18} Mn$$

(1) 指出哪些物质在酸性溶液中会发生歧化反应；

(2) 计算 $\varphi^{\ominus}(MnO_4^-/Mn^{2+})$；

(3) 写出用电对 Mn^{2+}/Mn 与标准氢电极组成原电池的电池符号及该电池的自发反应的方程式。

18. 已知 $\varphi^{\ominus}(MnO_4^-/Mn^{2+})=1.51\ V$，$\varphi^{\ominus}(Cl_2/Cl^-)=1.36\ V$，将此两电对组成原电池。

(1) 写出该电池的电池符号；

(2) 写出正负电极的电极反应和电池反应式；

(3) 计算该电池的标准电动势 $E^{\ominus}$ 和电池反应在 298 K 下的 $\Delta_r G_m^{\ominus}$ 和 $K^{\ominus}$；

(4) 当$[H^+]=0.01\ mol\cdot L^{-1}$，而其他物质均为标准态时，电池的电动势 E。

19. 已知 $\varphi^{\ominus}(Ni^{2+}/Ni)=-0.26\ V$，$\varphi^{\ominus}(Ag^{+}/Ag)=0.80\ V$，$\varphi^{\ominus}(Pb^{2+}/Pb)=-0.126\ V$，$\varphi^{\ominus}(Cu^{2+}/Cu)=0.34\ V$，写出下列电池的电池反应式，并求电动势 E，判断该电池反应能否自发进行，计算反应的平衡常数 $K^{\ominus}$。

(1) $(-)Ni \mid Ni^{2+}(0.20\ mol\cdot L^{-1}) \parallel Ag^{+}(0.050\ mol\cdot L^{-1}) \mid Ag(+)$

(2) (−)Pb | Pb^{2+}(0.50 mol·L^{-1}) ‖ Cu^{2+}(0.30 mol·L^{-1}) | Cu(+)

20. 已知 $\varphi^{\ominus}(Fe^{3+}/Fe^{2+})=0.77$ V，$\varphi^{\ominus}(Fe^{3+}/Fe)=-0.037$ V，计算：

(1) $\varphi^{\ominus}(Fe^{2+}/Fe)$；

(2) $2Fe^{3+}+Fe=3Fe^{2+}$的平衡常数 $K^{\ominus}$。

21. 已知下面原电池的电动势为 1.63 V，$\varphi^{\ominus}(Cl_2/Cl^-)=1.36$ V。

(−)Co | Co^{2+}(1.0 mol·L^{-1}) ‖ Cl^-(1.0 mol·L^{-1}) | Cl_2(g，$p^{\ominus}$)，Pt(+)

(1) 写出电池的自发反应方程式；

(2) 求 $\varphi^{\ominus}(Co^{2+}/Co)$；

(3) 若 Co^{2+}离子浓度减为 0.010 mol·L^{-1}，电池的电动势是多少？

22. 将铜片插入 0.020 mol·L^{-1} $CuSO_4$ 中，将铂片插入含有 0.010 mol·L^{-1} Fe^{3+} 及 0.25 mol·L^{-1} Fe^{2+} 溶液中，用导线将两极连接组成原电池。已知 $\varphi^{\ominus}(Fe^{3+}/Fe^{2+})=0.77$ V；$\varphi^{\ominus}(Cu^{2+}/Cu)=0.34$ V。

(1) 分别计算两极上的电极电势；

(2) 写出该原电池的符号；

(3) 写出两极上的电极反应式及电池反应式；

(4) 计算电池反应的标准平衡常数 $K^{\ominus}$。

23. 在 298 K 时，将氧化还原反应 $MnO_4^-+8H^++5Fe^{2+}=Mn^{2+}+5Fe^{3+}+4H_2O$ 装配成原电池，已知 $\varphi^{\ominus}(MnO_4^-/Mn^{2+})=1.51$ V，$\varphi^{\ominus}(Fe^{3+}/Fe^{2+})=0.77$ V。

(1) 写出原电池符号、正负极反应式；

(2) 计算原电池的电动势 $E^{\ominus}$ 和电池反应的平衡常数 $K^{\ominus}$；

(3) 当 $[MnO_4^-]=[Fe^{2+}]=1.0$ mol·L^{-1}，$[Fe^{3+}]=[Mn^{2+}]=0.01$ mol·L^{-1}，溶液的 pH=2.0 时，计算该原电池的电动势 E。

24. 已知 $NO_3^-+3H^++2e^-=HNO_2+H_2O$，$\varphi_1^{\ominus}=0.93$ V，HNO_2 的 $K_a^{\ominus}=4.6\times10^{-4}$，计算 $NO_3^-+H_2O+2e^-=NO_2^-+2OH^-$ 的 $\varphi_2^{\ominus}$。

25. 已知 $\varphi^{\ominus}(Cu^{2+}/Cu^+)=0.15$ V，$\varphi^{\ominus}(I_2/I^-)=0.54$ V，CuI 的 $K_{sp}^{\ominus}=1.27\times10^{-12}$。

(1)求 $Cu^{2+}+2I^-=CuI+\frac{1}{2}I_2$的 $K^{\ominus}$；

(2) 假定溶液 Cu^{2+}的起始浓度为 0.10 mol·L^{-1}，I^-的起始浓度为 0.50 mol·L^{-1}，计算达到平衡时留在溶液中的 Cu^{2+}的浓度。

26. 已知 25 ℃时半反应 $Ag^+(aq)+e^-=Ag(s)$ 的 $\varphi^{\ominus}=0.80$ V。

(1) 求反应 $2Ag(s)+2H^+(aq)=2Ag^+(aq)+H_2(g)$ 的 $K_1^{\ominus}$；

(2) 原电池自发反应为 $2Ag(s)+2H^+(aq)+2I^-(aq)=2AgI(s)+H_2(g)$，当 $[H^+]=[I^-]=0.10$ mol·L^{-1}，$p(H_2)=p^{\ominus}$时的电动势为 0.03 V，求该电池的 $E^{\ominus}$ 和上述反应的平衡常数 $K_2^{\ominus}$；

(3)求 $K_{sp}^{\ominus}(AgI)$；

(4) Ag 能否从氢碘酸中置换出氢？

27. 已知电对 $Ag^++e^-=Ag$，$\varphi^{\ominus}=+0.799$ V，$Ag_2C_2O_4$的溶度积为 3.5×10^{-11}。试计算电对 $Ag_2C_2O_4+2e^-=2Ag+C_2O_4^{2-}$ 的标准电极电势。

28. 银能从 HI 溶液中置换出氢气，反应如下：$Ag + H^+ + I^- = \frac{1}{2}H_2 + AgI$。

(1) 通过计算，简要回答上述反应为何能进行；

(2) 若将该反应组装成标准原电池，写出原电池的符号；

(3) 已知 $\varphi^\ominus(Ag^+/Ag) = 0.7996$ V，$K_{sp}^\ominus(AgI) = 8.52 \times 10^{-17}$，若$[I^-] = 0.1$ mol·L^{-1}，$[H^+] = 0.1$ mol·L^{-1}，$p^\ominus(H_2) = 100$ kPa，分别计算两极电极电势和电池的电动势。

29. 已知 $K_a^\ominus(HAc) = 1.8 \times 10^{-5}$，$\varphi^\ominus(Ag^+/Ag) = 0.7996$ V，$K_{sp}^\ominus(AgCl) = 1.8 \times 10^{-10}$，在 298 K 时，将$[HAc] = 0.1$ mol·L^{-1}，$p^\ominus(H_2) = 100$ kPa 的氢电极与含 0.1 mol·L^{-1} KCl 的 Ag - AgCl 电极组成原电池，计算此原电池的电动势。

30. 浓差电池的两个电极由金属 X 所组成，一个电极浸入浓度为 0.5 mol·L^{-1}相应的盐溶液中，另一个电极浸入浓度为 0.05 mol·L^{-1}相同盐的溶液中，298 K 时该电池的电动势为 0.029 V，试计算 X 的价数。

31. 已知：

$$Zn^{2+} + 2e^- = Zn \qquad \varphi_1^\ominus = -0.76\ V$$

$$Zn(OH)_2 + 2e^- = Zn + 2OH^- \qquad \varphi_2^\ominus = -1.22\ V$$

试通过计算说明在标准状况下，锌既能从酸中又能从碱中置换放出氢气。

32. $\varphi^\ominus(Ni^{2+}/Ni) = -0.26$ V，氢在镍上的超电位为 0.21 V，298 K 时，电解镍盐溶液，其中 $[Ni^{2+}] = 0.1$ mol·L^{-1}。如果在阴极上只要 Ni 析出，而不析出氢，计算溶液的最小 pH。

33. 已知 $\varphi^\ominus(Ni^{2+}/Ni) = -0.26$ V，H_2 在 Pt 上的超电势为 0.09 V，$p^\ominus(H_2) = 100$ kPa，25 ℃时，以金属镍为阳极，铂为阴极，电解 0.10 mol·L^{-1} $NiSO_4$水溶液。

(1) 当 pH＝6 时，两极产物分别是什么?

(2) 当 pH＝1 时，两极产物分别是什么?

【单元测试】

一、选择题(共 40 分)

1. 已知 $\varphi^\ominus(Fe^{3+}/Fe^{2+}) = 0.771$ V，$\varphi^\ominus(Cd^{2+}/Cd) = -0.403$ V，将这两电对组成原电池，则电池的标准电动势为(　　)。

A. 1.174　　B. 0.059　　C. 0.973　　D. 0.368

2. 下列化学反应式中，不是氧化还原反应的是(　　)。

A. $Na_2S_2O_8 + 2HCl = 2NaCl + S\downarrow + 2O_2\uparrow + H_2SO_4$

B. $CCl_4 + K_2Cr_2O_7 = 2COCl_2 + CrO_2Cl_2$

C. $ClO^- + NO_2^- = NO_3^- + Cl^-$

D. $(NH_4)_2S_2O_8 + 3KI = (NH_4)_2SO_4 + KI_3 + K_2SO_4$

3. 已知 $\varphi^\ominus(Cu^{2+}/Cu) = 0.3419$ V，$\varphi^\ominus(I_2/I^-) = 0.5355$ V，$\varphi^\ominus(Sn^{4+}/Sn^{2+}) = 0.151$ V，$\varphi^\ominus(Cl_2/Cl^-) = 1.358$ V。在 298.15 K、标准状态下，电对 Cu^{2+}/Cu、I_2/I^-、Sn^{4+}/Sn^{2+}、

Cl_2/Cl^- 中最强的氧化剂是(　　)。

A. Cl_2　　B. Cu^{2+}　　C. I_2　　D. Sn^{4+}

4. 在 0.10 mol · L^{-1} NaCl 溶液中，$\varphi^{\ominus}$ (H^+/H_2)的值为(　　)。

A. 0.000 V　　B. −0.828 V　　C. −0.414 V　　D. −0.059 V

5. 已知 $\varphi^{\ominus}$ (Cu^{2+}/Cu)=0.3419 V，$\varphi^{\ominus}$ (Fe^{3+}/Fe^{2+})=0.771 V，$\varphi^{\ominus}$ (Sn^{4+}/Sn^{2+})=0.151 V，$\varphi^{\ominus}$ (Cl_2/Cl^-)=1.358 V，$\varphi^{\ominus}$ (I_2/I^-)=+ 0.5355 V，$\varphi^{\ominus}$ (Br_2/Br^-)= 1.066 V，$\varphi^{\ominus}$ (MnO_4^-/Mn^{2+})= 1.507 V。溶液中含有 Cl^-、Br^- 和 I^- 三种离子，要使 I^- 氧化成 I_2 而又不使 Br^- 和 Cl^- 氧化，应采用的氧化剂是(　　)。

A. MnO_4^-　　B. Cu^{2+}　　C. Fe^{3+}　　D. Sn^{4+}

6. 已知 $\varphi^{\ominus}$ (Cl_2/Cl^-)=1.358 V，$\varphi^{\ominus}$ (CrO_7^{2-}/Cr^{3+})=1.36 V。反应 $K_2Cr_2O_7 + 14HCl \rightleftharpoons 2CrCl_3 + 3Cl_2 + 2KCl$ 中各物质均在标准状态下，则该反应应该是(　　)。

A. 从左到右自发进行　　B. 从右到左自发进行

C. 动态平衡　　D. 与反应式的方向不同

7. 在 Ag^+/Ag 电极中，增大 Ag^+ 的浓度，则该电极的电极电位将(　　)。

A. 减小　　B. 增大　　C. 不变　　D. 不能确定

8. 已知 $\varphi^{\ominus}$ (I_2/I^-)=0.5355 V，$\varphi^{\ominus}$ (Fe^{3+}/Fe^{2+})=0.771 V，反应 $I^- + Fe^{3+} \rightarrow \frac{1}{2}I_2 + Fe^{2+}$ 的 $E^{\ominus}$ 及反应方向为(　　)。

A. 0.24 V，正向　　B. 0.24 V，逆向　　C. 1.30 V，正向　　D. −1.30 V，逆向

9. 将反应 $KMnO_4 + HCl \rightarrow Cl_2 + MnCl_2 + KCl + H_2O$ 配平后，方程式中 HCl 的系数是(　　)。

A. 8　　B. 16　　C. 18　　D. 32

10. H_2O_2 既可做氧化剂又可做还原剂，下列叙述中错误的是(　　)。

A. H_2O_2 可被氧化生成 O_2　　B. H_2O_2 可被还原生成 H_2O

C. pH 变小，H_2O_2 的氧化能力增强　　D. pH 变小，H_2O_2 的还原性增强

11. 使下列电极反应中有关离子浓度减小一半，而 E 值增大的是(　　)。

A. $Cu^{2+} + 2e^- = Cu$　B. $I_2 + 2e^- = 2I^-$　C. $2H^+ + 2e^- = H_2$　D. $Fe^{3+} + e^- = Fe^{2+}$

12. 已知 $\varphi^{\ominus}(Pb^{2+}/Pb)$=−0.1262 V，$K_{sp}^{\ominus}(PbCl_2)$=$1.7\times10^{-5}$，则 $\varphi^{\ominus}(PbCl_2/Pb)$=(　　)V。

A. 0.268　　B. −0.409　　C. −0.268　　D. 0.015

13. 25 ℃时，铜-锌原电池中$[Zn^{2+}]$和$[Cu^{2+}]$分别为 0.10 mol · L^{-1} 和 1.0×10^{-3} mol · L^{-1}，此时电池电动势比标准电动势(　　)。

A. 减小 0.1184 V　B. 减小 0.0592 V　C. 增大 0.1184 V　D. 增大 0.0592 V

14. 下列电对中，$\varphi^{\ominus}$ 值最小的是(　　)。

A. Ag^+/Ag　　B. $AgCl/Ag$　　C. $AgBr/Ag$　　D. AgI/Ag

15. 已知 $\varphi^{\ominus}$ (Cl_2/Cl^-)=1.36 V，在下列电极反应中标准电极电势为 1.36 V 的电极反应是(　　)。

A. $Cl_2 + 2e^- = 2Cl^-$　　B. $2Cl^- + 2e^- = Cl_2$

C. $\frac{1}{2}Cl_2 + e^- = Cl^-$　　D. 都是

16. 下列都是常见的氧化剂，其中氧化能力与溶液 pH 的大小无关的是(　　)。

A. $K_2Cr_2O_7$　　B. PbO_2　　C. O_2　　D. $FeCl_3$

17. 下列电极反应中，有关离子浓度减小时，电极电势增大的是(　　)。

A. $Sn^{4+} + 2e^- = Sn^{2+}$　　B. $Cl_2 + 2e^- = 2Cl^-$

C. $Fe - 2e^- = Fe^{2+}$　　D. $2H^+ + 2e^- = H_2$

18. 为防止配制的 $SnCl_2$ 溶液中 Sn^{2+} 被完全氧化，最好的方法是(　　)。

A. 加入 Sn 粒　　B. 加 Fe 屑　　C. 通入 H_2　　D. 均可

19. 已知 $\varphi^\ominus(Cr_2O_7^{2-}/Cr^{3+}) > \varphi^\ominus(Fe^{3+}/Fe^{2+}) > \varphi^\ominus(Cu^{2+}/Cu) > \varphi^\ominus(Fe^{2+}/Fe)$，则上述诸电对的各物种中最强的氧化剂和最强的还原剂分别为(　　)。

A. $Cr_2O_7^{2-}$，Fe^{2+}　　B. Fe^{3+}，Cu　　C. $Cr_2O_7^{2-}$，Fe　　D. Cu^{2+}，Fe^{2+}

20. 关于原电池的下列叙述中错误的是(　　)。

A. 盐桥中的电解质可以保持两个“半电池”中的电荷平衡

B. 盐桥用于维持电池反应的进行

C. 盐桥中的电解质不参与电池反应

D. 电子通过盐桥流动

二、填空题(共 20 分)

1. 在 K_2MnO_4 中，锰的氧化值为________；在 $Na_2S_2O_4$ 中，硫的氧化值为________。

2. 在反应 $P_4 + 3OH^- + 3H_2O \rightarrow 3H_2PO_2^- + PH_3$ 中，氧化剂是________，其被还原的产物为________，还原剂是________，其被氧化的产物为________。

3. 对某一自发的氧化还原反应，若将反应方程式中各物质的计量数扩大到原来的 2 倍，则此反应的 $|\Delta_r G_m^\ominus|$ 将________，电池电动势 E ________。

4. 已知 $\varphi^\ominus(MnO_4^-/Mn^{2+}) = 1.51V$；$\varphi^\ominus(Cl_2/Cl^-) = 1.36$ V。用电对 MnO_4^-/Mn^{2+}、Cl_2/Cl^- 组成的原电池，其正极反应为____________，负极反应为______________，电池的电动势等于________________，电池符号为________________。

5. 随着溶液的 pH 增大，下列电对 $Cr_2O_7^{2-}/Cr^{3+}$、Cl_2/Cl^-、MnO_4^-/MnO_4^{2-} 的 E 值将分别________、________、________。

6. 反应 $2Fe^{3+}(aq) + Cu(s) = 2Fe^{2+} + Cu^{2+}(aq)$ 与 $Fe(s) + Cu^{2+}(aq) = Fe^{2+}(aq) + Cu(s)$ 均正向自发进行，在上述所有氧化剂中最强的是__________，还原剂中最强的是__________。

7. 反应① $Cl_2(g) + 2Br^-(aq) = Br_2(l) + 2Cl^-(aq)$ 和反应② $\frac{1}{2}Cl_2(g) + Br^-(aq) = \frac{1}{2}Br_2(l) + Cl^-(aq)$，则 $E_1^\ominus/E_2^\ominus =$ ________，$\Delta_r G_{m1}^\ominus/\Delta_r G_{m2}^\ominus =$ ________，$\lg K_1^\ominus/\lg K_2^\ominus =$ ________。

三、判断题(共 10 分)

(　　)1. 盐桥的作用是沟通两个“半电池”，维持溶液中电荷的平衡。

(　　)2. 氧化数是发生氧化还原反应的电子得失数。

(　　)3. 只要是氧化还原反应，一定能够组成一个原电池。

(　　)4. 对于电对 MnO_4^-/Mn^{2+} 的电极电势，溶液稀释，$[MnO_4^-]/[Mn^{2+}]$的值不变，φ 值也不改变。

(　　)5. 能斯特方程 $E=E^\ominus+\frac{0.0592}{n}\lg\frac{[反应物]}{[生成物]}$，对于一个反应物与生成物都确定的电化学反应，若写法不同，n 不同，则 E 也不同。

(　　)6. 在一个实际供电的原电池中，总是电极电势高的电对作正极，电极电势低的电对为负极。

(　　)7. 由于 $\varphi^\ominus(Zn^{2+}/Zn)>\varphi^\ominus(H^+/H_2)$，所以电解 $ZnCl_2$ 水溶液时，在阴极得到的是氢气而不是金属锌。

(　　)8. 氧化数可以是零、整数或小数，但化合价只能是整数。

(　　)9. 对于两个反应方程式 $2Fe^{3+}+Sn^{2+}=Sn^{4+}+2Fe^{2+}$、$Fe^{3+}+\frac{1}{2}Sn^{2+}=\frac{1}{2}Sn^{4+}+Fe^{2+}$，可以推断两式的 $E^\ominus$、$\Delta_rG_m^\ominus$、$K^\ominus$都相等。

(　　)10. 两个“半电池”，电极相同，电解质溶液中的物质也相同，都可以进行电极反应，但溶液的浓度不同，它们组成的电池的电动势 $E^\ominus=0$，$E\neq0$。

四、计算题(共 30 分)

1. 对于反应 $MnO_2+4HCl=MnCl_2+Cl_2+2H_2O$ 组成的原电池：

(1) 判断该反应在标准状态下反应自发进行的方向；

(2) 判断 $c(HCl)=10\ mol\cdot L^{-1}$，$c(Mn^{2+})=1.0\ mol\cdot L^{-1}$，$p(Cl_2)=p^\ominus$ 时的反应方向；

(3) 写出该条件下的电池符号，并求其反应的标准平衡常数。

2. 已知 $\varphi^\ominus(MnO_4/Mn^{2+})=1.507\ V$，$\varphi^\ominus(Br_2/Br^-)=1.066\ V$，$\varphi^\ominus(I_2/I^-)=0.536\ V$，在 pH 分别为 3 和 6 时，$KMnO_4$ 能否氧化 I^- 和 Br^-[假设 MnO_4^- 被还原成 Mn^{2+}，且 $c(MnO_4^-)=c(Mn^{2+})=c(I^-)=c(Br^-)=1\ mol\cdot L^{-1}$]

3. 已知：

$Mg(OH)_2+2e^-=Mg+2OH^-$　　$\varphi^\ominus[Mg(OH)_2/Mg]=-2.67\ V$

$Mg^{2+}+2e^-=Mg$　　$\varphi^\ominus(Mg^{2+}/Mg)=-2.37\ V$

求 $Mg(OH)_2$ 的溶度积 $K_{sp}^\ominus[Mg(OH)_2]$。

第 12 章 配位平衡

【知识点梳理】

配合物的外界在水溶液中可完全解离，而其内界离子相对较稳定，但也存在逐级解离现象。配合物的配位平衡对于沉淀的溶解、氧化还原电对的电极电势等都具有一定的影响。

12.1 配位平衡常数

1)稳定常数

配合物以配位键结合的内界配离子在水溶液中具有一定的稳定性，是保持配合物性质特征的重要组分，但在一定条件下配离子仍然可以发生部分离解。

在一定条件下，中心离子生成配离子的过程与配离子的离解过程达到动态平衡时，称配位平衡。例如 $Ag^+ + 2NH_3 \rightleftharpoons [Ag(NH_3)_2]^+$，根据化学平衡原理该配位平衡的平衡常数表达为

$$K=[Ag(NH_3)_2]^+/\{[Ag^+][NH_3]^2\}$$

平衡常数 K 值越大，系统中$[Ag(NH_3)_2]^+$的平衡浓度越大，即配离子愈稳定。K 值反映了配离子的稳定性，所以称配位平衡的平衡常数为配合物的稳定常数。用 $K_{稳}$或 K_f、K_s等表示。利用稳定常数可以比较相同类型的配合物的稳定性。如$[Ag(NH_3)_2]^+$和$[Ag(CN)_2]^-$的稳定常数分别是 1.1×10^7、1.3×10^{21}，说明$[Ag(CN)_2]^-$比较稳定。加入 KI 溶液可因生成 AgI 沉淀而破坏$[Ag(NH_3)_2]^+$，而同样条件下，却不能破坏$[Ag(CN)_2]^-$。不同类型的配合物其稳定常数的表达式不同，直接比较它们的稳定常数大小没有意义。需要算出在相同浓度下的离子的浓度，以此比较配合物的稳定性。

2)不稳定常数

除了稳定常数外，配离子的稳定性也可用离解平衡常数表示，例如$[Ag(NH_3)_2]^+ \rightleftharpoons Ag^+ + 2NH_3$，$K_{不稳}=[Ag^+][NH_3]^2/[Ag(NH_3)_2]^+$

离解平衡常数用 $K_{不稳}$或 K_d表示，$K_{不稳}$值反映了配合物的不稳定性，也叫作配合物的不稳定常数。对同一配合物，$K_{稳}$与 $K_{不稳}$的关系：$K_{稳}=1/K_{不稳}$。

3)逐级稳定常数

配位反应是分步进行的可逆反应，相应于每一步反应，都有一个对应的平衡常数。因此在配合物溶液中实际存在着一系列的配位平衡及对应于这些平衡的一系列稳定常数。

例如：

$Cu^{2+} + NH_3 \rightleftharpoons [Cu(NH_3)]^{2+}$ $K_1 = 1.41 \times 10^4$

$[Cu(NH_3)]^{2+} + NH_3 \rightleftharpoons [Cu(NH_3)_2]^{2+}$ $K_2 = 3.17 \times 10^3$

$[Cu(NH_3)_2]^{2+} + NH_3 \rightleftharpoons [Cu(NH_3)_3]^{2+}$ $K_3 = 7.76 \times 10^2$

$[Cu(NH_3)_3]^{2+} + NH_3 \rightleftharpoons [Cu(NH_3)_4]^{2+}$ $K_4 = 1.39 \times 10^2$

K_1、K_2、K_3、K_4为逐级稳定常数，$K_{稳} = K_1 K_2 K_3 K_4$。

配离子的逐级稳定常数彼此差别不大，通常是逐级减小，是由于前面配合反应的配体对后面反应的配体斥力产生影响的结果。在实际配合反应中，总是加入过量的配位剂，使绝大多数金属离子生成最高配位的配离子，如计算系统中的金属离子浓度时，可以只考虑总配位平衡和$K_{稳}$，忽略其他逐级平衡，从而使计算简化。

12.2 配离子稳定常数的应用

配位平衡受外界因素的影响，同时，配合物的形成也会使溶液内部的某些性质发生改变。利用配离子的稳定常数$K_{稳}$，可进行一些相关的计算。

1)计算配合物溶液中有关离子的浓度

此类计算最为简单，溶液中一般只有一种平衡——配位平衡。根据$K_{稳}$和配离子及其组分离子的浓度，可进行相互计算。

注意：只有在$K_{稳}$很大，且配体在溶液中剩余浓度较大时，才可近似计算。此时可认为主要形成了最高配位数的配合物ML_n，且消耗配体L的量为金属离子浓度的n倍。

2)判断配离子与沉淀之间转化的可能性

在配位平衡系统中加入有竞争性的与配离子的中心离子结合生成难溶电解质的沉淀剂时，可以促使配位平衡发生移动，影响到配合物的稳定性，甚至使配合物完全离解。选择适当的配合剂，也可使难溶电解质重新溶解，关键取决于配合剂和沉淀剂竞争结合金属离子的能力大小。

例如，当向含有$[Ag(NH_3)_2]^+$配离子的溶液中加入沉淀剂KBr溶液时，有淡黄色的AgBr沉淀生成，最终可使配离子完全离解。若离心分离后在沉淀系统中加入$Na_2S_2O_3$溶液，则AgBr沉淀因生成$[Ag(S_2O_3)_2]^{3-}$配离子而溶解，所以沉淀平衡与配位平衡在一定条件下可以相互转化。

3)计算配离子的电极电势

即配位平衡与氧化还原平衡的关系，此类计算非常重要。金属离子在形成配合物后，必然会改变其组成电对的电极电势，甚至影响氧化还原反应的方向。利用$K_{稳}$，可计算出形成配合物后的电动势E，以判断反应方向及进行程度；也可通过氧化还原反应的电动势E，反推出$K_{稳}$。

12.3 影响配合物稳定性的因素

配合物在水溶液中的稳定性首先与其结构组成有关，表现为不同的配合物其稳定常数不同，在水溶液中的解离程度不同，此外还与系统配位平衡存在的条件有关。

1)螯合效应

由多齿配体与金属离子所形成的具有稳定环状结构的配合物叫螯合物。因形成螯环而使螯合物所具有的特殊稳定作用叫螯合效应。通常螯合物比单齿配体形成的配合物的稳定性好，能形成五、六元环的螯合物的稳定性较好，螯合物中所含环的数目越多稳定性越好。

2)软硬酸碱理论

软硬酸碱理论简称 HSAB（hard-soft-acid-base）理论，是一种尝试解释酸碱反应及其性质的现代理论。该理论对于配合物稳定性的判别和其反应机理的解释非常重要。该理论的要点：在所有其他因素相同时，“软”的酸与“软”的碱反应较快速，结合作用较强，而“硬”的酸与“硬”的碱反应较快速，形成较强键结。大体上来说，“硬亲硬，软亲软”生成的化合物较稳定。

硬酸：受电子对原子(离子)对外层电子吸引强，其结构特点是正电荷高、体积小、变形性小，一般为主族金属(ⅠA、ⅡA、ⅢA)，极化能力小，不容易变形，如 H^+、Li^+、Mg^{2+}、Al^{3+} 等。

软酸：受电子对原子(离子)对外层电子吸引弱，其结构特点是正电荷低(或等于零)、体积大、变形性大，一般为副族元素，极化能力强，变形性大，并有易于激发的 d 电子，如 Cu^{2+}、Ag^+、Au^+ 等。

硬碱：给电子对原子(离子)对外层电子吸引强，其结构特点是电负性大、半径小、变形性小，难被氧化(不易失去电子)，如 F^-、OH^-、O^{2-} 等。

软碱：给电子对原子(离子)对外层电子吸引弱，其结构特点是电负性小、变形性大，如 I^-、CN^-、S^{2-} 等。

常见的酸和碱分类如表 12-1 所示。

表 12-1 常见的酸、碱分类

硬酸	软酸	交界酸
碱金属离子、碱土金属离子、H^+、Ti^{4+}、Zr^{4+}、Fe^{3+}、Mn^{2+}、Al^{3+}、Co^{3+} 等	Cu^+、Ag^+、Au^+、Hg^{2+}、Pt^{2+}、Cd^{2+}、Pd^{2+}、Hg^{2+} 等	Fe^{2+}、Co^{2+}、Ni^{2+}、Zn^{2+}、Pb^{2+}、Sn^{2+}、Sb^{3+}、Cr^{2+}、Bi^{3+}、Cu^{2+} 等
硬碱	**软碱**	**交界碱**
H_2O、OH^-、F^-、O^{2-}、CH_3COO^-、$PO_4{}^{3-}$、SO_4^{2-}、CO_3^{2-}、ClO_4^-、NO_3^-、ROH、NH_3、N_2H_4 等	I^-、SCN^-、CN^-、CO、H^-、$S_2O_3^{2-}$、C_2H_4、S^{2-} 等	N_3^-、Br^-、NO_2^-、N_2、SO_3^{2-} 等

3)配体浓度的影响

根据化学平衡原理，在配位平衡系统中加入过量的配合剂，可以使配位平衡向生成配合物的方向移动，或者说可以降低配合物的离解性，使其稳定性增强。但如果在系统中加入的是其他配合剂，有可能发生配体之间争夺金属离子生成新的配合物的反应。

4)溶液的酸碱性的影响

(1)酸效应。

因为大多数配体与 H^+ 有很强的结合力，当系统的酸性增强时，配体可与 H^+ 结合生成弱酸，使系统中的配体浓度减小，从而影响到配位平衡使其向配离子离解的方向移动，导致配离子的稳定性降低。系统酸度增大导致配合物稳定性降低的现象叫作配合物的酸效应。

$$[Cu(NH_3)_4]^{2+} \rightleftharpoons Cu^{2+} + \underset{\underset{\displaystyle 4NH_4^+}{\displaystyle \rightleftharpoons}}{\underset{\displaystyle 4H^+}{\underset{+}{4NH_3}}}$$

酸效应对配合物稳定性的影响程度，与配体结合 H^+ 的能力大小有关，结合 H^+ 能力大的配体所形成的配合物在酸性溶液中的稳定性较差。对 OH^-、NH_3、S^{2-}、Ac^- 等亲质子的配体所形成的配合物溶液，改变系统的酸度会影响到配合物的稳定性。

(2)金属离子的水解效应。

溶液的酸度不仅能影响到配体的浓度，而且对配合物的中心离子的浓度也能产生影响。因为许多金属离子，特别是高价态的金属离子都具有显著的水解性。当系统的 pH 升高时，可使金属离子与溶液中的 OH^- 结合生成难溶氢氧化物沉淀析出，从而影响到配位平衡的移动。这种因为中心离子的水解作用而引起配合物稳定性变化的现象叫作水解效应。

【例　题】

例 1. 已知 $[Ag(NH_3)_2]^+$ 的 $K^\ominus_稳=1.1\times10^7$，在硝酸银的氨水溶液中，若有一半的银离子形成了银氨配离子，此时溶液中游离氨的浓度为多少?

解：由题意可知 $Ag^+ + 2NH_3 \rightleftharpoons [Ag(NH_3)_2]^+$ 平衡时溶液中银离子与银氨配离子的浓度相等，设硝酸银物质的量浓度为 c，平衡时游离氨的浓度为 x，则有

$$K^\ominus_稳=\frac{[Ag(NH_3)_2]^+}{[Ag^+][NH_3]^2}=\frac{0.5c}{0.5c\cdot x^2}=1.1\times10^7$$

$$x\approx3\times10^{-4}\,mol\cdot L^{-1}$$

例 2. 已知 $[Ag(NH_3)_2]^+$ 的 $K^\ominus_稳=1.1\times10^7$，$[Ag(CN)_2]^-$ 的 $K^\ominus_稳=1.3\times10^{21}$，等体积混合 0.300 $mol\cdot L^{-1}$ NH_3、0.300 $mol\cdot L^{-1}$ NaCN 和 0.030 $mol\cdot L^{-1}$ $AgNO_3$ 溶液，试求：

(1) $[Ag(NH_3)_2]^+ + 2CN^- \rightleftharpoons [Ag(CN)_2]^- + 2NH_3$ 的平衡常数。

(2) 平衡时 NH_3 和 CN^- 的浓度比。

解：(1) $K^\ominus=\dfrac{[Ag(CN)_2]^-[NH_3]^2}{[Ag(NH_3)_2]^+[CN^-]^2}=\dfrac{[Ag(CN)_2]^-[NH_3]^2[Ag^+]}{[Ag(NH_3)_2]^+[CN^-]^2[Ag^+]}$

$$=\frac{K_{稳}\{[Ag(CN)_2]^-\}}{K_{稳}\{[Ag(NH_3)_2]^+\}}=\frac{1.3\times10^{21}}{1.1\times10^{7}}\approx1.18\times10^{14}$$

(2) 因为等体积混合，所以起始时氨、氰根及银离子的浓度分别为 $0.100\ mol\cdot L^{-1}$、$0.100\ mol\cdot L^{-1}$、$0.0100\ mol\cdot L^{-1}$。由于平衡常数很大，同时氰根的起始浓度远大于银离子的起始浓度，所以认为平衡时银离子几乎都以$[Ag(CN)_2]^-$的形式存在，反应消耗的氰根的浓度为 $0.020\ mol\cdot L^{-1}$，平衡时溶液中氨和氰根的浓度分别近似为 $0.100\ mol\cdot L^{-1}$ 和 $0.080\ mol\cdot L^{-1}$，所以有

$$\frac{c_{NH_3}}{c_{CN^-}}=\frac{0.100}{0.080}=\frac{5}{4}$$

例 3. 已知$[Ag(NH_3)_2]^+$的 $K_{稳}=1.1\times10^7$，$\varphi^\ominus(Ag^+/Ag)=0.7996\ V$，计算$[Ag(NH_3)_2]^++e^-=Ag+2NH_3$系统的标准电极电势。

解：该电极反应的实质是 $Ag^++e^-\rightleftharpoons Ag$，所以该电极反应的电极电势与$\varphi^\ominus(Ag^+/Ag)$有关。

标准状态下电极反应的有关组分的浓度为 $[Ag(NH_3)_2]^+=[NH_3]=1\ mol\cdot L^{-1}$。

与电极反应有关的配位平衡是 $Ag^++2NH_3\rightleftharpoons[Ag(NH_3)_2]^+$

各组分的关系 x 1 1

$$[Ag^+]=x=1/K_{稳}=9.1\times10^{-8}\ mol\cdot L^{-1}$$

$$\begin{aligned}E^\ominus[Ag(NH_3)_2]^+/Ag&=E^\ominus(Ag^+/Ag)+0.0592\lg[Ag^+]\\&=0.7996+0.0592\lg(9.1\times10^{-8})\\&=0.383\ (V)\end{aligned}$$

例 4. 已知：

$$Co^{3+}+e^-=Co^{2+}\qquad\varphi^\ominus=1.92\ V$$

$$[Co(NH_3)_6]^{3+}+e^-=[Co(NH_3)_6]^{2+}\qquad\varphi^\ominus=0.062\ V$$

$K^\ominus_{稳}\{[Co(NH_3)_6]^{2+}\}=1.3\times10^5$，求 $K^\ominus_{稳}\{[Co(NH_3)_6]^{3+}\}$。

解：$[Co(NH_3)_6]^{3+}/[Co(NH_3)_6]^{2+}$电对的标准态可以看作$(Co^{3+}/Co^{2+})$电对的非标准状态，标准状态下电极反应的有关组分的浓度为$[Co(NH_3)_6^{3+}]=[Co(NH_3)_6^{2+}]=[NH_3]=1\ mol\cdot L^{-1}$，

与电极反应有关的配位平衡是 $Co^{n+}+6NH_3\rightleftharpoons[Co(NH_3)_2]^{n+}$

各组分的关系 x 1 1

$$[Co^{n+}]=x=1/K^\ominus_{稳}$$

$$\begin{aligned}\varphi^\ominus\{[Co(NH_3)_6]^{3+}/[Co(NH_3)_6]^{2+}\}&=\varphi(Co^{3+}/Co^{2+})\\&=\varphi^\ominus(Co^{3+}/Co^{2+})+0.0592\lg\frac{[Co^{3+}]}{[Co^{2+}]}\\&=\varphi^\ominus(Co^{3+}/Co^{2+})+0.0592\lg\frac{\dfrac{1}{K^\ominus_{稳}\{[Co(NH_3)_6]^{3+}\}}}{\dfrac{1}{K^\ominus_{稳}\{[Co(NH_3)_6]^{2+}\}}}\end{aligned}$$

$$K_{稳}^{\ominus}\{[Co(NH_3)_6]^{3+}\}=1.3\times10^{35}$$

例 5. 已知：$\varphi^{\ominus}(Cu^{2+}/Cu)=0.34$ V，$\varphi^{\ominus}(Cu^{+}/Cu)=0.52$ V，$[CuCl_2]^-$ 的 $K_{稳}^{\ominus}=3.16\times10^5$，求反应 $Cu^{2+}+Cu+4Cl^-=2[CuCl_2]^-$ 的平衡常数 $K^{\ominus}$。

解：根据铜的元素电势图先求 $\varphi^{\ominus}(Cu^{2+}/Cu^{+})$：

$$\varphi^{\ominus}(Cu^{2+}/Cu^{+})=\frac{2\times0.34-1\times0.52}{1}=0.16\ (V)$$

$$\varphi^{\ominus}(Cu^{2+}/CuCl_2^-)=\varphi(Cu^{2+}/Cu^{+})=\varphi^{\ominus}(Cu^{2+}/Cu^{+})+0.0592\lg\frac{[Cu^{2+}]}{[Cu^{+}]}$$

$$=0.16+0.0592\lg\frac{1}{\frac{1}{3.16\times10^5}}$$

$$\approx0.486\ (V)$$

$$\varphi^{\ominus}(CuCl_2^-/Cu)=\varphi(Cu^{+}/Cu)$$

$$\approx\varphi^{\ominus}(Cu^{+}/Cu)+0.0592\lg[Cu^{+}]$$

$$=0.52+0.0592\lg\frac{1}{3.16\times10^5}$$

$$\approx0.194\ (V)$$

$$\lg K^{\ominus}=\frac{1\times(0.486-0.194)}{0.0592}\approx5$$

$$K^{\ominus}=1.0\times10^5$$

例 6. 已知 $K_{sp}^{\ominus}(AgI)=8.52\times10^{-17}$，$K_{稳}^{\ominus}\{[Ag(CN)_2]^-\}=1.3\times10^{21}$，AgI 的相对分子质量为 234.8，计算在 1.0 L 0.10 $mol\cdot L^{-1}$ KCN 溶液中可溶解多少 AgI？

解：AgI 溶于 KCN 溶液的反应为 $AgI+2CN^-=[Ag(CN)_2]^-+I^-$，则

$$K^{\ominus}=\frac{[Ag(CN)_2]^-[I^-]}{[CN^-]^2}=\frac{[Ag(CN)_2]^-[Ag^+][I^-]}{[Ag^+][CN^-]^2}=K_{sp}^{\ominus}(AgI)\times K_{稳}^{\ominus}\{[Ag(CN)_2]^-\}$$

$$=8.52\times10^{-17}\times1.3\times10^{21}=1.1\times10^5$$

设在 1.0 L 0.10 $mol\cdot L^{-1}$ KCN 溶液中可溶解 AgI 的物质的量为 x，则

$$\frac{x^2}{(0.10-2x)^2}=1.1\times10^5$$

$$x\approx0.050\ mol\cdot L^{-1}$$

在 1.0 L 0.10 $mol\cdot L^{-1}$ KCN 溶液中可溶解 AgI 的质量为

$$0.050\times234.8=11.74(g)$$

例 7. 已知 $K_{稳}^{\ominus}\{[Ag(NH_3)_2]^+\}=1.1\times10^7$，$K_{稳}^{\ominus}\{[Ag(S_2O_3)_2]^{3-}\}=2.9\times10^{13}$，$K_{sp}^{\ominus}(AgBr)=5.4\times10^{-13}$，近似计算 AgBr 在 2.0 $mol\cdot L^{-1}$ 氨水和 2.0 $mol\cdot L^{-1}$ $Na_2S_2O_3$ 溶液中的溶解度各为多少。

解：AgBr 在氨水中的溶解反应 $AgBr+2NH_3=[Ag(NH_3)_2]^++Br^-$，则

$$K^{\ominus}=K_{稳}^{\ominus}\{[Ag(NH_3)_2]^+\}\times K_{sp}^{\ominus}(AgBr)=1.1\times10^7\times5.4\times10^{-13}=5.94\times10^{-6}$$

设在 1.0 L 2.0 $mol\cdot L^{-1}$ 氨水中可溶解 AgBr 的物质的量为 x，则平衡时：

$$[Ag(NH_3)_2^+]=[Br^-]=x,\ [NH_3]=2.0-2x$$

代入平衡常数表达式：

$$\frac{x^2}{(2.0-2x)^2}=5.94\times10^{-6}$$

$$x\approx4.9\times10^{-3}\ \mathrm{mol\cdot L^{-1}}$$

同样方法可得 AgBr 在 $Na_2S_2O_3$溶液中的溶解度为 0.89 mol · L^{-1}。

例 8. 已知：$K^{\ominus}_{稳}\{[Zn(OH)_4]^{2-}\}=3.2\times10^{15}$，$K^{\ominus}_{sp}[Zn(OH)_2]=3.0\times10^{-17}$。

(1) 求 $Zn(OH)_2+2OH^-=[Zn(OH)_4^{2-}]$的平衡常数；

(2) 0.010 mol $Zn(OH)_2$加到 1.0 mol · L^{-1} NaOH 溶液中，NaOH 浓度要多大，才能使之完全溶解{完全生成$[Zn(OH)_4]^{2-}$}？

解：(1) $K^{\ominus}=\dfrac{[Zn(OH)_4^{2-}]}{[OH^-]^2}=\dfrac{[Zn(OH)_4^{2-}]}{[Zn^{2+}][OH^-]^4}\times[Zn^{2+}][OH^-]^2$

$=K^{\ominus}_{稳}\{[Zn(OH)_4]^{2-}\}\times K^{\ominus}_{sp}[Zn(OH)_2]$

$=3.2\times10^{15}\times3.0\times10^{-17}$

$=0.096$

(2) 0.010 mol $Zn(OH)_2$ 加到 1.0 mol · L^{-1} NaOH 溶液中完全溶解后将生成 $[Zn(OH)_4]^{2-}$ 0.010 mol · L^{-1}，设平衡时 $[OH^-]=x$，代入平衡常数表达式：

$$\frac{0.010}{x^2}=0.096$$

$$x\approx0.32\ (\mathrm{mol\cdot L^{-1}})$$

NaOH 初始浓度为 $0.32+2\times0.010=0.34$ (mol · L^{-1})。

例 9. 已知 $Zn(OH)_2$的 $K^{\ominus}_{sp}=3\times10^{-17}$，$[Zn(OH)_4]^{2-}$ 的 $K^{\ominus}_{稳}=3.2\times10^{15}$，在 Zn^{2+} 溶液中加碱会产生 $Zn(OH)_2$ 沉淀，若加入过量的碱则 $Zn(OH)_2$ 沉淀又会溶解生成 $[Zn(OH)_4]^{2-}$ 配离子。为使 Zn^{2+}沉淀完全，溶液的 pH 应控制在什么范围？

解：使 Zn^{2+}沉淀完全，即溶液中 Zn^{2+} 和$[Zn(OH)_4]^{2-}$的浓度$\leqslant1.0\times10^{-5}$ mol · L^{-1}。

(1) $K^{\ominus}_{sp}[Zn(OH)_2]=[Zn^{2+}][OH^-]^2=1.0\times10^{-5}\times[OH^-]^2=3\times10^{-17}$

$$[OH^-]=1.73\times10^{-6}\ \mathrm{mol\cdot L^{-1}}$$

$$pH=14-[-\lg(1.73\times10^{-6})]\approx8.07$$

即 pH 控制在 8.07 以上，$[Zn^{2+}]\leqslant1.0\times10^{-5}$ mol · L^{-1}。

(2)由 $Zn(OH)_2+2OH^-=[Zn(OH)_4]^{2-}$，得

$K^{\ominus}=\dfrac{[Zn(OH)_4^{2-}]}{[OH^-]^2}=K^{\ominus}_{稳}\{[Zn(OH)_4]^{2-}\}\times K^{\ominus}_{sp}[Zn(OH)_2]=3.2\times10^{15}\times3\times10^{-17}\approx0.096$

则$\dfrac{1.0\times10^{-5}}{[OH^-]^2}=0.096$，得

$$[OH^-]=1.02\times10^{-2}\ \mathrm{mol\cdot L^{-1}}$$

$$pH=14-[-\lg(1.02\times10^{-2})]\approx12.01$$

即 pH 控制在 12.01 以下，$[Zn(OH)_4^{2-}]\leqslant1.0\times10^{-5}$ mol · L^{-1}。

所以，要使 Zn^{2+}沉淀完全，应控制 pH 范围为 $8.07<pH<12.01$。

例 10. 已知 $\varphi^{\ominus}(Fe^{3+}/Fe^{2+})=0.771$ V，$\varphi^{\ominus}(I_2/I^-)=0.54$ V，$[Fe(CN)_6]^{3-}$的 $K^{\ominus}_{稳}=1.0\times10^{42}$，$[Fe(CN)_6]^{4-}$的 $K^{\ominus}_{稳}=1.0\times10^{35}$。通过计算说明下列氧化还原反应能否发生。若能发生，写出化学反应方程式。

(1) 在含有 Fe^{3+} 的溶液中加入 KI；

(2) 在含有 Fe^{3+} 的溶液中先加入足量的 NaCN 后，再加入 KI。

解：(1) 由于 $\varphi^\ominus(Fe^{3+}/Fe^{2+})=0.771\ V>\varphi^\ominus(I_2/I^-)=0.54\ V$，$Fe^{3+}$ 将氧化 I^-，发生氧化还原反应 $2Fe^{3+}+2I^-=2Fe^{2+}+I_2$；

(2) 在含有 Fe^{3+} 的溶液中先加入足量的 NaCN 后，有

$$\varphi^\ominus\{[Fe(CN)_6]^{3-}/[Fe(CN)_6]^{4-}\}=\varphi(Fe^{3+}/Fe^{2+})=\varphi^\ominus(Fe^{3+}/Fe^{2+})+0.0592\lg\frac{[Fe^{3+}]}{[Fe^{2+}]}$$

$$=0.771+0.0592\lg\frac{\dfrac{1}{1.0\times10^{42}}}{\dfrac{1}{1.0\times10^{35}}}\approx0.36\ (V)$$

由于 $\varphi^\ominus\{[Fe(CN)_6]^{3-}/[Fe(CN)_6]^{4-}\}=0.36\ V<\varphi^\ominus(I_2/I^-)=0.54\ V$，$Fe^{3+}$ 因形成 $[Fe(CN)_6]^{3-}$ 不再能氧化 I^- 离子。

【知识点练习】

一、选择题

1. 下列物质中最稳定的是（　　）。

A. $[Co(NH_3)_4(H_2O)_2]Cl_2$　　B. $[Co(NH_3)_6](NO_3)_3$

C. $[Co(NH_3)_6]Cl_2$　　D. $[Co(en)_3]Cl_3$

2. 下列配合物的稳定性从大到小的顺序，正确的是（　　）。

A. $[HgI_4]^{2-}>[HgCl_4]^{2-}>[Hg(CN)_4]^{2-}$

B. $[Co(NH_3)_6]^{3+}>[Co(SCN)_4]^{2-}>[Co(CN)_6]^{3-}$

C. $[Ni(en)_3]^{2+}>[Ni(NH_3)_6]^{2+}>[Ni(H_2O)_6]^{2+}$

D. $[Fe(SCN)_6]^{3-}>[Fe(CN)_6]^{3-}>[Fe(CN)_6]^{4-}$

3. 下列各组配合物在水溶液中配位稳定性的次序，不正确的是（　　）。

A. $[Ni(en)_3]^{2+}>[Ni(NH_3)_6]^{2+}>[Ni(H_2O)_6]^{2+}$

B. $[Co(CN)_6]^{4-}>[Co(NH_3)_6]^{2+}>[Co(H_2O)_6]^{2+}$

C. $[Fe(acac)_3]^{3+}>[FeF_6]^{3-}>[Fe(H_2O)_6]^{2+}$

D. $[Fe(EDTA)]^{2-}>[Co(EDTA)]^{2-}>[Ni(EDTA)]^{2-}$

4. 按照软硬酸碱原理，下列反应不能按正向进行的是（　　）。

A. $CaS+H_2O\rightarrow Ca(OH)_2+H_2S$

B. $HgF_2+BeI_2\rightarrow HgI_2+BeF_2$

C. $CH_3HgI+HCl\rightarrow CH_3HgCl+HI$

D. $[AgCl_2]^-+2CN^-\rightarrow[Ag(CN)_2]^-+2Cl^-$

5. 下列配位平衡反应中，平衡常数 $K^\ominus>1$ 的是（　　）。

A. $[Ag(CN)_2]^-+2NH_3=[Ag(NH_3)_2]^++2CN^-$

B. $[FeF_6]^{3-}+6\ SCN^-=[Fe(SCN)_6]^{3-}+6F^-$

C. $[Cu(NH_3)_4]^{2+}+Zn^{2+}=[Zn(NH_3)_4]^{2+}+Cu^{2+}$

D. $[HgCl_4]^{2-}+4I^-=[HgI_4]^{2-}+4Cl^-$

6. 下列配离子的标准生成常数 $K_f^\ominus$ 相对大小的判断中正确的是（　　）。

A. $K_f^\ominus\{[Cu(NH_3)_4]^{2+}\}<K_f^\ominus\{[Cu(en)_2]^{2+}\}$

B. $K_f^\ominus\{[Zn(NH_3)_4]^{2+}\}>K_f^\ominus\{[Zn(en)_2]^{2+}\}$

C. $K_f^\ominus\{[Zn(CN)_4]^{2-}\}<K_f^\ominus\{[Zn(NH_3)_4]^{2+}\}$

D. $K_f^\ominus\{[Cu(P_2O_7)_2]^{6-}\}<K_f^\ominus\{[CuCl_4]^{2-}\}$

7. 现有下列两组配离子，其稳定性顺序正确的是（　　）。

① $[Zn(NH_3)_4]^{2+}$与$[Zn(CN)_4]^{2-}$　② $[Fe(C_2O_4)_3]^{3-}$与 $[Al(C_2O_4)_3]^{3-}$

A. ① 组前小后大，② 组前大后小　　B. ① 组前大后小，② 组前小后大

C. 两组都是前大后小　　D. 两组都是前小后大

8. 已知 $\varphi^\ominus\{[Cu(NH_3)_4]^{2+}/Cu\}=-0.065$ V，$\varphi^\ominus(Cu^{2+}/Cu)=0.3419$ V，计算可得 $K_{稳}^\ominus\{[Cu(NH_3)_4]^{2+}\}$ 是（　　）。

A. 1.09×10^{13}　　B. 5.58×10^{13}　　C. 3.54×10^{15}　　D. 6.85×10^{14}

9. 已知电对 Ag^+/Ag 的 $\varphi^\ominus=0.80$ V，$[Ag(NH_3)_2]^+$ 的 $K_{不稳}^\ominus=9\times10^{-8}$，则 $[Ag(NH_3)_2]^+ + e^- = Ag + 2NH_3$的 $\varphi^\ominus$ 为（　　）。

A. 1.2 V　　B. 0.59 V　　C. 1.0 V　　D. 0.38 V

10. 配位反应$[FeF_6]^{3-}+6CN^-=[Fe(CN)_6]^{3-}+6F^-$ 的 $K_{稳}\{[FeF_6]^{3-}\}=1\times10^{16}$，$K_{稳}^\ominus\{[Fe(CN)_6]^{3-}\}=1\times10^{42}$，在标准状态下，该反应进行的方向是（　　）。

A. 从右向左　　B. 从左向右　　C. 处于平衡　　D. 不反应

11. 已知$[Ag(py)_2]^+$的 $K_{稳}^\ominus=1.00\times10^{10}$，将 0.200 mol·L^{-1} py 溶液和 0.200 mol·L^{-1} $AgNO_3$溶液等体积混合，则平衡时$[Ag^+]$ 为（　　）mol·L^{-1}。

A. 1.23×10^{-11}　　B. 1.1×10^{-11}　　C. 1.56×10^{-11}　　D. 1.25×10^{-10}

12. 已知 $[Ni(en)_3]^{2+}$的 $K_{稳}^\ominus=2.1\times10^{18}$，将 0.20 mol·L^{-1}的 $NiSO_4$溶液与 2.00 mol·L^{-1} 的 en 溶液等体积混合，则平衡时$[Ni^{2+}]$ 为（　　）mol·L^{-1}。

A. 1.36×10^{-18}　　B. 2.91×10^{-18}　　C. 1.39×10^{-19}　　D. 4.36×10^{-20}

13. 在 0.1 mol·L^{-1}的 $K[Ag(CN)_2]$溶液中加入 KCl 固体，使 Cl^- 的浓度为 0.1 mol·L^{-1}，会发生下列何种现象？（　　）

A. 有沉淀生成　　B. 无沉淀生成　　C. 有气体生成　　D. 先有沉淀后消失

14. 已知 $\varphi^\ominus(Au^+/Au)=1.692$ V，$[Au(CN)_2]^-$ 的 $K_{稳}^\ominus=2\times10^{38}$，则可推算电对 $[Au(CN)_2]^-/Au$的标准电极电势 $\varphi^\ominus$ 为（　　）。

A. −0.85 V　　B. +0.85 V　　C. −0.57 V　　D. +0.57 V

15. AgI 在下列 1.0 mol·L^{-1}的溶液中溶解度最大的是（　　）。

A. $Na_2S_2O_3$　　B. $NH_3\cdot H_2O$　　C. NaCN　　D. 无法区分

16. 下列说法中，错误的是（　　）。

A. 铜易形成配离子$[Cu(NH_3)_4]^{2+}$，所以不宜用铜容器存放氨水

B. $[Ag(NH_3)_2]^+$ 比 Ag^+ 更容易获得电子

C. 加酸可以破坏配离子 $[FeF_6]^{3-}$

D. AgBr 沉淀可溶于 $Na_2S_2O_3$溶液

17. 已知 $\varphi^{\ominus}$ (Hg^{2+}/Hg)=0.851 V，$K^{\ominus}_{稳}\{[HgI_4]^{2-}\}=6.8\times10^{29}$，则 $\varphi^{\ominus}\{[HgI_4]^{2-}/Hg\}$ =(　　)。

A. −0.032 V　　B. 0.032 V　　C. −0.906 V　　D. −0.052 V

18. 已知$[Cu(NH_3)_4]^{2+}$的 $K^{\ominus}_{稳}=2.1\times10^{13}$，若平衡时溶液中 NH_3 的浓度为 1.0 mol·L^{-1}，$[Cu(NH_3)_4]^{2+}$的浓度为 1.0×10^{-3} mol·L^{-1}，则溶液中$[Cu^{2+}]$接近于(　　)mol·L^{-1}。

A. 1.3×10^{-13}　　B. 4.8×10^{-17}　　C. 2.7×10^{-15}　　D. 7.2×10^{-19}

19. 若已知反应 $[Ag(NH_3)_2]^+ + 2CN^- = [Ag(CN)_2]^- + 2NH_3$ 的平衡常数 $K^{\ominus}$，和$[Ag(NH_3)_2]^+$的稳定常数 $K^{\ominus}_{稳}$，则$[Ag(CN)_2]^-$的 $K^{\ominus}_{不稳}$ 计算式为(　　)。

A. $K^{\ominus}/K^{\ominus}_{稳}$　　B. $K^{\ominus}_{稳}/K^{\ominus}$　　C. $K^{\ominus}K^{\ominus}_{稳}$　　D. $1/(K^{\ominus}K^{\ominus}_{稳})$

20. 下列对各对配合物的稳定性判断错误的是(　　)。

A. $[Cd(CN)_4]^{2-}>[Cd(NH_3)_4]^{2+}$　　B. $[AgBr_2]^-<[AgI_2]^-$

C. $[Ag(S_2O_3)_2]^{3-}<[Ag(CN)_2]^-$　　D. $[Cu(NH_3)_4]^{2+}<[Zn(NH_3)_4]^{2+}$

21. 如果电对的氧化型物质和还原型物质同时生成配位体和配位数相同的配合物，其 $E^{\ominus}$(　　)。

A. 变小　　B. 变大　　C. 不变　　D. 由具体情况决定

22. 已知：$Au^{3+} + 3e = Au$，$\varphi^{\ominus}=1.498$ V；$[AuCl_4]^- + 3e = Au + 4Cl^-$，$\varphi^{\ominus}=1.00$ V。则反应 $Au^{3+} + 4Cl^- = [AuCl_4]^-$ 的稳定常数为(　　)。

A. 3.74×10^{-18}　　B. 2.1×10^{25}　　C. 4.76×10^{-26}　　D. 8.1×10^{22}

23. 已知 AgCl 的 $\lg K^{\ominus}_{sp}\approx-10$，$[Ag(NH_3)_2]^+$的 $\lg K^{\ominus}_{稳}\approx7$。将 AgCl 投入氨水进行溶解：$AgCl(s) + 2NH_3 = [Ag(NH_3)_2]^+ + Cl^-$，达到溶解平衡时游离 NH_3 的浓度为 0.10 mol·L^{-1}，溶液中$[Ag(NH_3)_2]^+$的浓度约为(　　)mol·L^{-1}。

A. 0.05　　B. 0.01　　C. 0.1　　D. 0.003

24. 对 $K_{稳}$ 的正确描述是(　　)。

A. 配离子的 $K_{稳}$ 值愈大，配离子愈不稳定

B. 可利用 $K_{稳}$ 值直接比较同种类型配离子的稳定性

C. 一般来说，$K_{稳}$ 值与温度有关，而与配离子的种类、配体的种类无关

D. $K_{稳}$ 值的倒数值愈大，配离子愈稳定

25. 利用生成配合物使难溶电解质溶解时，下列哪种情况最有利于沉淀溶解？(　　)

A. $\lg K_{稳}$ 愈大，K_{sp} 愈大　　B. $\lg K_{稳}$ 愈小，K_{sp} 愈大

C. $\lg K_{稳}$ 愈大，K_{sp} 愈小　　D. $\lg K_{稳}$ 愈小，K_{sp} 愈小

二、填空题

1. 已知$[Ag(NH_3)_2]^+$的 $K^{\ominus}_{稳}=1.1\times10^7$，AgCl 的 $K^{\ominus}_{sp}=1.8\times10^{-10}$，$Ag_2CrO_4$ 的 $K^{\ominus}_{sp}=1.1\times10^{-12}$。

$[Ag(NH_3)_2]^+ + e^- = Ag + 2NH_3$　　$\varphi^{\ominus}$ (A)

$AgCl + e^- = Ag + Cl^-$　　$\varphi^{\ominus}$ (B)

$Ag_2CrO_4 + 2e^- = 2Ag + CrO_4^{2-}$　　$\varphi^{\ominus}$ (C)

则 $\varphi^{\ominus}$ (A) ________ $\varphi^{\ominus}$ (B)，$\varphi^{\ominus}$ (B) ________ $\varphi^{\ominus}$ (C)。(用“>”或“<”表示)

2. 比较下列两组配离子稳定性的相对大小(用"＞"或"＜"表示)：

$[Zn(NH_3)_4]^{2+}$ ________ $[Zn(CN)_4]^{2-}$；$[Fe(C_2O_4)_3]^{3-}$ ________ $[Al(C_2O_4)_3]^{3-}$。

3. 判断系列各组配离子中，哪一个较稳定(用"＞"或"＜"表示)：

(1) $[HgI_4]^{2-}$ ________ $[HgBr_4]^{2-}$；

(2) $[Ag(NH_3)_2]^+$ ________ $[Ag(CH_3NH_2)_2]^+$；

(3) $[Cu(en)_2]^{2+}$ ________ $[Cu(CH_3NH_2)_4]^{2+}$；

(4) $[Cu(NH_3)_4]^{2+}$ ________ $[Zn(NH_3)_4]^{2+}$；

(5) $[Ba(EDTA)]^{2-}$ ________ $[Ca(EDTA)]^{2-}$；

(6) $[AlCl_4]^-$ ________ $[AlF_6]^{3-}$；

(7) $[Fe(Phen)_3]^{2+}$ ________ $[Fe(Phen)_3]^{3+}$；

(8) $[Fe(CN)_6]^{4-}$ ________ $[Fe(CN)_6]^{3-}$；

(9) $[ZnCl_4]^{2-}$ ________ $[HgCl_4]^{2-}$。

4. 按照软硬酸碱原理，$F^- + HSO_3^- = SO_3^{2-} + HF$ 反应向 ________ 进行，因为 F^- 是 ________ 碱，H^+ 是 ________ 酸。

5. 根据软硬酸碱概念，把下列离子归类：

Fe^{3+}是________酸，Fe^{2+}是________酸，Fe 是________酸。

Sn^{4+}是________酸，Sn^{2+}是________酸，Sn 是________酸。

SO_4^{2-}是________碱，SO_3^{2-}是________碱，$S_2O_3^{2-}$是________碱，S^{2-}是________碱。

6. 已知 $K_{稳}^{\ominus}\{[FeF_2]^+\} = 2.0\times10^9$，$K_{稳}^{\ominus}\{[Fe(NCS)_2]^+\} = 2.3\times10^3$，则反应 $[FeF_2]^+ + 2NCS^- = [Fe(NCS)_2]^+ + 2F^-$ 的 $K^{\ominus}$ = ________，当溶液中有 F^- 存在时能否用 KSCN 检验 Fe^{3+} 的存在？________________。

7. 已知：

$$[Zn(OH)_4]^{2-} + 2e^- = Zn + 4OH^- \qquad \varphi^{\ominus} = -1.199\ V$$

$$Zn^{2+} + 2e^- = Zn \qquad \varphi^{\ominus} = -0.76\ V$$

计算 $[Zn(OH)_4]^{2-}$ 的 $K_{稳}^{\ominus}$ = ________________。

8. 已知$[Zn(NH_3)_4]^{2+}$和$[Zn(OH)_4]^{2-}$的稳定常数分别为 2.9×10^9 和 3.0×10^{15}，$K_b^{\ominus}(NH_3)=1.8\times10^{-5}$，则反应$[Zn(NH_3)_4]^{2+} + 4OH^- = [Zn(OH)_4]^{2-} + 4NH_3$的平衡常数 $K^{\ominus}$为__________。

9. 已知 $K_{稳}^{\ominus}\{[Ag(CN)_2]^-\} = 1.3\times10^{21}$，$K_{sp}^{\ominus}(Ag_2S) = 6.3\times10^{-50}$，则反应 $2[Ag(CN)_2]^-(aq) + S^{2-}(aq) = Ag_2S(s) + 4CN^-(aq)$ 的 $K^{\ominus}$为__________。

10. SCN^- 作为配体时，有时以 S 原子配位，如 $[Hg(SCN)_4]^{2-}$，有时以 N 原子配位，如$[Fe(NCS)_x]^{3-x}$，这是因为________________________________。

11. Cu^{2+}与 NH_2CH_2COOH 生成配合物的稳定性________于 Cu^{2+}与 CH_3COOH 生成配合物的稳定性，原因是________________________________。

12. 配离子 $[AlF_6]^{3-}$ 的稳定性________ $[AlCl_6]^{3-}$。

13. Fe^{3+}和 X^- 配合物的稳定性随 X^- 离子半径的增大而________。

14. 下列各组配合物在水溶液中配位稳定性的次序：

$[Ni(en)_3]^{2+}$ ________ $[Ni(NH_3)_6]^{2+}$ ________ $[Ni(H_2O)_6]^{2+}$

$[Co(CN)_6]^{4-}$________$[Co(NH_3)_6]^{3+}$________$[Co(H_2O)_6]^{2+}$

15. Ca^{2+}、Mg^{2+}、Zn^{2+}、Cu^{2+}中，形成配合物能力最强的是________。

16. 根据软硬酸碱原理，判断下列各组配合物的标准生成常数$K_f^\ominus$相对大小。

$K_f^\ominus\{[FeF]^{2+}\}$________$K_f^\ominus\{[FeCl]^{2+}\}$

$K_f^\ominus\{[Ag(CN)_2]^-\}$________$K_f^\ominus\{[Ag(NH_3)_2]^+\}$

17. 根据软硬酸碱原理，反应 $TiF_4 + 2TiI_2 = TiI_4 + 2TiF_2$进行的方向为______(填"向左进行""向右进行""恰好达平衡")。

18. 已知$[Ag(SCN)_2]^-$的$K_稳^\ominus = 3.7\times10^7$，$[Ag(NH_3)_2]^+$的$K_稳^\ominus = 1.1\times10^7$，当$[SCN^-]=0.1\ mol\cdot L^{-1}$，其余有关物质浓度均为$1.0\ mol\cdot L^{-1}$时，反应$[Ag(NH_3)_2]^+ + 2SCN^- = [Ag(SCN)_2]^- + 2NH_3$进行的方向为________(填"向左进行""向右进行""恰好达平衡")。

19. Fe^{3+}和Fe^{2+}中，________与F^-形成的配合物更稳定。

20. $[PtCl_6]^{2-}$的空间构型为________，当黄色的$K_2[PtCl_6]$与KBr或KI加热反应时，转化为深红色的________或黑色的________。这说明$[PtX_6]^{2-}$的稳定性顺序为____________________________________；这是因为Pt(Ⅳ)是________酸，此顺序完全符合________规则。

三、判断题

1. ( ) 因为$K_稳^\ominus[Cu(NH_3)_4]^{2+} > K_{sp}^\ominus(CuS)$，所以CuS可溶于氨水中生成$[Cu(NH_3)_4]^{2+}$。

2. ( ) CuS溶于氨水生成$[Cu(NH_3)_4]^{2+}$反应的平衡常数值为$K_稳^\ominus\{[Cu(NH_3)_4]^{2+}\}$与$K_{sp}(CuS)$的乘积。

3. ( ) 对于不同的配合物相比较，配合物(离子)的$K_稳^\ominus$越大，则其稳定性越高。

4. ( ) 用加氨水的方法，可以将铝盐中的少量锌杂质除去。

5. ( ) Cu^{2+}和X^-配合物的稳定性比Co^{2+}和X^-配合物的稳定性高。

6. ( ) 对于电对Cu^{2+}/Cu，加入配位剂后，其电极电势将增大。

7. ( ) Ca^{2+}和X^-形成的配合物的稳定性随X^-离子半径的增大而增大。

8. ( ) $[HgX_4]^-$的稳定性按$F^- \rightarrow I^-$的顺序降低。

9. ( ) 配离子$[AlF_6]^{3-}$的稳定性大于$[AlCl_6]^{3-}$。

10. ( ) 已知$[CaY]^{2-}$的$K^\ominus$为6.3×10^{18}，比$[Cu(en)_2]^{2+}$的$K^\ominus=4.0\times10^{19}$小，所以后者更难离解。

11. ( ) 配合物在溶液中外界完全电离，而内界则不电离。

12. ( ) $K_稳^\ominus$和$K_{不稳}^\ominus$从不同的方向表示了配离子的稳定性，两者之积等于1。

13. ( ) 难溶电解质的溶度积越小，加入配位剂溶解的趋势越大。

14. ( ) 配合物在溶液中的生成与离解，是分级进行的，各级离解或生成常数可以取平均值。

15. ( ) 配离子$[FeF_6]^{3-}$在水溶液中的稳定性与溶液的酸碱性有关。

16. ( ) 一般来说，低自旋配合物的$K_{不稳}^\ominus$值较大，高自旋配位物的$K_{不稳}^\ominus$值较小。

17.（　　）$[CuX_2]^-$的稳定性按 $Cl^- \to Br^- \to I^- \to CN^-$ 顺序增加。

18.（　　）能形成五、六元环的螯合物的稳定性较好，螯合物中所含环的数目越多稳定性越好。

19.（　　）配离子的逐级稳定常数通常是逐级减小的。

20.（　　）离解平衡常数 $K_{不稳}$与稳定常数 $K_{稳}$数值相等，符号相反。

四、计算题

1. 已知 AgCl 的相对分子质量为 143.4，$K^{\ominus}_{稳}\{[Ag(NH_3)_2]^+\}=1.1\times10^7$，$K^{\ominus}_{sp}(AgCl)=1.8\times10^{-10}$。1.0 L 1.0 mol·$L^{-1}$的氨水可溶解多少 AgCl?

2. 已知 $K^{\ominus}_{sp}(CuCl)=1.72\times10^{-7}$，$K^{\ominus}_{稳}\{[CuCl_2]^-\}=3.16\times10^5$，CuCl 的相对分子质量为 99.0。

(1) 计算 $CuCl(s)+Cl^-(aq)=CuCl_2{}^-(aq)$ 反应的平衡常数 $K^{\ominus}$；

(2) 1.0 L 1.00 mol·L^{-1}HCl 溶液最多可以溶解多少 CuCl 固体?

3. 已知 $K^{\ominus}_{sp}(AgCl)=1.8\times10^{-10}$，$K^{\ominus}_{稳}\{[Ag(NH_3)_2]^+\}=1.1\times10^7$，要使 0.20 mol 的 AgCl 固体溶于 1.0 L 氨水中(忽略体积变化)，氨水的最初浓度最少是多少?

4. 已知 $K^{\ominus}_{sp}(AgCl)=1.8\times10^{-10}$，$K^{\ominus}_{稳}\{[Ag(NH_3)_2]^+\}=1.1\times10^7$。当 100 mL 0.080 mol·$L^{-1}$ $AgNO_3$溶液加到 100 mL 0.020 mol·L^{-1} NaCl 溶液中时，为防止 AgCl 沉淀生成，最少需加入浓氨水(15.0 mol·L^{-1})的体积是多少?(忽略体积变化)

5. 已知 $K^{\ominus}_{稳}\{[Ag(CN)_2]^-\}=1.3\times10^{21}$，$K^{\ominus}_{sp}(AgCl)=1.8\times10^{-10}$。将 23.4 g NaCl 加到 1.0 L 0.10 mol·$L^{-1}$$AgNO_3$溶液中，若要求不析出 AgCl 沉淀，至少需加入多少 KCN 固体(忽略体积变化)?

6. 已知 $K^{\ominus}_{稳}\{[Ag(CN)_2]^-\}=1.3\times10^{21}$，$K^{\ominus}_{sp}(AgI)=8.52\times10^{-17}$。通过计算说明，在 0.20 mol·$L^{-1}$$[Ag(CN)_2]^-$溶液中，加入等体积 0.20 mol·$L^{-1}$的 KI 溶液，能否形成 AgI 沉淀。

7. 已知 $K^{\ominus}_{稳}\{[Ag(S_2O_3)_2]^{3-}\}=2.9\times10^{13}$；$K^{\ominus}_{sp}(AgBr)=5.4\times10^{-13}$。500 mL 1.5 mol·$L^{-1}$的 $AgNO_3$溶液中，加入 0.20 mol 固体 KBr，若要使析出的 AgBr 沉淀溶解，试计算：

(1)溶液中需保持的最低自由 $S_2O_3^{2-}$的浓度；

(2)至少应加入固体 $Na_2S_2O_3$的物质的量。(忽略体积变化)

8. 已知 H_2S 的 $K^{\ominus}_1\times K^{\ominus}_2=1.43\times10^{-20}$，$[Cu(CN)_4]^{3-}$的 $K^{\ominus}_{稳}=2.0\times10^{30}$，$K^{\ominus}_{sp}(Cu_2S)=2.5\times10^{-48}$，$K^{\ominus}_a(HCN)=6.2\times10^{-10}$。试用计算说明，将 H_2S 气体通入 $[Cu(CN)_4]^{3-}$ 溶液中，能否得到 Cu_2S 沉淀。

9. 在 25 ℃时：H_2S 的 $K^{\ominus}_{a1}=1.1\times10^{-7}$，$K^{\ominus}_{a2}=1.3\times10^{-13}$；HCN 的 $K^{\ominus}_a=6.2\times10^{-10}$，ZnS 的 $K^{\ominus}_{sp}=1.6\times10^{-24}$，$[Zn(CN)_4]^{2-}$的 $K^{\ominus}_{稳}=5.0\times10^{16}$，求反应$[Zn(CN)_4]^{2-}+H_2S=ZnS+2HCN+2CN^-$的 $K^{\ominus}$并判断反应方向。

10. 已知 $Cu(OH)_2$ 的 $K^{\ominus}_{sp}=2.2\times10^{-20}$，$[Cu(NH_3)_4]^{2+}$ 的 $K^{\ominus}_{稳}=2.1\times10^{13}$，$K^{\ominus}_b(NH_3)=1.8\times10^{-5}$。向一含有 0.20 mol·$L^{-1}$的游离 NH_3和 0.20 mol·L^{-1}的 NH_4Cl 的缓冲溶液中加入等体积的 0.030 mol·L^{-1}的 $[Cu(NH_3)_4]Cl_2$溶液，通过计算说明能否

生成 $Cu(OH)_2$沉淀。

11. 已知$[Cd(CN)_4]^{2-}$的 $K^{\ominus}_{稳}=6.0\times10^{18}$，$H_2S$的 $K^{\ominus}_{a1}\times K^{\ominus}_{a2}=1.43\times10^{-20}$，$K^{\ominus}_{sp}(CdS)=8.0\times10^{-27}$，$K^{\ominus}_{a}(HCN)=6.2\times10^{-10}$。通过计算判断在$[Cd(CN)_4]^{2-}$溶液中通入 H_2S 至饱和，能否生成 CdS 沉淀。

12. 已知 $\varphi^{\ominus}(Ag^+/Ag)=0.7996$ V，$[Ag(NH_3)_2]^+$的 $K^{\ominus}_{稳}=1.1\times10^7$，$[Ag(S_2O_3)_2]^{3-}$的 $K^{\ominus}_{稳}=2.9\times10^{13}$，计算下列两个“半反应”的 $\varphi^{\ominus}$ 值，并比较$[Ag(NH_3)_2]^+$和$[Ag(S_2O_3)_2]^{3-}$的氧化性。

(1) $[Ag(NH_3)_2]^+(aq) + e^- = Ag(s) + 2NH_3(aq)$；

(2) $[Ag(S_2O_3)_2]^{3-}(aq) + e^- = Ag(s) + 2S_2O_3^{2-}(aq)$。

13. 已知 $\varphi^{\ominus}(Ag^+/Ag)=0.80$ V，$\varphi^{\ominus}(Cu^{2+}/Cu)=0.34$ V，$K^{\ominus}_{稳}\{[Cu(NH_3)_4]^{2+}\}=2.1\times10^{13}$。求下列电池的电动势：

(－)Cu | $[Cu(NH_3)_4]^{2+}$(0.10 mol·L^{-1})，NH_3(1.0 mol·L^{-1}) ‖ Ag^+(0.010 mol·L^{-1}) | Ag(＋)

14. 已知 $\varphi^{\ominus}(Cu^{2+}/Cu)=0.34$ V，将铜片插入含 1.0 mol·L^{-1}氨水和 1.0 mol·L^{-1} $[Cu(NH_3)_4]^{2+}$的溶液中构成一个“半电池”，将此半电池与标准氢电极组成原电池，测得其电动势 $E^{\ominus}=0.030$ V，且知标准氢电极在此作正极。试计算$[Cu(NH_3)_4]^{2+}$的 $K_{稳}$。

15. 已知：

$$Cu^{2+} + 2e^- = Cu \qquad \varphi^{\ominus}=0.34\ V$$
$$Cu^{2+} + e^- = Cu^+ \qquad \varphi^{\ominus}=0.15\ V$$
$$[Cu(CN)_2]^- + e^- = Cu + 2CN^- \qquad \varphi^{\ominus}=-0.90\ V$$

试求 $Cu^+ + 2CN^- = [Cu(CN)_2]^-$ 平衡中$[Cu(CN)_2]^-$的 $\lg K^{\ominus}_{稳}$。

16. 已知 $\varphi^{\ominus}(Au^{3+}/Au)=1.50$ V，$\varphi^{\ominus}\{[AuCl_4]^-/Au\}=1.00$ V，$\varphi^{\ominus}(Cu^{2+}/Cu)=0.34$ V，现有原电池：

(－)Cu | Cu^{2+}(1.0 mol·L^{-1}) ‖ $AuCl_4^-$(0.10 mol·L^{-1})，Cl^-(0.10 mol·L^{-1}) | Au(＋)

(1) 写出两极反应式和电池反应式；

(2) 计算两极电势和原电池电动势；

(3) 计算电池反应的平衡常数；

(4) 计算 $K^{\ominus}_{稳}\{[AuCl_4]^-\}$。

17. 已知 $K^{\ominus}_{sp}[Cu(OH)_2]=2.2\times10^{-20}$，$K^{\ominus}_{sp}(CuOH)=1.0\times10^{-14}$，$K^{\ominus}_{稳}\{[Cu(NH_3)_4]^{2+}\}=2.1\times10^{13}$，$K^{\ominus}_{稳}\{[Cu(NH_3)_2]^+\}=7.2\times10^{10}$，$\varphi^{\ominus}(Cu^{2+}/Cu^+)=0.153$ V，用计算说明 $\varphi^{\ominus}\{[Cu(NH_3)_4]^{2+}/[Cu(NH_3)_2]^+\}$和 $\varphi^{\ominus}[Cu(OH)_2/CuOH]$哪个电极电势较大。

18. 已知 $\varphi^{\ominus}(Fe^{3+}/Fe^{2+})=0.77$ V，$\varphi^{\ominus}(I_2/I^-)=0.54$ V，$[Fe(CN)_6]^{3-}$的 $K^{\ominus}_{稳}=1.0\times10^{42}$，$[Fe(CN)_6]^{4-}$的 $K^{\ominus}_{稳}=1.0\times10^{35}$，试通过计算判断：在标准状况下，反应 $2[Fe(CN)_6]^{3-} + 2I^- = 2[Fe(CN)_6]^{4-} + I_2$的方向。

19. 已知 $\varphi^{\ominus}(Fe^{3+}/Fe^{2+})=0.77$ V，$\varphi^{\ominus}(Sn^{4+}/Sn^{2+})=0.15$ V，$K^{\ominus}_{稳}\{[FeF_6]^{3-}\}=1.0\times10^{16}$，各有关物质均处于标准状态下。通过计算判断在 $FeCl_3$溶液中加入足量 NaF

后，是否还能氧化 $SnCl_2$。

20. 已知$[Cu(NH_3)_2]^+$的$K_{稳}^{\ominus}=7.2\times10^{10}$，$[Cu(NH_3)_4]^{2+}$的$K_{稳}^{\ominus}=2.1\times10^{13}$，$\varphi^{\ominus}(Cu^{2+}/Cu^+)=0.15$ V，$\varphi^{\ominus}(Cu^+/Cu)=0.52$ V，$O_2+2H_2O+4e^-=4OH^-$的$\varphi^{\ominus}=0.401$ V。

(1)计算反应 $[Cu(NH_3)_4]^{2+}+Cu=2[Cu(NH_3)_2]^+$的平衡常数；

(2)若不考虑逐级配合过程，判断 $[Cu(NH_3)_2]^+$在溶液中能否稳定存在。

【单元测试】

一、选择题(共40分)

1. 比较下列各对配离子的稳定性，不正确的是( )。

A. $[HgCl_4]^{2-}<[HgI_4]^{2-}$ B. $[AlF_6]^{3-}>[AlBr_6]^{3-}$

C. $[Cu(NH_3)_4]^{2+}<[Zn(NH_3)_4]^{2+}$ D. $[Ag(CN)_2]^->[Ag(NH_3)_2]^+$

2. 下列中心离子与配体所形成的配位物，其稳定性大小的判断正确的是( )。

A. $Hg^{2+}-Cl^->Hg^{2+}-I^-$

B. $Fe^{3+}-F^->Fe^{2+}-F^-$

C. $Cu^{2+}-en>Cu^{2}-EDTA$

D. $Cu^{2+}-CH_3COO^->Cu^{2+}-NH_2CH_2COO^-$

3. 试用软硬酸碱原理，判断下列反应进行的方向，向左进行的是( )。

A. $HI+NaF=HF+NaI$ B. $AlI_3+3NaF=AlF_3+3NaI$

C. $CaS+H_2O=CaO+H_2S$ D. $TiF_4+2TiI_2=TiI_4+2TiF_2$

4. 根据软硬酸碱原理，判断下列各组配位物的标准生成常数$K_f^{\ominus}$的相对大小，正确的是( )。

A. $K_f^{\ominus}\{[FeF]^{2+}\}<K_f^{\ominus}\{[FeCl]^{2+}\}$

B. $K_f^{\ominus}\{[Ag(CN)_2]^-\}>K_f^{\ominus}\{[Ag(NH_3)_2]^+\}$

C. $K_f^{\ominus}\{[CoF_6]^{3-}\}>K_f^{\ominus}\{[CoF_6]^{4-}\}$

D. $K_f^{\ominus}\{[HgCl_4]^{2-}\}>K_f^{\ominus}\{[HgI_4]^{2-}\}$

5. 由下列数据可确定 $[Ag(S_2O_3)_2]^{3-}$的稳定常数$K_{稳}$等于( )。

$$Ag^++e^-=Ag \qquad \varphi^{\ominus}=0.80\text{ V}$$

$$[Ag(S_2O_3)_2]^{3-}+e^-=Ag+2S_2O_3^{2-} \qquad \varphi^{\ominus}=0.017\text{ V}$$

A. 1.6×10^{13} B. 3.4×10^{15} C. 4.2×10^{18} D. 8.7×10^{21}

6. 已知$Al(OH)_3$的$K_{sp}^{\ominus}=1.3\times10^{-33}$，$K_{稳}^{\ominus}\{[AlF_6]^{3-}\}=6.9\times10^{19}$。在pH=9时，要使0.10 mol·L^{-1}铝盐溶液不生成$Al(OH)_3$沉淀，则NaF的浓度至少是( )mol·L^{-1}。

A. 3.2 B. 0.32 C. 1.1 D. 0.11

7. 已知：

$$Au^{3+}+3e^-=Au \qquad \varphi^{\ominus}=1.498\text{ V}$$

$$[AuCl_4]^-+3e^-=Au+4Cl^- \qquad \varphi^{\ominus}=1.00\text{ V}$$

则 $Au^{3+} + 4Cl^- = [AuCl_4]^-$ 的稳定常数是（　　）。

A. 3.7×10^{18}　　B. 2.1×10^{25}　　C. 4.6×10^{28}　　D. 8.2×10^{31}

8. 已知 $[Cu(NH_3)_4]^{2+} + Zn^{2+} = [Zn(NH_3)_4]^{2+} + Cu^{2+}$，且 $K_{稳}\{[Cu(NH_3)_4]^{2+}\} = 2.1\times10^{13}$，$K_{稳}\{[Zn(NH_3)_4]^{2+}\} = 2.9\times10^{9}$，$Zn^{2+}$、$Cu^{2+}$ 的浓度均为 1 mol・L^{-1}，则反应进行的方向是（　　）。

A. 从左向右　　B. 从右向左　　C. 处于平衡　　D. 无法判断

9. 已知 $[Ag(py)_2]^+$ 的标准稳定常数 $K_{稳} = 1.00\times10^{10}$。若将 0.200 mol・$L^{-1}$ 的 $AgNO_3$ 溶液和 2.00 mol・L^{-1} 的 Py（吡啶）溶液等体积混合，则平衡时 $[Ag^+]$ 为（　　）mol・L^{-1}。

A. 1.23×10^{-11}　　B. 1.10×10^{-10}　　C. 1.56×10^{-11}　　D. 1.87×10^{-10}

10. 已知 $[Ag(NH_3)_2]^+$ 的 $K_{稳} = 1.1\times10^{7}$，则在含有 0.20 mol・L^{-1} 的 NH_3 和 0.20 mol・L^{-1} 的 $[Ag(NH_3)_2]^+$ 的混合溶液中，Ag^+ 的浓度为（　　）mol・L^{-1}。

A. 8.9×10^{-8}　　B. 4.5×10^{-7}　　C. 1.8×10^{-8}　　D. 8.9×10^{-7}

11. 在 $[Ag(NH_3)_2]^+$ 溶液中有下列两个平衡：

$$[Ag(NH_3)_2]^+ = [Ag(NH_3)]^+ + NH_3 \qquad K_1$$

$$[Ag(NH_3)]^+ = Ag^+ + NH_3 \qquad K_2$$

则配离子的 $K_{不稳}$ 为（　　）。

A. $K_1 + K_2$　　B. K_2/K_1　　C. K_1K_2　　D. K_1/K_2

12. 如果在 0.1 mol・L^{-1} 的 $K[Ag(CN)_2]$ 溶液中，加入 KCN 固体，并使 CN^- 的浓度为 0.1 mol・L^{-1}，然后加入 KI 固体，使 I^- 浓度为 0.1 mol・L^{-1}，可观察到的现象应当是（　　）。

A. 有沉淀生成　　B. 无沉淀生成

C. 有气体生成　　D. 先有沉淀然后消失

13. 已知 AgBr 的 $K_{sp} = 5.4\times10^{-13}$，$[Ag(NH_3)_2]^+$ 的 $K_{稳} = 1.1\times10^{7}$，则可以推算 AgBr 在 1 L 1.0 mol・L^{-1} 的氨水中能溶解的物质的量为（　　）。

A. 2.4×10^{-3} mol　　B. 5.9×10^{-6} mol　　C. 4.6×10^{-3} mol　　D. 2.3×10^{-6} mol

14. 在 0.1 mol・L^{-1} 的下列溶液中，Ag^+ 浓度最大的是（　　）。

A. $[Ag(S_2O_3)_2]^{3-}$　　B. $[Ag(NH_3)_2]^+$

C. $[Ag(CN)_2]^-$　　D. 无法区分

15. 已知 $\varphi^\ominus(Fe^{3+}/Fe^{2+}) = 0.771$ V，$K_{稳}\{[Fe(CN)_6]^{3-}\} = 1.0\times10^{42}$，$K_{稳}\{[Fe(CN)_6]^{4-}\} = 1.0\times10^{35}$，则 $\varphi^\ominus\{[Fe(CN)_6]^{3-}/[Fe(CN)_6]^{4-}\} =$（　　）。

A. 0.36 V　　B. −1.19 V　　C. −0.36 V　　D. −0.54 V

16. 已知 $[Ag(SCN)_2]^-$ 的 $K^\ominus_{稳} = 3.7\times10^{7}$，$[Ag(NH_3)_2]^+$ 的 $K^\ominus_{稳} = 1.1\times10^{7}$，当 $[SCN^-] = 0.1$ mol・L^{-1}，其余有关物质浓度均为 1.0 mol・L^{-1} 时，反应 $[Ag(NH_3)_2]^+ + 2SCN^- = [Ag(SCN)_2]^- + 2NH_3$ 可以判断为（　　）。

A. 向左进行　　B. 向右进行　　C. 恰好达平衡　　D. 无法预测

17. $Zn(OH)_2$可溶于氨水，该溶解反应的平衡常数是（　　）。

A. $\sqrt{K_{sp}[Zn(OH)_2] \times K_{稳}\{[Zn(NH_3)_4]^{2+}\}}$

B. $\dfrac{K_{sp}[Zn(OH)_2]}{K_{稳}\{[Zn(NH_3)_4]^{2+}\}}$

C. $\dfrac{K_{sp}[Zn(OH)_2]}{K_{不稳}\{[Zn(NH_3)_4]^{2+}\}}$

D. $\sqrt{K_{sp}[Zn(OH)_2]} \times K_{不稳}\{[Zn(NH_3)_4]^{2+}\}$

18. 在由 Cu^{2+}/Cu 和 Ag^+/Ag 组成的原电池的正负极中，分别加入一定量的氨水，达平衡时氨水浓度均为 1 mol・L^{-1}。已知$[Cu(NH_3)_4]^{2+}$ 的 $K_{稳}=2.1\times10^{13}$，$[Ag(NH_3)_2]^+$ 的 $K_{稳}=1.1\times10^7$，则电池的电动势比加氨水前（　　）。

A. 变大　　B. 变小　　C. 不变　　D. 无法判断

19. 下列电对中，标准电极电势 $\varphi^\ominus$ 代数值最大者是（　　）。

A. $\varphi^\ominus(Ag^+/Ag)$　　B. $\varphi^\ominus\{[Ag(CN)_2]^-/Ag\}$

C. $\varphi^\ominus\{[Ag(NH_3)_2]^+/Ag\}$　　D. $\varphi^\ominus(AgI/Ag)$

20. 已知 $\varphi^\ominus(Fe^{3+}/Fe^{2+})=0.771$ V，$\varphi^\ominus\{[FeF_6]^{3-}/[FeF_6]^{4-}\}=0.40$ V，$\varphi^\ominus\{[Fe(Phen)_3]^{3+}/[Fe(Phen)_3]^{4+}\}=1.14$ V。下列几组关于配位物稳定性的判断中，完全正确的是（　　）。

A. $[FeF_6]^{3-}>[FeF_6]^{4-}$，$[Fe(Phen)_3]^{3+}>[Fe(Phen)_3]^{4+}$

B. $[FeF_6]^{3-}<[FeF_6]^{4-}$，$[Fe(Phen)_3]^{3+}<[Fe(Phen)_3]^{4+}$

C. $[FeF_6]^{3-}>[FeF_6]^{4-}$，$[Fe(Phen)_3]^{3+}<[Fe(Phen)_3]^{4+}$

D. $[FeF_6]^{3-}<[FeF_6]^{4-}$，$[Fe(Phen)_3]^{3+}>[Fe(Phen)_3]^{4+}$

二、填空题(共 20 分)

1. 按照软硬酸碱原理，$CuF_2+2CuI=CuI_2+2CuF$ 反应向 ________ 进行，因为 Cu^+ 是 ________ 酸，I^-是 ________ 碱。

2. 已知 $[Ag(NH_3)_2]^+$ 的总稳定常数 $K^\ominus_{稳}=1.1\times10^7$，则该配离子的总不稳定常数 $K^\ominus_{不稳}=$ ____________，又若已知其第一级稳定常数 $K^\ominus_{稳1}=1.74\times10^3$，则其第二级稳定常数 $K^\ominus_{稳2}=$ ____________。

3. 已知 $[Pb(CN)_4]^{2-}$ 的 $K^\ominus_{稳}=1.0\times10^{11}$，$Pb(OH)_2$ 的 $K^\ominus_{sp}=1.43\times10^{-15}$，HCN 的 $K^\ominus_a=6.2\times10^{-10}$，则反应$[Pb(CN)_4]^{2-}+2H_2O+2H^+=Pb(OH)_2+4HCN$ 的 $K^\ominus=$ ________，该反应能否发生？ ________________。

4. 已知 $\varphi^\ominus(Cd^{2+}/Cd)=-0.40$ V，$\varphi^\ominus\{[Cd(NH_3)_4]^{2+}/Cd\}=-0.61$ V，则在 25 ℃ 下 $[Cd(NH_3)_4]^{2+}$ 配离子的稳定常数为____________。

5. 已知 $K_{稳}\{[Au(SCN)_2]^-\}=1.0\times10^{18}$，$Au^++e^-=Au$ 的 $\varphi^\ominus=1.69$ V，则 $[Au(SCN)_2]^-+e^-=Au+2SCN^-$ 的 $\varphi^\ominus=$ ________ V。

6. $[Cu(en)_2]^{2+}$ 的稳定常数比 $[Cu(NH_3)_4]^{2+}$ 的稳定常数大，其原因是____。

7. 在 $[Zn(NH_3)_4]^{2+}$溶液中加入少量稀硫酸，$[Zn(NH_3)_4]^{2+} \rightleftharpoons Zn^{2+}+4NH_3$ 平衡向 ____________ 移动，如果加入的是氨水，平衡向 __________ 移动。

8. 下列各对配离子稳定性大小的对比关系是(用“>”或“<”表示)：

(1) $[Cu(NH_3)_4]^{2+}$ ________ $[Cu(en)_2]^{2+}$；

(2) $[Ag(S_2O_3)_2]^{3-}$ ________ $[Ag(NH_3)_2]^{+}$；

(3) $[Co(NH_3)_6]^{3+}$ ________ $[Co(NH_3)_6]^{2+}$；

(4) $[FeF_6]^{3-}$ ________ $[Fe(CN)_6]^{3-}$。

9. 判断下列各对配合物的相对稳定性：

(1) $[Cd(CN)_4]^{2-}$ ________ $[Cd(NH_3)_4]^{2+}$；(2) $[AgBr_2]^{-}$ ________ $[AgI_2]^{-}$；

(3) $[Ni(NH_3)_4]^{2+}$ ________ $[Zn(NH_3)_4]^{2+}$；(4) $[FeF]^{2+}$ ________ $[HgF]^{+}$。

三、判断题(共 10 分)

1.(　　) 如果生成的配合物的 $K^{\ominus}_{稳}$ 大于沉淀的 $K^{\ominus}_{sp}$，则沉淀可以溶解生成配离子。

2.(　　) CuS 溶于氨水生成 $[Cu(NH_3)_4]^{2+}$ 反应的平衡常数值为 $K^{\ominus}_{不稳}\{[Cu(NH_3)_4]^{2+}\}$ 与 K_{sp}(CuS)的乘积。

3.(　　) 对具有相同配位体数目的同类型配合物来说，$K^{\ominus}_{稳}$ 值愈大，配合物愈稳定。

4.(　　) Cu^{2+} 和 NH_3 配合物的稳定性比 Co^{2+} 和 NH_3 配合物的稳定性低。

5.(　　) 对于电对 Zn^{2+}/Cu，加入配位剂后，其电极电势将减小。

6.(　　) Fe^{3+} 和 X^- 配合物的稳定性随 X^- 离子半径的增大而降低。

7.(　　) $[CuX_2]^-$ 的稳定性按 $Cl^- \to Br^- \to I^- \to CN^-$ 顺序增加。

8.(　　) 难溶电解质的溶度积越大，加入配位剂溶解的趋势越大。

9.(　　) 含有某配体的配合物的稳定常数实际上是该配体与以水为配体的配合物取代反应的平衡常数。

10.(　　) $K^{\ominus}_{稳}$ 和 $K^{\ominus}_{不稳}$ 从不同的方向表示了配离子的稳定性，两者之和等于 1。

四、计算题(共 30 分)

1. 已知 $K^{\ominus}_{稳}\{[Cu(NH_3)_4]^{2+}\} = 2.1\times10^{13}$，1.0 L 0.10 $mol \cdot L^{-1}$ $CuSO_4$ 溶液中加入 6.0 $mol \cdot L^{-1}$ 氨水 1.0 L，求平衡时溶液中 Cu^{2+} 的浓度。

2. 已知：$K^{\ominus}_{稳}\{[Ag(S_2O_3)_2]^{3-}\} = 2.9\times10^{13}$，$K^{\ominus}_{sp}(AgBr) = 5.4\times10^{-13}$，AgBr 的相对分子质量为 187.8。求：1.0 L 1.0 $mol \cdot L^{-1}$ $Na_2S_2O_3$ 溶液能溶解多少 AgBr?

3. 已知：

$$Co^{3+} + e^- = Co^{2+} \qquad \varphi^{\ominus} = 1.92\ V$$

$$Co^{2+} + 6CN^- = [Co(CN)_6]^{4-} \qquad K^{\ominus}_{稳} = 1.00\times10^{19}$$

$$Co^{3+} + 6CN^- = [Co(CN)_6]^{3-} \qquad K^{\ominus}_{稳} = 1.00\times10^{64}$$

$$O_2 + 2H_2O + 4e^- = 4OH^- \qquad \varphi^{\ominus} = 0.401\ V$$

(1) 求 $[Co(CN)_6]^{3-} + e^- = [Co(CN)_6]^{4-}$ 的 $\varphi^{\ominus}$ 值。

(2) 讨论 $[Co(CN)_6]^{4-}$ 在空气中的稳定性，计算其被空气中的氧气氧化的反应的平衡常数。